国家出版基金资助项目

国家出版基金项目
NATIONAL PUBLICATION FOUNDATION

中国公安执法规范化建设丛书　编委会主任　孙茂利

机动车与驾驶人管理实务指南

主　编　高万云

中国人民公安大学出版社
·北　京·

图书在版编目（CIP）数据

机动车与驾驶人管理实务指南／高万云主编. —北京：中国人民公安大学出版社，2013.2

（中国公安执法规范化建设丛书／孙茂利主编）

国家出版基金资助项目

ISBN 978-7-5653-1243-4

Ⅰ.①机… Ⅱ.①高… Ⅲ.①机动车-交通运输管理-指南②汽车驾驶员-交通运输管理-指南 Ⅳ.①F540.8-62②U471.3-62

中国版本图书馆 CIP 数据核字（2013）第 029212 号

中国公安执法规范化建设丛书

机动车与驾驶人管理实务指南

主编 高万云

出版发行：中国人民公安大学出版社
地　　址：北京市西城区木樨地南里
邮政编码：100038
经　　销：新华书店
印　　刷：北京兴华昌盛印刷有限公司

版　　次：2013 年 2 月第 1 版
印　　次：2017 年 6 月第 4 次
印　　张：22.75
开　　本：787 毫米×1092 毫米　1/16
字　　数：446 千字

书　　号：ISBN 978-7-5653-1243-4
定　　价：75.00 元

网　　址：www.cppsup.com.cn　　www.porclub.com.cn
电子邮箱：zbs@cppsup.com　　zbs@cppsu.edu.cn

营销中心电话：010-83903254
读者服务部电话（门市）：010-83903257
警官读者俱乐部电话（网购、邮购）：010-83903253
公安业务分社电话：010-83905641

本书咨询电话：（010）63485228　63453145

中国公安执法规范化建设丛书

《机动车与驾驶人管理实务指南》
编 委 会

主　编　高万云

副主编　王军利　王景升

撰稿人　（按姓氏笔画）

王军利　王景升　牛学军

张晓峰　杨润凯　姜文龙

高万云

前　　言

近年来，随着我国社会主义民主法制建设的不断深入，人民群众的法律意识、权利意识日益增强，舆论监督、社会监督力度进一步加大，对公安机关的执法活动提出了新的更高的要求。为适应新形势下人民群众对公安工作的新期待和新要求，公安机关必须进一步转变执法理念，改进执法方式，规范执法行为，提高执法质量，维护社会公平正义。

自2008年9月公安部党委部署在全国公安机关开展执法规范化建设以来，各级公安机关及各部门、各警种紧密结合实际，高度重视、积极探索，采取切实有效措施，深入、持续地开展执法规范化建设，取得了阶段性成效，有力地推动了公安工作和队伍建设的全面发展。但与此同时，公安机关的执法工作中，仍存在一些不规范的问题，影响公安机关的执法公信力。其重要原因之一，就是一些民警执法素质不高，对执法的基本要求不了解、不掌握，不知道在执法活动中干什么、怎么干、干到什么程度。为了帮助广大公安民警及时、有效地掌握执法办案的基本要求，提高执法能力，中国人民公安大学出版社会同公安部执法规范化建设领导小组办公室启动了《中国公安执法规范化建设丛书》出版项目，并得到了国家出版基金资助。本丛书主要突出以下几个特点：

第一，本丛书力求覆盖公安机关现有的业务工作内容，以督察、经侦、治安、边防、刑侦、出入境、消防、网安、监管、交管、法制、禁毒等警种，铁路、交通、民航、林业等行业公安机关和海关走私犯罪侦查机构的执法工作为重点，针对不同警种的工作内容分类编写，单独成册。

第二，本丛书将作为规范公安民警执法业务工作的指导性用书，以各业务部门的执法职责范围为基础，以现行有效的法律、法规、规章以及公安部关于执法规范化建设的要求为依据，按照理论与实践相结合的原则，针对一线民警遇到的疑难问题以及执法中容易出现问题的环节，结合执法办案中的典型案例，重点对执法依据、操作程序、法律文书等进行讲解。

第三，本丛书由公安部执法规范化建设领导小组办公室组织编写，公安部相关业务局的领导担任编委，公安机关长期从事执法业务工作的有关同志和公安院校知名专家、教授担任作者，收入了一批具有前瞻性、实用性和建设性的优秀成果。

愿《中国公安执法规范化建设丛书》成为广大公安民警规范执法的“良师益友”，为深入推进执法规范化建设发挥积极的作用。

由于时间仓促，疏漏之处在所难免，欢迎广大读者批评指正。

中国公安执法规范化建设丛书编委会

2011 年 6 月

目　录

第一章　车辆与驾驶人管理概述 …………………………（1）

第一节　车辆与驾驶人管理的基本概念 ……………………（1）

一、车辆与驾驶人管理的概念 ………………………………（1）

二、车辆与驾驶人管理的特点 ………………………………（2）

三、车辆与驾驶人管理的意义 ………………………………（4）

四、车辆与驾驶人管理部门的职责 …………………………（5）

第二节　车辆与驾驶人管理的任务、指导思想和根本制度 ……（5）

一、车辆与驾驶人管理的任务 ………………………………（5）

二、车辆与驾驶人管理的指导思想 …………………………（6）

三、车辆与驾驶人管理的根本制度 …………………………（6）

第三节　车辆与驾驶人管理的法律依据及法律制度 …………（7）

一、机动车管理的法律依据及法律制度 ……………………（7）

二、机动车驾驶证管理的法律依据及法律制度 ……………（8）

第四节　车辆与驾驶人管理的历史沿革 ……………………（9）

一、车辆与驾驶人管理制度的历史沿革 ……………………（9）

二、车辆与驾驶人管理体制的历史沿革 ……………………（13）

第五节　当前车辆与驾驶人管理工作面临的挑战及发展方向 ……………………………………………………（14）

一、车辆与驾驶人管理工作面临的新形势 …………………（14）

二、当前车辆与驾驶人管理工作存在的主要问题 …………………… (17)
三、车辆与驾驶人管理的发展方向 …………………… (18)
第二章　机动车管理 …………………… (20)
第一节　机动车管理的概念和内容 …………………… (20)
一、机动车管理的概念 …………………… (20)
二、机动车管理的内容 …………………… (20)
三、机动车管理的意义 …………………… (21)
第二节　机动车的分类 …………………… (21)
一、《道路交通安全法》中机动车的定义 …………………… (21)
二、按《机动车运行安全技术条件》(GB 7258－2012) 分类 …………………… (21)
三、按《机动车辆及挂车分类》(GB/T 15089－2001) 分类 …………………… (25)
四、按《机动车类型　术语和定义》(GA 802－2008) 分类 …………………… (27)
五、机动车型号编制 …………………… (34)
六、摩托车、三轮汽车、低速载货汽车和拖拉机型号编制 …………………… (40)
第三节　我国机动车牌证的演变 …………………… (42)
一、机动车号牌 …………………… (42)
二、机动车行驶证 …………………… (54)
三、机动车登记证书 …………………… (55)
第四节　机动车登记概述 …………………… (56)
一、机动车登记的含义 …………………… (56)
二、机动车登记的性质 …………………… (56)
三、机动车登记的作用及法律效力 …………………… (57)
四、机动车登记的法律依据与相关技术标准 …………………… (57)
五、机动车登记的分类 …………………… (58)
六、机动车登记的职责分工 …………………… (58)
七、机动车登记的原则 …………………… (59)

八、机动车登记制度的发展历程 …………………………………………（59）
九、《关于修改〈机动车登记规定〉的决定》
（公安部令第124号） ……………………………………………………（64）
十、近年来车辆与驾驶人管理方面的便民措施概况 ………………（66）
第五节　注册登记 ………………………………………………………（70）
一、注册登记的概念及意义 ……………………………………………（70）
二、注册登记工作规程 …………………………………………………（71）
第六节　变更登记 ………………………………………………………（79）
一、变更登记的概念及意义 ……………………………………………（79）
二、变更登记工作规程 …………………………………………………（79）
第七节　转移登记 ………………………………………………………（83）
一、转移登记的概念及意义 ……………………………………………（83）
二、转移登记工作规程 …………………………………………………（84）
三、转入业务 ……………………………………………………………（86）
第八节　抵押登记 ………………………………………………………（88）
一、抵押登记的概念及意义 ……………………………………………（88）
二、抵押登记工作规程 …………………………………………………（88）
第九节　注销登记 ………………………………………………………（91）
一、注销登记的概念及意义 ……………………………………………（91）
二、注销登记工作规程 …………………………………………………（91）
第十节　临时入境机动车管理 …………………………………………（93）
一、概　　述 ……………………………………………………………（93）
二、临时入境机动车管理制度 …………………………………………（93）
第十一节　特种车辆管理规定 …………………………………………（95）
一、警车管理的基本情况 ………………………………………………（95）
二、《警车管理规定》（公安部令第89号）修改情况 ………………（96）

三、《警车管理规定》的重点内容 …………………………………（97）
四、其他特种车辆管理规定 ………………………………………（98）
第十二节 机动车强制报废制度 ……………………………………（98）
一、机动车报废政策 ………………………………………………（98）
二、机动车报废程序 ………………………………………………（100）
三、相关法律法规要求 ……………………………………………（101）
第十三节 机动车管理若干实务问题解答 …………………………（101）
第三章 机动车安全技术检验 …………………………………………（108）
第一节 机动车安全技术检验概述 …………………………………（108）
一、机动车安全技术检验的概念 …………………………………（108）
二、机动车安全技术检验的有关法规和标准 ……………………（109）
第二节 机动车安全技术检验机构 …………………………………（126）
一、机动车安全技术检验机构管理相关规定 ……………………（126）
二、机动车安全检验类别 …………………………………………（127）
三、检 测 站 ………………………………………………………（133）
第三节 国内外机动车安全技术检验概况 …………………………（137）
一、国外车检概况 …………………………………………………（137）
二、国内车检工作发展概况 ………………………………………（139）
第四章 机动车与驾驶人档案管理 ……………………………………（142）
第一节 机动车与驾驶人档案管理概述 ……………………………（142）
一、机动车与驾驶人档案的含义 …………………………………（142）
二、机动车与驾驶人档案的作用 …………………………………（142）
三、机动车与驾驶人档案的种类 …………………………………（144）
四、机动车与驾驶人档案管理方式 ………………………………（145）
五、机动车与驾驶人档案的建立 …………………………………（146）
六、机动车与驾驶人档案的整理 …………………………………（147）

七、机动车与驾驶人档案的鉴定 …………………………………… (147)
八、机动车与驾驶人档案的保管 …………………………………… (147)
九、机动车与驾驶人档案的运用 …………………………………… (148)
十、机动车与驾驶人档案的销毁 …………………………………… (148)
第二节　机动车档案管理应用系统软件介绍与应用 ……………… (149)
一、机动车统一版程序 ……………………………………………… (149)
二、驾驶证统一版程序 ……………………………………………… (150)
三、互联网自编自排号码 …………………………………………… (150)
四、机动车档案电子图像化 ………………………………………… (150)
第五章　机动车驾驶人管理 ………………………………………… (152)
第一节　机动车驾驶人管理概述 …………………………………… (152)
一、驾驶人考试制度 ………………………………………………… (152)
二、驾驶证核发制度 ………………………………………………… (152)
三、驾驶证审验制度 ………………………………………………… (152)
四、交通违法记分及行政处罚制度 ………………………………… (152)
五、机动车驾驶证管理制度的发展历程 …………………………… (153)
六、《加强机动车驾驶人管理指导意见》 …………………………… (163)
七、《机动车驾驶证申领和使用规定》 ……………………………… (164)
第二节　机动车驾驶证申领 ………………………………………… (171)
一、年龄条件 ………………………………………………………… (171)
二、身体条件 ………………………………………………………… (172)
三、不得申请机动车驾驶证的其他条件 …………………………… (172)
四、居住地条件 ……………………………………………………… (173)
五、申请增驾车型条件 ……………………………………………… (173)
六、不得申请增驾重点车型条件 …………………………………… (173)
七、申请属地条件 …………………………………………………… (174)

八、证明材料条件 …… (174)
九、校车驾驶人资格申请条件 …… (175)
第三节 机动车驾驶培训 …… (176)
一、机动车驾驶培训机构 …… (176)
二、机动车驾驶教练场 …… (179)
三、机动车驾驶培训内容 …… (181)
第四节 驾驶人考试 …… (182)
一、考试科目分类 …… (183)
二、考试车辆和考试场地要求 …… (197)
三、各科目考试的合格要求及评判标准 …… (198)
四、约考规定 …… (203)
五、考试监督管理 …… (205)
第五节 机动车驾驶证的核发、换证、补证与注销 …… (206)
一、驾驶证的核发 …… (206)
二、驾驶证的换证 …… (207)
三、驾驶证的补发 …… (211)
四、驾驶人提交身体条件证明 …… (212)
五、驾驶证的注销 …… (212)
六、驾驶人信息变化备案制度 …… (213)
第六节 机动车驾驶证审验、记分制度与行政处罚 …… (214)
一、驾驶证审验 …… (214)
二、交通违法记分制度 …… (215)
三、行政处罚 …… (220)
第七节 临时机动车驾驶许可规定 …… (221)
一、概　　念 …… (221)
二、申请与审查 …… (222)

三、使用及其效力 …………………………………………………………（222）
第八节　国际驾驶证和国家间机动车驾驶证互认 ……………………（223）
一、国际驾驶证 ………………………………………………………………（223）
二、国家间机动车驾驶证互认 …………………………………………（225）
第九节　机动车驾驶人管理若干实务问题解答 ……………………（225）

附　录

校车安全管理条例
（2012 年 3 月 28 日国务院第 197 次常务会议通过　2012 年 4 月 5 日中华人民共和国国务院令第 617 号公布施行） ……………………（229）
机动车登记规定
（2008 年 5 月 27 日中华人民共和国公安部令第 102 号发布　根据 2012 年 9 月 12 日《公安部关于修改〈机动车登记规定〉的决定》修正） ……………………（237）
机动车驾驶证申领和使用规定
（2012 年 8 月 21 日公安部部长办公会议通过　2012 年 9 月 12 日中华人民共和国公安部令第123号发布　自2013年1月1日起施行第五章第四节自发布之日起施行） ……………………（255）
机动车运行安全技术条件（GB 7258－2012） ……………………（281）
主要参考文献 ………………………………………………………………（347）

第一章　车辆与驾驶人管理概述

第一节　车辆与驾驶人管理的基本概念

一、车辆与驾驶人管理的概念

车辆与驾驶人管理的概念分为广义的车辆与驾驶人管理和狭义的车辆与驾驶人管理两个层次。

（一）广义的车辆与驾驶人管理

从广义上来讲，车辆与驾驶人管理是政府相关部门依据国家法律、法规、规章、制度及相关政策和技术标准，对车辆的生产、销售、使用、报废等环节以及驾驶人的驾驶许可、驾驶行为等实施管理、监督的行政行为。车辆与驾驶人管理的对象是车辆和驾驶人。

在道路交通管理中，车辆，是指在道路上行驶的车辆，包括机动车与非机动车。机动车，是指以动力装置驱动或者牵引，上道路行驶的供人员乘用或者用于运送物品以及进行工程专项作业的轮式车辆。非机动车，是指以人力或者畜力驱动，上道路行驶的交通工具，以及虽有动力装置驱动但设计最高时速、空车质量、外形尺寸符合有关国家标准的残疾人机动轮椅车、电动自行车等交通工具。

驾驶人，是指驾驶机动车或者非机动车上路行驶的人员，包括机动车驾驶人和非机动车驾驶人。

广义的车辆与驾驶人管理系统是一个综合管理系统，不仅涵盖道路交通管理的全部内容，而且囊括了相关政府管理部门涉及车辆和驾驶人管理的全部内容，包括车辆的发展政策、生产管理、销售管理、登记管理、使用管理和报废管理，以及驾驶人的许可、培训、考试和日常管理等，涉及公安、发展改革、工业和信息化、交通运输、质量监督、环境保护、工商、税务等多个管理部门的工作。

（二）狭义的车辆与驾驶人管理

狭义的车辆与驾驶人管理是公安机关交通管理部门依据国家法律、法规、规章和相关技术标准，对机动车进行查验登记、核发牌证，对机动车检验进行监督，对驾驶人进行考核、审验和核发驾驶证、教育管理，对驾驶培训进行监督的行政行为。

车辆与驾驶人管理的基本属性可以从三个角度来理解：从法律意义上讲属于行政行为；从行政学意义上讲属于公共服务；从社会意义上讲是道路交通管理的基础，是预防道路交通事故的第一道防线。

二、车辆与驾驶人管理的特点

《中华人民共和国道路交通安全法》（以下简称《道路交通安全法》）的核心内容就是以人为本，这也是对道路交通管理最基本的要求。作为道路交通管理中的窗口单位，车辆管理机关对车辆和驾驶人的管理就更要体现和践行严格执法、热情服务。随着社会经济高速发展和人民生活水平不断提高，车辆，尤其是机动车已成为人民生活中不可或缺的一部分，驾驶机动车不再单纯地作为一种生存技能，而是成为人们的一种生活习惯。车辆与驾驶人不断增多，使老百姓有更多的机会与车辆管理机关发生密切联系，他们渴望得到更加周到、更加文明的服务。车辆管理机关作为党和政府的执法机关和服务窗口，应根据广大群众的需求，在依法行政的同时，明确为民执法、为民服务的宗旨，完善窗口服务，开展阳光工程，开辟绿色通道，减少办事环节，提高办事效率。对车管民警进行管理、教育、培训和纪律监督，建立一支懂法律、懂技术、执法水平高、服务意识强的车管民警队伍，为经济建设服务，为人民群众服务，为交通安全服务，为公安基础工作服务。

在我国，车辆管理的主体是公安机关交通管理部门的各级车辆与驾驶人管理部门，依据是国家法律、法规，属于国家行政管理的范畴。行政管理的属性决定了车辆管理工作的行政强制性、违法处罚性和社会服务性，所以车辆与驾驶人管理工作具有很强的法律性、技术性和社会性特点。

（一）法律性

车辆与驾驶人管理工作，是依据国家有关法律、法规来进行的，其中有许多规定是全国保持一致的，如车辆牌照制度、驾驶执照制度都必须全国统一，全国通行，绝不允许各自为政，各搞一套。车辆与驾驶人管理工作，还要严格执行国家及地方政府的各项有关政策。车辆与驾驶人管理部门必须做到有法必依、执法必严、违法必究、规范操作。同时，要自觉主动地、不断地进行管理方式的改革创新，以适应当前全面开放、高度透明的社会执法环境。

公安机关交通管理部门车辆管理所按照法律、法规、规章对车辆和机动车驾驶证进行登记和管理，管理必须统一、规范。为了保证合格的车辆上路行驶，保证合格的驾驶人驾驶车辆，近年来，国家制定了一系列法律、法规、规章、标准，法律、法规有《道路交通安全法》、《中华人民共和国道路交通安全法实施条例》（以下简称《道路交通安全法实施条例》）等，部门规章有《机动车驾驶证申领和使用规定》、《机动车登记规定》等，国家标准有《机动车运行安全技术条件》（GB 7258 - 2012）、《道路车辆外廓尺寸、轴荷及质量限值》（GB 1589 - 2004）等，行业标准有《机动车安全技术检验项目和方法》（GB 21861 - 2008）、《机动车驾驶人场地驾驶技能考试系统》（GA/T 554 - 2008）等。可以说，依法行政最重要的一点就是规范性，严格管理的过程就是落实和执行上述法律、法规、规章、标准的过程，就是依法行政。

（二）技术性

车辆与驾驶人管理是一项技术性很强的工作，搞这项工作的人员要具备必要的车辆管理基础理论知识和技能，要懂得车辆的构造、性能、设计、试验、检验以及测试手段和测试设备使用、维修和调整，还要具备必要的驾驶技能，以及驾驶技术考核方法和标准。不断提高业务技术素质，是搞好车辆与驾驶人管理工作的重要保证。

科学技术快速发展的今天，要求车辆与驾驶人管理部门也需要不断更新管理方式，转变管理理念，来适应现代化大城市交通管理发展的需要。科技信息化的管理，决定了从业人员也必须有一定的技术素质和水平，具备相当的基础理论知识和专业技能，掌握现代化科技管理手段。真正做到管理到位、服务到位，做到管理科学化、现代化。

（三）社会性

车辆与驾驶人管理工作是一项社会性较强的工作。在人、车、路、交通环境构成的道路交通系统基本要素中，人和车是参与道路交通的主体，是最主要的因素。为了更好地保障道路交通的安全、有序、畅通，驾驶人应具有良好的职业道德、身心素质、安全意识及熟练的驾驶技术，机动车应具有良好的安全性、稳定性、动力性和通过性。车辆与驾驶人管理的核心和重点是机动车上路的行驶准入和驾驶人驾车的资格准入。因此，车辆登记检验、驾驶人考试发证是关系到预防道路交通事故成效的关键，也是车辆与驾驶人管理社会性的内在要求。

车辆与驾驶人管理的很多方面都直接涉及群众的利益。人数众多的驾驶人队伍，既是管理对象，又是服务对象；各级车辆与驾驶人管理工作人员，既是管理者，又是被监督者。车辆与驾驶人管理部门要注重服务质量，简化手续，方便群众。各级车管民警在工作中既要注意掌握政策，又要端正服务观念，掌握正确的工作方法。在审批表格、发证发照、培训考核、检验车辆以及吊销、暂扣、注销证照等重要环节，必须坚持原则，秉公办事，拒礼拒贿，实事求是，树立良好形象。总之，要搞好车辆管理工作，要求每一个从事这项工作的同志具备较高的政策水平、技术水平和全心全意为人民服务的精神。

三、车辆与驾驶人管理的意义

车辆与驾驶人管理在道路交通管理工作中占有重要的地位，也是公安基础工作之一。搞好这项工作，对提高运输效率，节省能源，保障交通安全，维护社会治安秩序，预防犯罪分子利用车辆进行犯罪活动等都有重要作用，对控制和减少车辆发展给人类带来的公害也具有重大意义。

（一）保障交通安全，减少人民生命财产损失

随着经济建设的飞速发展，机动车、非机动车和驾驶人的数量急剧增长，发生交通事故的概率也随之增多。交通事故已发展成为一个严重的社会问题。交通事故不仅给国家和人民造成严重的损失，也给很多家庭带来痛苦和不幸，同时也影响到社会的安定。车辆与驾驶人管理是道路交通管理工作的基础，是预防道路交通事故的第一道防线，车辆登记、检验把关是否到位，驾驶人考试发证是否严格，对驾驶人的教育工作是否有效等直接影响到预防道路交通事故的成效，因此对于保障人民生命财产的安全，促进社会的安定具有重要意义。

（二）保障交通运输发展，促进社会和谐

车辆与驾驶人管理是服务经济社会建设、服务人民群众的重要窗口，关系到国家产业政策、交通运输的发展，关系到人民群众生活水平的提高，关系到社会的和谐。

（三）防止公害，降低消耗

由于机动车数量的剧增，机动车在运行中产生的噪声、废气等对环境的污染也越来越严重，对人民群众的身心健康、自然界的生态平衡和社会正常秩序都造成极大的危害。这不仅影响着现在，而且影响到未来。如不加以控制，势必延祸到我们的子孙后代。运行着的机动车，每天消耗大量的能源。在能源紧张的今天，降低机动车的消耗，已成为一个亟待解决的问题。车辆与驾驶人管理部门通过对车辆与驾驶人的管理，加强机动车的安全认证、安全检验，加强老旧车的报废更新等工作，对于防止公害、降低消耗具有重要作用。

（四）打击罪犯，维护社会稳定

针对走私、盗抢车辆等利用机动车犯罪的案件，采用机动车登记办法是否能堵住，关系到维护社会经济、治安稳定。车辆与驾驶人管理部门是服务公安工作的重要部门，通过对机动车的牌证管理，对车辆与驾驶人的计算机网络管理等，可以有效地打击犯罪，维护社会的稳定。

四、车辆与驾驶人管理部门的职责

车辆与驾驶人管理工作一要“管车”，二要“管人”。车辆与驾驶人管理就其工作属性，表现突出的有四强，即政策性强、技术性强、专业性强、群众性强。这也就要求我们从事车辆与驾驶人管理工作的民警在严格管理的同时，必须要做到热情服务。

车辆与驾驶人管理工作中有两项工作必须要严格管理：一是机动车查验，包括相关凭证和手续的审核；二是驾驶人考试，包括申请资格的审核和对申请人的安全教育。这两项工作，车管民警必须严格履行职责，绝不能放松标准，放松管理。其他工作诸如牌证场所建设、窗口民警接待群众、受理办理业务、程序流程规定、办理时限等都应该让群众切身感受到车辆管理所以及车管民警是代表国家、政府，代表公安机关，代表26万交通民警行使的服务职能，是“亲民、便民、惠民”的高水准服务，尽可能为群众提供优质的服务。

第二节　车辆与驾驶人管理的任务、指导思想和根本制度

一、车辆与驾驶人管理的任务

车辆与驾驶人管理工作是依据《道路交通安全法》及其他相关法律、法规、标准等，运用现代科学技术和手段，对车辆与驾驶人实施管理。

（一）车辆管理的主要任务

车辆管理的主要任务有：（1）对车辆进行登记，核发牌证，建立车辆档案，为道路交通管理提供服务和保障。（2）对机动车安全技术检验机构进行监督管理，确保国家机动车安全技术检验标准的贯彻执行。（3）通过核发检验合格标志，确保上道路行驶的机动车符合国家机动车安全技术检验标准要求。（4）使用计算机登记系统采集车辆信息，通过信息共享和网上核查，提前预防和及时发现违法行为，从而有效打击车辆盗抢、走私及拼装等违法活动。（5）通过对车辆登记信息的采集、汇总、分析和研判，为政府其他职能部门提供车辆相关数据资料，为经济建设大局提供服务。

（二）机动车驾驶人管理的主要任务

机动车驾驶人管理的主要任务有：（1）对符合机动车驾驶证申领条件的人员，进行道路交通安全法律法规及相关知识、场地驾驶技能和道路驾驶技能考试，确保申请人达到安全驾驶车辆的要求，保证道路交通安全。（2）通过对驾

驶培训学校、考试场的监督管理，完善驾驶证申领人员的训练及考试，规范操作技能。(3) 通过对机动车驾驶证的定期审验，加强对机动车驾驶人的管理。(4) 通过对驾驶人实行累积记分、处罚、奖励及教育，不断提高驾驶人的安全意识。对于不符合驾驶条件的，注销驾驶人驾驶许可，排除不利于交通安全的因素。(5) 使用计算机登记系统采集驾驶人信息，通过信息共享和网上核查，减少伪造、变造、骗领机动车驾驶证的违法行为。(6) 通过对驾驶人登记信息的采集、汇总、分析和研判，为经济建设大局提供服务和保障。

二、车辆与驾驶人管理的指导思想

（一）统一立法，属地管理

我国的机动车牌证和驾驶证全国统一，全国通用，故关于车辆与驾驶人管理的法律、法规和技术标准必须全国统一。在管理中必须严格依法办事，才能达到目的。如果各地在管理中各行其是，各自为政，那么全国统一的有关法律、法规和技术标准就会成为一纸空文，管理工作就会陷入混乱状态，而且可能客观上为犯罪分子提供方便，损害国家利益和公民的合法权益。

由于我国地域广阔，各地情况不同，故采用属地管理的方法。各地可根据全国性的法律、法规和技术标准，因地制宜，制定实施办法、细则等，以便更有效地实施管理。此外，属地管理有利于得到群众的支持，有利于车辆的管理和驾驶人的教育管理。

（二）服务为本，接受监督

我国道路交通管理的性质，决定了车辆管理机关的一切管理活动，都必须从广大人民群众的根本利益出发，行使国家赋予的管理职能，为人民服务。在工作中，必须严格遵守文明服务规范，接待群众应认真、热情、耐心、文明；考试、检验应严格掌握国家标准，客观、公正。为了更好地为人民服务，防止腐败，车辆与驾驶人管理工作必须健全监督制约机制，采取有效的监督措施，接受群众的监督。

（三）保护合法，打击非法

保护公民和法人的合法权益，打击非法活动，是公安机关的神圣职责之一。车辆与驾驶人管理部门，必须对合法的车辆制造、拥有、使用、维修、交易等予以保护，对车辆走私、无牌无证行驶、非法组装、交易等予以打击，才能保证有关的法律、法规和技术标准的严肃性，体现公安机关为人民服务的宗旨。

三、车辆与驾驶人管理的根本制度

驾驶证管理制度和车辆牌证管理制度，是车辆与驾驶人管理的两个根本制度。世界各国对车辆与驾驶人管理的历史和实践证明，坚持这两个根本制度才能有效地搞好车辆与驾驶人管理工作。

驾驶证管理制度，是通过驾驶执照考取、核发和管理的方法，保证驾驶人的安全素质和掌握驾驶人队伍状况的有效手段。车辆牌证管理制度，是用车辆牌照核发和管理的方法，控制车辆安全技术状态和增长速度，创造安全行车条件的有效手段。要搞好车辆管理工作，充分发挥车辆管理工作的作用，必须加强对这两个根本制度的研究，改革不够合理的部分，充分完善这两个制度，使其更加科学，更能适应汽车社会化发展的需要。

第三节　车辆与驾驶人管理的法律依据及法律制度

车辆与驾驶人管理是公安机关交通管理部门依法进行的一项专门管理工作，属于国家行政管理的范畴，必须依据国家有关的法律、法规、相关政策、国家标准来行使管理职能。车辆与驾驶人管理部门进行车辆管理的法律依据包括法律依据、法规依据、职能部门的规章依据和相关技术标准依据。

车辆与驾驶人管理的法律、法规和规章是由国家立法机关及相关行政机关制定的，用来调整和保护车辆管理法律关系的各种规范性的文件。车辆与驾驶人管理的法律、法规和规章既是各级车辆与驾驶人管理部门行使管理权力的法律依据，也是履行车辆与驾驶人管理职责的行为规范，同时也是车辆所有人享受合法权利和履行应尽义务的法律保障。本节重点论述机动车和机动车驾驶证管理的法律依据及法律制度。

一、机动车管理的法律依据及法律制度

（一）机动车管理的法律依据

机动车管理方面的法律依据主要有：

——法律：《道路交通安全法》。

——法规：《道路交通安全法实施条例》。

——规章：《机动车登记规定》（公安部令第124号修订发布）、《警车管理规定》（公安部令第89号修订发布）、《临时入境机动车和驾驶人管理规定》（公安部令第90号修订发布）、《拖拉机登记规定》（农业部令第43号发布）。

——规范性文件：《机动车登记工作规范》。

——国家标准：《机动车运行安全技术条件》（GB 7258－2012）、《道路车辆外廓尺寸、轴荷及质量限值》（GB 1589－2004）。

——行业标准：《机动车查验工作规程》（GA 801－2008）、《机动车类型

术语和定义》（GA 802－2008）、《机动车号牌专用固封装置》（GA 804－2008）、《车辆和驾驶人管理印章》（GA 803－2008）、《机动车登记信息采集和签注规范》（GA 805－2008）、《机动车号牌》（GA 36－2007）、《机动车登记证书》（GA 369－2005）、《机动车号牌用反光膜》（GA 666－2006）等。

（二）机动车管理的法律制度

机动车管理方面的法律制度主要有：

——机动车登记制度：公安机关交通管理部门根据机动车所有人的申请，经依法审查，对机动车核发登记证书、号牌、行驶证，准予其上道路行驶的制度，包括注册登记、变更登记、转移登记、抵押登记和注销登记。

——机动车检验制度：登记后上道路行驶的机动车，依照法律、法规的规定，根据车辆用途、载客载货数量、使用年限等情况，定期进行安全技术检验的制度。

——机动车强制报废制度：达到国家强制报废标准的机动车，应当强制回收解体，并办理机动车注销登记的制度。

二、机动车驾驶证管理的法律依据及法律制度

（一）机动车驾驶证管理的法律依据

机动车驾驶证管理方面的法律依据主要有：

——法律：《道路交通安全法》。

——法规：《道路交通安全法实施条例》。

——规章：《机动车驾驶证申领和使用规定》（公安部令第123号修订发布）、《拖拉机驾驶证申领和使用规定》（农业部令第42号发布）。

——规范性文件：《机动车驾驶证业务工作规范》。

——行业标准：《机动车驾驶证件》（GA 482－2008）、《机动车行驶证》（GA 37－2008）、《机动车驾驶证专用塑封套》（GA 546－2005）等。

（二）机动车驾驶证管理的法律制度

机动车驾驶证管理方面的法律制度主要有：

——驾驶人考试制度：申请机动车驾驶证的人员，参加由公安机关交通管理部门依法组织的法律、法规和交通安全知识，以及道路驾驶技能的考试，考试合格后才能核发相应准驾车型驾驶证的制度。

——驾驶证审验制度：公安机关交通管理部门依法定期对驾驶人的身体条件、驾驶记录、遵守道路交通法律、法规情况等进行审验的制度，是道路交通安全管理的重要组成部分。

——道路交通安全违法行为累积记分制度：对违反道路交通安全法律、法规

的驾驶人，根据情节严重程度，对驾驶证记以一定的分值，对违法行为记分累积达到满分的，依法进行道路交通安全法律、法规和相关知识的教育和考试的制度。

第四节　车辆与驾驶人管理的历史沿革

一、车辆与驾驶人管理制度的历史沿革

（一）新中国成立前

我国最早的交通与车辆管理法规，产生于公元前221年。秦统一中国后制定了统一的法律和规章制度，如“税同率、币同值、车同轨、书同文、度同长短、衡同轻重、政令统一”。大筑“驰道”（即车马大道），并实行“男子由右，女子由左，车从中央”的规定。“车同轨”，统一了全国车辆轮距的宽度，这是我国最早的有关交通和车辆管理的规定。由于车辆种类繁多，历代都有对车辆的制造、装饰和使用的规定。例如，乾隆十五年（1750年），就有“文武满汉大臣，凡遇朝皆乘马，不许坐轿。嗣后文武大臣年及六旬实在不能乘马者，可照常坐轿，其余禁止。平民之车，黑油、齐头、平顶、皂幔、轿同车制，禁止用云头彩饰”。

1901年我国有了第一辆汽车，1902年我国开始进口汽车，1903年清政府首先在天津设立了管理交通的警务人员，任务是“平易道路”（即管理交通）。

1905年北京巡警总厅警务处设立了交通股，有了专门的交通管理机构。

1920年前后，在上海产生了专门针对车辆的管理法规，即当时上海租界内工部局制定的《开车章程》。随后，北京、上海、青岛、汉口、广州等一些大城市，都相继公布了地方性的社会车辆管理法规。这些车辆管理法规奠定了我国车辆管理法规的基础。

1934年12月，当时的内政部颁布了全国统一的《陆上交通管理规则》，其是有103条包括车辆管理的内容。这是我国近代第一部全国性的交通管理法规，其中有对汽车进行登记、检验的规定。

1937年至1945年，当时的行政院及交通部陆续公布了一批全国性的车辆管理法规，如《汽车管理规则》、《汽车驾驶人管理规则》、《发给各国驻华外交官汽车牌照驾驶执照优待办法》、《入境汽车驾驶人员申领驾驶执照办法》、《汽车补牌补照过户及变更登记实施细则》。这是我国专门对汽车及驾驶人管理作出规定的第一批车辆管理法规，确定了汽车号牌、执照、驾驶执照由交通部统一制发。1939年，当时的交通部成立了汽车牌照管理所。

1945年10月，当时的行政院再次发布《汽车管理规则》，合并了关于对汽

车检验、登记的规定和对驾驶员考验发照的规定。这个规则还把我国道路交通实行靠左侧行驶的原则，改为靠右侧通行。1947 年 7 月，经行政院核准，交通部公布《汽车管理规则》。根据这一规则，随后发布了一系列实施细则或办法，将原来《汽车管理规则》中的汽车登记、汽车检验、汽车装载和驾驶人考验、驾驶人及技工受雇、解雇登记等的细则单项公布。

（二）新中国成立后

新中国成立后，随着道路交通管理体制的变革和道路交通管理工作的发展，机动车和驾驶人管理体制经历了从多头管理到统一管理、从部门分割到职责完整的发展历程。

新中国成立初期，政务院（后称“国务院”）制定并批准了若干车辆管理法规。1950 年 3 月 20 日，政务院批准公布《汽车管理暂行办法》，同年 7 月，交通部公布《汽车管理暂行办法实施细则》，并都于 1953 年进行过修订，这是新中国成立后我国第一部车辆管理法规。1960 年，经国务院批准，交通部公布实施《机动车管理办法》。1979 年，交通部在北京召开了全国地方交通安全工作会议，决定在各省设立交通监理处。全国的道路交通管理由交通部门负责，仅有 18 个大中城市（后增加到 39 个）的交通管理（车辆管理、驾驶员管理与交通秩序管理）由公安部门负责，基本形成了大中城市以公安部门为主，中小城市以交通部门为主，农村以农机部门为主的三家分别管理的机动车和驾驶人管理格局。

1983 年，根据国务院的有关文件，全国 105 个城市的机动车检测、驾驶人考核、机动车核发牌证，均由公安部门负责。1985 年 4 月，公安部在昆明召开了城市车辆管理工作会议，总结几年来车辆管理工作的情况和经验，研究新形势下加强和改革城市车辆管理工作的措施。1986 年 12 月 31 日，经国务院批准，公安部正式设立了交通管理局，主管全国道路交通管理工作；下设车辆管理处，主管全国车辆与驾驶人管理的指导工作。同时，大部分地方的农业部门承担了对农用运输车的检验、考试、发证等工作。

随着改革开放的进一步深入，为适应经济发展的要求，公安部不断调整车辆管理工作，使得车辆管理工作的社会化进程不断深入。

1996 年至 2004 年，机动车和驾驶人管理工作通过公安部规章的形式逐步规范。1996 年，公安部颁布了《中华人民共和国机动车驾驶证管理办法》（以下简称《机动车驾驶证管理办法》）（公安部令第 28 号）和《中华人民共和国机动车驾驶员考试办法》（以下简称《机动车驾驶员考试办法》）（公安部令第 29 号），改革了机动车驾驶证管理及驾驶人考试制度，简化了手续，方便了群众，强化了管理，在车辆管理工作社会化进程中具有重要意义。2001 年 1 月 4 日，公安部颁布实施《中华人民共和国机动车登记办法》（以下简称《机动车登记办法》）

（公安部令第 56 号），对办理机动车登记的行为进行了全面的规范，并且限时完成登记手续，是公安机关交通管理部门强化管理手段的具体表现，对提高车辆管理和服务水平具有重大意义。

随着我国经济建设的发展和人民生活水平的提高，机动车和驾驶人数量迅猛增长，为进一步适应道路交通管理工作的需要，公安部在总结驾驶人管理工作的基础上，对 1996 年颁布实施的《机动车驾驶证管理办法》和《机动车驾驶员考试办法》进行了修改，于 2004 年 5 月 1 日颁布实施了《机动车驾驶证申领和使用规定》（公安部令第 71 号）和《机动车登记规定》（公安部令第 72 号）。

2003 年 10 月 28 日，第十届全国人大常委会第五次会议审议通过了《道路交通安全法》，该法自 2004 年 5 月 1 日起正式施行。这部法律的通过是我国道路交通法制建设历程中的一座里程碑，是我国道路交通事业全面走向法治时代的崭新开端。它以立法的形式解决了长期以来道路交通管理存在的法律规范严重滞后、适应性差，道路交通管理的法律规范层次低以及对道路交通违法行为的处罚种类少、幅度小、力度不够等现实问题。它明确了权利义务关系，对车辆和驾驶人、道路通行、交通事故等内容确定了法律制度，有利于提高管理水平，规范执法行为，增强公民守法意识，保障道路交通的有序、安全和畅通。

按照《道路交通安全法》的配套要求，国务院制定了《道路交通安全法实施条例》，并与《道路交通安全法》同步施行。《道路交通安全法实施条例》体现了《道路交通安全法》保障道路交通有序、安全、畅通的指导思想和依法管理、方便群众的基本原则；在内容上重点对《道路交通安全法》规定要在配套法规中明确的，予以明确规定；对《道路交通安全法》的原则规定予以细化，增强可操作性；对《道路交通安全法》规定已经比较明确的，不重复规定；在框架结构上与《道路交通安全法》相一致。目前，《道路交通安全法》及其实施条例、公安部规章基本构成了我国全面规范道路交通参与人权利义务关系的法律体系。

2006 年以来，机动车和驾驶人数量急剧增长（见图 1－1、图 1－2），与此同时，交通安全形势日益严峻，道路交通违章、肇事问题突出，新驾驶人交通肇事率居高不下，驾驶人整体素质亟待提高。而现行的有关制度已难以适应经济发展和道路交通管理工作的需要，管理方法和手段也相对落后，迫切需要进一步改革和加强驾驶人管理工作，从严规范驾驶证管理制度，提高驾驶人整体素质，以进一步适应道路交通管理工作的需要，更好地为经济发展和人民群众提供服务。为适应经济社会的发展和交通安全形势的不断变化，公安部及相关部门对机动车和驾驶人管理法规和标准不断进行补充和完善，相继发布了《警车管理规定》（公安部令第 89 号）、《临时入境机动车和驾驶人管理规定》（公安部令第 90 号），2008 年修订发布了《机动车登记规定》（公安部令第 102 号）、《机动车驾驶证申领和使用规定》（公安部令第 91 号）和 2012 年修订发布了《机动车驾驶证申领和使用规定》（公安部令第 123 号）以及《机动车运行安全技术条件》（GB 7258－2012）等 3 个国家标准和 16 个行业标准。

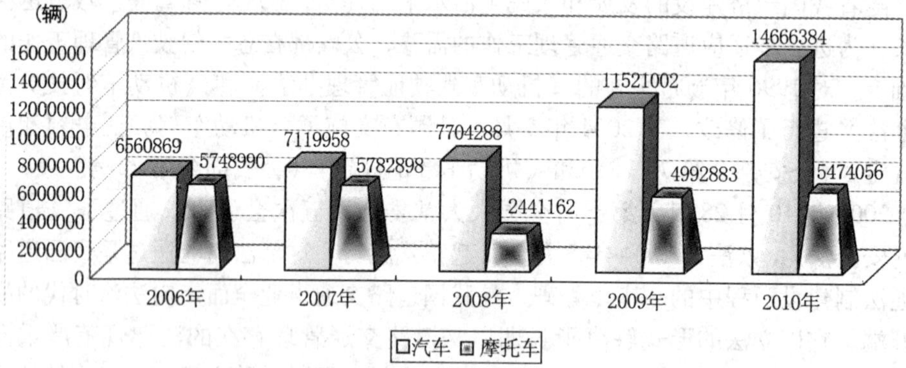

图 1－1　2006 年至 2010 年汽车和摩托车保有量增长情况

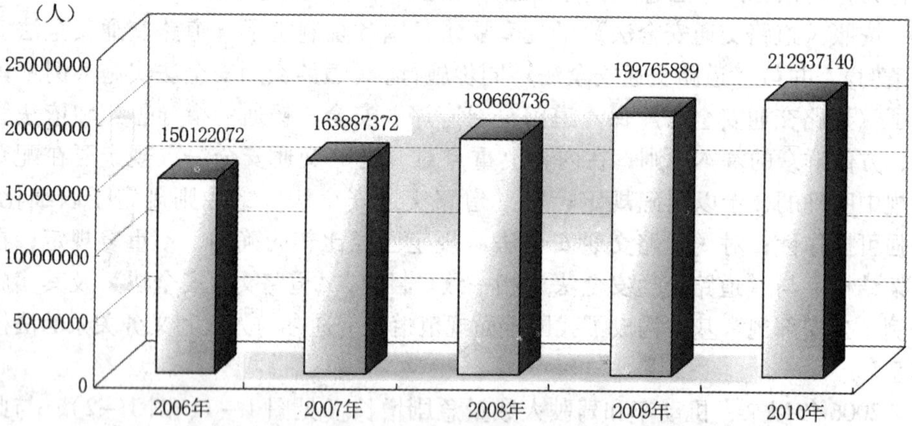

图 1－2　2006 年至 2010 年机动车驾驶人数量增长情况

（三）近年来车辆与驾驶人管理工作的发展历程简介

1. 管理理念经历了从注重管理到管理与服务并重的发展历程

2003 年，推出 17 项便民利民措施。

2004 年，通过修改规章推出 30 多项便民利民措施。

2007 年，推出 16 项服务群众措施。

2008 年，新修订的《机动车登记规定》包含 22 项服务群众措施。

2009 年，推出建设交通管理服务站等 10 项服务群众措施。

2010 年，共推出允许右下肢、双下肢残疾人驾车、国产轿车免检等 24 项服务措施。

2011 年，推出应用交通管理自助服务终端等服务措施。

2. 信息化应用发展历程

2000 年，建成全国机动车和驾驶人信息查询系统。

2004 年，推广全国统一版本的机动车登记和驾驶证管理系统。

2005 年以来，机动车登记和驾驶证管理系统先后作了 8 次升级调整。

2007 年以来，开发应用全国机动车和驾驶人业务监管统计系统软件。

2010 年，组织开发公安交通管理综合应用平台。

3. 管理经历了从热点岗位到规范窗口、从标准各异到统一评定的发展历程

目前，全国 353 个地市车辆管理所中，已有 26 个跨入一等管理水平，143 个达到二等以上管理水平；已有 100 个全国优秀县级车辆管理所，其中成都市车辆管理所被国务院命名为"人民满意的车辆管理所"，北京、杭州、宁波等车辆管理所被公安部记集体一等功。

二、车辆与驾驶人管理体制的历史沿革

我国车辆与驾驶人管理体制的发展历程，大致分为四个阶段：多部门共同管理阶段、统一管理起步阶段、规范化管理阶段、法制化管理阶段。

（一）多部门共同管理阶段（1949 年至 1985 年）

这个阶段横跨时间长达 30 多年，由于处于特殊的历史时期，这个阶段的车辆与驾驶人管理由公安、交通、农机等多个部门共同负责，车辆与驾驶人管理工作受国家政治、经济和管理体制影响较大。

（二）统一管理起步阶段（1986 年至 1995 年）

这个阶段是自 1986 年全国道路交通体制改革到 1995 年的十年，我国正处于计划经济向市场经济的过渡时期。经过体制改革，车辆与驾驶人管理遇到了新的历史发展机遇，进入公安机关统一管理时期，主要特点包括：（1）公安机关统一管理在体制上的确定；（2）出台《中华人民共和国道路交通管理条例》；（3）逐步建立相关机动车和驾驶人管理的规范；（4）科技的发展在管理实践中的应用。

（三）规范化管理阶段（1996 年至 2003 年）

这个阶段是《道路交通安全法》颁布前的规范调整时期，时间跨度从 1996 年到 2003 年。这个阶段我国经济体制发生了巨大的变革，经济的快速发展对车辆与驾驶人管理工作产生了巨大的影响。这一时期，车辆与驾驶人管理开始走上规范化建设的道路，主要特点包括：（1）基本确定驾驶人考试和驾驶证管理制

度；（2）逐步建立全国统一的机动车登记制度；（3）加大对机动车和驾驶人信息系统建设的投入；（4）逐步形成管理与服务并重的理念。

（四）法制化管理阶段（2004 年至今）

随着《道路交通安全法》及其实施条例的颁布，我国机动车和驾驶人管理工作全面进入法制化管理阶段。其主要特点包括：（1）《道路交通安全法》颁布实施；（2）配套法规的逐步推行，使得法律体系逐步形成；（3）与时俱进，不断完善车辆与驾驶人管理法律法规体系。

第五节　当前车辆与驾驶人管理工作面临的挑战及发展方向

一、车辆与驾驶人管理工作面临的新形势

（一）汽车社会化趋势的高速发展对车辆与驾驶人管理工作的要求不断提高

1. 当前我国机动车的基本情况

截至 2011 年年底，全国机动车保有量 224788638 辆。其中，汽车（含三轮汽车和低速载货汽车 105787698 辆，占 47.06%；摩托车 102602397 辆，占 45.64%；挂车 1723018 辆，占 0.77%；上道路行驶的拖拉机 14651082 辆，占 6.52%；其他机动车 24453 辆，占 0.01%。与 2010 年相比，增加 17727352 辆，增长 8.56%。

2011 年，山东、广东、河南、江苏、河北、浙江、四川、安徽等 8 个省的机动车保有量超过 1000 万辆，其中，山东、广东机动车保有量超过 2000 万辆。全国共有 23 个城市的机动车保有量超过 100 万辆，其中，北京、重庆、成都、上海、广州、杭州、天津等 7 个城市的机动车保有量超过 200 万辆。从全世界范围来看，千人汽车保有量为 120 辆，而我国目前千人汽车保有量只有 54 辆，不到世界平均水平的一半。我国作为一个新兴汽车大国，2010 年已经成为世界最大的汽车生产国和第一大新车市场，汽车保有量近年来也迅速扩大。

2. 当前我国机动车驾驶人的基本情况

截至 2011 年年底，全国机动车驾驶人达 2.36 亿人。其中，驾龄不满 1 年的新驾驶人所占比率达到 11.09%；女性驾驶人占 18.96%，比去年提高了 1.37 个百分点。广东、山东等 7 个省驾驶人数量超过 1000 万人，广东省驾驶人数量超过 2000 万人，居全国第一。近五年来，全国驾驶人数量年均增加 1986 万人，2011 年全年增加 2269 万人。

2010 年机动车驾驶人数量与 2009 年年底相比增长 6.59%。其中，汽车驾驶人占驾驶人总数的 71.30%，与 2009 年年底相比增长 9.85%。汽车驾驶人数与汽车保有量比率为 1.67:1。

从统计情况看，随着机动车保有量的快速增长，近年来机动车驾驶人数量也呈现大幅增长趋势，年均增长量达 1577 万人。从各地情况看，广东、山东、河南、江苏、四川、河北、浙江的驾驶人数量超过 1000 万人。驾驶人年龄段相对集中，26 岁至 50 岁之间的驾驶人占总数的 79.44%；18 岁至 25 岁的驾驶人占总数的 10.60%；51 岁至 60 岁的驾驶人占总数的 8.83%；超过 60 岁的驾驶人占总数的 1.25%。

从驾驶人驾龄看，3 年以下驾龄的驾驶人占驾驶人总数的 37.39%。2010 年驾龄不满 1 年的新驾驶人所占比率达到 11.52%，与 2009 年年底相比上升 1.06 个百分点。近年来随着驾驶人数量的快速增长，驾龄不满 1 年的新驾驶人所占比率逐渐提高。

（二）政府对车辆与驾驶人管理工作的要求不断提高

从党的十六大明确提出“社会更加和谐”的奋斗目标，到党的十六届四中全会进一步提出“构建社会主义和谐社会”的任务，再到党的十七大对科学发展观的深刻论述，构建社会主义和谐社会，正更加庄严而紧迫地摆在全党、全国人民面前。公安机关车辆管理工作是公安交警部门与社会各界、广大群众交流的重要窗口，其工作效率的高低，服务质量的优劣，直接关系着公安机关的声誉，关系着党和政府的形象，关系着人民群众的切身利益，关系着社会的和谐发展。

在我国，公安机关交通管理部门的工作宗旨就是为人民服务。道路交通安全工作中的便民原则，就是要求公安机关交通管理部门在依法开展道路交通工作过程中，尽可能为交通参与人提供便利和方便，从而保障交通参与人进行交通活动的顺利实现。

（三）社会发展对车辆与驾驶人管理工作的要求不断提高

随着社会的不断进步和经济的快速平稳发展，车管部门要进一步解放思想，认真研究当前车管工作发展阶段性特征，准确把握车管部门面临的新形势、新任务，切实找准车管工作在新世纪新阶段、在公安工作大局中的历史定位，研究制定出符合新形势、新任务要求的发展目标、工作思路和工作措施，以改革创新的精神推动车管工作不断迈上新台阶。

（四）道路交通安全的严峻形势对车辆与驾驶人管理工作的要求不断提高

我国目前机动车保有量约占世界的 3%，但交通事故死亡人数占全世界的 15%，是全世界交通事故死亡率最高的国家之一，如表 1－1、表 1－2 所示。

表 1－1　2001 年至 2009 年道路交通事故概况

年　份	汽车驾驶员人数	事故次数	死亡人数	受伤人数
2001	44626768	754919	105930	546485
2002	48270803	773137	109381	562074
2003	53680656	667507	104372	494174
2004	71016414	567753	99217	451810
2005	80177560	450254	98738	469911
2006	93172381	378781	89455	431139
2007	103322271	327209	81649	380442
2008	122092132	265204	73484	304919
2009	138203911	238351	67759	275125

表 1－2　我国万车死亡率与美国、法国、德国、日本万车死亡率对比

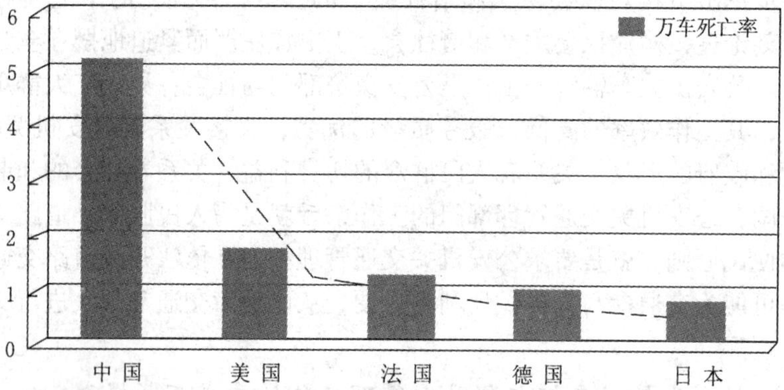

注：1. 我国的万车死亡率（5.2）是美国的 3 倍，是法国的 4 倍，是德国的 5.5 倍，是日本的 6.4 倍。

2. 我国汽车保有量约占世界汽车保有量的 3%，但交通事故死亡人数占世界的 15.6%。

2010 年，全国共发生道路交通事故 26.5 万起，造成 7.3 万人死亡，30.5 万人受伤，直接财产损失高达 10.1 亿元。按发生事故的原因分析，驾驶人违法占 70%～80%，机动车机械故障原因小于 5%，道路及相关设施原因占 1%，行人违法占 15%。可见，驾驶人和行人违法是导致道路交通事故的最主要原因。

2011 年，全国共接报涉及人员伤亡的道路交通事故 210812 起，共造成 62387

人死亡。超速行驶、酒后驾驶、疲劳驾驶是导致交通事故多发的主要原因，特别是超速行驶导致的事故死亡人数占全部死亡人数的14.2%，这个比例还是相当高的。从事故发生的地点、道路情况看，高速公路的事故仍然呈上升的趋势。

2011年，营运客货车辆肇事50296起，占23.9%；造成20648人死亡，占33.1%。

2011年，全国共发生一次死亡10人以上的特大交通事故27起，造成451人死亡，其中营运客货车肇事的事故23起，造成390人死亡，分别占85.1%和86.5%。从这些重特大道路交通事故看，驾驶人是造成事故的重要因素。一些营运客货车驾驶人，特别是大中型客货车驾驶人安全意识淡薄、交通违法行为普遍、应急处置技能不足等问题突出，暴露出大中型客货运驾驶人准入门槛较低、运输企业内部管理不规范、驾驶人日常教育缺失等问题。

如何从源头上进一步严格车辆与驾驶人管理，发挥预防道路交通事故“第一道防线”的作用，是当前车辆与驾驶人管理工作面临的重大问题之一。

（五）科技的发展对车辆与驾驶人管理工作要求不断提高

随着现代化信息产业的兴起，计算机网络技术得到了空前的发展，为充分利用信息资源，发挥现代高科技的优势，车辆管理部门应逐步实现管理办公与服务的科技化与现代化，建立车辆管理部门自己的互联网站点和对外服务计算机网络系统。这也是公安部“三项建设”中“信息化”建设的重要内容之一。

（六）法制进程的发展对车辆与驾驶人管理工作依法行政的要求不断提高

党的十五大提出“依法治国”的方略，要求行政机关“依法行政”（包括程序和实体两大方面）。特别是《中华人民共和国行政诉讼法》、《中华人民共和国行政复议法》、《中华人民共和国行政许可法》等法律法规的相继出台，改变了行政相对方在行政管理过程中完全被管理的地位，赋予了相对方对于行政机关的具体行政行为不服可以进行行政复议和诉讼的权利。作为国家行政机关重要组成部分的公安车辆管理机关面临新的形势，改变原有的车辆管理思想、管理模式已经势在必行，必须注重和强化执法规范化建设。

二、当前车辆与驾驶人管理工作存在的主要问题

从车辆与驾驶人管理工作的长远发展看，当前的车辆与驾驶人管理工作存在六个方面的不适应：一是车辆管理所数量和车管民警人数相对固定与机动车和驾驶人日益激增的数量不适应；二是相对落后的管理模式与车辆进入家庭的日益普及化形势不适应；三是复杂的业务管理规定与人民群众日益需求的快捷效率不适应；四是传统服务模式与人民群众依法办牌办证所需要的人性化服务不适应；五

是机动车驾驶人安全意识淡薄与构建和谐平安交通的需求不适应；六是现行法规、规章不够健全和完善，部分条款与社会发展的要求不适应。

产生上述问题的原因是多方面的，有体制和机制的因素，但更重要的是主观原因，即业务工作和队伍正规化建设水平有待进一步提高。在车辆与驾驶人管理业务工作中具体表现为以下四个方面：

第一，在驾驶人管理方面的表现：一是驾驶人特别是低驾龄驾驶人的安全驾驶意识和技能有待增强和提高；二是重点驾驶人教育管理不到位；三是驾驶人考试制度的落实仍是规范执法薄弱环节和监管难点。

第二，在机动车管理方面的表现：一是机动车安全技术标准要求低，机动车生产企业责任落实不到位；二是机动车查验把关不严，制度规范和标准落实不到位；三是履行对安检机构的监管职责不到位。

第三，在服务群众工作方面的表现：一是执法为民的思想根基不牢；二是对车辆管理所服务职能认识不到位；三是服务群众措施不落实；四是车管民警队伍素质有待提高。

第四，在车辆管理所正规化建设方面的表现：目前还有部分县级车辆管理所工作基础差，服务群众能力不高的问题比较突出。特别是少数车辆管理所，有令不行，有禁不止，权钱交易、以权谋私现象突出，时而发生买卖驾驶证和为走私、盗抢等非法机动车办牌办证等严重违法违纪案件，不仅影响到公安机关和交警队伍的形象，损害了广大交通民警用鲜血乃至生命赢得的荣誉，而且严重扰乱和破坏了国家市场经济秩序，也给道路交通安全带来严重隐患，危害人民群众的生命和财产安全。

新的社会形势要求车辆与驾驶人管理工作更加规范化、公开化、法制化、服务化、效率化、社会化。适应形势才会有发展，要发展必须有创新。车辆与驾驶人管理工作必须在强化社会管理、公共服务和车辆管理队伍建设上取得新突破，才能适应当前的形势需要，才能实现真正的跨越式发展。

三、车辆与驾驶人管理的发展方向

随着社会的不断进步，人民群众法治意识的不断增强，车辆与驾驶人管理工作面临着新形势及新挑战。车辆与驾驶人管理工作要主动适应社会管理创新和经济社会发展的要求，把预防和减少道路交通事故作为工作的核心任务，把方便人民群众工作生活、促进经济社会发展作为工作的主要方向，坚持服务与管理的有机统一，构建适应新形势要求的规范化服务型车辆与驾驶人管理体系。

车辆与驾驶人管理作为社会管理工作中的一种，必须时刻适应社会环境和外部条件的变化导致的管理主体和行政相对人需求的变化，因此必须不断调整工作方法、工作方式和管理内容。

为了更好地提升车辆管理和服务水平，更好地适应社会环境的变化，首先，要创新管理模式，创新服务措施，形成科学管理体系。创新既要切合实际，同时也应具有一定的前瞻性和可预见性，能够与时俱进，能够满足人民群众对车辆与驾驶人管理工作的新要求。转变管理理念是提升管理服务水平的基础，要树立以人为本的现代公共管理理念，改变传统的以单纯办牌办证为主要内容的管理方式，以人民群众最关心、最直接、最现实的利益作为出发点，不断调整职能定位。在管理内容上，突出重点，具体体现在：突出服务理念，强化服务措施，将服务与管理有机结合在一起，积极推动一些简单业务的下放和延伸，进一步简化程序，下放权限，方便群众。在此基础上，对大中型客车、校车、危险品运输车等重点车辆和重点驾驶人进行重点管理，抓住预防重特大道路交通事故的核心和关键，运用科学技术手段，对重点车辆要严格检验、严格登记、严密管控；对重点车辆驾驶人要严格考试、严格教育、严格管理。

其次，在服务方式上，要改变以往“被动主义”行政模式，使其向着“主动式服务”转变。传统的车辆管理体制是依靠固定的机构，在固定的环境和条件下实施管理，主要采取的是“坐等群众上门”的服务模式，缺乏必要的应变机制和能力，社会资料的有效利用不足。在社会需求日益复杂化和多样化的背景下，车辆与驾驶人管理工作必须适应时代要求，借助系统管理模式，在制度设计和服务手段上采取更加社会化、开放式的现代公共管理方法，充分发挥内部资源的潜力，科学配置社会资源；采用主动式管理和服务手段，缩短管理服务半径，将便民服务延伸到企业、农村和家庭，送到群众身边去，使群众可以更方便、更快捷、更高效地办理相关业务。

最后，在管理手段上要从静态管理向动态监控转变。随着社会的进步，各群体、各行业的社会需求日渐呈现多元化的特点，信息化条件下网络科技的迅猛发展使得整个社会系统运行单元之间的融合度不断加大，同时也使得车辆与驾驶人管理工作日趋复杂，社会公众对政府管理的及时性、有效性提出了更高的要求，因此要求在管理的运行体制、规则和方式程序上也要作出相应的调整。在严格机动车登记、检验，严格驾驶人考试、考核的基础上，更加注重对车辆和驾驶人的日常管理，及时告知其交通违法情况，发布车辆检验和驾驶证审验提示。在驾驶证审验、换证、注销或者机动车检验、报废前，通过手机短信、信函、电话等多种方式告知驾驶人或车主，突出主动服务，提高管理效能。

车辆与驾驶人管理要主动适应国家转变经济发展方式的新形势、新任务，以创新发展为主线，以规范执法和优质服务为主题，构建科学合理的机动车管理体系，建立健全有效的驾驶人信用管理体系，积极构建适应新形势需求的规范化要求。

第二章 机动车管理

第一节 机动车管理的概念和内容

一、机动车管理的概念

机动车管理，是指公安机关交通管理部门根据相关法律、法规、技术标准，对正在使用的机动车辆进行的登记、检验、核发牌证，以及采用技术手段对车辆制造、改装、保修和使用状况进行安全认证、技术监督管理的一项专门工作。

加强机动车管理工作的目的在于，保障道路交通安全，提高运输效益；防治公害，减低消耗；适时掌握机动车辆的静态分布与增长情况，为城市交通规划、道路交通管理及运输提供科学依据；有力打击利用机动车进行的一系列犯罪活动，维护社会的稳定。

二、机动车管理的内容

机动车管理主要是围绕机动车登记制度、机动车检验制度和机动车强制报废制度三项基本制度来开展的。

（一）机动车登记制度

公安机关交通管理部门根据机动车所有人的申请，经依法审查，对机动车的主要特征及其所有人的基本信息进行登记，核发登记证书、号牌、行驶证和检验合格标志。机动车登记是准予机动车上路行驶的法定登记。

（二）机动车检验制度

机动车安全技术检验机构依据法律、法规的规定，运用技术检测手段，对机动车发动机、转向系、制动系、安全防护装置等安全技术性能进行检测，确认其符合国家安全技术标准。

（三）机动车强制报废制度

达到国家强制报废标准的机动车，应当强制回收解体，并办理机动车注销登记。已注册登记的机动车达到国家规定的强制报废标准的，公安机关交通管理部门应当在报废期满的2个月前通知机动车所有人办理注销登记。机动车所有人应当在报废期满前将机动车交售给机动车回收企业，由机动车回收企业将报废的机动车登记证书、号牌、行驶证交公安机关交通管理部门注销。逾期不办理注销登记的，公安机关交通管理部门应当公告该机动车登记证书、号牌、行驶证作废。

三、机动车管理的意义

对机动车进行登记，可以使公安机关交通管理部门及时掌握车辆的技术状况、车辆的分布和变动情况，制定交通管理措施，同时使公安机关交通管理部门车辆管理所便于查找车主和掌握车辆的各种动态，有利于保护公民、法人和其他组织的合法权益，促进社会经济的发展，保障道路交通安全。机动车登记是做好公安交通管理工作的一个重要前提条件，因此机动车登记是一项非常细致而且需要认真处理的工作，必须严肃地履行规定手续，严格地依照法律法规来办理：（1）对车辆进行登记，核发牌证，建立车辆档案，为道路交通管理提供服务和保障；（2）对机动车安全技术检验机构进行监督管理，确保国家机动车安全技术检验标准的贯彻执行；（3）通过核发检验合格标志，确保上道路行驶的机动车符合国家机动车安全技术检验标准要求；（4）使用计算机登记系统采集车辆信息，通过信息共享和网上核查，提前预防和及时发现违法行为，从而有效打击车辆盗抢、走私及拼装等违法活动；（5）通过对车辆登记信息的采集、汇总、分析和研判，为政府其他职能部门提供车辆相关数据资料，为经济建设大局服务。

第二节 机动车的分类

在我国，机动车依据相关法律、法规、国家标准以及部门规章进行分类。由于管理角度及适用对象不同，故分类方法也不同。

一、《道路交通安全法》中机动车的定义

《道路交通安全法》第119条规定，机动车，是指以动力装置驱动或者牵引，上道路行驶的供人员乘用或者用于运送物品以及进行工程专项作业的轮式车辆。

二、按《机动车运行安全技术条件》（GB 7258－2012）分类

与《道路交通安全法》中的规定相同，机动车，是指以动力装置驱动或牵引，上道路行驶的供人员乘用或用于运送物品以及进行工程专项作业的轮式车

辆，包括汽车及汽车列车、摩托车、拖拉机运输机组、轮式专用机械车、挂车。

（一）汽　　车

汽车由动力驱动，是具有四个或四个以上车轮的非轨道承载的车辆。其主要用于载运人员和/或货物（物品）、牵引载运货物（物品）的车辆或特殊用途的车辆、专项作业。汽车还包括与电力线相联的车辆，如无轨电车；整车整备质量超过400kg的不带驾驶室的三轮车辆；整车整备质量超过600kg的带驾驶室的三轮车辆。

1. 载客汽车

载客汽车是设计和制造上主要用于载运人员的汽车，包括装置有专用设备或器具但以载运人员为主要目的的汽车。

（1）乘用车，即设计和制造上主要用于载运乘客及其随身行李和/或临时物品的汽车，包括驾驶人座位在内最多不超过9个座位。它也可以牵引一辆中置轴挂车。

（2）客车，即设计和制造上主要用于载运乘客及其随身行李的汽车，包括驾驶人座位在内座位数超过9个。包括：①公路客车。②长途客车：为城间（城乡）运输乘客设计和制造、专门从事旅客运输的客车，包括卧铺客车，即设计和制造供全体乘客卧睡的客车。③旅游客车：为旅游设计和制造、专门用于运载游客的客车。④公共汽车，主要是城市客车：为城市内运输乘客设计和制造的客车，根据是否设有乘客站立区可分为：(a)设有乘客站立区的公共汽车，即最大设计车速小于70km/h、设有座椅及乘客站立区，并有足够的空间供频繁停站时乘客上下车走动，有固定的线路和车站，主要在城市建成区运营的客车；也包括无轨电车，即以电动机驱动，与电力线相连的客车。(b)未设置乘客站立区的公共汽车，即未设置乘客站立区，有固定的线路和车站，主要在城市道路运营的客车。

（3）校车，即用于有组织地接送3周岁以上学龄前幼儿或接受义务教育的学生上下学的7座以上的载客汽车。包括：①幼儿校车：接送3周岁以上学龄前幼儿上下学的校车。②小学生校车：接送小学生上下学的校车。③中小学生校车：接送九年制义务教育阶段学生（小学生和初中生）上下学的校车。④专用校车：设计和制造上专门用于运送3周岁以上学龄前幼儿或义务教育阶段学生的校车。

2. 载货汽车

载货汽车是设计和制造上主要用于载运货物或牵引挂车的汽车，包括装置有专用设备或器具但以载运货物为主要目的的汽车。包括：（1）半挂牵引车：装备有特殊装置用于牵引半挂车的汽车。（2）低速汽车：三轮汽车（最大设计车速小于等于50km/h的，具有三个车轮的货车）和低速货车（最大设计车速小于

70km/h 的，具有四个车轮的货车）的总称。（3）危险货物运输车：专门用于运输符合《危险货物品名表》等相关标准规定的危险货物的货车。

3. 专用作业车

专用作业车是装置有专用设备或器具，在设计和制造上用于专项作业的汽车，如汽车起重机、消防车、混凝土泵车、清障车、高空作业车、扫路车、吸污车、钻机车、仪器车、检测车、监测车、电源车、通信车、电视车、采血车、医疗车、体检医疗车等，但不包括以载运人员或货物为主要目的的汽车。

4. 气体燃料汽车

气体燃料汽车是装备以石油气、天然气或煤气等气体为燃料的发动机的汽车。

5. 两用燃料汽车

两用燃料汽车是具有两套相互独立的燃料供给系统，一套供给天然气或液化石油气，另一套供给其他燃料，两套燃料供给系统可分别但不可同时向燃烧室供给燃料的汽车，如汽油/压缩天然气两用燃料汽车、汽油/液化石油气两用燃料汽车等。

6. 双燃料汽车

双燃料汽车是具有两套燃料供给系统，一套供给天然气或液化石油气，另一套供给其他燃料，两套燃料供给系统按预定的配比向燃烧室供给燃料，在缸内混合燃烧的汽车，如柴油—压缩天然气双燃料汽车，柴油—液化石油气双燃料汽车等。

7. 纯电动汽车

纯电动汽车是由电动机驱动，且驱动电能来源于车载可充电蓄电池或其他能量储存装置的汽车。

8. 插电式混合动力汽车

插电式混合动力汽车是具有一定的纯电驱动行驶里程，且在正常使用情况下可从非车载装置中获取电能量的混合动力汽车。

9. 燃料电池汽车

燃料电池汽车是以燃料电池作为动力电源的汽车。

10. 教 练 车

教练车是专门从事驾驶技能培训的汽车。

11. 残疾人专用汽车

残疾人专用汽车是在采用自动变速器的乘用车上加装符合标准和规定的驾驶辅助装置，专门供特定类型的肢体残疾人驾驶的汽车。

12. 挂　　车

挂车是设计和制造上需由汽车或拖拉机牵引，才能在道路上正常使用的无动力道路车辆，包括牵引杆挂车、中置轴挂车和半挂车，主要用于载运货物或专项作业。

（1）牵引杆挂车（全挂车）：至少有两根轴的挂车，具有一轴可转向；通过角向移动的牵引杆与牵引车联结；牵引杆可垂直移动，联结到底盘上，因此不能承受任何垂直力。

（2）中置轴挂车：均匀受载时挂车质心紧靠车轴位置，牵引装置相对于挂车不能垂直移动、与牵引车连接时只有较小的垂直载荷作用于牵引车的挂车。

（3）半挂车：均匀受载时挂车质心位于车轴前面，装有可将垂直力和/或水平力传递到牵引车的联结装置的挂车。

13. 汽车列车

汽车列车是由汽车（低速汽车除外）牵引挂车组成的机动车，包括乘用车列车、货车列车和铰接列车。

（二）摩托车

摩托车是由动力装置驱动的，具有两个或三个车轮的道路车辆，但不包括：整车整备质量超过400kg的不带驾驶室的三轮车辆；整车整备质量超过600kg的带驾驶室的三轮车辆；最大设计车速、整车整备质量、外廓尺寸等指标符合相关国家标准和规定的，专供残疾人驾驶的机动轮椅车；电驱动的，最大设计车速不大于20km/h，具有人力骑行功能，且整车整备质量、外廓尺寸、电动机额定功率等指标符合相关国家标准规定的两轮车辆。

1. 普通摩托车

普通摩托车是无论采用何种驱动方式，其最大设计车速大于50km/h，或如使用内燃机，其排量大于50mL，或如使用电驱动，其电动机最大输出功率总和大于4kW的摩托车。

（1）两轮普通摩托车：装有一个从动轮和一个驱动轮的普通摩托车。

（2）边三轮摩托车：在两轮普通摩托车的右侧装有边车的摩托车。

（3）正三轮摩托车：装有与前轮对称分布的两个后轮的普通摩托车，且如设计和制造上允许装载货物或载运乘员，其最大设计车速小于70km/h。

2. 轻便摩托车

轻便摩托车是无论采用何种驱动方式，其最大设计车速不大于50km/h的摩托车。如使用内燃机，其排量不大于50mL；如使用电驱动，其电动机最大输出功率总和不大于4kW。

（1）两轮轻便摩托车：装有一个从动轮和一个驱动轮的轻便摩托车。

（2）正三轮轻便摩托车：装有与前轮对称分布的两个后轮的轻便摩托车。

（三）拖拉机运输机组

拖拉机运输机组是由拖拉机牵引一辆挂车组成的用于载运货物的机动车，包括轮式拖拉机运输机组和手扶拖拉机运输机组。

《机动车运行安全技术条件》中所指的拖拉机，是指最高设计车速不大于20km/h、牵引挂车方可从事道路货物运输作业的手扶拖拉机，和最高设计车速不大于40km/h、牵引挂车方可从事道路货物运输作业的轮式拖拉机。

其中，手扶拖拉机运输机组还包含手扶变型运输机，即发动机12h标定功率不大于14.7 kW，采用手扶拖拉机底盘，将扶手把改成方向盘，与挂车连在一起组成的折腰转向式运输机组。

（四）轮式专用机械车

轮式专用机械车是有特殊结构和专门功能，装有橡胶车轮可以自行行驶，最大设计车速大于20km/h的轮式机械，如装载机、平地机、挖掘机、推土机等，但不包括叉车。

（五）特型机动车

特型机动车是质量参数和/或尺寸参数超出《道路车辆外廓尺寸、轴荷及质量限值》（GB 1589－2004）规定的汽车、挂车、汽车列车。

三、按《机动车辆及挂车分类》（GB/T 15089－2001）分类

该标准将机动车辆和挂车分为L类、M类、N类、O类和G类，适用于道路上使用的汽车、挂车及摩托车。

（一）L 类

L类车是指两轮或三轮机动车辆，见表2－1。

表2－1 L类车的分类

L1	L2	L3	L4	L5
若使用热力发动机，其气缸排量不超过50mL；且无论何种驱动方式，其最高设计车速不超过50km/h的两轮车辆	若使用热力发动机，其气缸排量不超过50mL；且无论何种驱动方式，其最高设计车速不超过50km/h的具有任何车轮布置形式的三轮车辆	若使用热力发动机，其气缸排量超过50mL，或无论何种驱动方式，其最高设计车速超过50km/h的两轮车辆	若使用热力发动机，其气缸排量超过50mL，或无论何种驱动方式，其最高设计车速超过50km/h；三个车轮相对于车辆的纵向中心平面为非对称布置的车辆（带边斗的摩托车）	若使用热力发动机，其气缸排量超过50mL，或无论何种驱动方式，其最高设计车速超过50km/h；三个车轮相对于车辆的纵向中心平面为对称布置的车辆

（二）M　　类

M 类车是指至少有四个车轮并且用于载客的机动车辆，分为 M1、M2、M3，见表 2－2。

表 2－2　M 类车的分类

类　型	M1	M2	M3
座位数	不超过 9 座（包括驾驶员座位）	超过 9 座（包括驾驶员座位）	超过 9 座（包括驾驶员座位）
总质量（kg）		≤5000	>5000

（三）N　　类

N 类车是指至少有四个车轮并且用于载货的机动车辆，分为 N1、N2、N3，见表 2－3。

表 2－3　N 类车的分类

类　型	N1	N2	N3
最大设计总质量（kg）	≤3500	3500～12000	>12000

（四）O　　类

O 类车是指挂车（包括半挂车），分为 O1、O2、O3、O4，见表 2－4。

表 2－4　O 类车的分类

类　型	O1	O2	O3	O4
最大设计总质量（kg）	≤750	750～3500	3500～10000	>10000

（五）G　　类

G 类车是指越野车，见表 2－5。

表 2－5　G 类车的分类

类型	M1 类和不超过 2000kg 的 N1 类	＞2000kg 的 N1 类、N2 类、M2 类或＜12000kg 的 M3 类	N3 类和＞12000kg 的 M3 类
应满足的条件	至少有一个前轴和一个后轴能同时驱动，其中包括一个驱动轴可以脱开的车辆；至少有一个差速锁止机构或至少有一个具有类似作用的机构；单车计算爬坡度至少为 30%。且满足下列六项要求中的五项：接近角≥25°；离去角≥20°；纵向通过角≥20°；前轴离地间隙≥180mm；后轴离地间隙≥180mm；前后轴间的离地间隙≥200mm	如果所有车车轮设计为同时驱动（包括一轴的驱动可以脱开的车辆）或者如果满足下列三项要求：至少有一个前轴和一个后轴能同时驱动，其中包括一个驱动轴可以脱开的车辆；至少有一个差速锁止机构或至少有一个具有类似作用的机构；单车计算爬坡度至少为 25%	如果所有车车轮设计为同时驱动（包括一轴的驱动可以脱开的车辆）或者如果满足下列要求：至少半数车轮用于驱动；至少有一个差速锁止机构或至少有一个具有类似作用的机构；单车计算爬坡度至少为 25%；并且必须满足下列六项要求中的至少四项：接近角≥25°；离去角≥25°；纵向通过角≥25°；前轴离地间隙≥250mm；后轴离地间隙≥250mm；前后轴离地间隙≥300mm

四、按《机动车类型　术语和定义》（GA 802－2008）分类

（一）机动车的定义

与《道路交通安全法》中的规定相同，机动车，是指以动力装置驱动或者牵引，上道路行驶的供人员乘用或者用于运送物品以及进行工程专项作业的轮式车辆，包括汽车、摩托车、挂车、轮式专用机械车、上道路行驶的拖拉机和特型机动车。

1. 汽　　车

汽车是由动力驱动的，具有四个或四个以上车轮的非轨道承载的车辆，主要用于载运人员和/或货物；牵引载运货物的车辆或特殊用途的车辆；特殊用途。汽车还包括与电力线相联的车辆，如无轨电车；整车整备质量超过 400kg 的三轮车辆。

（1）载客汽车：设计和技术特性上主要用于载运人员的汽车，包括以载运人员为主要目的的专用汽车。

（2）载货汽车：设计和技术特性上主要用于载运货物或牵引挂车的汽车，包括以载运货物为主要目的的专用汽车。

(3) 专项作业车：设计和技术特性上用于特殊工作的汽车，不包括以载运人员或货物为主要目的的专用汽车。

(4) 有轨电车：以电动机驱动，设有集电杆，架线供电，有轨道承载的道路车辆。

2. 摩 托 车

摩托车是由动力驱动的，具有两个或三个车轮的道路车辆，但不包括：整车整备质量超过400kg的三轮车辆；最大设计车速、整车整备质量、外廓尺寸等指标符合有关国家标准的残疾人机动轮椅车；电驱动的，最大设计车速不大于20km/h且整车整备质量符合相关国家标准的两轮车辆。

3. 挂　　车

挂车是就其设计和技术特性需由汽车或拖拉机牵引，才能正常使用的一种无动力的道路车辆，用于载运货物或特殊用途。

(1) 全挂车（牵引杆挂车）：至少有两根轴的挂车，具有一轴可转向；可通过角向移动的牵引杆与牵引车联结；牵引杆可垂直移动，联结到底盘上，因此不能承受任何垂直力。

(2) 半挂车：除全挂车以外的其他挂车。

4. 轮式专用机械车

轮式专用机械车是有特殊结构和专门功能，装有橡胶车轮可以自行行驶，最大设计车速大于20km/h的轮式工程机械，如装载机、平地机、挖掘机、铲车、推土机等，但不包括叉车。

5. 上道路行驶的拖拉机

上道路行驶的拖拉机是手扶拖拉机等最大设计车速小于等于20km/h的轮式拖拉机和最大设计车速小于等于40km/h、牵引挂车方可从事道路运输的轮式拖拉机。

6. 特型机动车

特型机动车是轴荷及总质量超限的工程用专项作业车和超长、超宽、超高的运输大型不可解体物品的机动车。

(二) 车辆类型

车辆分类主要是根据机动车规格术语和机动车结构术语确定的机动车分类。机动车规格术语分类、机动车结构术语分类和机动车使用性质术语分类见表2-6、2-7、2-8。

表 2－6 机动车规格术语分类表

<table>
<tr><th colspan="3">分类</th><th>说明</th></tr>
<tr><td rowspan="12">汽车</td><td rowspan="4">载客汽车[a]</td><td>大型</td><td>车长大于等于6000mm 或者乘坐人数大于等于20 人的载客汽车</td></tr>
<tr><td>中型</td><td>车长小于6000mm 且乘坐人数为10～19 人的载客汽车</td></tr>
<tr><td>小型</td><td>车长小于6000mm 且乘坐人数小于等于9 人的载客汽车，但不包括微型载客汽车</td></tr>
<tr><td>微型</td><td>车长小于等于3500mm 且发动机气缸总排量小于等于1000 mL 的载客汽车</td></tr>
<tr><td rowspan="6">载货汽车</td><td>重型</td><td>总质量大于等于12000kg 的载货汽车</td></tr>
<tr><td>中型</td><td>车长大于等于6000mm 或者总质量大于等于4500kg 且小于12000kg 的载货汽车，但不包括低速货车</td></tr>
<tr><td>轻型</td><td>车长小于6000mm 且总质量小于4500kg 的载货汽车，但不包括微型载货汽车、三轮汽车和低速货车</td></tr>
<tr><td>微型</td><td>车长小于等于3500mm 且总质量小于等于1800kg 的载货汽车，但不包括三轮汽车和低速货车</td></tr>
<tr><td>三轮（三轮汽车）</td><td>以柴油机为动力，最大设计车速小于等于50km/h，总质量小于等于2000kg，长小于等于4600mm，宽小于等于1600mm，高小于等于2000mm，具有三个车轮的货车。其中，采用方向盘转向、由传递轴传递动力、有驾驶室且驾驶人座椅后有物品放置空间的，总质量小于等于3000kg，车长小于等于5200mm，宽小于等于1800mm，高小于等于2200mm</td></tr>
<tr><td>低速（低速货车）</td><td>以柴油机为动力，最大设计车速小于70km/h，总质量小于等于4500kg，长小于等于6000mm，宽小于等于2000mm，高小于等于2500m，具有四个车轮的货车</td></tr>
<tr><td colspan="2">专项作业车</td><td>专项作业车的规格术语分为重型、中型、轻型、微型，具体参照载货汽车的相关规定确定</td></tr>
<tr><td colspan="3">有轨电车</td><td>有轨电车的规格术语参照载客汽车的相关规定确定</td></tr>
<tr><td rowspan="2">摩托车</td><td colspan="2">普通</td><td>最大设计车速大于50km/h 或者发动机气缸总排量大于50mL 的摩托车</td></tr>
<tr><td colspan="2">轻便</td><td>最大设计车速小于等于50km/h，且若使用发动机驱动，发动机气缸总排量小于等于50mL 的摩托车</td></tr>
</table>

续表

分类		说明
挂车[b]	重型	总质量大于等于 12000kg 的挂车
	中型	总质量大于等于 4500kg 且小于 12000kg 的挂车
	轻型	总质量小于 4500kg 的挂车

a 对《公告》记载的乘坐人数为区间的载客汽车（包括以载运人员为主要目的的专用汽车），以上限确定其规格术语。乘坐人数包括驾驶人

b 不适用于设计和技术特性上需由拖拉机牵引的挂车

表 2－7　机动车结构术语分类表

分类			说明
汽车	载客汽车	普通客车	车身为长方体或近似长方体，单层地板，一厢或两厢式结构，安装座椅的载客汽车
		双层客车	车身为长方体或近似长方体，双层地板，一厢或两厢式结构，安装座椅的载客汽车
		卧铺客车	车身为长方体或近似长方体，单层地板，一厢或两厢式结构，安装卧铺的载客汽车
		铰接客车	车身为长方体或近似长方体，单层地板，由铰接装置连接两个车厢且连通，安装座椅的载客汽车
		轿　车	车身结构为两厢式且乘坐人数不超过 5 人，或者车身结构为三厢式且乘坐人数小于等于 9 人的载客汽车
		专用客车	需经特殊布置安排后才能载运人员（通常为特定人员）的载客汽车，如囚车、殡仪车、救护车、专用校车等，包括旅居车和乘坐人数大于 9 人的专用汽车（如电力工程车）
		无轨电车[a]	以电动机驱动，与电力线相连，具有四个或四个以上车轮的非轨道承载道路车辆
		越野客车[a]	车身结构为一厢式或者两厢式，所有车轮能够同时驱动，接近角、离去角、纵向通过角、最小离地间隙等技术参数按照高通过性设计的载客汽车

续表

分类			说明
汽车	载货汽车[b]	普通货车	载货部位的结构为栏板的载货汽车，但不包括具有自动倾卸装置的载货汽车
		厢式货车	载货部位的结构为封闭厢体且与驾驶室各自独立的载货汽车
		仓栅式货车	载货部位的结构为仓笼式或栅栏式且与驾驶室各自独立的载货汽车
		封闭货车	载货部位的结构为封闭厢体且与驾驶室联成一体，车身结构为一厢式的载货汽车
		罐式货车	载货部位的结构为封闭罐体的载货汽车
		平板货车	载货部位的地板为平板结构且无栏板的载货汽车
		集装箱车	载货部位为框架结构或者地板，专门运输集装箱的载货汽车
		自卸货车	载货部位具有自动倾卸装置的载货汽车
		特殊结构货车	载货部位为特殊结构，专门运输特定物品的载货汽车，如运输小轿车的双层结构载货汽车、运输活禽畜的多层结构载货汽车、混凝土搅拌运输车等
		半挂牵引车	不具有载货结构，专门用于牵引半挂车的载货汽车
		全挂牵引车	不具有载货结构，专门用于牵引全挂车的载货汽车
	专项作业车		装置有专用设备或器具，用于专项作业的汽车，如汽车起重机、消防车、混凝土泵车、清障车、高空作业车、洒水车、扫路车、吸污车、钻机车、仪器车、检测车、监测车、电源车、通信车、电视车、采血车等。但不包括以载运人员或货物为主要目的的专用汽车
摩托车	二轮摩托车		装有两个车轮的摩托车
	正三轮载客摩托车		装有与前轮对称分布的两个后轮，具有载客装置的摩托车
	正三轮载货摩托车		装有与前轮对称分布的两个后轮，具有载货装置的摩托车
	侧三轮摩托车		在二轮摩托车的右侧装有边车的摩托车

续表

分类		说明
全挂车	普通全挂车	载货部位为栏板结构的全挂车
	厢式全挂车	载货部位为封闭厢体结构的全挂车
	仓栅式全挂车	载货部位的结构为仓笼式或栅栏式的全挂车
	罐式全挂车	载货部位为封闭罐体结构的全挂车
	平板全挂车	载货部位的地板为平板结构且无栏板的全挂车
	集装箱全挂车	载货部位为框架结构且无地板，专门运输集装厢的全挂车
	自卸全挂车	载货部位具有自动倾卸装置的全挂车
	专项作业全挂车	装置有专用设备或器具，用于专项作业的全挂车
	旅居全挂车	装备有必要的生活设施，用于旅游和野外工作人员宿营的全挂车
半挂车	普通半挂车	载货部位为栏板结构的半挂车
	厢式半挂车	载货部位为封闭厢体结构的半挂车
	仓栅式半挂车	载货部位的结构为仓笼式或栅栏式的半挂车
	罐式半挂车	载货部位为封闭罐体结构的半挂车
	平板半挂车	载货部位的地板为平板结构且无栏板的半挂车
	集装箱半挂车	载货部位为框架结构且无地板，专门运输集装箱的半挂车
	自卸半挂车	载货部位具有自动倾卸装置的半挂车
	低平板半挂车	采用低货台（货台承载面离地高度不大于1150mm）、轮胎规格最大为8.25－20（8.25R20）、与牵引车的连接为鹅颈式的半挂车，车轴主要为轴线结构（一线二轴或二线四轴）
	特殊结构半挂车	载货部位为特殊结构，专门运输特定物品的半挂车
	专项作业半挂车	装置有专用设备或器具，用于专项作业的半挂车
	旅居半挂车	装备有必要的生活设施，用于旅游和野外工作人员宿营的半挂车

<table>
<tr><th colspan="2">分　类</th><th>说　明</th></tr>
<tr><td rowspan="3">轮式专用机械车</td><td>轮式装载机械</td><td>具有装卸设备的轮胎式自行机械</td></tr>
<tr><td>轮式挖掘机械</td><td>具有挖掘设备的轮胎式自行机械</td></tr>
<tr><td>轮式平地机械</td><td>具有平地设备的轮胎式自行机械</td></tr>
<tr><td colspan="3">a 符合无轨电车或越野客车结构术语定义的汽车，即使同时符合其他客车结构术语的定义，也应确定为无轨电车或越野客车；同时符合两者结构术语定义的汽车，应确定为无轨电车
b 邮政车、冷藏车、保温车等以载运货物为主要目的的专用汽车，根据其载货部位的结构特征确定为相对应的载货汽车</td></tr>
</table>

表 2-8　机动车使用性质细类表

<table>
<tr><th colspan="2">分　类</th><th>说　明</th></tr>
<tr><td rowspan="9">营运</td><td>公路客运</td><td>专门从事公路旅客运输的机动车</td></tr>
<tr><td>公交客运</td><td>城市内专门从事公共交通客运的机动车</td></tr>
<tr><td>出租客运</td><td>以行驶里程和时间计费，将乘客运载至其指定地点的机动车</td></tr>
<tr><td>旅游客运</td><td>专门运载游客的机动车</td></tr>
<tr><td>租　赁</td><td>专门租赁给其他单位或者个人使用，以租用时间或者租用里程计费的机动车</td></tr>
<tr><td>教　练</td><td>专门从事驾驶技能培训的机动车</td></tr>
<tr><td>货　运</td><td>专门从事货物运输的机动车</td></tr>
<tr><td>危化品运输</td><td>专门用于运输剧毒化学品、爆炸品、放射性物品、腐蚀性物品等危险化学品的机动车</td></tr>
<tr><td rowspan="3">非营运[a]</td><td>警　用</td><td>公安机关、国家安全机关、监狱、劳动教养管理机关和人民法院、人民检察院用于执行紧急职务的机动车</td></tr>
<tr><td>消　防</td><td>公安消防部队和其他消防部门用于灭火的专用机动车和现场指挥机动车</td></tr>
<tr><td>救　护</td><td>急救、医疗机构和卫生防疫部门用于抢救危重病人或处理紧急疫情的专用机动车</td></tr>
</table>

续表

分类		说明
非营运[a]	工程救险	防汛、水利、电力、矿山、城建、交通、铁道等部门用于抢修公用设施、抢救人民生命财产的专用机动车和现场指挥机动车
	幼儿校车	专门从事运载3岁以上学龄前幼儿上下学的校车
	小学生校车	专门从事运载小学生上下学的校车
	其他校车	除了幼儿校车和小学生校车以外的其他专用校车
	营转非	原为营运机动车，现改为非营运机动车
	出租转非	原为出租客运机动车，现改为非营运机动车
a 非营运机动车没有对应细类的，使用性质确定为非营运		

五、机动车型号编制

（一）汽车产品型号

为表示汽车的不同厂牌、用途和基本特征，国家制定了统一的编制规则，即1988年颁布的国家标准《汽车产品型号编制规则》（GB 9417－88），规定国家汽车型号均应由汉语拼音字母和阿拉伯数字组成。汽车产品型号的构成如图2－1所示，其中，□—用汉语拼音字母表示；○—用阿拉伯数字表示；⬚—用汉语拼音字母或阿拉伯数字均可。专用汽车产品型号的构成如图2－2所示。

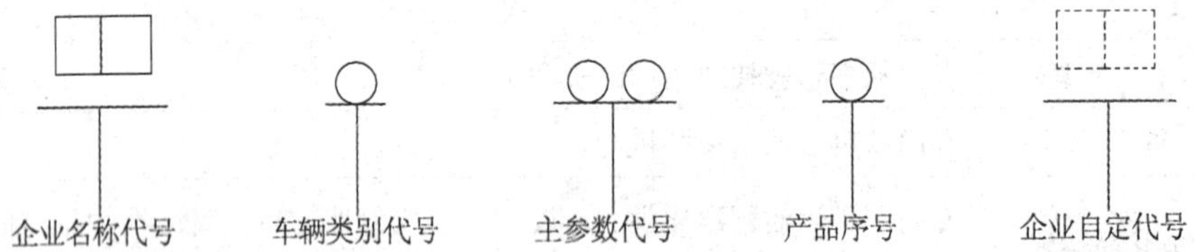

图2－1　汽车产品型号的构成

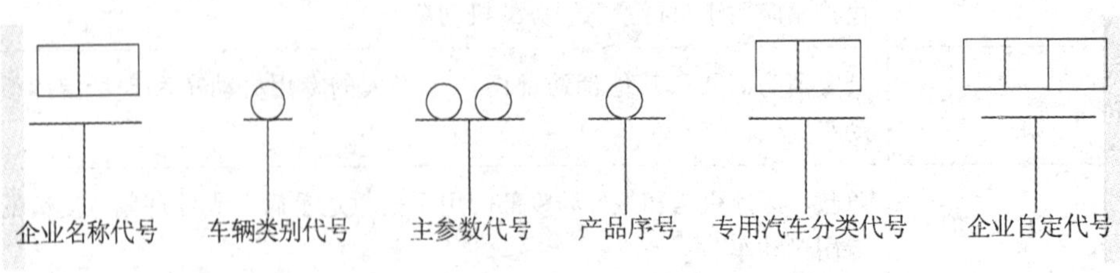

图2－2　专用汽车产品型号的构成

图2－1、2－2中各类代号的含义和表示方式是：

企业名称代号用代表企业名称的两个或三个拼音字母表示，需报中国汽车总公司批准。

车辆类别代号用一位数字表示，见表2－9。

表2－9 车辆类别代号

车辆类别代号	车辆种类	车辆类别代号	车辆种类	车辆类别代号	车辆种类
1	载货汽车	4	牵引汽车	7	轿　　车
2	越野汽车	5	专用汽车		
3	自卸汽车	6	客　　车	9	半挂车及专用半挂车

主参数代号用两位阿拉伯数字表示，其含义如下：

（1）载货汽车、越野汽车、牵引汽车、自卸汽车、专用汽车与半挂车的主参数代号表示车辆总质量（t）。如主参数为04，表示该车总质量在3.5～4.4t之间。牵引汽车主参数代号表示的总质量，包含牵引座上的最大质量。当总质量超过100t时，允许用三位数表示。

（2）客车和客车半挂车的主参数代号表示车辆的长度（m），如代号15，表示该车长度在14.5～15.4m之间。当客车长度小于10m时，主参数代号就以精确到小数点后1位，并以长度（m）值的10倍数值表示。

（3）轿车的主参数代号表示发动机的排量（L），用精确到小数点后1位，并以其值的10倍表示。如代号14，表示该车发动机排量为1.35～1.44L。

（4）专用汽车和专用半挂车的主参数代号，与采用改装的定型汽车底盘或定型半挂车底盘主参数代号相同时，表示两者之差不大于10%。

（5）主参数的数字修约遵照GB 8170《数字修约规则》的规定。

（6）主参数不足规定位数时，在参数前以“0”占位。

产品序号用一位数字表示，为生产厂产品生产序号，由0，1，2…依次使用。

专用汽车分类代号用三位汉语拼音字母表示。第1位是结构特征代号，见表2－10；第2位、第3位是用途特征代号，可查国家行业标准ZB/JT 50005－89《专用汽车用途特征代号》。

表2－10 专用汽车结构特征代号

厢式汽车	罐式汽车	专用自卸汽车	特种结构汽车	起重举升汽车	仓栅式汽车
X	G	Z	T	J	C

对于企业自定代号，当同一种汽车结构略有变化而需加区别时（如汽油、柴油发动机，长、短轴距，单双排座解释室，平、凸头驾驶室，左、右置方向盘等），可用汉语拼音字母和数字表示，位数由企业自定。

（二）车辆识别代号简介

1. 定　义

车辆识别代号（Vehicle Identification Number，以下简称 VIN）是制造厂为了识别而给一辆车指定的一组字码（共 17 位字码）。正确解读 VIN 码，对于正确地识别车型，以致进行正确地诊断和维修都是十分重要的。

2. 组　成

VIN 应包括以下三个部分：

（1）世界制造厂识别代号（World Manufacturer Identifier，以下简称 WMI），由一至三位字码组成。它是 VIN 的第一部分，主要用以标示车辆的制造厂。当此代号被指定给某个车辆制造厂时，就能使该厂的识别标志，在与 VIN 的其余部分一起使用时，足以保证 30 年之内在世界范围内制造的所有车辆的 VIN 的唯一性。

第 1 位表示生产国家代码，见表 2－11。

表 2－11　生产国家代码

Value	Country	中文名
1, 4 or 5	United States	美国
2	Canada	加拿大
3	Mexico	墨西哥
6	Australia	澳大利亚
9	Brazil	巴西
J	Japan	日本
K	Korea	韩国
L	China	中国
R	Taiwan	中国台湾
S	England	英国
T	Switzerland	瑞士
V	France	法国
W	Germany	德国
Y	Sweden/Finland	瑞典/芬兰
Z	Italia	意大利

第2位表示汽车制造商代码，见表2－12。

表2－12　汽车制造商代码

1－Chevrolet B－BMW M－Hyundai
2－Pontiac B－Dodge M－Mitsubishi
3－Oldsmobile C－Chrysler M－Mercury
4－Buick D－Mercedes N－Infiniti
5－Pontiac E－Eagle N－Nissan
6－Cadillac F－Ford P－Plymouth
7－GM Canada G－General M S－Subaru
8－Saturn G Suzuki T－Lexus
8－Isuzu H－Acura T－Toyota
A－Alfa Romeo H－Honda V－Volkswagen
A－Audi J－Jeep V－Volvo
A－Jaguar L－Daewoo Y－Mazda
L－Lincoln Z Ford
Z－Mazda
G＝所有属于通用汽车的品牌：Buick，Cadillac，Chevrolet，Oldsmobile，Pontiac，Saturn

第3位表示汽车类型代码，对此，各制造厂家的规定不同。

（2）车辆说明部分（Vehicle Descriptor Section，简称VDS），由六位字码组成。它是VIN的第二部分，提供说明车辆一般特征的资料。

车辆特征如下：

乘用车：车身类型、发动机特征（a）；

载货车（含牵引车）：车身类型、车辆最大总质量、发动机特征（a）；

客车：车辆长度、发动机特征（a）；

挂车：车身类型、车辆最大总质量；

摩托车和轻便摩托车：车辆类型、发动机特征（a）；

非完整车辆：车身类型（b）、车辆最大总质量（b）、发动机特征（c）；

注a表示发动机特征至少应包括对燃油类型、排量和/或功率的描述。b表示用于制造成为货车的非完整车辆的描述项目。c表示用于制造成为客车的非完整车辆的描述项目，此时发动机特征至少应包括对燃油类型、发动机布置型式、排量和/或功率的描述。

其中，完整车辆，是指除了增添易于安装的部件（如后视镜或轮胎与车轮总成）或进行小的精整作业（如补漆）外，不需要进行制造作业就能成为具有预期功能的车辆。

非完整车辆，是指至少包括车架、动力装置、转向装置、悬架系统和制动系统的车辆。车辆装配到这种程度，除了增添易于安装的部件（如后视镜或轮胎与车轮总成）或进行小的精整作业（如补漆）外，还需要进行制造作业才能成为具有预期功能的车辆。

（3）车辆指示部分（Vehicle Indicator Section，简称 VIS），由八位字码组成，其第1位字码标示年份，年份代码见表2－13。最后四位字码应为数字。它是VIN的最后部分，是制造厂为区别不同车辆而指定的一组字码，这组字码连同VDS部分一起，足以保证每个制造厂在30年之内生产的每辆车辆的识别代号具有唯一性。

表2－13 年份代码

年份	代码	年份	代码	年份	代码	年份	代码
1971	1	1981	B	1991	M	2001	1
1972	2	1982	C	1992	N	2002	2
1973	3	1983	D	1993	P	2003	3
1974	4	1984	E	1994	R	2004	4
1975	5	1985	F	1995	S	2005	5
1976	6	1986	G	1996	T	2006	6
1977	7	1987	H	1997	V	2007	7
1978	8	1988	J	1998	W	2008	8
1979	9	1989	K	1999	X	2009	9
1980	A	1990	L	2000	Y	2010	A

（三）VIN的表示方法

在VIN中仅能采用阿拉伯数字1、2、3、4、5、6、7、8、9、0和大写罗马字母A、B、C、D、E、F、G、H、J、K、L、M、N、P、R、S、T、U、V、W、X、Y、Z（字母I、O和Q不能使用）。VIN印在文件中应写成一行，且不要有空格；在车辆或制造厂标牌上显示时，应在一行或两行表示，不要有空格且不分段。

例如，“1G9Y817H34LSP7298”为一组车辆识别代码。

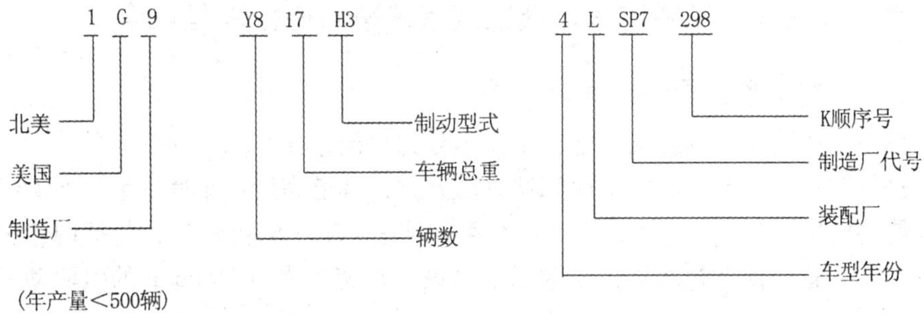

(四) VIN 代号的有关要求

按《道路车辆　车辆识别代号（VIN）位置与固定》（GB 16735－2004）的要求，为了固定 VIN，车辆制造厂可以在以下两种固定方式中进行选择：（1）将 VIN 直接打刻在车架上，对于无车架车身而言，可以直接打刻在不易拆除或更换的车辆结构件上；（2）将 VIN 打印在标牌上，但此标牌应同样是永久固定在不易拆除或更换的车辆结构件上。

每一辆车辆都必须具有唯一的 VIN，并标示于车辆的指定位置。VIN 应尽量标示在车辆右侧的前半部分、易于看到且能防止磨损和不易替换的车辆结构件上（玻璃除外），如受结构限制，亦可放在便于接近和观察的其他位置。VIN 还应标示在产品标牌上（两轮摩托车和轻便摩托车除外）。

M1、N1 类车辆的 VIN 还应永久地标示在仪表板上靠近风窗立柱的位置，在白天不需移动任何部件从车外就能够分辨出 VIN。车辆制造厂至少应在一种随车文件中标示 VIN。

关于 VIN 的字码高度，若直接打刻在车辆结构件上，则字高应不小于 7mm，深度应不小于 0.3mm；对于摩托车和轻便摩托车，若直接打刻在车辆结构件上，则字高应不小于 5mm，深度应不小于 0.2mm；其他情况字高应不小于 4mm。VIN 的字码在任何情况下都应是字迹清楚、坚固耐久和不易替换的。

VIN 可采用人工可读码形式或机器可读的条码形式进行标示。若采用条码，应符合车辆识别代号条码标签（GB/T 18410－2001）的要求。VIN 标示在车辆或标牌上时，应尽量标示在一行，此时可不使用分隔符。特殊情况下，由于技术原因必须标示在两行时，两行之间不应有空行，每行的开始与终止处应选用一个分隔符。VIN 在文件上标示时应标示在一行，不允许有空格，不允许使用分隔符。

六、摩托车、三轮汽车、低速载货汽车和拖拉机型号编制

（一）摩托车型号编制规则

目前，按照国家的有关规定，摩托车分为轻便摩托车和摩托车两种。

轻便摩托车，是指无论采用何种驱动方式，其最高设计车速不大于50km/h，或若使用内燃机其排量不大于50mL的两个或三个车轮的机动车，包括两轮轻便摩托车和三轮轻便摩托车，但不包括最高设计车速不大于20km/h的电驱动的两轮车辆。

摩托车，是指无论采用何种驱动方式，其最高设计车速大于50km/h，或若使用内燃机其排量大于50mL的两个或三个车轮的机动车，包括两轮摩托车、边三轮摩托车和正三轮摩托车（边三轮摩托车和正三轮摩托车合称为三轮摩托车）。

我国现行的轻便摩托车、摩托车型号编制的依据《摩托车和轻便摩托车型号编制方法》（GB/T 5375－2006）。

根据《摩托车和轻便摩托车型号编制方法》（GB/T 5375－2006）的规定，摩托车型号由企业（或企业已注册的商标）代号、规格代号、类型代号、设计序号及企业自定代号组成，其构成形式如下：企业（或企业已注册的商标）代号——规格代号——类型代号——设计序号——企业自定代号。

企业（或企业已注册的商标）代号采用企业（或企业已注册的商标）名称中两个或三个汉字的大写汉语拼音，合资企业可采用企业英文商标中两个或三个字母表示。

规格代号采用摩托车发动机名义排量表示，排量单位mL，按表2－14的规定选用。实际排量在相邻两个名义排量之间，应选择与实际排量相近的一个作为名义排量，如嘉陵牌70，实际排量71.8mL，名义排量为70mL。

表2－14　发动机名义排量（mL）

<50	60	70	80	90	100	110	125	150	175	200	250	300
350	400	500	600	650	700	750	800	900	1000	1100	>1200	—
注：<50排量的取实际排量的整数表示，>1200排量的按实际排量表示。												

类型代号由摩托车和轻便摩托车种类代号和车型代号组合而成。种类代号和车型代号分别用种类名称和车型名称中具有代表性汉字的大写汉语拼音首位字母表示。种类代号中的两轮车代号L和车型代号中的普通车代号P均省略。车辆类型代号见表2－15。

表 2－15　摩托车类型代号表

<table>
<tr><th colspan="2">种　类</th><th colspan="3">车　型</th><th rowspan="2">类型代号</th></tr>
<tr><th>名称（L 类）</th><th>代　号</th><th colspan="2">名　称</th><th>代　号</th></tr>
<tr><td rowspan="2">两轮轻便摩托车（L1 类）</td><td rowspan="2">Q</td><td colspan="2">普通车</td><td>P（省略）</td><td>Q</td></tr>
<tr><td colspan="2">踏板车</td><td>T</td><td>QT</td></tr>
<tr><td rowspan="2">正三轮轻便摩托车（L2 类）</td><td rowspan="2">QZ</td><td colspan="2">普通正三轮</td><td>Z</td><td>QZ</td></tr>
<tr><td colspan="2">专用正三轮</td><td>（自定）</td><td>（自定）</td></tr>
<tr><td rowspan="9">两轮摩托车（L3 类）</td><td rowspan="9">L（省略）</td><td colspan="2">普通车</td><td>P（省略）</td><td>P（省略）</td></tr>
<tr><td colspan="2">踏板车</td><td>T</td><td>T</td></tr>
<tr><td colspan="2">公路越野车</td><td>GY</td><td>GY</td></tr>
<tr><td colspan="2">越野车</td><td>Y</td><td>Y</td></tr>
<tr><td colspan="2">场地赛车</td><td>CS</td><td>CS</td></tr>
<tr><td colspan="2">公路赛车</td><td>GS</td><td>GS</td></tr>
<tr><td colspan="2">越野赛车</td><td>YS</td><td>YS</td></tr>
<tr><td colspan="2">拉力赛车</td><td>LS</td><td>LS</td></tr>
<tr><td colspan="2">特种车</td><td>（自定）</td><td>（自定）</td></tr>
<tr><td rowspan="2">边三轮摩托车（L4 类）</td><td rowspan="2">B</td><td colspan="2">普通车</td><td>P（省略）</td><td>B</td></tr>
<tr><td colspan="2">特种边三轮</td><td>（自定）</td><td>自定</td></tr>
<tr><td rowspan="3">正三轮摩托车（L5 类）</td><td rowspan="3">Z</td><td rowspan="2">普通正三轮</td><td>客车</td><td>K</td><td>ZK</td></tr>
<tr><td>货车</td><td>H</td><td>ZH</td></tr>
<tr><td colspan="2">专用正三轮</td><td>（自定）</td><td>（自定）</td></tr>
<tr><td colspan="6">注：L 类车按 GB/T 15089 分类。</td></tr>
</table>

对特种两轮车、特种边三轮车及专用正三轮车的车型代号由企业根据其用途特征，选取一个或两个有代表性汉字的大写汉语拼音首位字母表示车型代号后，再在前面加上种类代号。当车辆类型超出表 2－15 范围时，可按上述原则另行确定，但不得与表 2－15 中类型代号重复。

设计序号应用间隔序号“－”与前面类型代号隔开，并采用阿拉伯数字 1、2、3……依次表示产品的设计顺序，当设计序号为 1 时应省略。

对于企业自定代号，由企业根据需要选用大写英文字母表示，位数自定。

例如，嘉陵牌商标，名义排量 50mL，第一次设计的两轮轻便踏板摩托车型号为 JL50QT；钱江牌商标，名义排量 125mL，第三次设计、第一次改进的两轮踏板摩托车型号为 QJ125T－3A。

（二）三轮汽车（原三轮农用运输车）型号编制规则

三轮汽车是最高设计车速小于 50km/h，具有三个车轮的货车。

三轮汽车的型号编制规则，依据的是《三轮农用运输车　型号编制规则》（JB/T 10197－2000）。

（三）低速载货汽车（原四轮农用运输车）型号编制规则

低速载货汽车是最高设计车速小于 70km/h，具有四个车轮的货车。低速载货汽车的型号编制规则，依据的是《低速货车　型号编制规则》（JB/T 7735－2011）。

（四）拖拉机型号编制规则

拖拉机是最高设计车速不大于 20km/h、牵引挂车方可从事道路货物运输作业的手扶拖拉机和最高设计车速不大于 40km/h、牵引挂车方可从事道路货物运输作业的轮式拖拉机。拖拉机的型号编制，依据的是《农林拖拉机型号编制规则》（JB/T 9831－1999）。

第三节　我国机动车牌证的演变

机动车牌证包括机动车号牌、机动车行驶证和机动车登记证书。其中机动车号牌和机动车行驶证是机动车准予上道路行驶的法定标志，机动车登记证书则是机动车已经在车辆管理机关登记的证明文件。

机动车号牌不仅反映了车辆所有权，同时也是机动车取得合法行驶权的标志。只有号牌完全符合规定的车辆才准予在道路上运行。车辆管理机关通过号牌的核发，强化了车辆管理工作。

机动车号牌与行驶证的核发是我国车辆管理工作的一项制度。对机动车号牌与行驶证有如下规定：（1）机动车号牌与行驶证只能由车辆管理机关核发；（2）机动车号牌与行驶证只能在车辆管理机关的监督下，在指定的单位印刷和制造，任何单位和个人不得仿制或伪造；（3）机动车号牌与行驶证反映车辆的归属，因此严禁挪用或涂改。由于机动车号牌和行驶证的核发是一项政策性很强的工作，因此必须健全相关法律法规、标准和规章。

一、机动车号牌

据资料记载，清光绪二十七年（1901 年）冬天，匈牙利人李恩时（Leinz）将两辆汽车带入上海。同年腊月廿一日（1902 年 1 月 20 日），经当时公共租界工部局讨论，决定暂时先给这两辆进口“自动车”发放临时号牌以便管理。中国第一块机动车号牌诞生，也由此拉开了中国汽车“户口”管理的帷幕。

1949 年以前，机动车号牌没有统一标准，由各地方政府决定号牌样式并进行发放。当时的中国内地，随处可见各种款式的机动车号牌。新中国成立后，随着汽车数量的增多，机动车号牌也数易其容。

机动车号牌是准予机动车在中华人民共和国境内道路上行驶的法定标志之一，其号码是机动车登记编号。新中国成立至今，我国共使用过四代机动车号牌。

（一）第一代机动车号牌

新中国成立后我国的第一代机动车号牌是根据 1950 年《汽车管理暂行办法实施细则》规定的机动车号牌，分为大型汽车号牌、小型汽车号牌、机器脚踏车（摩托车）号牌、试车号牌及临时号牌五类，其材料、颜色、规格式样规定见表 2－16、图 2－3、图 2－4。

表 2－16　新中国成立后第一代机动车号牌分类

号牌种类	材　料	颜　色	规格式样
大型汽车	铁质喷漆面	黄底黑字	长 430mm、宽 150mm，共有 6 位号码，第一位代表大行政区，第 2 位代表省或市，其余为汽车编号，第 1 位与第 2 位号码之间用五角星间隔；同式两面
小型汽车	铁质喷漆面	蓝底白字	同大型汽车号牌
摩 托 车	铁质喷漆面	蓝底白字	长 220mm、宽 110mm，共有 5 位号码，第 1 位、第 2 位含义同大型汽车号牌，第 3 位至第 5 位为实际车号，第 1 位和第 2 位号码之间用五角星间隔，同式两面
试　　车	铁质喷漆面	白底红字	长 430mm、宽 150mm，共有 5 位号码及最右侧竖排“试车”两字，5 位号码含义同摩托车号牌
临　　时	纸　　质	白底黑字	最右侧为竖排“临时”两字，余同试车号牌

图2-3　1949年9月至1950年9月我国机动车号牌式样

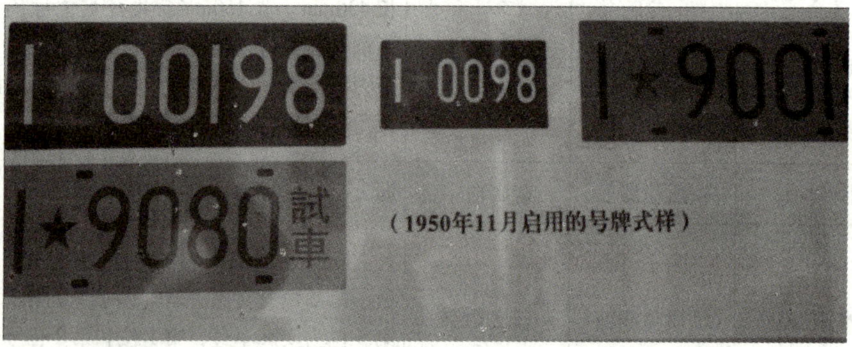

图2-4　1950年10月至1960年4月我国机动车号牌式样

（二）第二代机动车号牌

1960年2月《机动车管理办法》颁布实施，开始使用了“机动车”的概念，交通部制定了我国第二代号牌，包括大型汽车号牌、小型汽车号牌、二/三轮机动车号牌、拖拉机号牌、试车号牌和临时号牌六类，其材料、颜色、规格式样规定见表2-17，图2-5。

表 2－17　新中国成立后第二代机动车号牌分类

号牌种类	材　　料	颜　　色	规格式样
大型汽车	硬质材料	黄底黑字	长 430mm、宽 150mm，共有 7 位号码，第 1 位和第 2 位代表省或市、自治区，其余为汽车编号，第 1 位、第 2 位与后 5 位号码之间用一横杠间隔；同式两面
小型汽车	铁质材料	蓝底白字	同大型汽车号牌
二/三轮机动车	硬质材料	蓝底白字	长 220mm、宽 110mm，其余同大型汽车号牌
试　　车	硬质材料	白底红字	长 430mm、宽 150mm，共有 6 位号码及最右侧竖排“试车”两字，6 位号码第 1 位、第 2 位代表省、自治区、直辖市，后 4 位为汽车编号，第 1 位、第 2 位与后 4 位号码之间用一横杠间隔；同式两面
临　　时	纸　　质	白底黑字	最右侧为竖排“临时”两字，余同试车号牌
拖 拉 机	硬质材料	白底黑字	同大型汽车号牌

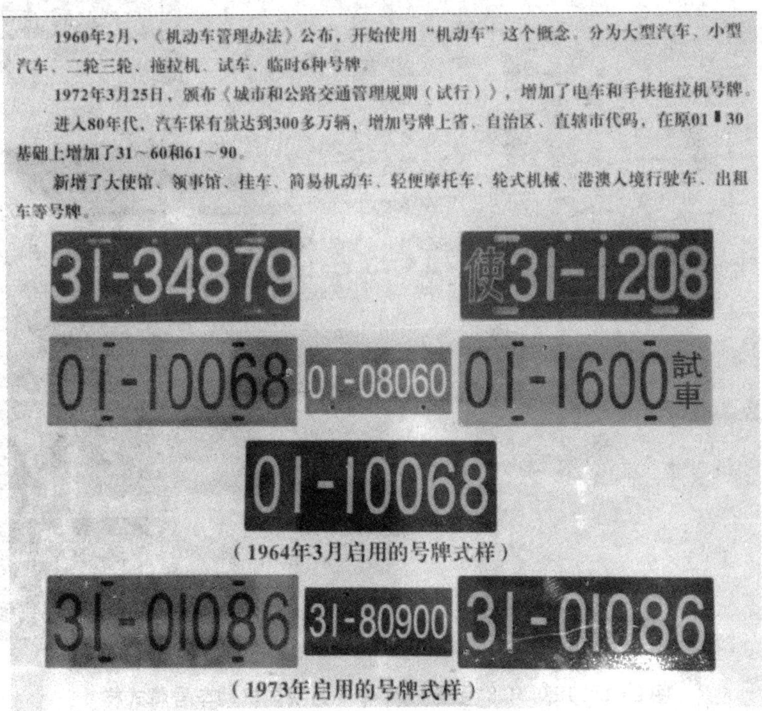

图 2－5　1964 年 3 月至 1986 年 7 月我国机动车号牌式样

与第一代号牌相比，为了适应拖拉机保有量不断增加的实际情况，第二代号牌增加了拖拉机号牌；在材质上，除了小型汽车号牌使用铁质材料之外，其余号牌都使用硬质材料；在规格上，加大了二/三轮机动车号牌长度；在号牌号码上，改以省市为编号单位，确定号牌的前两位数字为各省、自治区、直辖市的代号。

第二代号牌从20世纪60年代陆续使用，到20世纪80年代中期废止。

（三）第三代机动车号牌

1985年11月5日，交通部、公安部下发《关于使用新的机动车号牌的通知》（〔1985〕交公路字1984号），决定从1986年7月1日起开始更换和启用新的机动车号牌样式，即第三代号牌。

第三代号牌分为大型汽车、无轨电车、小型汽车、挂车、二/三轮摩托车、轻便摩托车、专用机械、电瓶车、拖拉机等类型，牌面采用上、下排结构，上排用汉字注明省、自治区、直辖市名称，并用两个阿拉伯数字表示发证机关的代号，下排用英文字母和阿拉伯数字代表车辆编号，如图2－6所示。

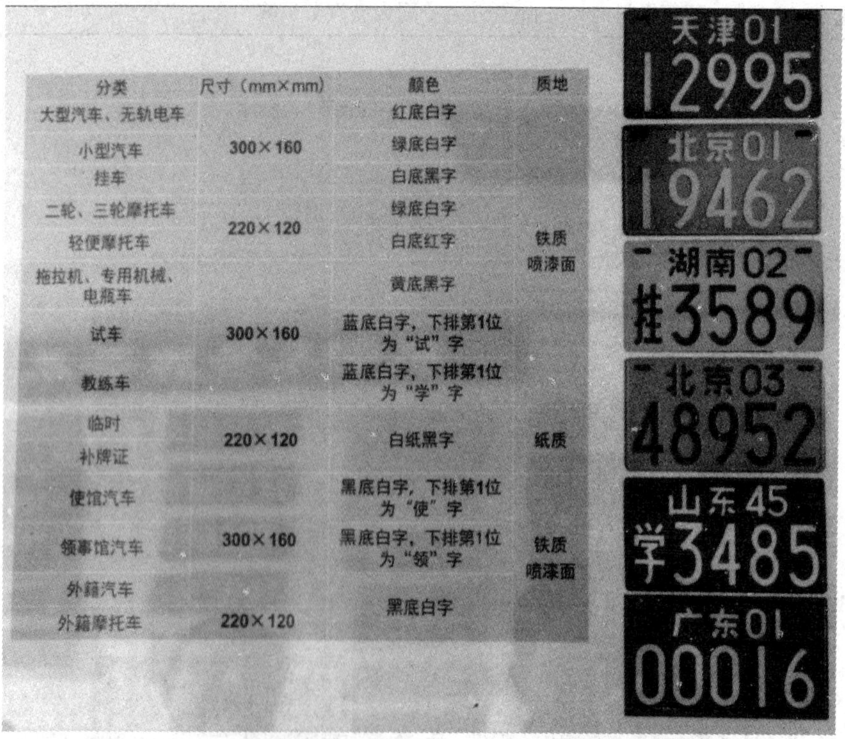

分类	尺寸（mm×mm）	颜色	质地
大型汽车、无轨电车	300×160	红底白字	铁质喷漆面
小型汽车		绿底白字	
挂车		白底黑字	
二轮、三轮摩托车	220×120	绿底白字	
轻便摩托车		白底红字	
拖拉机、专用机械、电瓶车		黄底黑字	
试车	300×160	蓝底白字，下排第1位为“试”字	
教练车		蓝底白字，下排第1位为“学”字	
临时补牌证	220×120	白纸黑字	纸质
使馆汽车		黑底白字，下排第1位为“使”字	
领事馆汽车	300×160	黑底白字，下排第1位为“领”字	铁质喷漆面
外籍汽车		黑底白字	
外籍摩托车	220×120		

图2－6　1986年8月至1994年6月我国机动车号牌式样

与第二代号牌相比，第三代号牌的版面、尺寸作了较大幅度的调整，颜色也更为丰富，统一了使馆汽车号牌、领事馆汽车号牌的种类，也囊括了无轨电车、专用机械、电瓶车，并且号牌的种类大大增加，具体表现在：一是增加了教练车号牌，方便驾驶人培训学校培训学员；二是增加了挂车号牌；三是增加了其他外籍汽车号牌和外籍摩托车号牌；四是增加了补牌证。

（四）第四代号牌

1992 年，公安部发布了公共安全行业标准《机动车号牌》（GA 36 – 1992），对机动车号牌的种类及各类机动车号牌的式样、技术要求和发放要求作了明确规定。这是我国的第四代车牌，一直使用至今。

1. “九二”式号牌的种类

“九二”式号牌分汽车、摩托车、挂车、农用运输车、拖拉机、临时行驶车六类 22 种，除挂车号牌、临时入境摩托车号牌和临时行驶号牌为 1 面外，其他类别号牌均为每副 2 面。“九二”式号牌分类、颜色规格和使用范围、式样具体见表 2 – 18、图 2 – 7、图 2 – 8。

表 2 – 18　“九二”式号牌分类、颜色规格和使用范围

序号	分　类	外廓尺寸 mm × mm	颜　色	数量	使用范围
1	大型汽车号牌	前:440 × 140 后:440 × 220	黄底黑字黑框线	2	中型(含)以上载客、载货汽车和专项作业车;半挂牵引车;电车
2	挂车号牌	440 × 220		1	全挂车和不与牵引车固定使用的半挂车
3	小型汽车号牌	440 × 140	蓝底白字白框线	2	中型以下的载客、载货汽车和专项作业车
4	使馆汽车号牌		黑底白字,红“使”、“领”字白框线		驻华使馆的汽车
5	领馆汽车号牌				驻华领事馆的汽车
6	港澳入出境车号牌		黑底白字,白“港”、“澳”字白框线		港澳地区入出内地的汽车
7	教练汽车号牌		黄底黑字,黑“学”字黑框线		教练用汽车
8	警用汽车号牌		白底黑字,红“警”字黑框线		汽车类警车

序号	分类	外廓尺寸 mm×mm	颜色	数量	使用范围
9	普通摩托车号牌	前:220×95 后:220×140	黄底黑字黑框线	2	普通二轮摩托车和普通三轮摩托车
10	轻便摩托车号牌		蓝底白字白框线		轻便摩托车
11	使馆摩托车号牌		黑底白字,红“使”、“领”字白框线		驻华使馆的摩托车
12	领馆摩托车号牌				驻华领事馆的摩托车
13	教练摩托车号牌		黄底黑字,黑“学”字黑框线		教练用摩托车
14	警用摩托车号牌	220×140	白底黑字,红“警”字黑框线	1	摩托车类警车
15	低速车号牌	300×165	黄底黑字黑框线	2	低速载货汽车、三轮汽车和轮式自行机械车
16	临时行驶车号牌	220×140	天(酞)蓝底纹黑字黑框线	1	行政辖区内临时行驶的机动车
			棕黄底纹黑字黑框线		跨行政辖区临时移动的机动车
			棕黄底纹黑字黑框线黑“试”字	1	试验用机动车
			棕黄底纹黑字黑框线黑“超”字		特型机动车,指轴荷和总质量超限的工程专项作业车和超长、超宽、超高的运输大型不可解物品的机动车
17	临时入境汽车号牌	220×140	白底棕蓝色专用底纹,黑字黑边框		临时入境汽车
18	临时入境摩托车号牌	88×60			临时入境摩托车
19	拖拉机号牌	按《拖拉机号牌》执行			上道路行驶的拖拉机

图 2－7　“九二”式机动车号牌式样

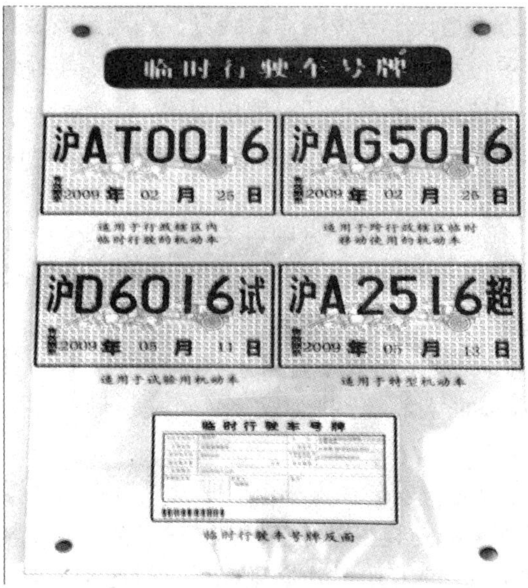

图 2－8　“九二”式临时机动车号牌式样

为了保证换发“九二”式号牌工作的顺利进行，公安部交通管理局于 1994 年 4 月 12 日下发了《关于启用换发九二式机动车号牌及行驶证有关问题的通知》，对机动车号牌换发工作中的一些共性问题作出了规范：一是除领取临时行驶车号牌和试验车号牌的车辆外，其他机动车应一律使用经公安部交通管理局认可的固封装置固封号牌；二是已领有牌证的车辆按机动车的分类规定重新分类后换发新证；三是需要临时上路行驶的无牌证的机动车，只核发临时行驶车号牌，不发行驶证，临时行驶证号牌为纸质材料。

2. “九二”式号牌的改进之处

“九二”式机动车新号牌与老式号牌相比主要有以下几个方面的改进：

第一，与第三代号牌相比，“九二”式号牌种类更加丰富，增加了号牌的种类，扩大了容量，共有六大类 22 种：一是增加了农用运输车号牌；二是增加了境外汽车号牌和境外摩托车号牌；三是增加了临时入境汽车号牌和临时入境摩托车号牌；四是增加了试验摩托车、教练摩托车、使馆摩托车号牌和领馆摩托车号牌；五是号牌发放机关代号首次采用英文字母，同时编号中也允许使用英文字母。

第二，选用了符合我国实际情况的颜色组合，以安全性和视认性最佳的黄底黑字符、蓝底白字符和黑底白字符作为基本组合形式。

第三，牌面字符由单一的双排字符结构改为单排字符和双排字符相结合的方式。

第四，在安装方面增设了号牌的固封装置，并规定该装置将由发牌机关统一负责装、换，任何单位和个人都无权拆卸，并作为车辆年检的一项内容。这一措施有效地防止了号牌被盗和随意拆卸、挪用问题，更好地维护了车主的利益。

第五，号牌的编码：“九二”式号牌牌面布置有左右单排和上下双排两种结构。左右单排的号牌，左侧用 1 个汉字表示省、自治区、直辖市的简称（见表 2－19），后面用 1 个英文字母表示发牌机关代号。右侧是 5 个阿拉伯数字或 1 个英文字母和 4 个阿拉伯数字，表示机动车的注册登记编号。如果编号数值达到 10 万时，则第 1 位编号用 1 个英文字母代替。但字母“I”和“O”因容易与阿拉伯数字“1”和“0”混淆，故不宜采用。一种号牌在一个发牌机关代号下容量为 34 万。上下双排的号牌，上排为汉字、英文字母，下排为全国统一编号的 5 位号码。

“九二”式汽车号牌应安装在汽车出厂时设置号牌的位置或前面号牌安装在保险杠右上方，后面号牌安装在尾灯上下；二轮、侧三轮摩托车号牌安装在前后挡泥板上；大型载货汽车和所有挂车必须在后栏板处喷写本车号牌的放大号，字体标准与号牌一致；拖拉机挂车悬挂主车号牌，即主车悬挂 2 个，挂车悬挂 1 个号牌，共计 3 面，并应喷写放大号；大型货车挂车应悬挂号牌 1 面；临时号牌贴在前挡风玻璃的明显位置；号牌安装要保证号牌无任何变形和打孔，并基本垂直于地面，其误差≤15°；号牌安装时每面要用两个压有发牌机关代号的号牌专用固封装置固定。

表 2-19　“九二”式牌照发放机关代号

序号	地　区	简　称	序号	地　区	简　称
1	北京市	京	17	湖北省	鄂
2	天津市	津	18	湖南省	湘
3	河北省	冀	19	广东省	粤
4	山西省	晋	20	广西壮族自治区	桂
5	内蒙古自治区	蒙	21	海南省	琼
6	辽宁省	辽	22	四川省	川
7	吉林省	吉	23	贵州省	贵
8	黑龙江省	黑	24	云南省	云
9	上海市	沪	25	西藏自治区	藏
10	江苏省	苏	26	陕西省	陕
11	浙江省	浙	27	甘肃省	甘
12	安徽省	皖	28	青海省	青
13	福建省	闽	29	宁夏回族自治区	宁
14	江西省	赣	30	新疆维吾尔自治区	新
15	山东省	鲁	31	重庆市	渝
16	河南省	豫			

3. “九二”式号牌的材料

号牌所用材料有硬质材料和纸质材料两种。硬质材料又分为铝质材料和钢质材料。大型汽车后号牌和挂车号牌使用钢质材料，其他类型号牌使用铝质材料。要求铝板厚度为 1～2mm，钢板厚度为 0.8～1.2mm。号牌表面可以采用反光材料。纸质号牌只用于临时号牌，要求使用 80～100g 的压敏胶纸。

4. “九二”式号牌还要符合以下要求

（1）号牌牌面颜色和字符符合《中华人民共和国机动车号牌》（GA 36-1992）的要求。

（2）硬质号牌四周应有凸起大于 1mm 的加强筋，字符要凸出牌面 1mm 以上（摩托车前号牌和临时入境汽车号牌除外）。

（3）号牌背面应有生产厂家和批号。

（4）号牌的外廓尺寸误差不得大于 0.5%，其他各部尺寸误差不得大于 1%。

(5) 号牌表面清晰、整齐，着色均匀，不得有皱纹、气泡、颗粒杂质及漆层薄厚不一现象；反光材料或漆层与基材附着牢固。

(6) 金属材料号牌在 -40℃ ~60℃ 的温度中不变形，不出现裂纹、剥落、脱皮和褪色现象。

(7) 金属材料号牌应具有耐柴油、汽油等腐蚀和防水性能。

(8) 金属材料号牌在受到一般外力冲击和弯曲时，不应有断裂、脱漆等损坏现象，金属号牌的使用寿命不得少于 4 年。

(9) 纸质材料号牌正面涂有不干胶，应与挡风玻璃或其他物体粘贴牢固，不得被整体撕离。

(五) 试行的“二〇〇二”式机动车号牌简介

为适应我国机动车快速增长的形势，改革和加强车辆管理工作，更好地为经济建设服务和为人民群众服务，同时更多地体现机动车所有人选择号牌的个性意愿，公安部决定于 2002 年 8 月 12 日至 2002 年 12 月 31 日在北京、天津、杭州和深圳 4 个城市开展启用“二〇〇二”式机动车号牌试点工作。启用“二〇〇二”式机动车号牌是我国车辆管理工作改革的重要内容，是强化车辆源头管理和机动车牌证统一管理的重要措施，也是交通管理工作为经济建设服务、为人民群众服务的重要体现。此次改革涉及机动车号牌式样、编排规则、选号方式和号牌制作管理等，关系到广大机动车所有人的切身利益，社会各界非常关注。

试行“二〇〇二”式机动车号牌为大型汽车、小型汽车、摩托车和轻便摩托车 4 种号牌，适用于与原“九二”式机动车号牌相对应的各类汽车、摩托车和电车（见表 2 -20，图 2 -9）。农用运输车、拖拉机、轮式自行机械、挂车以及使用其他号牌的使领馆机动车、外籍机动车、警用机动车等仍核发“九二”式机动车号牌。“二〇〇二”式机动车号牌一律实行现场制作制度，只有在机动车登记各项审核、检验真实有效的情况下，才能启动现场制作程序。

试行的大型汽车、小型汽车、摩托车和轻便摩托车 4 种号牌，使用同一号牌资源数据库和同一号码序列。机动车所有人按照《试行“二〇〇二”式机动车号牌号码编排规则》的规定，可自主编排三组号牌编号，车辆管理所将三组号牌编号按先后顺序输入号牌资源数据库进行唯一性检索。经检索确认该号牌编号尚未被使用的，即确定为该机动车的号牌号码。机动车号牌号码一经确定，即自动进入计算机机动车登记系统，任何人不得更改。对三组号牌编号均已被使用的，允许再编排三组号牌编号进行检索确认。如仍均被使用或机动车所有人放弃自主编排号牌编号的，车辆管理所应当通过选号系统自动生成机动车号牌号码。机动车号牌号码确定后，车辆管理所要当场核发。

为了保证“二〇〇二”式机动车号牌制作的统一性，提高号牌的防伪性能，防止伪造和违规制作号牌，对“二〇〇二”式机动车号牌的专用选号软件、专用原材料、专用设备和号牌半成品实行“统进统出”的管理模式。公安部交通管理局负责组织订购号牌专用原材料、印制加密条形码和研制、安装专用选号软件、加密号牌资源数据库及其与车辆管理所机动车登记系统连接等工作；试点城市所在省的公安交警总队负责机动车号牌半成品的生产、管理以及统一订购本省所需号牌专用原材料、号牌专用设备等工作；试点城市的车辆管理所负责号牌现场制作、废品销毁管理等工作。

与“九二”式机动车号牌相比，“二〇〇二”式机动车号牌的号码容量扩大了100多倍，号码编排方式也为车辆所有者展现个性意愿创造了条件，但因为“二〇〇二”式机动车号牌的发放属阶段性试点，不久便停发了。

表2-20　试行“二〇〇二”式机动车号牌种类、外廓尺寸、颜色、适用范围

序号	种　类	外廓尺寸(mm)	颜　色	数量	适用范围
1	大型汽车号牌	360×150	黄底黑字黑框线	2	大型载客汽车，中型和重型载货汽车，其他汽车，无轨电车，有轨电车
2	小型汽车号牌	360×150	蓝白彩底黑字黑框线	2	中型、小型、微型载客汽车，轻型、微型载货汽车，其他汽车
3	摩托车号牌	210×150	黄底黑字黑框线	1	普通摩托车
4	轻便摩托车号牌	210×150	蓝白彩底黑字黑框线	1	轻便摩托车

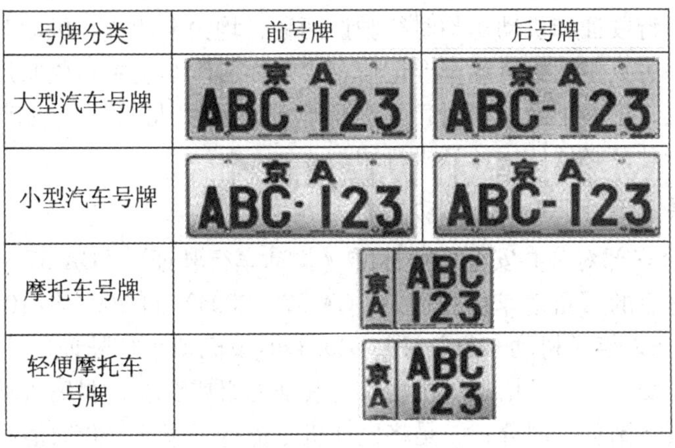

图2-9　“二〇〇二”式机动车号牌式样

二、机动车行驶证

机动车行驶证称为行车执照，是准予机动车上道路行驶的重要法定证件。按照时间顺序，新中国成立后我国机动车行驶证的样式有六种。

（一）第一代：1950版/1960版汽车行车执照

根据1950年《汽车管理暂行办法》和《汽车管理暂行办法实施细则》的相关规定，汽车行车执照由交通部统一格式，交由各省市主管机关印发使用。

1960年《机动车管理办法》施行后，行车执照仍采用册式，制作上也出现了新的特点：一是要求汽车执照记载的内容尽量简化并缩小其尺寸以便于携带；二是允许各地根据自身条件自主选择行车执照的外皮材料。

（二）第二代：1972版机动车行驶证

1972年《城市和公路交通管理规则》实施后，将机动车行车执照改为机动车行驶证。每年机动车检验合格后，无需换发机动车行驶证，改为公安机关主管部门在行驶证上签章。1972版机动车行驶证为册式，封面为塑料制作，蓝色。

（三）第三代：1985版机动车行车执照

交通部、公安部于1985年联合发布《关于使用新的机动车号牌的通知》（〔1985〕交公路字1984号），又将机动车行驶证名称改为机动车行车执照，封面为墨绿色烫金字塑料套，内页共4页，分别为车辆基本信息页、技术参数页、定期检验记录页、变更记录和附记页。

（四）第四代：1992版机动车行驶证

1992年，公安部发布公共安全行业标准《机动车行驶证》（GA 37－1992），首次以国家标准的形式对机动车行驶证作出了规范。“九二”式机动车行驶证证件分为机动车行驶证和机动车临时行驶证两种，均为卡片式。机动车行驶证包括主页和副页，主页正面为机动车登记信息，背面为汽车全貌彩色照片；副页用于记录检验信息，正面记录完毕时可在背面记录。从“九二”式机动车行驶证开始，机动车行驶证必须使用计算机打印。

（五）第五代：2004版机动车行驶证

2004年公安部对公共安全行业标准《机动车行驶证》（GA 37－1992）进行了修订，修订后的《机动车行驶证》（GA 37－2004）自2004年10月1日起实施。相对于1992年《机动车行驶证》，2004年《机动车行驶证》主要对以下几个方面作出了修订：一是增加了机动车行驶证的组成要求，明确机动车行驶证包括证夹、主页和副页三部分；二是将发证机关进行了调整，并取消了发证机关钢印章；三是在行驶证主页上增加了“使用性质”项目，并将原行驶证主页上的

“总质量”、“核定载质量”、“核定载客”等放在了副页正面上；四是取消了行驶证副页上的车主信息、将检验改为检验记录；五是明确了机动车相片的规格、拍摄角度等要求，并规定机动车相片应当能够清晰辨认机动车号牌号码和车身颜色；六是明确了行驶证主页和副页上的签注内容应使用专用打印机打印。

（六）第六代：2008 版机动车行驶证

2008 年，公安部对《机动车行驶证》（GA 27－2004）进行了修订。修订后的《机动车行驶证》（GA 37－2008）提高了机动车行驶证的防伪性能、规范了机动车行驶证的签注要求，自 2008 年 10 月 1 日起实施。2008 年《机动车行驶证》主要进行了四个方面的修订：一是规定主页用塑封套塑封，正面是已签注的证芯，背面是机动车相片，副页是已签注的证芯；二是增加了证芯印刷的技术要求，证芯序列号由 13 位阿拉伯数字组成，并用一维条码表示；三是增加了塑封套的规定；四是调整了机动车相片的要求。

三、机动车登记证书

《机动车登记办法》自 2001 年 10 月 1 日起在全国范围内实施。该办法对 20 世纪 60 年代初制定的《机动车管理办法》作出了重大修改和改革。改革的指导思想和原则之一，就是适应市场经济和社会的发展需求，充分体现机动车管理要方便百姓汽车消费的精神。为了适应汽车消费、汽车产业发展和机动车管理，《机动车登记办法》规定在全国范围内核发《机动车登记证书》，它实际上就是车辆所有权的法律证明，它记载的信息有车主信息、车辆信息、过户信息等，能比较完整的反映车辆的各项技术性能数据及过户变迁等动态情况。持有登记证，今后车辆作为担保抵押、进行过户和交易等，将不再需要车主的其他凭证，凭登记证即可直接办理有关手续，将大大简化机动车登记、交易、收购和作为担保抵押的繁杂手续。

《机动车登记证书》是机动车登记的证明文件，具有证明机动车所有人的作用。《机动车登记证书》的启用，适应了我国机动车消费方式的改变，与此同时，也规范了二手车交易市场。作为机动车登记的重要证件，《机动车登记证书》由公安部统一印刷，其式样和技术要求与普通证件相比具有较高的要求。

目前，全国统一使用的是按修订过的《机动车登记证书》（GA 369－2005）制作的第二代《机动车登记证书》。

《机动车登记证书》灭失、丢失或者损毁的，机动车所有人应当向登记地车辆管理所申请补领、换领。申请时，机动车所有人应当填写申请表并提交身份证明，属于补领《机动车登记证书》的，还应当交验机动车。车辆管理所应当自受理之日起一日内，确认机动车，审查提交的证明、凭证，补发、换发《机动车登记证书》。

启用《机动车登记证书》前已注册登记的机动车未申领《机动车登记证书》的，机动车所有人可以向登记地车辆管理所申领《机动车登记证书》。但属于机动车所有人申请变更、转移或者抵押登记的，应当在申请前向车辆管理所申领《机动车登记证书》。申请时，机动车所有人应当填写申请表，交验机动车并提交身份证明。车辆管理所应当自受理之日起 5 日内，确认机动车，核对车辆识别代号拓印膜，审查提交的证明、凭证，核发《机动车登记证书》。

第四节　机动车登记概述

一、机动车登记的含义

机动车辆登记，是指公安车辆管理机关对我国民用机动车辆的车主、住址、电话、单位代码、居民身份证号、车辆类型、厂牌型号、车辆技术参数、使用性质和变更情况等实行的记录手续。车辆登记的目的是“加强机动车管理，规范机动车登记行为，保护公民、法人和其他组织的合法权益，保障道路交通安全，促进社会及经济的发展”。

机动车登记制度是世界上多数国家的规定。机动车登记除了确定机动车的安全、环保性能，明确机动车的唯一性外，还包括机动车的所有权。

二、机动车登记的性质

机动车登记制度，是指公安机关交通管理部门根据机动车所有人的申请，依法进行审查，对机动车核发登记证书、号牌、行驶证、准予其上道路行驶的制度。

机动车登记属于法定登记。《道路交通安全法》首次以立法的形式明确了我国实行机动车登记制度，“机动车经公安机关交通管理部门登记后，方可上道路行驶”。因此机动车管理制度是其他交通安全管理制度的基础，是一项基本制度。

机动车登记是一种行政管理行为。按照行政法的相关法理，从行为主体上来看，机动车登记是公安机关交通管理部门实施的行为；从行为的目的来看，机动车登记是公安机关交通管理部门为加强道路交通安全源头管理而实施的行为；从行为效果来看，机动车登记能够直接或间接地对当事人权利义务产生法律影响，是一种具体行政行为；从行为责任上来看，机动车登记是能够依法产生行政处罚、行政强制措施等行政责任的行为，因此机动车登记属于行政管理行为，且为具体行政行为。

机动车登记是一种行政许可行为，机动车只有通过机动车登记才能上路行驶。首先，它是一种依申请的行政行为，即只有行政相对人提出申请才能实施的具体行政行为，行政相对人的申请是行政许可行为作出的必经程序和条件；其次，机动车登记一种要式的行政行为，即必须以书面正规的形式作出许可；最后，机动车登记是一种赋予权力的行为，即赋予行政相对人某种权力和资格，准予其从事某种特定活动。因此，机动车登记属于一种行政许可行为。

三、机动车登记的作用及法律效力

机动车登记的作用是通过行政登记的功能来实现的，其作用体现了设立机动车登记制度的目的和机动车登记在实际中的功能，包括掌握具体信息、赋予行政相对人权力、社会管理的功能。

（一）掌握具体信息

随着社会的发展，社会交往越来越密切、活动也越来越频繁，交通管理工作同经济社会的联系也越来越紧密，为了更好地履行行政管理职能，掌握机动车具体信息是十分必要的。

（二）赋予行政相对人相应权利

机动车登记的效力体现在其对机动车上路行驶资质的认可、对登记事项的认定以及对权利义务的确定等。在我国相应的法律中，机动车登记对确定权利义务有着非常重要的意义。《中华人民共和国物权法》第 24 条规定，机动车物权的设立、变更、转让和消灭，未经登记，不得对抗善意第三人。因此，机动车登记对维护当事人的利益，减少社会纠纷具有重要意义。

（三）社会管理功能

机动车登记作为社会管理的一部分，在宏观调控、微观监管以及社会服务方面都起着重要的作用。机动车登记具有社会管理和服务群众的双重功能。对机动车进行登记可以使公安机关交通管理部门及时掌握车辆的技术状况、车辆的分布和变动情况，制定交通管理措施，同时使公安机关交通管理部门车辆管理所便于查找车主和掌握车辆的各种动态，有利于保护公民、法人和其他组织的合法权益，促进社会经济的发展，保障道路交通安全。机动车登记工作是做好公安交通管理工作的一个重要前提条件。机动车登记工作是一项非常细致而且需要认真处理的工作，必须严肃地履行规定手续，严格地依照法律法规来办理。

四、机动车登记的法律依据与相关技术标准

（一）机动车登记的法律依据

目前，我国已经形成了较为完备的机动车登记制度法律体系。《道路交通安全法》作为法律，确立了机动车登记制度的基本原则和主要内容，是建立机动

车登记制度的法律依据。《道路交通安全法实施条例》作为《道路交通安全法》的配套法规，是实施机动车登记制度的法律保障。而《机动车登记规定》作为公安机关部门规章，明确了机动车登记的具体要求，是具体办理机动车登记业务的具体规定。此外，其他规章还包括:《机动车登记工作规范》、《车辆管理所业务岗位规范》、《车辆管理所文明服务规范》、《关于机动车登记项目公开的规定》、《机动车登记信息数据库规范》、《机动车登记信息代码》、《关于进一步加强车辆公告管理和注册登记有关事项的通知》、《车辆生产企业及产品公告》等。

按照我国有关法令的规定，公安机关交通管理部门车辆管理所是机动车的登记机构，负责办理本行政辖区的机动车登记工作。车辆管理所应当使用计算机登记系统办理机动车登记，不使用计算机登记系统登记的，登记无效。

（二）机动车登记的技术标准

技术标准是机动车登记的重要依据。有关的国家标准、行业标准明确了机动车安全技术性能、机动车登记证件以及业务操作等一系列标准、为机动车登记提供了技术保障，常用的国家标准和行业标准有:《机动车运行安全技术条件》（GB 7258－2012）、《道路车辆外廓尺寸、轴荷及质量限值》（GB 1589－2004）、《道路车辆　车辆识别代号（VIN）》（GB 16735－2004）、《机动车安全技术检验项目和方法》（GB 21861－2008）、《机动车驾驶证件》（GA 482－2008）、《机动车号牌》（GA 36－2007）、《机动车行驶证》（GA 37－2008）、《机动车登记证书》（GA 369－2005）、《机动车检验合格标志》（GA 811－2008）、《机动车查验工作规程》（GA 801－2008）。

五、机动车登记的分类

机动车登记包括五个类型：注册登记、转移登记、变更登记、抵押登记、注销登记。

六、机动车登记的职责分工

省级公安机关交通管理部门负责本省（自治区、直辖市）机动车登记工作的指导、检查和监督。直辖市公安机关交通管理部门车辆管理所、设区的市或者相当于同级的公安机关交通管理部门车辆管理所负责办理本行政辖区内机动车登记业务。

县级公安机关交通管理部门车辆管理所可以办理本行政辖区内摩托车、三轮汽车、低速载货汽车登记业务。条件具备的，可以办理除进口机动车、危险化学品运输车、校车、中型以上载客汽车以外的其他机动车登记业务。具体业务范围和办理条件由省级公安机关交通管理部门确定。

警用车辆登记业务按照有关规定办理。

七、机动车登记的原则

办理机动车登记应当遵循公开、公正、便民的原则。车辆管理所应当将法律、行政法规和规定的有关机动车登记的事项、条件、依据、程序、期限以及收费标准、需要提交的全部材料的目录和申请表示范文本等在办理登记的场所公示。车辆管理所应当使用计算机登记系统办理机动车登记，并建立数据库。不使用计算机登记系统登记的，登记无效。计算机登记系统的数据库标准和登记软件全国统一。数据库能够完整、准确记录登记内容，记录办理过程和经办人员信息，并能够实时将有关登记内容传送到全国公安交通管理信息系统。计算机登记系统应当与交通违法信息系统和交通事故信息系统实行联网。

八、机动车登记制度的发展历程

（一）《机动车登记办法》（公安部令第 56 号）

1960 年国务院制定的《机动车管理办法》、1988 年国务院发布实施的《中华人民共和国道路交通管理条例》中尽管包含一些机动车登记的内容，但都没有使用“注册登记”的概念，也没有把注册登记专门作为一项制度确定下来。为了加强机动车管理，规范机动车登记行为，保护公民、法人和其他组织的合法权益，促进经济、社会发展，保障道路交通安全，依据有关法律和行政法规，2001 年 10 月 1 日公安部颁布实施了《机动车登记办法》（公安部令第 56 号）。其中，首次使用了注册登记的概念，但它只是一个部门规章。2004 年实施的《道路交通安全法》将机动车登记上升为制度是我国有关法律、法规中的第一次。机动车登记属于行政许可行为，是机动车管理的主要组成部分，是道路交通安全管理工作的基础之一。做好此项工作对保障道路交通安全、维护国家机动车产业政策、保障税收都具有积极的作用。

《道路交通安全法》第 8 条规定：“国家对机动车实行登记制度。机动车经公安机关交通管理部门登记后，方可上道路行驶。尚未登记的机动车，需要临时上道路行驶的，应当取得临时通行牌证。”

该条包含四层意思：（1）确立机动车登记制度的法律地位。（2）明确上路机动车必须经过登记。这也是国际通行的做法。上路机动车是指经常在道路上行驶供人员乘坐或运输物品以及进行工程专项作业的轮式车辆，不包括临时上路行驶的特种作业车辆（包括履带式车辆）、拖拉机、收割机和部分军车。（3）明确机动车登记的主体是公安机关交通管理部门（军车除外），目前我国机动车登记主要由直辖市和地、市、州盟公安机关交通管理部门负责，省、自治区、直辖市公安机关交通管理部门负责警车、公安业务车辆的登记等。（4）未登记的机动车，需要临时上道路行驶的，应当取得临时通行牌证。其主要包括：新车未领取牌证需要临时行驶；丢失号牌或行驶证，在补办期间需要上路行驶且15日内无法返回；需要移动或试车。临时通行牌证包括临时号牌、试车号牌和移动证。

（二）《机动车登记规定》（公安部令第72号）

为落实《道路交通安全法》和《道路交通安全法实施条例》中的相关规定，公安部于2004年颁布实施了《机动车登记规定》（公安部令第72号），这是具体规范机动车登记工作的部门规章，共四章39条。与过去的《机动车登记办法》（公安部令第56号）（共十四章83条）相比，大大减少了篇幅和章节。二者相比，该规定有三大变化：一是除总则、附则外，将机动车登记事项全部归并成为登记一章，共有五大项登记（注册登记、变更登记、转移登记、抵押登记、注销登记）。这五大项登记都是法律法规确定的，是“法定登记”。二是没有设定法律责任，涉及车辆的法律责任在法律和法规中予以规定，提升了法律责任的地位，有利于查处违规行为。三是将机动车档案管理的规定在《机动车登记工作规范》中予以明确。这样做主要是考虑机动车档案管理主要是车辆管理所内部操作事项，与群众办理机动车登记的关系不大，在内部规定即可。

（三）《机动车登记规定》（公安部令第102号）

为进一步规范机动车登记工作，简化办事程序，提升服务水平，公安部对2004年《机动车登记规定》进行了修改。2004年《机动车登记规定》在保证《道路交通安全法》顺利实施，规范机动车登记，强化道路交通安全源头管理，方便群众办理机动车牌证等方面发挥了重要作用。但随着我国经济社会的发展，部分内容需要修改和调整。第一，经济社会的快速发展对机动车登记工作提出了新的、更高的要求。近年来，机动车数量增长迅速，机动车的快速发展和人们的快节奏生活，要求车辆管理所办理机动车牌证的程序必须更简化，服务必须更快捷。第二，建设社会主义和谐社会对机动车登记工作提出了新的、更高的要求。为深入贯彻党的“十七大”精神，落实关注民生、改善民生、建设社会主义和谐社会的要求，积极回应人民群众对公安工作的新期待，努力满足人民群众对公安工作的新要求，车辆管理工作必须更加突出“以人为本”的管理和服务理念，为群众办理机动车牌证提供更多便利，满足群众对车辆管理工作提出的优质、高效、便捷的服务需求。第三，做好预防道路交通事故源头管理这项工作对机动车登记工作提出了新的、更高的要求。车辆管理作为预防道路交通事故的第一防线，是机动车行驶准入的重要关口。第四，新出台的一些法律、法规对机动车登记工作提出了新的需求。《中华人民共和国物权法》、《典当管理办法》（《典当管理办法》是商务部和公安部发布的联合部令，自2005年4月1日起实施，其中第42条明确规定“典当行经营机动车质押典当业务，应当到车辆管理部门办理质押登记手续”）等一些新法律、法规对机动车的登记、担保等进行了新的规定，为保证与有关法律、法规相协调、相衔接，需要对机动车登记的相关内容加以调整和完善。

1. 修改原则与主要特点

2007年4月，公安部交通管理局征求了各地公安机关交通管理部门对2004年《机动车登记规定》修改稿的意见，并先后四次召开座谈会听取意见。9月，征求了最高人民法院、交通部、海关总署、国务院侨办等部委，以及公安部治安管理局、出入境管理局、法制局的意见。6月、9月和11月，三次召开局务会研究、讨论修订工作。修改的主要思路是：基本体例和结构不作大的调整，主要是对2004年《机动车登记规定》进行补充和完善。从体例上增加了“法律责任”一章，共五章56条，新增18条，修改26条，删除4条。2008年5月27日，公安部发布了《机动车登记规定》，自2008年10月1日起施行。

（1）修改原则。2008年《机动车登记规定》是对2004年《机动车登记规定》的修改和完善。修改过程中主要把握以下三个原则：

一是突出以人为本，服务群众。随着经济社会的发展，群众对公共服务提出了更高、更新的要求，机动车登记工作需要进一步简化办理程序，优化服务方式，为群众提供更多的便利，满足群众优质、高效、便捷的服务需求。这是当前关注民生、改善民生，建设社会主义和谐社会的政治要求。

二是注重规范业务，解决实际问题。根据形势的变化，2004年《机动车登记规定》在实施过程中遇到一些实际问题需要解决，需要对机动车登记的一些内容加以明确和规范，如县级车辆管理部门的名称和业务范围，违反规定应承担的法律责任等。

三是强调法律衔接，与新的法律、法规保持一致。随着《中华人民共和国物权法》、《典当管理办法》等一些新法律、法规、规章的实施，机动车登记的相关内容需要随之加以调整。

整个修改过程围绕以上三个原则进行。修改后的2008年《机动车登记规定》共五章56条，（2004年《机动车登记规定》共四章39条）。新增“法律责任”一章，新增22条，修改28条，删除5条。

（2）2008年《机动车登记规定》具有以下主要特点：

①进一步明确了各级车管部门的职能设置。一是明确规定了“省级公安机关交通管理部门负责本省（自治区、直辖市）机动车登记工作的指导、检查和监督”。这主要是为了解决一些总队车辆管理部门研究业务、政策的力度不够，大量的人力和精力放在办理具体业务上，对下指导、监督的作用还没有很好地发挥的问题。二是规范了县级车辆管理部门的名称和业务范围。2008年《机动车登记规定》明确了县级车辆管理部门的名称和业务范围。将县级车辆管理部门统一命名为“车辆管理所”，目前各地县级车辆管理部门的名称不统一，有“车管

分所”、“车管工作站”、“车管中队”等，这不仅使其地位和工作职责不明确，还容易使办事群众误解。统一县级车管部门的名称，有利于推进县级车辆管理所正规化建设，有利于更好地发挥服务群众的职能。三是明确了县级车辆管理所的业务范围，包括办理本行政辖区内摩托车、三轮汽车、低速载货汽车登记业务。同时，为方便群众就近办理车管业务，规定条件具备的县级车辆管理所，可以办理除进口机动车、危险化学品运输车、校车、中型以上载客汽车以外的其他机动车登记业务。具体业务范围和办理条件由省级公安机关交通管理部门确定（第2条）。这样规定主要是考虑到危险化学品运输车、校车、中型以上载客汽车的安全责任比较重大，办理进口机动车涉及国家进口车制度的执行等重要事项，暂时仍由地市级车辆管理所办理，不下放到县级车辆管理所（除三轮汽车、低速货车外，其他汽车驾驶人考试、驾驶证核发工作原则上不得由县级车辆管理所承担）。

②简化了办理牌证程序，进一步方便群众。2008年《机动车登记规定》进一步简化了牌证办理程序，优化了服务方式，涉及便民利民措施共16项，主要有以下几个方面：

一是缩短了办理牌证的时限。对出具合法有效证明、凭证的，办理机动车注册登记的时限由5日缩短为2日（第7条）。

对申请补领机动车登记证书的，调整了事前核对档案的规定，补发时限由15日缩短为1日（第34条）。简化业务岗位，调整岗位职责。例如，将机动车登记工作岗位由5个（即登记审核岗、牌证管理岗、业务领导岗、档案管理岗、嫌疑车辆调查岗）调整为3个（查验岗、登记审核岗、档案管理岗），减少工作环节，提高工作效率。调整业务流程，实现“一窗式”服务。例如，通过整合内部管理资源，实现资料内部传递，使群众在一个窗口内即可以办结所有业务。在正常情况下，群众申请机动车注册登记的，在2个小时内即可办完全部业务，有的地方在1小时内就能办结。

二是取消了办理变更登记的审批程序。为减少群众往返次数，需要改变车身颜色、更换车身或车架的，机动车所有人不用再事先向车辆管理所申请，可以于变更后直接办理登记（第10条）。

三是扩大了重新启用号牌号码的范围。将公安部交通管理局《服务群众十六项措施》（2007年7月1日实施）中允许申请重新启用原号牌号码的范围，由报废的机动车扩大到所有办结注销或转移登记的机动车，进一步满足群众留用原号牌号码的需求（第43条）。

四是进一步改进了机动车号牌选取方式。规定机动车所有人可以通过计算机公开自动选取或者自行编排的方式选取机动车号牌号码（第44条）。

五是取消了停驶、复驶业务。原来设立的机动车停驶、复驶业务主要是为了办理养路费停、复交手续。目前交通部门已通过限定停交养路费期限等方式进行了规范，机动车停、复驶业务已无实际意义，取消该业务可避免群众多次往返车辆管理所和交通部门。

六是简化了异地报废机动车注销登记程序问题。为方便群众办理机动车报废手续，提高报废机动车的注销登记率，规定对车辆损坏无法驶回登记地办理报废的，取消了机动车所有人向报废地车辆管理所申请《机动车异地解体证明》，再到登记地车辆管理所申请注销登记的程序，规定由机动车报废回收企业向车辆报废地车辆管理所申请注销登记，车辆报废地的车辆管理所通过计算机登记系统将机动车报废信息传递给车辆登记地车辆管理所（第30条）。

③进一步规范了机动车登记工作。进一步规范了机动车登记需要明确的内容和事项。在实施过程中发现，对一些情形由于未作统一规定，有些地方不能办，有些地方可以办，或者办理条件和程序不一致，需要进一步加以规范。

一是增加了因不在我国境内使用、机动车质量问题退车、依法撤销等原因办理注销登记的条件和程序（第28条）。

二是增加了机动车质押备案业务，以与《中华人民共和国物权法》、《中华人民共和国担保法》、《典当管理办法》等法律规定相衔接（第33条）。

三是明确了临时行驶车号牌的适用范围。明确了四种适用情形，即未销售的、购买后未登记的、进行科研和定型试验的、车辆限值超出国家标准的机动车需要临时上道路行驶的，可以办理临时行驶车号牌。其中，第一、三、四种属于新增加的情形。根据新的《中华人民共和国机动车号牌》作业标准，临时行驶车号牌的有效期分为15日、30日、90日三种，这次修改对哪种情形核发多长有效期的号牌均作了明确规定（第36条）。

④增加了法律责任的规定。2008年《机动车登记规定》增加了“法律责任”一章。根据《中华人民共和国立法法》、《中华人民共和国行政处罚法》的规定，对《道路交通安全法》未设定处罚但影响道路交通安全的常见交通违法行为设定了罚则。对不按规定检验机动车或安装安全防护装置、不按规定办理变更登记、擅自改变机动车外形或技术参数的行为明确了相应处罚（第47条至第51条）。同时，对公安机关交通管理部门及交通警察违反规定办理机动车登记的法律责任也作出了规定（第51条至第53条）。该规定共列举了10种违法违纪的情形，其中对为被盗抢、走私、非法拼（组）装、达到国家强制报废标准的机动车办理登记的责任作了更严格的规定，除明确对直接责任人按照国家有关规定给予处分外，还规定了“经教育不改又不宜给予开除处分的，按照《公安机关组织管理条例》规定予以辞退；对聘用人员予以解聘”。

⑤调整了体例结构和行文格式。2008年《机动车登记规定》将2004年《机动车登记规定》中有关公安机关内部登记事项和要求等规定调整到《机动车登

记工作规范》（以下简称《工作规范》）中，将《工作规范》中涉及行政相对人权利义务的内容纳入到部令中（第 8、17、30、31、34、42 条等）。在行文格式上，整合《道路交通安全法》及其实施条例中有关机动车登记的规定，按办理程序对申请事项、需提交的材料、办理时限等方面予以明确。

九、《关于修改〈机动车登记规定〉的决定》（公安部令第 124 号）

（一）修改背景

为贯彻落实国务院《校车安全管理条例》，公安部发布了《关于修改〈机动车登记规定〉的决定》（公安部令第 124 号）。

2004 年 5 月 1 日，《机动车登记规定》（公安部令第 72 号）开始施行。此后，对《机动车登记规定》于 2008 年进行了修订。《机动车登记规定》（公安部令第 102 号）实施以来，在规范机动车登记业务办理，简化办事程序，提高服务水平等方面发挥了重要作用。但随着经济社会的发展，其部分内容已不适应现实需要。

近年来国家相关部门新制定、修改了一些法律法规，如 2011 年 5 月施行的《道路交通安全法》，对饮酒和醉酒后驾驶机动车、使用假牌假证等违法行为规定了更严厉的处罚；2012 年 4 月施行的《校车安全管理条例》，明确了公安机关交通管理部门校车标牌核发、校车驾驶人许可等职责；2012 年 1 月施行的《中华人民共和国车船税法》，规定公安机关交通管理部门办理机动车登记、检验时要审核车船税凭证。《机动车登记规定》要与新制定、修改的法律法规相协调，故需要对《机动车登记规定》的部分内容进行修改。2012 年 3 月，公安部交通管理局先后启动《机动车驾驶证申领》和《机动车登记规定》的修改工作。

（二）重点修改内容

1. 明确参与校车使用许可审查职责

为保障校车符合安全运行条件和要求，《校车安全管理条例》设定了校车使用许可制度，由人民政府批准决定校车使用许可，教育行政、公安、交通运输等部门按照部门职责分工参与校车使用许可的审查工作。申请校车使用许可，应当向教育行政部门提出申请，教育行政部门在征求公安机关交通管理部门和交通运输部门的意见后，提出审查意见，报人民政府决定是否发放许可。为做好校车使用许可审查工作，《关于修改〈机动车登记决定〉的决定》规定公安机关交通管理部门在收到教育行政部门送交的征求意见材料后，应当 1 日内通知申请人交验机动车，严格查验车辆安全状况和审核相关申请材料，并在 3 日内向教育行政部门反馈意见。查验的主要事项有：一是严格查验校车安全状况。要求严格查验校车标志灯、停车指示标志、卫星定位装置以及逃生锤、干粉灭火器、急救箱等安全设备；对专用校车，还要审查校车外观标识。二是严格审核资料和行驶线路。要求严格审核政府批准的使用许可、校车运行方案、校车驾驶人资格等资料，审核校车行驶线路、开行时间和停靠站点。

2. 规范校车标牌核发条件和程序

按照《校车安全管理条例》的规定，对人民政府批准决定发放校车使用许可的，公安机关交通管理部门应当发给校车标牌。为保证已取得校车使用许可的申请人及时领取标牌，《关于修改〈机动车登记决定〉的决定》规定，对政府批准校车使用许可的，公安机关交通管理部门应当在收到申请人提交的领取表之日起3日内核发校车标牌，并在行驶证上签注校车类型和核载人数。同时，规定校车标牌应当记载本车的号牌号码、车辆的所有人、驾驶人、行驶线路、开行时间、停靠站点、发牌单位、有效期限等事项；校车标牌分前后两块，分别放置于前风窗玻璃右下角和后风窗玻璃适当位置，以方便各部门加强校车日常管理。

3. 严格校车登记检验和报废管理。

为保障校车安全运行，《关于修改〈机动车登记决定〉的决定》对校车注册登记条件、安全检验周期、报废监管提出了更严格的要求。一是专用校车上牌前必须进行检验。规定校车在办理注册登记前必须进行安全技术检验，保证校车安全技术性能。专用校车在办理注册登记手续，取得机动车号牌、行驶证、登记证书等合法上路的凭证后，必须及时向人民政府申请校车使用许可，否则不能从事校车运营。二是校车应当每半年进行一次检验。规定校车应当每半年进行一次安全技术检验，同时考虑到校车一般不涉及跨地区运行，规定校车不得委托异地检验，加强属地化安全管理。三是校车报废要由车辆管理所监督解体。规定达到报废标准的校车必须在车辆管理所的监督下解体，杜绝报废校车继续上路行驶。

4. 加强校车使用日常监管

《关于修改〈机动车登记决定〉的决定》对校车使用监管及校车标牌管理提出了严格要求。一是每月通报校车标牌发放和交通违法情况。规定公安机关交通管理部门要每月将辖区内校车标牌的核发、变更和收回信息报本级人民政府备案，并通报教育行政部门；将校车交通违法和事故等情况，通知学校或者校车服务提供者，督促及时接受处理，并通报教育行政部门。二是校车运行路线等发生变化要办理变更手续。规定校车行驶路线、开行时间、停靠站点或者驾驶人等发生变化的，要经政府批准，办理校车标牌变更手续。三是机动车不再作为校车使用的要收回校车标牌。规定对校车变更使用性质不再作为校车使用的，或者校车使用许可被吊销的，要收回校车标牌，拆除校车标志灯、停车指示标志。同时，规定专用校车不得改变使用性质。

十、近年来车辆与驾驶人管理方面的便民措施概况

（一）2009 年交通管理便民措施

2009 年 5 月 18 日公安部交通管理局发布了十项交通管理便民措施，于 2009 年 7 月 1 日起开始实施。其中与车辆和驾驶人管理有关的有六项。

一是实行车辆管理所“一窗式”综合服务，所有业务受理窗口均可以办理机动车和驾驶证业务。当前，大部分车辆管理所的业务大厅实行车辆和驾驶证业务分开区域、分开叫号、分开办理的模式。但在实际工作中发现，由于车辆和驾驶证业务数量不平衡，导致有的窗口业务量大，群众排队等候现象严重；有的窗口业务量小，造成了一定的资源浪费。

因此，规定所有地市车辆管理所和县级车辆管理所，在加强对窗口民警业务培训的前提下，实行“一窗式”综合服务，所有业务受理窗口均可办理机动车和驾驶证业务。

二是在直辖市、省会市（自治区首府市）和计划单列市，会同有关部门实行医疗机构通过互联网向车辆管理所传输机动车驾驶人身体条件证明信息，群众不必再到车辆管理所提交身体条件证明。

通过互联网办理车管业务是信息化社会的发展方向，是充分利用现代科技手段为群众提供服务便利的必然要求。目前，机动车驾驶人要先到医疗机构进行体检，领取医疗机构出具的身体条件检查证明后，再到车辆管理所提交。实行医疗机构通过互联网向车辆管理所传输身体条件证明信息后，群众无须再往返车辆管理所提交身体条件证明。

考虑到通过互联网办理车管业务受技术、资金等条件的制约，需要一个过程。因此，规定先在直辖市、省会市（自治区首府市）和计划单列市车辆管理所试行，待条件成熟后，在所有的车辆管理所推行。

三是在直辖市、省会市（自治区首府市）和计划单列市实行机动车所有人通过互联网、电话选定机动车号牌号码、预约驾驶人考试、补换领机动车牌证、备案变更登记信息或者查询交通违法信息等。

为满足人民群众利用互联网等现代传媒手段办理车管业务的新要求，北京、辽宁、黑龙江、福建、四川、贵州等地已经在互联网上开通了自编自选机动车号牌号码的业务，使群众通过互联网足不出户就预约编排并选定自己喜欢的号牌号码，大大减少了群众在车辆管理所办理牌证时选号时的等候时间，取得了良好的社会效果。

其中，选定机动车号牌号码业务主要是由群众按照号牌编码规则和有关规定，先通过互联网和电话预先编排选定，在规定的时间内到车辆管理所就可以直接办理机动车登记手续。预约驾驶人考试、补换领机动车牌证、备案变更登记信

息业务，主要群众通过互联网、电话提出驾驶人考试预约、补换领机动车牌证、信息变更备案申请，车辆管理所受理审核后，结合邮寄、快递等手段，将相关牌证和手续邮寄给申请人，方便群众办理相关业务。此外，还可通过互联网、电话提供交通违法信息查询、业务咨询等服务。

四是机动车驾驶证和行驶证的换证、补证，以及提交驾驶人身体条件证明等业务，由地（市）车辆管理所下放到县（市）车辆管理所。具备条件的交警中队可以受理或者办理部分业务。

近几年，公安机关加强了基层基础工作，大部分县级车辆管所都有了固定的业务人员、办牌办证场所和设备，基本具备了办理机动车驾驶证补换证、提交身体条件证明以及办理机动车行驶证换证业务的条件。因此，规定将所有机动车驾驶证和行驶证的换证、补证，以及提交驾驶人身体条件证明等业务，由地市级车辆管理所下放到县级车辆管理所办理，方便县乡群众就近办理相关业务。同时，为了进一步延伸业务窗口，推行交警中队受理或者办理部分业务，实行流动车辆管理所上门服务。

五是试行在下乡汽车摩托车销售点设立机动车登记服务站，委托车辆销售单位代办牌证。2009 年 3 月 20 日公安部下发了《关于做好汽车摩托车下乡交通管理工作的通知》，要求各地公安机关按照方案要求，进一步调整管理模式，创新服务手段，开设专门业务窗口，加强与相关部门协调配合，落实各项工作措施。进一步为下乡汽车、摩托车办理登记提供方便，规定在下乡汽车摩托车销售点设立机动车登记服务站，委托车辆销售单位代办牌证，方便购车农民当场办理机动车牌证。

六是定期组织民警下乡，为农民集中办理摩托车登记、检验及其驾驶证申领等业务。目前，办理摩托车牌证和驾驶证业务主要集中在县级车辆管理所，群众办牌办证往返较远。不少群众因此不办理摩托车牌证，不领取机动车驾驶证，造成车辆无牌无证行驶和无证驾驶等问题，成为农村地区严重的交通安全隐患。为进一步方便购车农民群众办牌办证，规定在农村地区推行车管业务上门服务，定期组织民警下乡，为农民集中办理摩托车牌证，同时通过专场考试、集中办理等方式，方便农民考领摩托车驾驶证。其中，针对一些农民群众文化程度低，不会操作计算机的实际情况，规定摩托车科目一可以由计算机随机抽题，以纸质试卷进行考试。

（二）2010 年社会管理创新工作措施

2010 年 8 月 21 日，为进一步创新管理理念、机制和方法，提高工作效率和管理效能，提高服务人民群众和经济社会发展水平，推动交通管理工作健康、长远发展，公安部交管局推出九项社会管理创新工作措施。

一是推进与机动车安全技术检验机构联网，保证车辆检验公平、公正。为加强对机动车安全技术检验机构的监管，要求车辆管理所与机动车安全技术检验机构联网，实现检测过程全程监控、检测数据自动传输。直辖市和机动车安全技术检验机构数量为5个以上的地市，要实现车辆外观远程查验、检验合格标志远程核发，以节省警力资源，提高工作效率。

二是推进驾驶人考试智能监控和评判，加强考试监督制约。车辆管理所进行机动车驾驶人考试要全部使用指纹、视频、录音等监控手段，以加强对考试工作的全程监督。推动应用科技手段监督驾驶人考试评判工作，场内道路驾驶技能考试要求全部使用计算机系统，以保证驾驶人考试工作的客观、公正。在直辖市、省会市和一等车辆管理所试行应用科技手段进行实际道路考试。

三是推进利用互联网和电话办理业务，方便群众足不出户办理业务。充分利用信息网络手段强化社会服务功能，直辖市、地市公安机关交通管理部门要设立互联网和电话服务平台，实现五大业务办理功能，即选取机动车号牌号码、补换领机动车牌证和驾驶证、预约驾驶人考试、信息变更备案、处理交通违法；四大信息查询功能，即机动车和驾驶证信息查询、交通违法情况查询、交通事故处理情况查询、业务办理咨询；三大警务公开功能，即法律法规、办事流程、表格下载。有条件的地方要建立全省统一的互联网和电话服务平台。

四是推进销售商代办机动车登记业务，充分发挥社会公共资源优势。实行由汽车品牌专卖店（4S店）代办机动车注册登记，群众购车后即可现场办理登记、领取牌证，车辆管理所采取事后审核、归档核查和日常巡查等方式进行监督管理。地市级车辆管理所要实现50%以上的国产小型微型载客汽车注册登记业务由销售商代办。在农村地区推行摩托车“带牌销售”，要实现50%以上的摩托车注册登记业务由销售商代办。

五是推进服务网点合理布建，方便群众就近办理牌证。深入推进交通管理服务站建设，完善管理功能，规范服务内容，形成布局合理的服务网点，争取实现城区车驾管服务半径不超过5公里。加快业务下放，强化农村地区交警队综合管理职能，实现所有县级车辆管理所均可办理国产小型汽车登记业务，有条件的交警中队可以办理或代办摩托车登记、交通违法处理业务。

六是推进异地交通违法处理和罚款缴纳，实现“人性化”执法与管理。加强与财政、银行等部门的协调，实现全省（区、市）范围内异地处理交通违法和缴纳罚款。推行在省际公路交界处设立交通违法处理站，方便外地驾驶人处理在本地发生的交通违法。

七是推进交通事故民事损害赔偿纠纷调解制度，有效化解矛盾纠纷。全面推行交通事故民事损害赔偿纠纷调解制度，争取50%以上的县（市、区）建立人民调解工作机制。与推行交通事故快处快赔、建设交通事故法庭、设立交通事故社会救助基金相结合，建立人民调解、行政调解、司法调解三位一体的工作体系。

八是推进“文明交通行动计划”深入实施，营造良好社会宣传氛围。深入推进“文明交通行动计划”，推动建立交通安全公益广告免费刊播制度，完善公益宣传社会化和市场化运行机制，推广体验式、互动式交通安全宣传教育模式，组织志愿者开展文明出行劝导活动。

九是推进公安交通管理综合应用系统建设，为创新工作提供科技保障。整合机动车登记、驾驶证管理、交通违法处理、交通事故处理等信息系统，建立全国统一的公安交通管理综合应用系统，实现全部交通管理信息的顺畅流动和高度共享，进一步提高公安机关交通管理部门管理、服务、打击能力。

（三）2012 年交通管理便民措施

2012 年公安部修订发布了《机动车驾驶证申领和使用规定》（公安部令第 123 号）和《关于修改〈机动车登记规定〉的决定》（公安部令第 124 号），围绕“以人为本”的管理和服务理念，新推出了六项服务群众措施，进一步方便群众高效快捷办理机动车和驾驶人业务。

一是进一步下放机动车驾驶证业务，建全城乡全覆盖的服务网络。针对大部分县乡群众特别是广大农民群众办理汽车类驾驶证换证、提交身体条件证明等业务只能到地市级车辆管理所或其分所办理的问题，公安部于 2009 年出台文件，要求各地将机动车驾驶证和行驶证的换证、补证，以及提交驾驶人身体条件证明等业务，由地市级车辆管理所下放到县级车辆管理所办理，方便县乡群众就近办理相关业务。目前，绝大多数县级车辆管理所已经能够办理机动车驾驶证补换领，以及提交身体条件证明等业务。同时，随着公安机关执法规范化建设和基层基础建设工作不断深化，大部分县级车辆管理所基本具备了小型汽车驾驶证考试的条件。2012 年《机动车驾驶证申领和使用规定》将下放驾驶证补换领、审验业务以部门规章的形式予以明确，同时要求将小型汽车驾驶证考试等业务向条件具备的县级车辆管理所下放，方便县乡、农村群众在家门口申领汽车驾驶证。

二是缩短核发和补换领驾驶证时间，实现考试合格后当日发证。目前，车辆管理所办理核发和补换领驾驶证业务的时限均为 3 日。近年来，随着车辆管理所内部管理更加规范，机动车登记和驾驶证管理系统等网络和技术手段的不断完善，以及车辆管理所工作岗位的优化调整，在更短时限内办理这些业务的条件已经具备。规定将核发和补换领驾驶证的时限缩短为 1 日。群众驾驶证遗失或损坏后，在申请办理补换证的当日即可领取新的驾驶证，方便驾车出行。同时，对于申领驾驶证的群众，在考试合格后，参加宣誓领证仪式的当日就可领取驾驶证。

三是适当放宽大货车驾驶证年龄条件，方便退役军人换领驾驶证。根据我国法律的规定，现役军人入伍的年龄为 18 岁，义务兵服役时间为 2 年，大部分义务兵在 20 岁退役。此前申领大型货车驾驶证的年龄条件为 21 岁，一部分持军队驾驶证的退役军人不能立即换领地方驾驶证，必须要等到21岁。因此，2012年《机动车驾驶证申领和使用规定》将申领大型货车驾驶证的年龄条件由21岁放宽至20岁，方便退役军人持军队驾驶证换领地方驾驶证。

四是延长驾驶准考证明有效期，方便群众参加驾驶培训。机动车驾驶证申请人在道路交通安全法律、法规和相关知识考试科目考试合格后，车辆管理所核发《机动车驾驶技能准考证明》，此前规定准考证明有效期为2年。一些群众反映，由于平时工作较忙，学习驾驶的时间少，参加考试的周期较长，在2年的有效期限不能完成全部科目考试。为回应群众需求，2012年《机动车驾驶证申领和使用规定》施行后驾驶准考证明有效期将由2年延长至3年，方便群众通过法规知识考试后，有更充裕的时间考试其他科目。

五是创新驾驶人考试预约方式，减少群众考试预约排队等候时间。机动车驾驶人考试分为三个科目，每个科目考试前都需要提前预约。实行驾驶培训学校或申请人通过互联网、电话等自助预约考试时间和考试地点，可以使群众足不出户即可进行考试预约，有利于合理分配考试资源，避免到车辆管理所预约造成的排队等候现象。因此，2012年《机动车驾驶证申领和使用规定》规定车辆管理所要推行互联网、电话等远程自助预约驾驶人考试服务，公开考试预约计划、预约人数和考试人数，方便群众自助选择时间参加考试。

六是推行营运货车和营运驾驶人异地管理，方便在营运地办理机动车检验和驾驶证审验。随着物流业的迅速发展，很多营运驾驶人和货运车辆长期不在登记地从事道路运输活动，在驾驶证或者车辆临近检验期限时，需要从营运地返回登记地办理驾驶证审验和机动车安全技术检验业务，耗时费力，成本很高。为减轻营运驾驶人的经济负担，方便其就近办理驾驶证审验和货运车辆安全技术检验业务，将在异地从事营运的驾驶人和货运车辆纳入营运地公安机关交通管理部门管辖，2012年《机动车驾驶证申领和使用规定》和《关于修改〈机动车登记决定〉的决定》规定在向营运地车辆管理所备案登记1年后，可以在营运地办理驾驶证审验、货运车辆安全技术检验和检验合格标志的核发业务。

第五节　注册登记

一、注册登记的概念及意义

（一）概　　念

机动车注册登记，是指公安机关交通管理部门车辆管理所依据法律、法规对机动车所有人所有的未领取机动车号牌、《机动车行驶证》和《机动车登记证书》的机动车辆进行安全检测、手续审核后予以核发号牌、《机动车行驶证》和《机动车登记证书》所做的登记备案。

（二）意　　义

机动车注册登记是机动车登记中的首要内容，是其他各项机动车登记的前提与保证，是车辆管理工作的基础，机动车注册登记的意义主要体现在以下几个方面：

一是确保车辆所有人的合法权益不受侵害。通过办理机动车注册登记，可以直接体现车辆所有人的所有权，从而确保车辆所有人的所有权不受侵害。

二是有利于车辆管理机关掌握车辆的各种基本状态。通过办理机动车注册登记，可以直接掌握车辆的分布区域、行驶范围、行驶状况，从而为各项交通决策提供重要的参考。

三是有利于打击日益增长的各种涉及机动车的犯罪。随着经济的发展，车辆增多，各种涉车犯罪也不断增多，通过机动车注册登记可以有效地配合刑侦、治安部门侦察、打击各式各样的涉及机动车的犯罪活动。

四是有利于保障人民生命财产的安全和社会主义经济的建设发展。通过机动车注册登记可以加强对车辆的行驶以及安全管理，可以最大限度地减少因机动车造成的各种经济、财产损失。

二、注册登记工作规程

（一）初次申领机动车号牌、行驶证

初次申领机动车号牌、行驶证的，机动车所有人应当向住所地的车辆管理所申请注册登记。

（二）对机动车进行安全技术检验

机动车所有人应当到机动车安全技术检验机构对机动车进行安全技术检验，取得机动车安全技术检验合格证明后（经海关进口的机动车和国务院机动车产品主管部门认定免予安全技术检验的机动车除外）向车管部门申请注册登记。

免予安全技术检验的机动车有下列情形之一的，应当进行安全技术检验：（1）国产机动车出厂后2年内未申请注册登记的；（2）经海关进口的机动车进口后2年内未申请注册登记的；（3）申请注册登记前发生交通事故的。

（三）申请注册登记

申请注册登记的，机动车所有人应当填写申请表，如表2－21所示，交验机动车，并提交下列证明、凭证：

表 2－21 机动车牌证申请表

机动车牌证申请表

<table>
<tr><td colspan="2">号牌种类</td><td colspan="2"></td><td>号牌号码</td><td></td></tr>
<tr><td colspan="2">申请事项</td><td colspan="2"></td><td>申请原因及明细</td><td></td></tr>
<tr><td rowspan="2">号牌</td><td>□补领</td><td colspan="4">□灭失 □丢失 □1 面 □2 面</td></tr>
<tr><td>□换领</td><td colspan="4">□损坏 1 面 □损坏 2 面</td></tr>
<tr><td rowspan="2">行驶证</td><td>□补领</td><td colspan="4">□丢失 □灭失</td></tr>
<tr><td>□换领</td><td colspan="4"></td></tr>
<tr><td rowspan="3">登记证书</td><td>□申领</td><td colspan="4"></td></tr>
<tr><td>□补领</td><td colspan="4">□丢失 □灭失 □未获得</td></tr>
<tr><td>□换领</td><td colspan="4"></td></tr>
<tr><td rowspan="3">检验合格标志</td><td>□申请</td><td colspan="4">□在登记地车辆管理所申请 □在登记地以外车辆管理所申请</td></tr>
<tr><td>□补领</td><td colspan="4">□丢失 □灭失</td></tr>
<tr><td>□换领</td><td colspan="4"></td></tr>
<tr><td rowspan="4">机动车所有人</td><td>姓名/名称</td><td colspan="3"></td><td rowspan="2">机动车所有人及代理人对申请材料的真实有性效负责。</td></tr>
<tr><td>邮寄地址</td><td colspan="3"></td></tr>
<tr><td>邮政编码</td><td></td><td>联系电话</td><td></td><td rowspan="2">机动车所有人签字：
年 月 日</td></tr>
<tr><td>联系手机</td><td></td><td>电子信箱</td><td></td></tr>
<tr><td rowspan="5">代理人</td><td>姓名/名称</td><td colspan="3"></td><td rowspan="5">代理人签字：
年 月 日</td></tr>
<tr><td>邮寄地址</td><td colspan="3"></td></tr>
<tr><td>邮政编码</td><td></td><td>联系电话</td><td></td></tr>
<tr><td>电子信箱</td><td colspan="3"></td></tr>
<tr><td>经办人姓名</td><td></td><td>联系电话</td><td></td></tr>
</table>

填表说明

1. 填写时请使用黑色或者蓝色墨水笔，字体工整，不得涂改。

2. “申请事项”栏为选择项目，请在相应栏内“□”中划“√”。

3. “邮寄地址”栏，填写可通过邮寄送达的地址。

4. “电子信箱”栏，填写接收电子邮件的 e－mail 地址，尚未申请电子信箱的可以不填写。

5. “机动车所有人签字”栏，机动车属于个人的，由变更后的现机动车所有人签字，属于单位的，由单位的被委托人签字。由代理人代为办理的，机动车所有人不签字。

6. “代理人签字”栏，属于个人代理的，填写代理人的姓名、邮寄地址、邮政编码、联系电话和电子信箱，在代理人栏内签名，不必填写经办人姓名等项目；属于单位代理的，应填写代理人栏的所有内容，代理单位的经办人签字；属于单位的机动车，由本单位被委托人办理的不需填写本栏。

7. “号牌种类”栏，按照大型汽车号牌、小型汽车号牌、普通摩托车号牌、轻便摩托车号牌、低速车号牌、挂车号牌、使馆汽车号牌、使馆摩托车号牌、领馆汽车号牌、领馆摩托车号牌、教练汽车号牌、教练摩托车号牌、警用汽车号牌、警用摩托车号牌填写。

8. “登记证书”栏，“未获得”，是指被人民法院、人民检察院和行政执法部门依法没收并拍卖，或者被仲裁机构依法仲裁裁决，或者被人民法院调解、裁定、判决机动车所有权转移时，原机动车所有人未向现机动车所有人提供机动车登记证书的情形。

1. 机动车所有人的身份证明

机动车所有人是指拥有机动车的个人或者单位。个人，是指我国内地的居民和军人（含武警）以及香港特别行政区、澳门特别行政区、台湾地区居民、华侨和外国人；单位，是指机关、企业、事业单位和社会团体以及外国驻华使馆、领馆和外国驻华办事机构、国际组织驻华代表机构。身份证明主要包括以下几种类型：

（1）机关、企业、事业单位、社会团体的身份证明是该单位的《组织机构代码证书》、加盖单位公章的委托书和被委托人的身份证明。机动车所有人为单位的内设机构，本身不具备领取《组织机构代码证书》条件的，可以使用上级单位的《组织机构代码证书》作为机动车所有人的身份证明。上述单位已注销、撤销或者破产，其机动车需要办理变更登记、转移登记、解除抵押登记、注销登记、解除质押备案、申领机动车登记证书和补换领机动车登记证书、号牌、行驶证的，已注销的企业的身份证明是工商行政管理部门出具的注销证明。已撤销的机关、事业单位、社会团体的身份证明是其上级主管机关出具的有关证明。已破产的企业的身份证明是依法成立的财产清算机构出具的有关证明。

（2）外国驻华使馆、领馆和外国驻华办事机构、国际组织驻华代表机构的身份证明是该使馆、领馆或者该办事机构、代表机构出具的证明。

（3）居民的身份证明是《居民身份证》或者《临时居民身份证》。在暂住地居住的内地居民，其身份证明是《居民身份证》或者《临时居民身份证》，以及公安机关核发的居住、暂住证明。

（4）军人（含武警）的身份证明是《居民身份证》或者《临时居民身份证》。在未办理《居民身份证》前，军人的身份证明是指军队有关部门核发的《军官证》、《文职干部证》、《士兵证》、《离休证》、《退休证》等有效军人身份证件，以及其所在的团级以上单位出具的本人住所证明。

（5）香港特别行政区、澳门特别行政区居民的身份证明是其入境时所持有的《港澳居民来往内地通行证》或者《港澳同胞回乡证》，香港特别行政区、澳门特别行政区《居民身份证》和公安机关核发的居住、暂住证明。

（6）台湾地区居民的身份证明是其所持有的有效期为 6 个月以上的公安机关核发的《台湾居民来往大陆通行证》或者外交部核发的《中华人民共和国旅行证》和公安机关核发的居住、暂住证明。

（7）华侨的身份证明是《中华人民共和国护照》和公安机关核发的居住、暂住证明。

（8）外国人的身份证明是其入境时所持有的护照或者其他旅行证件、居（停）留期为 6 个月以上的有效签证或者居留许可，以及公安机关出具的住宿登记证明。

（9）外国驻华使馆、领馆人员、国际组织驻华代表机构人员的身份证明是外交部核发的有效身份证件。

住所分为单位的住所和个人的住所两种。单位的住所为其主要办事机构所在地的地址。个人的住所为其身份证明记载的地址。在暂住地居住的内地居民的住所是公安机关核发的居住、暂住证明记载的地址。

2. 购车发票等机动车来历证明

机动车来历证明是指：

（1）在国内购买的机动车，其来历证明是全国统一的机动车销售发票或者二手车交易发票。在国外购买的机动车，其来历证明是该车销售单位开具的销售发票及其翻译文本，但海关监管的机动车不需提供来历证明。

（2）人民法院调解、裁定或者判决转移的机动车，其来历证明是人民法院出具的已经生效的《调解书》、《裁定书》或者《判决书》，以及相应的《协助执行通知书》。

（3）仲裁机构仲裁裁决转移的机动车，其来历证明是《仲裁裁决书》和人民法院出具的《协助执行通知书》。

（4）继承、赠予、中奖、协议离婚和协议抵偿债务的机动车，其来历证明是继承、赠予、中奖、协议离婚、协议抵偿债务的相关文书和公证机关出具的《公证书》。

（5）资产重组或者资产整体买卖中包含的机动车，其来历证明是资产主管部门的批准文件。

（6）机关、企业、事业单位和社会团体统一采购并调拨到下属单位未注册登记的机动车，其来历证明是全国统一的机动车销售发票和该部门出具的调拨证明。

（7）机关、企业、事业单位和社会团体已注册登记并调拨到下属单位的机动车，其来历证明是该单位出具的调拨证明。被上级单位调回或者调拨到其他下属单位的机动车，其来历证明是上级单位出具的调拨证明。

（8）经公安机关破案发还的被盗抢且已向原机动车所有人理赔完毕的机动车，其来历证明是《权益转让证明书》。

3. 机动车整车出厂合格证明或者进口机动车进口凭证

（1）机动车整车出厂合格证明是指：

①机动车整车厂生产的汽车、摩托车、挂车，其出厂合格证明是该厂出具的《机动车整车出厂合格证》；

②使用国产或者进口底盘改装的机动车，其出厂合格证明是机动车底盘生产厂出具的《机动车底盘出厂合格证》或者进口机动车底盘的进口凭证和机动车改装厂出具的《机动车整车出厂合格证》；

③使用国产或者进口整车改装的机动车，其出厂合格证明是机动车生产厂出具的《机动车整车出厂合格证》或者进口机动车的进口凭证和机动车改装厂出具的《机动车整车出厂合格证》；

④人民法院、人民检察院或者行政执法机关依法扣留、没收并拍卖的未注册登记的国产机动车，未能提供出厂合格证明的，可以凭人民法院、人民检察院或者行政执法机关出具的证明替代。

（2）进口机动车是指：

①经国家限定口岸海关进口的汽车；

②经各口岸海关进口的其他机动车；

③海关监管的机动车；

④国家授权的执法部门没收的走私、无合法进口证明和利用进口关键件非法拼（组）装的机动车。

（3）进口机动车的进口凭证是指：

①进口汽车的进口凭证是国家限定口岸海关签发的《货物进口证明书》；

②其他进口机动车的进口凭证是各口岸海关签发的《货物进口证明书》；

③海关监管的机动车的进口凭证是监管地海关出具的《中华人民共和国海关监管车辆进（出）境领（销）牌照通知书》；

④国家授权的执法部门没收的走私、无进口证明和利用进口关键件非法拼（组）装的机动车的进口凭证，是该部门签发的《没收走私汽车、摩托车证明书》。

4. 车辆购置税完税证明或者免税凭证

根据2001年1月1日实施的《中华人民共和国车辆购置税暂行条例》的有关规定，车辆的范围包括汽车、摩托车、电车、挂车、农用运输车。购置车辆，是指购买、进口、自产、受赠获奖或者以其他方式取得并自用应税车辆。机动车所有人应在办理注册登记前缴纳车辆购置税，没有完税或免税证明的不得办理注册登记手续。《中华人民共和国车辆购置税暂行条例》第9款规定了免税的范围。

5. 机动车交通事故责任强制保险凭证

机动车第三者责任强制险主要是根据《道路交通安全法》第17条确立的一项道路交通安全管理的基础性制度，也是国家为保护交通事故受害人能够及时得到救助而采取的一项法定保险制度。鉴于该制度在道路交通安全管理中的基础地位，《道路交通安全法实施条例》在机动车注册登记时增加该凭证，可有效地提高机动车第三者责任强制保险的覆盖面。

6. 法律、行政法规规定应当在机动车注册登记时提交的其他证明、凭证

这是一项补充性规定，目的是为今后国家通过对机动车注册登记而实现某种政策留置法律空间。同时明确规定只有法律、行政法规才能规定须另提交的其他证明、凭证，地方性法规、自治条例和单行条例、规章和规范性文件不得再附加其他条件。此项规定的目的在于切实保障机动车所有人的合法权益，也可保障有关凭证、证明的统一性。

不属于经海关进口的机动车和国务院机动车产品主管部门规定免予安全技术检验的机动车，还应当提交机动车安全技术检验合格证明。

机动车进行注册登记的有效证明是取得合法的机动车登记证书、机动车行驶证和机动车号牌。

已注册登记的机动车被盗抢，车辆管理所应当根据刑侦部门提供的情况，在计算机登记系统内记录，停止办理该机动车的各项登记。被盗抢的机动车发还后，车辆管理所应当恢复办理该机动车的各项登记。机动车在被盗抢期间，发动机号码、车辆识别代号（车架号码）或者车身颜色被改变的，车辆管理所应当凭有关技术鉴定证明办理变更登记。

（四）不予办理注册登记的情形

有下列情形之一的，不予办理注册登记:（1）机动车所有人提交的证明、凭证无效的;（2）机动车来历证明被涂改或者机动车来历证明记载的机动车所有人与身份证明不符的;（3）机动车所有人提交的证明、凭证与机动车不符的;（4）机动车未经国务院机动车产品主管部门许可生产或者未经国家进口机动车主管部门许可进口的;（5）机动车的有关技术数据与国务院机动车产品主管部门公告的数据不符的;（6）机动车的型号、发动机号码、车辆识别代号或者有关技术数据不符合国家安全技术标准的;（7）机动车达到国家规定的强制报废标准的;（8）机动车被人民法院、人民检察院、行政执法部门依法查封、扣押的;（9）机动车属于被盗抢的;（10）其他不符合法律、行政法规规定的情形。

（五）专用校车注册登记规定

2012 年 4 月 5 日颁布施行的《校车安全管理条例》（国务院令第 617 号），为加强校车安全管理、保护中小学生上下学交通安全提供了法律保障，同时也明确了公安机关的工作职责。《关于修改〈机动车登记决定〉的决定》按照《校车安全管理条例》的规定，进一步细化了公安机关在校车标牌核发工作中的职责，如图 2－10 所示。

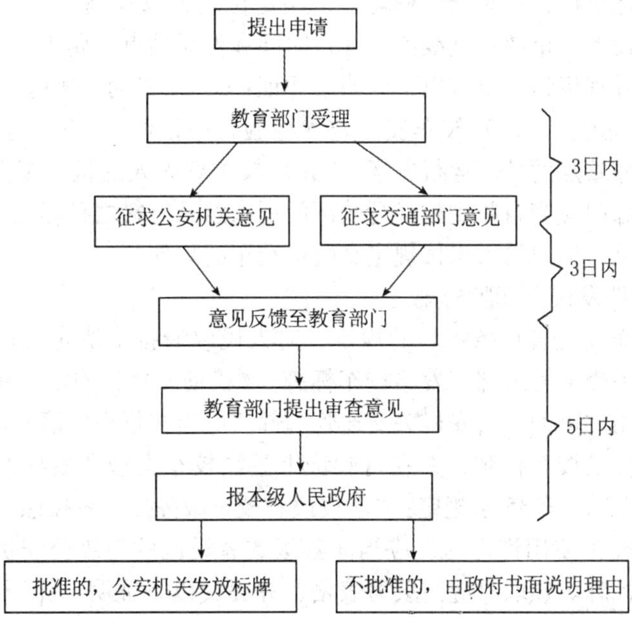

图 2－10 申请校车使用许可和校车标牌流程

1. 强化专用校车注册登记管理

专用校车要首先在公安机关办理机动车注册登记手续，申领机动车号牌、行驶证和登记证书，取得合法上路行驶的凭证。《关于修改〈机动车登记决定〉的决定》规定："在第六条增加一款，作为第三款：'专用校车办理注册登记前，应当按照专用校车国家安全技术标准进行安全技术检验。'"

2. 明确公安机关参与校车使用许可审查的具体要求

按照《校车安全管理条例》的规定，学校或者校车服务提供者申请校车使用许可，应当向县级或者设区的市级人民政府教育行政部门提出申请，教育行政部门在征求公安机关交通管理部门和交通运输部门意见后，提出审查意见，报人民政府决定是否发放许可。为做好校车使用许可审查工作，2012 年《机动车登记规定》规定在教育行政部门征求公安机关交通管理部门意见时，公安机关交通管理部门应当严格查验车辆安全状况，严格审核相关申请材料。2012 年《机动车登记规定》第 33 条规定："学校或者校车服务提供者申请校车使用许可，应当按照《校车安全管理条例》向县级或者设区的市级人民政府教育行政部门提出申请。公安机关交通管理部门收到教育行政部门送来的征求意见材料后，应当在一日内通知申请人交验机动车。"第 34 条规定："县级或者设区的市级公安机关交通管理部门应当自申请人交验机动车之日起二日内确认机动车，查验校车标志灯、停车指示标志、卫星定位装置以及逃生锤、干粉灭火器、急救箱等安全设备，审核行驶线路、开行时间和停靠站点。属于专用校车的，还应当查验校车外观标识。审查以下证明、凭证：（一）机动车所有人的身份证明；（二）机动车行驶证；（三）校车安全技术检验合格证明；（四）包括行驶线路、开行时间和停靠站点的校车运行方案；（五）校车驾驶人的机动车驾驶证。公安机关交通管理部门应当自收到教育行政部门征求意见材料之日起三日内向教育行政部门回复意见，但申请人未按规定交验机动车的除外。"

3. 细化了核发校车标牌的规定

按照《校车安全管理条例》的规定，对人民政府批准决定发放校车使用许可的，公安机关交通管理部门发给校车标牌。《机动车登记规定》中规定，对政府批准校车使用许可的，公安机关交通管理部门应当在收到申请人提交的领取表之日起 3 日内核发校车标牌，并在行驶证上签注校车类型和核载人数。2012 年《机动车登记规定》第 35 条规定："学校或者校车服务提供者按照《校车安全管理条例》取得校车使用许可后，应当向县级或者设区的市级公安机关交通管理部门领取校车标牌。领取时应当填写表格，并提交以下证明、凭证：（一）机动车所有人的身份证明；（二）校车驾驶人的机动车驾驶证；（三）机动车行驶证；（四）县级或者设区的市级人民政府批准的校车使用许可；（五）县级或者设区的市级人民政府批准的包括行驶线路、开行时间和停靠站点的校车运行方案。公安机关交通管理部门应当在收到领取表之日起三日内核发校车标牌。对属于专用校车的，应当核对行驶证上记载的校车类型和核载人数；对不属于专用校车的，应当在行驶证副页上签注校车类型和核载人数。”第36条规定：“校车标牌应当记载本车的号牌号码、机动车所有人、驾驶人、行驶线路、开行时间、停靠站点、发牌单位、有效期限等信息。校车标牌分前后两块，分别放置于前风窗玻璃右下角和后风窗玻璃适当位置。校车标牌有效期的截止日期与校车安全技术检验有效期的截止日期一致，但不得超过校车使用许可有效期。”第37条规定：“专用校车应当自注册登记之日起每半年进行一次安全技术检验，非专用校车应当自取得校车标牌后每半年进行一次安全技术检验。学校或者校车服务提供者应当在校车检验有效期满前一个月内向公安机关交通管理部门申请检验合格标志。公安机关交通管理部门应当自受理之日起一日内，确认机动车，审查提交的证明、凭证，核发检验合格标志，换发校车标牌。”

第六节　变更登记

一、变更登记的概念及意义

（一）概　　念

机动车变更登记，是指已注册登记的机动车，因改变所有人姓名、住址、车身颜色、更换发动机的、更换车身或者车架等登记项目而到车辆管理所办理的登记备案手续。

（二）意　　义

机动车变更登记可以方便车辆管理机关及时了解车辆的各种变化，有利于对车辆进行快捷检索、查找，便于配合整个公安系统中各个警种开展工作，并且可以有效遏制非法拼攒车辆、改装车辆等不法活动，保护国家和人民群众的财产不受侵害。

二、变更登记工作规程

（一）申请变更登记

已注册登记的机动车有下列情形之一的，机动车所有人应当向登记地车辆管理所申请变更登记：（1）改变车身颜色的；（2）更换发动机的；（3）更换车身或者车架的；（4）因质量问题更换整车的；（5）营运机动车改为非营运机动车或者非营运机动车改为营运机动车等使用性质改变的；（6）机动车所有人的住所迁出或者迁入车辆管理所管辖区域的。机动车所有人为两人以上，需要将登记的所有人姓名变更为其他所有人姓名的，可以向登记地车辆管理所申请变更登记。已注册登记的机动车，除法规明确规定允许变更的登记事项外，其他登记事项均不允许变更。

属于改变车身颜色的、更换发动机的和更换车身或者车架的变更事项的，机动车所有人应当在变更后10日内向车辆管理所申请变更登记；属于机动车所有人的住所迁出或者迁入车辆管理所管辖区域的变更事项的，机动车所有人申请转出前，应当将涉及该车的道路交通安全违法行为和交通事故处理完毕。

2012年《机动车登记规定》第39条规定："校车行驶线路、开行时间、停靠站点或者车辆、所有人、驾驶人发生变化的，经县级或者设区的市级人民政府批准后，应当按照本规定重新领取校车标牌。"

（二）填写申请表

申请变更登记的，机动车所有人应当填写申请表，如表2-22所示，交验机动车，并提交以下证明、凭证：（1）机动车所有人的身份证明；（2）机动车登记证书；（3）机动车行驶证；（4）属于更换发动机、车身或者车架的，还应当提交机动车安全技术检验合格证明；（5）属于因质量问题更换整车的，还应当提交机动车安全技术检验合格证明，但经海关进口的机动车和国务院机动车产品主管部门认定免予安全技术检验的机动车除外。

车辆管理所应当自受理之日起1日内，确认机动车，审查提交的证明、凭证，在机动车登记证书上签注变更事项，收回行驶证，重新核发行驶证。

车辆管理所办理更换车身或者车架的、因质量问题更换整车和机动车所有人的住所迁出或者迁入车辆管理所管辖区域的变更登记事项的，应当核对车辆识别代号拓印膜。

表2－22　机动车变更登记/备案申请表

机动车变更登记/备案申请表

<table>
<tr><td colspan="3">号牌种类</td><td colspan="2"></td><td>号牌号码</td><td></td></tr>
<tr><td colspan="3">申请事项</td><td colspan="4">变更后的信息</td></tr>
<tr><td colspan="3">□变更机动车所有人姓名/名称</td><td colspan="4"></td></tr>
<tr><td colspan="3">□共同所有的机动车变更所有人</td><td colspan="4"></td></tr>
<tr><td colspan="3">□住所在车辆管理所辖区内迁移</td><td colspan="4"></td></tr>
<tr><td colspan="3">□变更联系方式</td><td colspan="4">邮寄地址：
邮政编码：　固定电话：
电子信箱：　移动电话：</td></tr>
<tr><td colspan="3">□住所迁出车辆管理所管辖区域</td><td colspan="4">转入：　省（自治区、直辖市）　车辆管理所</td></tr>
<tr><td colspan="3">□变更后的使用性质</td><td colspan="4">□公路客运　□公交客运　□出租客运　□旅游客运
□租赁　□货运　□教练　□幼儿校车　□小学生校车
□其他校车　□危险化学品运输　□警用　□消防
□救护　□工程救险　□营转非　□出租营转非</td></tr>
<tr><td colspan="3">□更换发动机</td><td colspan="3" rowspan="7">变更后的信息：</td><td rowspan="4">机动车所有人及代理人对申请材料的真实有效性负责</td></tr>
<tr><td colspan="3">□更换车身/车架</td></tr>
<tr><td colspan="3">□变更车身颜色</td></tr>
<tr><td colspan="3">□更换整车</td></tr>
<tr><td colspan="3">□重新打刻发动机号码</td><td rowspan="3">机动车所有人签字：

年　月　日</td></tr>
<tr><td colspan="3">□重新打刻车辆识别代号</td></tr>
<tr><td colspan="3">□变更身份证明名称/号码</td></tr>
<tr><td rowspan="5">代理人</td><td>姓名/名称</td><td colspan="4"></td><td rowspan="5">代理人签字：

年　月　日</td></tr>
<tr><td>邮寄地址</td><td colspan="4"></td></tr>
<tr><td>邮政编码</td><td colspan="2"></td><td>联系电话</td><td></td></tr>
<tr><td>电子信箱</td><td colspan="4"></td></tr>
<tr><td>经办人姓名</td><td colspan="2"></td><td>联系电话</td><td></td></tr>
</table>

填 表 说 明

1. 填写时请使用黑色或者蓝色墨水笔，字体工整，不得涂改。

2. “申请事项”栏为选择项目，请在相应栏内“□”中划“√”，同时申请多项变更登记/备案的可多选。

3. “邮寄地址”栏，填写可通过邮寄送达的地址。

4. “电子信箱”栏，填写接收电子邮件的 e－mail 地址，尚未申请电子信箱的可以不填写。

5. “机动车所有人签字”栏，机动车属于个人的，由变更后的现机动车所有人签字，属于单位的，由单位的被委托人签字。由代理人代为办理的，机动车所有人不签字。

6. “代理人签字”栏，属于个人代理的，填写代理人的姓名、邮寄地址、邮政编码、联系电话和电子信箱，在代理人栏内签名，不必填写经办人姓名等项目；属于单位代理的，应填写代理人栏的所有内容，代理单位的经办人签字；属于单位的机动车，由本单位被委托人办理的不需填写本栏。

7. “号牌种类”栏，按照大型汽车号牌、小型汽车号牌、普通摩托车号牌、轻便摩托车号牌、低速车号牌、挂车号牌、使馆汽车号牌、使馆摩托车号牌、领馆汽车号牌、领馆摩托车号牌、教练汽车号牌、教练摩托车号牌、警用汽车号牌、警用摩托车号牌填写。

（三）不予办理变更登记的情形

有下列情形之一的，车辆管理所不予办理变更登记：（1）改变机动车的品牌、型号和发动机型号的，但经国务院机动车产品主管部门许可选装的发动机除外；（2）改变已登记的机动车外形和有关技术数据的，但法律、法规和国家强制性标准另有规定的除外；（3）机动车所有人提交的证明、凭证无效的；（4）机动车达到国家规定的强制报废标准的；（5）机动车被人民法院、人民检察院、行政执法部门依法查封、扣押的；（6）机动车属于被盗抢的。

（四）无须办理变更登记的情形

有下列情形之一，在不影响安全和识别号牌的情况下，机动车所有人不需要办理变更登记：（1）小型、微型载客汽车加装前后防撞装置；（2）货运机动车加装防风罩、水箱、工具箱、备胎架等；（3）增加机动车车内装饰。

（五）需要备案的情形

已注册登记的机动车，机动车所有人住所在车辆管理所管辖区域内迁移或者机动车所有人姓名（单位名称）、联系方式变更的，应当向登记地车辆管理所备案。

需备案的情形主要有：（1）机动车所有人住所在车辆管理所管辖区域内迁移、机动车所有人姓名（单位名称）变更的，机动车所有人应当提交身份证明、机动车登记证书、行驶证和相关变更证明。车辆管理所应当自受理之日起 1 日内，在机动车登记证书上签注备案事项，重新核发行驶证。（2）机动车所有人联系方式变更的，机动车所有人应当提交身份证明和行驶证。车辆管理所应当自受理之日起 1 日内办理备案。（3）机动车所有人的身份证明名称或者号码变更的，可以向登记地车辆管理所申请备案。机动车所有人应当提交身份证明、机动车登记证书。车辆管理所应当自受理之日起 1 日内，在机动车登记证书上签注备案事项。（4）发动机号码、车辆识别代号因磨损、锈蚀、事故等原因辨认不清或者损坏的，可以向登记地车辆管理所申请备案。机动车所有人应当提交身份证明、机动车登记证书、行驶证。车辆管理所应当自受理之日起 1 日内，在发动机、车身或者车架上打刻原发动机号码或者原车辆识别代号，在机动车登记证书上签注备案事项。

第七节　转移登记

一、转移登记的概念及意义

（一）概　　念

机动车转移登记，是指公安机关交通管理部门车辆管理所依据法规对在本所注册登记的机动车产权发生转移，更换机动车所有者的登记备案。

（二）意　　义

转移登记是机动车登记中的基本手续内容之一，是机动车作为一种特殊商品与资产的必然需求。机动车转移登记是物权转移的体现，其在确立机动车财产所有权方面的意义十分重要，突出体现在以下方面：

一是可以有效地明晰机动车产权。机动车作为一种动产，也需要明确其所有者，而机动车转移登记正是实现这种需求的有效手段，通过办理机动车转移登记来体现机动车所有人对车辆的所有权。

二是可以有效地保护机动车所有人的权益。机动车转移登记作为国家规定的机动车登记内容之一，可以有效地防止车辆所有人的合法所有权被人非法剥夺。

三是可以保障国有资产。在当今日益活跃的社会经济活动中，机动车转移登记可以有效地发挥其审核登记的作用，通过严格的机动车转移登记保障国有机动车作为国有资产的一部分不致被非法转移、流失。

二、转移登记工作规程

（一）申请转移登记

已注册登记的机动车所有权发生转移的，现机动车所有人应当自机动车交付之日起30日内向登记地车辆管理所申请转移登记。

机动车所有人申请转移登记前，应当将涉及该车的道路交通安全违法行为和交通事故处理完毕。

（二）填写申请表

申请转移登记的，现机动车所有人应当填写申请表，交验机动车，如表2-23所示，并提交以下证明、凭证：（1）现机动车所有人的身份证明；（2）机动车所有权转移的证明、凭证；（3）机动车登记证书；（4）机动车行驶证；（5）属于海关监管的机动车，还应当提交《中华人民共和国海关监管车辆解除监管证明书》或者海关批准的转让证明；（6）属于超过检验有效期的机动车，还应当提交机动车安全技术检验合格证明和交通事故责任强制保险凭证。

（三）不予办理转移登记的情形

有下列情形之一的，不予办理转移登记：（1）机动车与该车档案记载内容不一致的；（2）属于海关监管的机动车，海关未解除监管或者批准转让的；（3）机动车在抵押登记、质押备案期间的；（4）机动车所有人提交的证明、凭证无效的；（5）机动车来历证明被涂改或者机动车来历证明记载的机动车所有人与身份证明不符的；（6）机动车达到国家规定的强制报废标准的；（7）机动车被人民法院、人民检察院、行政执法部门依法查封、扣押的；（8）机动车属于被盗抢的。

（四）转移登记基本程序

现机动车所有人住所在车辆管理所管辖区域内的，车辆管理所应当自受理申请之日起1日内，确认机动车，核对车辆识别代号拓印膜，审查提交的证明、凭证，收回号牌、行驶证，确定新的机动车号牌号码，在机动车登记证书上签注转移事项，重新核发号牌、行驶证和检验合格标志。

现机动车所有人住所不在车辆管理所管辖区域内的，车辆管理所应当自受理之日起3日内，在机动车登记证书上签注变更事项，收回号牌、行驶证，核发有效期为30日的临时行驶车号牌，将机动车档案交机动车所有人。机动车所有人应当在临时行驶车号牌的有效期限内到住所地车辆管理所申请机动车转入。

表 2－23　机动车注册、转移、注销登记/转入登记表

机动车注册、转移、注销登记/转入申请表

<table>
<tr><td colspan="2">号牌种类</td><td colspan="2"></td><td>号牌号码</td><td></td></tr>
<tr><td colspan="2">申请事项</td><td colspan="4">□注册登记　□注销登记　□转入
□车辆管理所辖区内的转移登记　□转出车辆管理所辖区的转移登记</td></tr>
<tr><td colspan="2">注销登记原因</td><td colspan="4">□报废　□灭失　□退车　□出境</td></tr>
<tr><td rowspan="3">机动车</td><td>品牌型号</td><td colspan="2"></td><td>车辆识别代号</td><td></td></tr>
<tr><td>获得方式</td><td colspan="4">□购买　□境外自带　□继承　□赠予　□协议抵偿债务
□协议离婚　□中奖　□调拨　□资产重组　□资产整体买卖
□仲裁裁决　□法院调解　□法院裁定　□法院判决　□其他</td></tr>
<tr><td>使用性质</td><td colspan="4">□非营运　□公路客运　□公交客运　□出租客运　□旅游客运
□租赁　□教练　□幼儿校车　□小学生校车　□其他校车
□货运　□危险化学品运输　□警用　□消防　□救护
□工程救险　□营转非　□出租营转非</td></tr>
<tr><td rowspan="4">机动车所有人</td><td>姓名/名称</td><td colspan="3"></td><td rowspan="2">机动车所有人及代理人对申请材料的真实有性效负责。</td></tr>
<tr><td>邮寄地址</td><td colspan="3"></td></tr>
<tr><td>邮政编码</td><td></td><td>固定电话</td><td></td><td rowspan="3">机动车所有人签字：

年　月　日</td></tr>
<tr><td>电子信箱</td><td></td><td>移动电话</td><td></td></tr>
<tr><td colspan="2">转移出车辆管理所辖区的转移登记</td><td colspan="3">转入：　省（自治区、直辖市）
车辆管理所</td></tr>
<tr><td rowspan="5">代理人</td><td>姓名/名称</td><td colspan="3"></td><td rowspan="5">代理人签字：

年　月　日</td></tr>
<tr><td>邮寄地址</td><td colspan="3"></td></tr>
<tr><td>邮政编码</td><td></td><td>联系电话</td><td></td></tr>
<tr><td>电子信箱</td><td colspan="3"></td></tr>
<tr><td>经办人姓名</td><td></td><td>联系电话</td><td></td></tr>
</table>

填表说明

1. 填写时请使用黑色或者蓝色墨水笔，字体工整，不得涂改。

2. 标注有“□”符号的为选择项目，选择后在“□”中划“√”，各栏目只能选择一项。

3. “邮寄地址”栏，填写可通过邮寄送达的地址。

4. “电子信箱”栏，填写接收电子邮件的 e－mail 地址，尚未申请电子信箱的可以不填写。

5. “机动车”栏的“品牌型号”项目，按照车辆的技术说明书、合格证等资料标注的内容填写。

6. “机动车所有人签字”栏，机动车属于个人的，由机动车所有人签字，属于单位的，由单位的被委托人签字。由代理人代为办理的，机动车所有人不签字。

7. “代理人签字”栏，属于个人代理的，填写代理人的姓名、邮寄地址、邮政编码、联系电话和电子信箱，在代理人栏内签名，不必填写经办人姓名等项目；属于单位代理的，应填写代理人栏的所有内容，代理单位的经办人签字；属于单位的机动车，由本单位被委托人办理的不需填写本栏。

8. “号牌种类”栏，按照大型汽车号牌、小型汽车号牌、普通摩托车号牌、轻便摩托车号牌、低速车号牌、挂车号牌、使馆汽车号牌、使馆摩托车号牌、领馆汽车号牌、领馆摩托车号牌、教练汽车号牌、教练摩托车号牌、警用汽车号牌、警用摩托车号牌填写。

三、转入业务

（一）转入登记的概念与意义

1. 概　　念

机动车转入登记是和机动车转出登记相对应的，也就是办理了转出登记的机动车在新车辆所有人住址或车辆所有人新住址所在地区的车辆管理所办理的再次为机动车申领牌证的登记手续。

2. 意　　义

机动车转入登记可以使车辆管理机关及时了解本辖区车辆的实际增长状况，减少无路权车辆上路行驶的情况，并且能够对倒卖报废车辆、盗抢车辆等不法活动起到有效的遏制作用。

（二）转入登记工作规程

1. 申请转入登记

已办理转出登记的机动车，机动车所有人应当自办结转出登记之日起 30 日内，向转入地车辆管理所申请办理转入登记，机动车所有人应当填写申请表，如表 2－23 所示，提交身份证明、机动车登记证书、机动车档案，并交验机动车。机动车在转入时已超过检验有效期的，应当在转入地进行安全技术检验并提交机动车安全技术检验合格证明和交通事故责任强制保险凭证。车辆管理所应当自受理之日起 3 日内，确认机动车，核对车辆识别代号拓印膜，审查相关证明、凭证和机动车档案，在机动车登记证书上签注转入信息，核发号牌、行驶证和检验合格标志。

2. 办理转入登记要求

在办理转入登记时应符合以下要求：

（1）档案材料符合国家有关规定；

（2）符合政府部门作出的其他特殊规定；

（3）符合机动车注册登记的规定；

（4）机动车应符合转入地依据法律制定的地方性排放标准。

3. 不予办理转入登记的情形

有下列情形之一的，不予办理转入登记：

（1）机动车所有人擅自改动、更换机动车或者机动车档案的；

（2）机动车与该车的机动车档案记载的事项不一致的；

（3）机动车未解除海关监管的；

（4）机动车办理了抵押登记的；

（5）机动车或者机动车档案被人民法院、人民检察院、行政执法部门依法查封、扣押的；

（6）机动车所有人提交的资料无效的；

（7）机动车所有人的身份证明记载的名称或者姓名与机动车来历凭证记载的名称或者姓名不一致的；

（8）机动车所有人提交的机动车来历凭证与机动车不一致的；

（9）机动车所有人提交的国产机动车整车出厂合格证和进口机动车进口凭证与机动车不一致的；

（10）机动车所有人提交的车辆购置附加税的缴纳凭证或者免缴凭证与机动车不一致的；

（11）机动车所有人的住所不在车辆管理所管辖区内的；

（12）机动车达到国家规定的报废标准或者属于利用报废车辆的零部件拼组装的；

（13）机动车检验不符合国家机动车安全强制性标准的；

（14）机动车属于被盗抢的。

第八节　抵押登记

一、抵押登记的概念及意义

（一）概　　念

机动车抵押，是指债务人或者第三人不转移其所有的或依法有权处分的机动车的占有，将该机动车作为债权的担保。当债务人不履行债务时，债权人有权依照有关法律、法规以该车辆折价或者拍卖、变卖该车辆的价款优先受偿。在抵押过程中，债务人或者第三人为抵押人，债权人为抵押权人，提供担保的机动车为抵押物。机动车抵押登记，是指公安机关交通管理部门的车辆管理部门依据有关的法律、法规对当事人以机动车作为抵押时所办理的机动车备案登记。

（二）意　　义

机动车抵押登记是机动车登记中的一个重要手续内容，是机动车管理工作不断发展的必然结果，是社会主义市场经济不断发展完善的必然要求，其重要意义主要体现在以下几个方面：

一是可以有效地促进资金融通。通过办理机动车抵押登记，可以使资金融通渠道更加多样、方式更加丰富、办理更加便捷。

二是可以有力地促进汽车商品流通。通过办理机动车抵押登记可以推进汽车市场发展，促进汽车工业发展。

三是可以有效地保障债权的实现。通过办理机动车抵押登记，可以使债务双方的权力特别是债权人的债权得到保障，从而确保债务的良性发展。

二、抵押登记工作规程

（一）申请低押登记

1. 申请抵押登记

机动车所有人将机动车作为抵押物抵押的，应当向登记地车辆管理所申请抵押登记；抵押权消灭的，应当向登记地车辆管理所申请解除抵押登记。

2. 填写申请表

申请抵押登记的，机动车所有人应当填写申请表，如表 2－24 所示，由机动车所有人和抵押权人共同申请，并提交下列证明、凭证：（1）机动车所有人和抵押权人的身份证明；（2）机动车登记证书；（3）机动车所有人和抵押权人依法订立的主合同和抵押合同。

车辆管理所应当自受理之日起 1 日内，审查提交的证明、凭证，在机动车登记证书上签注抵押登记的内容和日期。

表 2－24　机动车抵押登记/质押备案申请表

机动车抵押登记/质押备案申请表

<table>
<tr><td colspan="2">号牌种类</td><td colspan="3"></td><td>号牌号码</td><td></td></tr>
<tr><td colspan="2">申请事项</td><td colspan="4">□抵押登记　□解除抵押登记　□质押
□解除质押</td><td rowspan="2">机动车所有人及代理人对申请资料的真实有效性负责。</td></tr>
<tr><td colspan="2">机动车所有人
姓名/名称</td><td colspan="4"></td></tr>
<tr><td rowspan="5">机动车所有人的代理人</td><td>姓名/名称</td><td colspan="4"></td><td rowspan="2">机动车所有人签字：</td></tr>
<tr><td>邮寄地址</td><td colspan="4"></td></tr>
<tr><td>邮政编码</td><td></td><td>联系电话</td><td colspan="2"></td><td rowspan="3">代理人签字：

年　月　日</td></tr>
<tr><td>电子信箱</td><td colspan="4"></td></tr>
<tr><td>经办人姓名</td><td></td><td>联系电话</td><td colspan="2"></td></tr>
<tr><td rowspan="4">抵押权人/典当行</td><td>姓名/名称</td><td colspan="4"></td><td rowspan="2">抵押权人/典当行及代理人对申请资料的真实有效性负责。</td></tr>
<tr><td>邮寄地址</td><td colspan="4"></td></tr>
<tr><td>邮政编码</td><td></td><td>联系电话</td><td colspan="2"></td><td rowspan="2">抵押权人/典当行签字：

年　月　日</td></tr>
<tr><td>电子信箱</td><td colspan="4"></td></tr>
<tr><td rowspan="5">抵押权人/典当行的代理人</td><td>姓名/名称</td><td colspan="4"></td><td rowspan="5">代理人签字：

年　月　日</td></tr>
<tr><td>邮寄地址</td><td colspan="4"></td></tr>
<tr><td>邮政编码</td><td></td><td>联系电话</td><td colspan="2"></td></tr>
<tr><td>电子信箱</td><td colspan="4"></td></tr>
<tr><td>经办人姓名</td><td></td><td>联系电话</td><td colspan="2"></td></tr>
</table>

填表说明

1. 填写时请使用黑色或者蓝色墨水笔，字体工整，不得涂改。
2. “申请事项”栏为选择项目，请在相应栏内“□”中划“√”。

3. “邮寄地址”栏，填写可通过邮寄送达的地址。

4. “电子信箱”栏，填写接收电子邮件的 e－mail 地址，尚未申请电子信箱的可以不填写。

5. “机动车所有人签字”栏，机动车属于个人的，由变更后的现机动车所有人签字，属于单位的，由单位的被委托人签字。由代理人代为办理的，机动车所有人不签字。

6. “抵押权人/典当行签字”栏，由抵押权人或者典当行的被委托人签字，抵押权人属于个人的，由抵押权人签字。由代理人代为办理，抵押权人或者典当行不签字。

7. “代理人签字”栏，属于个人代理的，填写代理人姓名、邮寄地址、邮政编码、联系电话和电子信箱，在代理人栏内签名，不必填写经办人姓名等项目；属于单位代理的，应填写代理人栏的所有内容，代理单位的经办人签字；属于单位的机动车，由本单位被委托人办理的不需填写本栏。

8. “号牌种类”栏，按照大型汽车号牌、小型汽车号牌、普通摩托车号牌、轻便摩托车号牌、低速车号牌、挂车号牌、使馆汽车号牌、使馆摩托车号牌、领馆汽车号牌、领馆摩托车号牌、教练汽车号牌、教练摩托车号牌、警用汽车号牌、警用摩托车号牌填写。

（二）申请解除抵押登记

申请解除抵押登记的，机动车所有人应当填写申请表，由机动车所有人和抵押权人共同申请，并提交下列证明、凭证：（1）机动车所有人和抵押权人的身份证明；（2）机动车登记证书。

人民法院调解、裁定、判决解除抵押的，机动车所有人或者抵押权人应当填写申请表，提交机动车登记证书，人民法院出具的已经生效的《调解书》、《裁定书》或者《判决书》，以及相应的《协助执行通知书》。

车辆管理所应当自受理之日起1日内，审查提交的证明、凭证，在机动车登记证书上签注解除抵押登记的内容和日期。

机动车抵押登记日期、解除抵押登记日期可以供公众查询。

（三）不予办理抵押登记的情形

有下列情形之一的，不予办理抵押登记：（1）机动车所有人提交的证明、凭证无效的；（2）机动车达到国家规定的强制报废标准的；（3）机动车被人民法院、人民检察院、行政执法部门依法查封、扣押的；（4）机动车属于被盗抢的；（5）属于海关监管的机动车，海关未解除监管或者批准转让的。

对机动车所有人提交的证明、凭证无效，或者机动车被人民法院、人民检察院、行政执法部门依法查封、扣押的，不予办理解除抵押登记。

第九节　注销登记

一、注销登记的概念及意义

（一）概　　念

注销登记，是指已注册登记的机动车因达到国家规定的报废标准、灭失或者因故不在我国境内道路上使用的，机动车所有人向车辆管理所申请放弃路权资格的备案登记手续。

（二）意　　义

注销登记是机动车登记的一个重要内容，除了有利于车辆管理机关及时、准确地掌握车辆信息外，其主要意义还体现在以下几个方面：（1）机动车注销登记可以有效地减少不符合国家安全标准的车辆上路，起到了保障人民生命财产安全的作用；（2）机动车注销登记可以保障车辆所有人自身的经济利益，减少了其不必要的资源和经济浪费。

二、注销登记工作规程

已达到国家强制报废标准的机动车，机动车所有人向机动车回收企业交售机动车时，应当填写申请表，提交机动车登记证书、号牌和行驶证。机动车回收企业应当确认机动车并解体，向机动车所有人出具《报废机动车回收证明》。报废的大型客、货车及其他营运车辆应当在车辆管理所的监督下解体。机动车回收企业应当在机动车解体后 7 日内将申请表、机动车登记证书、号牌、行驶证和《报废机动车回收证明》副本提交车辆管理所，申请注销登记。车辆管理所应当自受理之日起 1 日内，审查提交的证明、凭证，收回机动车登记证书、号牌、行驶证，出具注销证明。

（一）申请注销登记

机动车有下列情形之一的，机动车所有人应当向登记地车辆管理所申请注销登记（已达到国家强制报废标准的机动车除外）：（1）机动车灭失的；（2）机动车因故不在我国境内使用的；（3）因质量问题退车的。

已注册登记的机动车有下列情形之一的，登记地车辆管理所应当办理注销登记：（1）机动车登记被依法撤销的；（2）达到国家强制报废标准的机动车被依法收缴并强制报废的。

属于机动车因故不在我国境内使用和因质量问题退车的情形，机动车所有人申请注销登记前，应当将涉及该车的道路交通安全违法行为和交通事故处理完毕。

（二）填写申请表

属于机动车灭失、机动车因故不在我国境内使用和因质量问题退车的情形的，机动车所有人申请注销登记的，应当填写申请表，并提交以下证明、凭证：（1）机动车登记证书；（2）机动车行驶证；（3）属于机动车灭失的，还应当提交机动车所有人的身份证明和机动车灭失证明；（4）属于机动车因故不在我国境内使用的，还应当提交机动车所有人的身份证明和出境证明，其中属于海关监管的机动车，还应当提交海关出具的《中华人民共和国海关监管车辆进（出）境领（销）牌照通知书》；（5）属于因质量问题退车的，还应当提交机动车所有人的身份证明和机动车制造厂或者经销商出具的退车证明。

车辆管理所应当自受理之日起 1 日内，审查提交的证明、凭证，收回机动车登记证书、号牌、行驶证，出具注销证明。

（三）报废机动车

因车辆损坏无法驶回登记地的，机动车所有人可以向车辆所在地的机动车回收企业交售报废机动车。交售机动车时，应当填写申请表，提交机动车登记证书、号牌和行驶证。机动车回收企业应当确认机动车并解体，向机动车所有人出具《报废机动车回收证明》。报废的大型客、货车及其他营运车辆应当在报废地车辆管理所的监督下解体。

机动车回收企业应当在机动车解体后 7 日内将申请表、机动车登记证书、号牌、行驶证和《报废机动车回收证明》副本提交报废地车辆管理所，申请注销登记。报废地车辆管理所应当自受理之日起 1 日内，审查提交的证明、凭证，收回机动车登记证书、号牌、行驶证，并通过计算机登记系统将机动车报废信息传递给登记地车辆管理所。登记地车辆管理所应当自接到机动车报废信息之日起 1 日内办理注销登记，并出具注销证明。

（四）机动车登记证书、号牌、行驶证作废的情形

已注册登记的机动车有下列情形之一的，车辆管理所应当公告机动车登记证书、号牌、行驶证作废：（1）达到国家强制报废标准，机动车所有人逾期不办理注销登记的；（2）机动车登记被依法撤销后，未收缴机动车登记证书、号牌、行驶证的；（3）达到国家强制报废标准的机动车被依法收缴并强制报废的；（4）机动车所有人办理注销登记时未交回机动车登记证书、号牌、行驶证的。

（五）不予办理注销登记的情形

有下列情形之一的，不予办理注销登记：（1）机动车所有人提交的证明、凭证无效的：（2）机动车被人民法院、人民检察院、行政执法部门依法查封、扣押的；（3）机动车属于被盗抢的；（4）机动车与该车档案记载内容不一致的；（5）机动车在抵押登记、质押备案期间的。

第十节　临时入境机动车管理

临时入境机动车管理制度是对临时入境的境外机动车和驾驶人的管理制度，适用范围相对较小。对入境机动车的管理，除了遵照我国相关法律依法管理的同时，还应遵守相关国际法、国际惯例以及对外政策。

一、概　　述

（一）背　　景

在经济全球化的背景下，我国对外开放程度不断深化，经济同世界经济的联系日益紧密，互动性和依存度不断增强。随着我国综合国力的不断提高，相继承办了北京奥运会、上海世博会等大型国际活动，越来越多的境外机动车进入我国。临时入境机动车有其特殊性，涉及我国道路交通安全，必须依法进行管理。

目前，我国已经形成了临时入境机动车管理制度，由公安机关交通管理部门对临时入境的机动车实施统一管理。

（二）法律依据

《道路交通安全法》第 122 条规定："国家对入境的境外机动车的道路交通安全实施统一管理。"《道路交通安全法实施条例》第 113 条规定："境外机动车入境行驶，应当向入境地的公安机关交通管理部门申请临时通行号牌、行驶证。临时通行号牌、行驶证应当根据行驶需要，载明有效日期和允许行驶的区域。入境的境外机动车申请临时通行号牌、行驶证以及境外人员申请机动车驾驶许可的条件、考试办法由国务院公安部门规定。"《道路交通安全法实施条例》明确了临时入境机动车管理的实施机关，以及实行机动车临时通行号牌、行驶证、驾驶人临时驾驶许可管理。临时驾驶许可证件是临时入境驾驶人在我国境内驾驶机动车的法定证件，是临时入境驾驶人驾驶资格的证明。临时入境驾驶人应遵守我国道路交通安全法律、法规和规章，依法承担义务。

二、临时入境机动车管理制度

（一）概　　念

临时入境机动车管理制度，是指公安机关交通管理部门根据当事人的申请，依法进行审查，对临时入境的机动车核发临时入境机动车通行号牌、行驶证、准予其在我国境内一段时间或者一定范围内上道路行驶的制度。

《临时入境机动车和驾驶人管理规定》（公安部令第 90 号）规定："本规定适用于下列临时进入中华人民共和国境内不超过三个月的机动车和机动车驾驶

人：（一）经国家主管部门批准，临时入境参加有组织的旅游、比赛以及其他交往活动的外国机动车和机动车驾驶人；（二）临时入境后仅在边境地区一定范围内行驶的外国机动车和机动车驾驶人；（三）临时入境后需驾驶租赁的中国机动车的外国机动车驾驶人。与中国签订有双边或者多边过境运输协定的，按照协定办理。国家或者政府之间对机动车牌证和驾驶证有互相认可协议的，按照协议办理。”

（二）申请与审查

1. 申　　请

《临时入境机动车和驾驶人管理规定》第 4 条规定：“申请临时入境机动车号牌、行驶证的，应当用中文填写《临时入境机动车号牌、行驶证申请表》，交验机动车，并提交以下证明、凭证：（一）境外主管部门核发的机动车登记证明，属于非中文表述的，还应当出具中文翻译文本；（二）中国海关等部门出具的准许机动车入境的凭证；（三）属于有组织的旅游、比赛以及其他交往活动的，还应当提交中国相关主管部门出具的证明；（四）机动车安全技术检验合格证明，属于境外主管部门核发的，还应当出具中文翻译文本；（五）不少于临时入境期限的中国机动车交通事故责任强制保险凭证。公安机关交通管理部门应当在收到申请材料之日起三日内审查提交的证明、凭证，检验机动车。符合规定的，核发临时入境机动车号牌和行驶证。”

2. 审　　查

公安机关交通管理部门应当在收到申请材料之日起 3 日内进行审查，符合规定的，组织道路交通安全法律、法规学习，核发临时机动车驾驶许可。

公安机关交通管理部门核发临时入境机动车号牌、行驶证和临时机动车驾驶许可时，应当对境外机动车和机动车驾驶人以前的入境记录进行核查，发现有道路交通违法行为和交通事故未处理完毕的，告知其处理完毕后再核发牌证；在中国境内有驾驶机动车交通肇事逃逸记录的，不予核发临时机动车驾驶许可。

（三）临时入境机动车号牌和行驶证及其法律效力

1. 临时入境机动车号牌和行驶证

临时入境机动车号牌为纸质号牌，载明允许行驶的区域、线路和有效期。

临时入境机动车号牌背面为临时入境机动车行驶证，签注车辆类型、号牌号码、厂牌型号、行驶区域或者线路、有效期等信息。

临时入境机动车号牌和行驶证有效期应当与入境批准文件上签注的期限一致，但最长不得超过 3 个月。临时入境机动车号牌和行驶证有效期不得延期。

2. 法律效力

临时入境机动车号牌和行驶证是临时入境机动车在我国道路行驶的法定标志和证件。《临时入境机动车和驾驶人管理规定》第 14 条规定：“临时机动车驾驶许可有效期截止日期应当与机动车驾驶人入出境身份证件上签注的准许入境期限的截止日期一致，但有效期最长不超过三个月。临时机动车驾驶许可有效期不得延期。”第15条规定：“临时机动车驾驶许可应当随身携带，并与所持境外机动车驾驶证及其中文翻译文本同时使用。”

第十一节 特种车辆管理规定

特种车，是指公安、检察、法院、司法、水电、医疗救护等部门用于执行紧急任务的车辆，包括警车、消防车、救护车和工程救险车。特种车辆标志灯具和警报器的使用管理及警车管理是我国特种车管理的重要内容。

一、警车管理的基本情况

长期以来，公安部党委非常重视公安队伍的正规化建设和民警的执法形象。为加强警车管理，规范警车使用，1995年6月，公安部发布了《警车管理规定》(公安部令第27号)，对公安机关、国家安全机关、监狱、劳动教养管理机关和人民法院、人民检察院警车的管理和使用进行了规定。

2003年召开的第二十次全国公安会议要求公安机关及民警做到“四统一、五规范”。“四统一”，即统一考录制度、统一训练标准、统一纪律要求、统一外观标识；“五规范”，即规范机构设置、规范职务序列、规范编制管理、规范执法执勤、规范行为举止。根据这一要求，公安部对统一警车外观标识，规范警车使用和管理进行了专门部署。近几年，公安部通过完善法律法规、制定工作规范、开展专项治理等一系列措施，不断加强对警车的管理和规范。

一是从法律层面对警车的管理和使用予以规范。2004年5月1日起实施的《道路交通安全法》明确规定，警车应当按规定喷涂标志图案，安装警报器、标志灯具。警车应当严格按照规定的用途和条件使用，非执行紧急任务时，不得使用警报器、标志灯具，不享有道路优先通行权。

二是统一警车外观制式。2004年8月，为贯彻落实第二十次全国公安会议关于“四统一、五规范”的要求，全国公安机关开始启用“2004式”警车外观制式，截至目前，公安机关警车改装工作已全部完成。从2012年3月起，安全、司法、法院、检察四部门也开始启用新的警车外观制式。

三是加大对警车的监督和查处力度。要求各地公安机关交通管理部门严格执行《道路交通安全法》，加强对警车驾驶人违法行为的查处力度。公安督察、纪检等部门结合贯彻落实“五条禁令”工作，对警车的规范使用情况进行明察暗访，对违反警车管理规定的严肃查处。

四是开展警车专项治理活动。近几年，公安部多次下发通知，要求各地对警车使用和管理情况进行整顿和规范。2003 年，专门组织全国开展了公安机关警用车辆违规问题专项治理活动，其中把驾驶警车违反交通法律法规作为专项治理的重点之一。公安部及各级公安机关组织督察组，对警车使用情况进行了明察暗访，发现问题，及时查处。在此次整治活动中，全国公安机关共投入警力约 38 万人次，检查警车 13 万辆，取得了较好效果。

但由于种种原因，警车在使用和管理中还存在着一些问题，如有些警车使用管理不够规范，存在不遵守交通法律、法规的问题；有些警车执行非紧急公务时滥用警灯、警报器；有些警车不进行安全技术检验，车辆安全性能难以保证；还有些地方非警务人员驾驶警车，造成不良社会影响，等等。为有效解决这些问题，进一步规范对警车的管理，树立公安机关良好形象，营造和谐的警民关系，根据《道路交通安全法》等法律、法规，公安部对《警车管理规定》进行了修改，为了更加规范的对特种车辆进行管理，公安部 2006 年修订了《警车管理规定》，进一步加强对警车的管理。

二、《警车管理规定》（公安部令第 89 号）修改情况

修改后的《警车管理规定》（公安部令第 89 号）共 24 条。对原规定的 6 条进行了修改，增加了 2 条，对 8 条作了文字调整。修改内容主要体现以下几方面的特点：

（一）统一警车外观制式

包括安全、司法、法院、检察部门在内的警车全部采用“2004 式”警车外观制式，以保证警车的统一性。但各部门警车要在相应位置分别喷涂“公安”、“国安”、“司法”、“法院”、“检察”的字样。同时，明确规定警车外观制式的喷涂、警用标志灯具和警报器的安装、号牌式样等应当符合相关的国家标准和行业标准。

（二）严格警车的定编管理和注册登记

为严格落实警车定编管理制度，控制警车的使用范围，明确省、自治区、直辖市公安厅、局“统一确定警车的编号”，并在警车外观制式相关标准中明确“警车车身和顶部应当喷涂警车的编号”。另外，为强化对警车审批和登记管理，规定办理警车注册登记必须经省级公安机关审批，并由省级公安机关交通管理部门负责办理登记，并规定警车登记信息应当全部进入全国交通管理信息系统。

（三）加强对警车使用的管理力度

从使用范围、驾驶人员、安全检验等多方面对警车的使用管理进行了规范：一是严格限制警车使用范围，明确警用标志灯具和警报器的使用规定。二是规定警车必须由人民警察驾驶，驾驶警车时应当按照规定着制式警服，持有机动车驾驶证和人民警察证，便于主管部门和社会群众的监督。三是明确警车应当按照法

律、法规规定进行机动车安全技术检验，确保其安全性能。四是明确警车转为民用机动车的，应当拆除警用标志灯具和警报器，清除车身警用外观制式，收回警车号牌，并办理相关变更、转移登记手续。警车达到国家规定的强制报废标准的，应当按照法律、法规的规定报废。

（四）强化对警车使用的监督检查

建立了对警车使用管理的多渠道、多方位监督机制：一是为加强对各部门警车的使用管理，规定公安机关、国家安全机关、监狱、劳动教养管理机关和人民法院、人民检察院应当制定本部门警车的使用管理规定，并对警车使用情况进行监督检查。二是明确公安机关警务督察部门应当对公安机关警车的管理和使用进行监督检查。三是规定公安机关交通管理部门在执勤执法、核发机动车检验合格标志等工作中，应当对警车外观制式的完整性进行检查，并向有关部门报告违反警车管理规定的行为。四是明确对不按规定审批和核发警车牌证、不按规定使用警车、转借警车、驾驶警车时不按规定着装等行为，要依法对有关人员给予行政处分，加大行政监督和查处力度。

公安部要求各级公安机关按照十六届六中全会提出的构建社会主义和谐社会的要求，从“立警为公、执法为民”的高度，认真做好《警车管理规定》的贯彻落实，会同法院、检察院、司法、安全等部门，在全国范围内开展一次警车清理整顿工作，并建立健全各项监督管理制度，加强和完善警车使用和管理措施，同时依法接受社会的监督，切实做到警车外观制式统一，使用管理规范，监督检查到位，树立人民警察良好的执法形象。

三、《警车管理规定》的重点内容

《警车管理规定》的重点内容主要体现为以下条款：第 2 条规定：“本规定所称警车，是指公安机关、国家安全机关、监狱、劳动教养管理机关和人民法院、人民检察院用于执行紧急职务的机动车辆。警车包括：（一）公安机关用于执行侦查、警卫、治安、交通管理的巡逻车、勘察车、护卫车、囚车以及其他执行职务的车辆；（二）国家安全机关用于执行侦查任务和其他特殊职务的车辆；（三）监狱、劳动教养管理机关用于押解罪犯、运送劳教人员的囚车和追缉逃犯的车辆；（四）人民法院用于押解犯罪嫌疑人和罪犯的囚车、刑场指挥车、法医勘察车和死刑执行车；（五）人民检察院用于侦查刑事犯罪案件的现场勘察车和押解犯罪嫌疑人的囚车。”第 3 条规定：“警车车型由公安部统一确定。汽车为大、中、小、微型客车和执行紧急救援、现场处置等专门用途的车辆；摩托车为二轮摩托车和侧三轮摩托车。”第 4 条规定：“警车应当采用全国统一的外观制式。警车外观制式采用白底，由专用的图形、车徽、编号、汉字‘警察’和部门的汉字简称以及英文‘POLICE’等要素构成。各要素的形状、颜色、规格、位置、字体、字号、材质等应当符合警车外观制式涂装规范和涂装用定色漆等行业标准。公安机关、国家安全机关、监狱、劳动教养管理机关和人民法院、人民检察院的部门汉字简称分别为‘公安’、‘国安’、‘司法’和‘法院’、‘检察’。”第5条规定：“警车应当安装固定式警用标志灯具。汽车的标志灯具安装在驾驶室顶部；摩托车的标志灯具安装在后轮右侧。警用标志灯具及安装应当符合特种车辆标志灯具的国家标准。”第10条规定：“省、自治区、直辖市公安厅、局交通管理部门负责办理警车登记业务，核发警车号牌、行驶证和登记证书。警车的登记信息应当进入全国公安交通管理信息系统。领取警车牌证前，已有民用机动车牌证的，应当将民用机动车牌证交回原发证机关。”

四、其他特种车辆管理规定

自2008年10月1日起施行的修订后的《机动车登记规定》（公安部令第102号）明确规定，车辆管理所办理消防车、救护车、工程救险车注册登记时，应当对车辆的使用性质、标志图案、标志灯具和警报器进行审查。

《机动车运行安全技术条件》（GB 7258－2012）中第13条CF消防车、救护车、工程救险车和警车的附加要求规定：消防车的车身颜色应符合相关标准的规定。救护车的车身颜色应为白色，左、右侧及车后正中应喷符合规定的图案。工程救险车的车身颜色应为符合《漆膜色标准》（GB/T 3181－2008）规定的Y07中黄色，其车身两侧应喷“工程救险”字样。警车的外观制式应分别符合《2004式警车汽车类外观制式涂装规范》（GA 524－2004）和《2004式警车摩托车类外观制式涂装规范》（GA 525－2004）的规定。消防车、救护车、工程救险车和警车应装备与其功能相适应的装置，各装置应布局合理、固定可靠、便于使用。消防车、救护车、工程救险车和警车安装使用的警报器应符合《军用电子警报器》（GB 8108－1999）的规定，安装使用的标志灯具应符合《特种车辆标志灯具》（GB 13954－2004）的规定，警报器和标志灯具应固定可靠。

第十二节　机动车强制报废制度

机动车报废政策是国民经济技术改造的重要内容，也是促进我国汽车工业和交通运输事业发展的重要途径。机动车报废政策是检验民警在车辆检验过程中，判断受检车辆是否具有检验资格，并为其办理车辆检验手续的政策标准。

一、机动车报废政策

（一）《汽车报废标准》

1997年7月15日国家经济贸易委员会、国家计划委员会、国内贸易部、机械工业部、公安部、国家环境保护局联合下发了《汽车报废标准》。该标准规定，凡在我国境内注册的民用汽车，属下列情况之一的应当报废：（1）轻、微型载货汽车（含越野型）、矿山作业专用车累计行驶30万公里，重、中型载货汽车（含越野型）累计行驶40万公里，特大、大、中、轻、微型客车（含越野型）、轿车累计行驶50万公里，其他车辆累计行驶45万公里；（2）轻、微型载货汽车（含越野型）、带拖挂的载货汽车、矿山作业专用车及各类出租汽车使用8年，其他车辆使用10年；（3）因各种原因造成车辆严重损坏或技术状况低劣，无法修复的；（4）车型淘汰，已无配件来源的；（5）汽车经长期使用，耗油量超过国家定型车出厂标准规定值百分之十五的；（6）经修理和调整仍达不到国家对机动车运行安全技术条件要求的；（7）经修理和调整或采用排气污染控制技术后，排放污染物仍超过国家规定的汽车排放标准的。

除19座以下出租车和轻、微型载货汽车（含越野型）外，对达到上述使用年限的客、货车辆，经公安车辆管理部门依据国家机动车安全排放有关规定严格检验，性能符合规定的，可延缓报废，但延长期不得超过该标准第2条规定年限的一半。对于吊车、消防车、钻探车等从事专门作业的车辆，还可根据实际使用和检验情况，再延长使用年限。所有延长使用年限的车辆，都需按公安部规定增加检验次数，不符合国家有关汽车安全排放规定的应当强制报废。

（二）《关于调整轻型载货汽车报废标准的通知》

1998年7月7日国家经济贸易委员会、国家发展计划委员会、公安部、国家环境保护总局联合下发了《关于调整轻型载货汽车报废标准的通知》。该通知对轻型载货汽车报废标准作出了如下调整，（1）累计行驶40万公里；（2）使用10年；（3）达到使用年限，汽车性能仍符合有关规定的，允许办理最长不超过5年的延缓报废。延缓报废的审定工作，按国家经贸委等部门《关于发布〈汽车报废标准〉的通知》（国经贸经〔1997〕456号）的有关规定办理。轻型载货汽车是指，厂定最大总质量大于1.8吨、小于等于6吨的载货汽车。

（三）《关于调整汽车报废标准若干规定的通知》

2000年12月18日国家经济贸易委员会、国家发展计划委员会、公安部、国家环境保护总局联合下发了《关于调整汽车报废标准若干规定的通知》，将1997年制定的汽车报废标准中非营运载客汽车和旅游载客汽车的使用年限及办理延缓的报废标准调整为：（1）9座（含9座）以下非营运载客汽车（包括轿车、含越野型）使用15年。（2）旅游载客汽车和9座以上非营运载客汽车使用10年。（3）上述车辆达到报废年限后需继续使用的，必须依据国家机动车安全、污染物排放有关规定进行严格检验，检验合格后可延长使用年限。但旅游载客汽车和9座以上非营运载客汽车可延长使用年限最长不超过10年。（4）对延长使用年限的车辆，应当按照公安机关交通管理部门和环境保护部门的规定，增加检验次数。一个检验周期内连续三次检验不符合要求的，应注销登记，不允许再上路行驶。(5) 营运车辆转为非营运车辆或非营运车辆转为营运车辆，一律按营运车辆的规定报废。(6) 本通知没有调整的内容和其他类型的汽车（包括右置方向盘汽车），仍按照国家经贸委等部门《关于发布〈汽车报废标准〉的通知》(国经贸经〔1997〕456号）和《关于调整轻型载货汽车报废标准的通知》（国经贸经〔1998〕407号）的有关规定执行。该通知所称非营运载客汽车，是指单位和个人不以获取运输利润为目的的自用载客汽车；旅游载客汽车，是指经各级旅游主管部门批准的旅行社专门运载游客的自用载客汽车。

(四)《机动车登记规定》中对校车标牌的机动车报废的规定

其第38条规定，已取得校车标牌的机动车达到报废标准或者不再作为校车使用的，学校或者校车服务提供者应当拆除校车标志灯、停车指示标志，消除校车外观标识，并将校车标牌交回核发的公安机关交通管理部门。专用校车不得改变使用性质。校车使用许可被吊销、注销或者撤销的，学校或者校车服务提供者应当拆除校车标志灯、停车指示标志，消除校车外观标识，并将校车标牌交回核发的公安机关交通管理部门。

二、机动车报废程序

(一) 一般的报废程序

根据《道路交通安全法实施条例》的规定，已注册登记的机动车达到国家规定的强制报废标准的，公安机关交通管理部门应当在报废期满的2个月前通知机动车所有人办理注销登记。机动车所有人应当在报废期满前将机动车交售给机动车回收企业，由机动车回收企业将报废的机动车登记证书、号牌、行驶证交公安机关交通管理部门注销。机动车所有人逾期不办理注销登记的，公安机关交通管理部门应当公告其机动车等级证书、号牌、行驶证作废。根据规定，机动车所有人可以直接向机动车回收企业交售已达到国家强制报废标准的机动车，由机动车回收企业回收机动车登记证书、号牌和行驶证，确认机动车并解体，并在解体后7日内将申请表、机动车登记证书、号牌、行驶证和《报废机动车回收证明》副本提交车辆管理所，申请注销登记。

新颁布的《机动车登记规定》规定：“已达到国家强制报废标准的机动车，机动车所有人向机动车回收企业交售机动车时，应当填写申请表，提交机动车登记证书、号牌和行驶证。机动车回收企业应当确认机动车并解体，向机动车所有人出具《报废机动车回收证明》。报废的校车、大型客、货车及其他营运车辆应当在车辆管理所的监督下解体。”

（二）异地报废的程序

实行机动车异地报废是机动车登记便民原则的体现。因车辆损坏无法驶回登记地的，机动车所有人可以向车辆所在地机动车回收企业交售报废机动车。由报废地机动车回收企业向报废地车辆管理所申请注销登记。报废地车辆管理所通过计算机登记系统将机动车报废信息传递到登记地车辆管理所，登记地车辆管理所接到机动车报废信息后再办理注销登记。

《关于修改〈机动车登记规定〉的决定》规定："将第三十条第一款修改为：'因车辆损坏无法驶回登记地的，机动车所有人可以向车辆所在地机动车回收企业交售报废机动车。交售机动车时应当填写申请表，提交机动车登记证书、号牌和行驶证。机动车回收企业应当确认机动车并解体，向机动车所有人出具《报废机动车回收证明》。报废的校车、大型客、货车及其他营运车辆应当在报废地车辆管理所的监督下解体。'"

三、相关法律法规要求

《道路交通安全法》规定，国家实行机动车强制报废制度，根据机动车的安全技术状况和不同用途，规定不同的报废标准。应当报废的机动车必须及时办理注销登记。达到报废标准的机动车不得上道路行驶。报废的大型客、货车及其他营运车辆应当在公安机关交通管理部门的监督下解体。

驾驶已达到报废标准的机动车上道路行驶的，公安机关交通管理部门应当予以收缴，强制报废。对驾驶已达到报废标准的机动车上道路行驶的驾驶人，处200元以上2000以下罚款，并吊销机动车驾驶证。

第十三节　机动车管理若干实务问题解答

1. 机动车已注销或转出，但启用原号牌业务时身份信息有变化的，如何解决？

答：受理单位需要审核机动车所有人出具身份信息变化的相关证明，如派出所出具的变更身份证号、姓名的证明或工商部门出具的变更证明等，受理单位经认真审核无误后，填写《补建电子档案审批表》，经主管领导审批后传真至档案信息科更正后，再按规定办理相关业务。

2. 办理夫妻之间变更登记业务时，核查人口信息显示未婚或网上信息不全，如何核实夫妻关系真假？

答：第一，受理人员要认真学习有关2003年版结婚证件的基本知识，掌握相关知识，在办理业务时加强对结婚证真伪的审核。

第二，在加强对结婚证审核的同时，还可以参照以下方法进行审核：一是可通过分别做询问笔录的方式，进行核查比对，验证双方笔录信息是否一致，并进行排查；二是对于特殊敏感号牌号码要进行有针对性的实质性核查，如通过电话、传真或者上门等方式到结婚证发证机关进行核实。

第三，如果对结婚证的真伪有疑问，可通过电话或直接到民政部门鉴定结婚证的真伪，也可以通过询问、调查方式辨别申请人的夫妻关系。

3. 因冒用身份证办理撤销的机动车登记，派出所开具丢失身份证明的是否可以办理？

答：对于被他人冒用身份证申请办理撤销机动车登记的，应严格进行审核，在确认无误后，再办理相关手续。

第一，应严格审查派出所出具的丢失身份证明的真伪，具体操作可通过电话、传真或者是上门核查的方式对派出所出具的证明进行核对、确认真伪。

第二，对冒用的情形进行调查，可通过保险公司信息、车辆检验信息及违法信息等系统进行查询，找到相关信息后寻找车辆使用人，对车辆使用人进行询问核实。

第三，经查上述信息无法查找到车辆使用人，且确属于冒用他人身份证明办理车辆登记的，按照相关法律法规的规定办理。

4. 办理冒用身份证撤销机动车登记的，对于派出所出具的证明有何要求？

答：办理冒用身份证撤销机动车登记的，机动车所有人应当提交派出所出具的曾经丢失身份证的证明，但对于派出所只出具当事人报案称曾经丢失身份证的证明的，也可以办理。

5. 本人因出国、重病、入狱等原因，不能到场的，其共同所有人持相关证明来办理夫妻变更业务的，如何办理？

答：对于因上述原因办理夫妻变更业务的问题，属于夫妻双方共同所有车辆，申请办理夫妻双方变更姓名的，需要由两名民警对其申请进行审核，采集申请人或代理人的影像信息，按照其提交的可以证明夫妻关系的《结婚证》或者《居民户口簿》，在公安网人口信息系统中对其个人及家庭成员等信息进行查询。通过查询可以确定其夫妻关系的，打印人口信息查询系统界面，由两名办理民警在《机动车变更登记/备案申请表》上共同签字，连同其他规定的证明、凭证交由主管领导进行复核，主管领导复核无误后，在《机动车变更登记/备案申请表》上签署意见后按照相关程序办理。

6. 申请补领机动车号牌业务时，本人在外地、出国、病重等原因不能到场，能提供相关证明，或其直系亲属也无法到场的，怎么办？

答：第一，对机动车所有人因死亡、出境、重病、伤残或不可抗力等特殊原因不能到场的，参照《机动车登记规定》关于补领机动车登记证书本人无法到场的相关规定，由其直系亲属持相关无法到场证明原件、能证明其直系亲属关系的证明以及其他相关手续，帮助代为申请补领号牌。当事人无法到场和直系亲属关系证明的复印件，与其他相关资料证明一并存档。

第二，对机动车所有人因在外地工作不能到场的，由其直系亲属持其所在单位出具的无法到场证明原件、能证明其直系亲属关系的证明以及其他相关手续，帮助代为申请补领号牌。当事人单位出具的无法到场证明和直系亲属关系证明的复印件，与其他相关资料证明一并存档。

第三，对于机动车所有人直系亲属也无法到场的要做好解释工作，要求其到场配合调查。

7. 机动车在多年前办理抵押登记，目前担保公司已找不到，如何办理？

答：建议机动车所有人尽量寻找抵押权人或到工商行政管理部门、人民法院进行查询、咨询，提供相关文件后办理解除抵押登记。

第一，对于机动车所有人注销的属于抵押权人为单位且已注销的，除审查该单位的注销证明（可以为工商管理部门出具的查询证明）外，还应当审查抵押人已还款的证明。符合规定的，录入登记信息，签注登记证书并交机动车所有人。

第二，对于机动车所有人被吊销的告知其到人民法院进行解除抵押登记的诉讼，由人民法院为其出具调解书、裁定书、判决书和相关协助执行通知书后，我所为其办理机动车解除抵押业务。

8. 在酒店、高校居住的境外人员如何办理临时住宿登记证明？

答：根据《机动车登记规定》（公安部令第102号）、《中华人民共和国机动车驾驶证申领和使用规定》（公安部令第111号）的要求，境外人员在办理机动车和驾驶证业务手续时，需提交的身份证明是公安机关核发的居住、暂住证明。从实际情况看，对于在京居住的境外人员，本市公安机关在管理上有着明显的分工，散居人员由各分、县局公安派出所管理，派出所可以为其出具统一样式的《临时住宿登记证明》；而居住在酒店、公寓的境外人员则由市局治安管理总队指定的酒店联网管理，在本市高校居住的境外人员由其学校保卫部门管理，各区县公安（分）局派出所不予这部分境外人员开具《临时住宿登记证明》。根据市局出入境管理总队相关工作安排，在酒店、高校居住的境外人员可凭酒店或高校出具的住宿证明，到居住地公安分（县）局出入境管理大队办理《临时住宿登记证明》，再到我所办理相关车务手续。

9. 夫妻离婚办理转移登记手续，拿到公证书后，是否还需要提交离婚证等证明才可办理？

答：《机动车登记规定》中规定，协议离婚的机动车来历凭证是协议离婚的相关文书和公证机关出具的《公证书》，因此协议离婚的双方办理转移登记需要提供离婚协议和与之内容一致的公证书即可。但在受理时对于车辆、当事人或证明、凭证有疑义的，可启动嫌疑车辆调查程序进一步审核当事人离婚证等证明、凭证。

10. 因国家机关、事业单位、国有企业改制、重组、破产等原因申请办理辖区内转移登记的小客车，如何办理？

答：应严格手续审核工作，由车管分所窗口业务警长和法制员共同审核，除按转移登记规定收存的资料外，还须审核并收存国家机关、编办、国资委或者上级国有资产主管部门的批准文件和申请单位的申请书。经初审符合规定的，填写《重点业务流程单》（存档）并签署审核意见，报车管分所主管副所长审批。经批准后按原规定办理转移登记。

11. 申请补领机动车号牌业务的，机动车在外地无法驶回本市的，如何办理？

答：对机动车在外地丢失号牌，且外地公安机关出具相应报案证明的，如车辆确实无法驶回本市，机动车所有人可持车辆照片（照片需同时包括报案人和丢失号牌车辆，且照片背景要包含报案地派出所相关标识）及其他相关手续，申请补领号牌。车辆照片与其他相关资料证明一并存档。

12. 在用车办理变更业务或转移登记，经查验发现车身曾经变更过，但所持行驶本与现车相符，如何办理？

答：出现上述情况，可能是车主在改变车身或构造后，又持变更过的车辆照片办理了补领机动车行驶证的手续。应通过登记系统和核查原始档案进行核实，如属于此种情况，则应告知车主将车辆恢复原状（与档案中记载内容相符）后再办理其他手续。

如该车存在非法改装行为，情节严重的还应当依法进行处罚，并在恢复原状后办理变更登记。

13. 已办理车辆转外地业务，在领取机动车实物档案时，可否代理？需提交什么证明、凭证？

答：车主本人持身份证明，由代理人代理的，还需提交代理人身份证明；受理凭证；机动车号牌。

14. 对于在外埠丢失号牌且外埠公安机关确实不予出具报案证明的，申请补领号牌时如何办理？

答：如不便于与外埠公安机关沟通联系，受理民警可凭机动车所有人出具该车确在外地使用的自述说明承诺及在外地自拍的车辆照片（照片需同时包括机动车所有人和丢失号牌车辆，且照片背景要包含号牌丢失地派出所相关标识），以及其他相关证明为群众办理补领号牌手续。

15. 办理机动车相关业务时，查询机动车交通违法行为各应用系统查询结果不一致，应如何处理？

答：以“六合一”系统——综合查询中内容为准。

16. 机动车在外地丢失，应当怎么办？

答：车主或代理人持本人有效身份证明和当地公安机关刑侦部门出具的机动车丢失证明或案件受理证明原件到车辆管理所办理。

车辆管理所受理后，审核资料，收存车主或代理人有效身份证明复印件和当地公安机关刑侦部门出具的机动车丢失证明或案件受理证明复印件，在北京市盗抢车系统下载该机动车被盗抢信息后，录入“被盗抢”信息。

17. 非公安机关查阅公安专业档案怎么办？

答：非公安机关查阅公安专业档案，原则上不予提供，特殊情况须持本单位局级以上党委或组织部门介绍信，经档案信息科批准同意并写出书面意见，报主管所领导审批后方可提供。

18. 律师查阅公安专业档案怎么办？

答：律师查阅公安专业档案，持所在市级司法局、本律师事务所出具的介绍信和查档人员执业证书、身份证明，写出阅卷书面报告材料，经档案信息科批准同意并写出书面意见，报主管所领导审批后，方可依照有关法律法规的规定查阅、摘抄和复制与承办法律事务有关的材料。

19. 车辆转出本市后，外地车辆管理所查不到车辆转出信息怎么办？

答：进入“公安部查询系统”进行查询，如车辆状态已经更新成转出，代表车辆信息已经传至公安部，告知群众联系当地车辆管理所对信息进行下载或更新。

公安部查询系统中车辆状态如是正常，需进入“××市查询系统”进行查询，如果状态已为转出，需点击“上传机动车信息”进行上传，如“北京市查询系统”中车辆状态为正常，需进入六合一系统，“机动车登记——业务参数维护——数据维护——数据比对”进行数据上传，如核查后相关信息均无误，且车辆转出前号牌种类为外籍汽车或者大型汽车号牌的，需提示车主向转入地说明的号牌种类为“外籍汽车”或“大型汽车”即可。

20. 委托异地核发检验合格标志，异地车辆管理所无车辆委托信息的怎么办？

答：办理委托的分所受理窗口需进入六合一系统，“机动车登记——业务参数维护——数据维护——数据重传——委托检验信息重传”进行数据重传。

21. 机动车状态为“违法未处理”，但群众说已处理并且已经交了罚款，无法办理业务的怎么办？12 分学习完毕但系统状态显示还是“超分”怎么办？

答：进入六合一系统，“违法处理——状态记分重算”进行数据更新，但只有已经处理并已经交罚款的才可以更新。

12 分学习完毕但系统状态显示还是“超分”时进入六合一系统，“违法处理——状态记分重算”进行数据更新，但只有已经处理并已经交罚款的才可以更新或 12 分已经学习完毕的才更新。如确实已经处理或已经学习 12 分且更新无效的，需要与科信处值班室联系进行更新。

22. 对于在查验机动车时发现车架号或发动机号存在挖补或焊接嫌疑的，应如何处理？

答：立即启动嫌疑车辆调查程序，并按照规定进行调查；查验员应向车主了解详细情况；认真审核机动车手续是否真实、合法、有效；核查全国盗抢车系统，如有被盗抢信息，移交相关部门处理；确认能够排除走私和被盗抢嫌疑的，可办理相关业务手续。

23. 办理车架号和发动机号同时变更的，应当如何处理？

答：办理车架号和发动机号同时变更的，应按照嫌疑车辆调查程序对车辆和手续进行严格审核，确认能够排除走私和被盗抢嫌疑的，先办理车架号变更手续，查验员查验机动车，机动车所有人需提交身份证明、机动车登记证书、机动车行驶证和申请表；车架号变更手续办理完毕后，再办理发动机号变更手续，机动车所有人需再次提交上述材料。

24. 已受理变更车架号或发动机号等业务，且已经打号，但机动车所有人未及时办理变更登记手续且时间较长，之后在办理转移登记时发现没有变更，应如何办理？

答：在查验机动车时，如发现打刻车架号或发动机号的位置或者字体与原厂号不符，要查询登记系统，对于有变更记录的，可以直接办理；对于没有变更记录，已办理过转移登记或没有变更车架号、发动机号受理凭证的，经审核没有盗抢嫌疑的，可以补办变更登记。

25. 普通小型自动挡车辆改装为残疾人专用小型自动挡，或将加装辅助装置的残疾人专用小型自动挡车恢复成普通小型自动挡车辆，应如何办理？

答：普通车辆改装为残疾人专用车，查验民警审核专业机构出具的加装残疾人辅助装置证明，采集辅助装置型号，安检机构上线检测安全技术性能合格出具检测合格报告后，到车管分所办理变更手续。

残疾人专用车恢复成普通车，应当清除残疾人专用车标志，拆除残疾人辅助装置，并由机动车所有人提出书面申请，安检机构上线检测安全技术性能合格后出具检测合格报告，留存机动车左前45度和右后45度照片，办理变更登记。

26. 机动车在办理注册登记后加装了行李架、踏板、尾翼、拖车钩等附件或更换轮胎轮毂，导致与行驶证照片不符，在办理定期检验等业务查验机动车时，应如何处理？

答：按照《道路交通安全法》第16条的规定，任何单位或者个人均不得拼装机动车或者擅自改变机动车已登记的结构、构造或者特征。违反规定的，应当将车辆恢复原状（即与行驶证照片一致）后，再办理检验（查验）业务。

27. 在办理注销登记核对车辆信息时，车架号破损严重，又无产品标牌，应

如何处理？

答：应通过发动机号、产品标牌、风窗 VIN 号等信息，辅助确认机动车唯一性，合格的办理注销登记。

28. 查验机动车时发现轮胎花纹不一致，应如何处理？

答：按照《机动车运行安全技术条件》（GB 7258 - 2012）的要求，同一轴上的轮胎规格和轮胎花纹应当一致。如同一轴上的轮胎规格或轮胎花纹不一致，应当要求更换。

29. 定期检验、查验机动车时，车架号可以目测观察清楚，但是无法拓印清楚，应如何处理？

答：应当先办理变更车架号业务后，再进行定期检验业务。

30. 对于号牌脱色、破裂，灯光改装，玻璃破损，粘贴、喷涂标识，漆面损坏，应如何处理？

答：查验号牌时，应当按照《机动车号牌》（GA 36 - 2007）的规定审核；查验机动车外观时，灯具样式应当与行驶证照片记载一致；对于玻璃破损的，应当进行更换；对于粘贴、喷涂标识，按照《机动车登记工作规范》的有关规定执行；查验机动车时，漆面不应有脱落现象。

31. 办理定期检验时，保险在有效期内，但验车人未携带保单纸质件，应如何处理？

答：如登记系统中有保险信息且在有效期内，可以将查询信息截图打印后收存。

32. 办理进口车注册登记查验时，实车颜色与《货物进口证明书》记载不一致，如何处理？

答：对于颜色明显错误的（如实车为黑色，《货物进口证明书》记载为绿色），应当出具退办单，更正《货物进口证明书》后办理手续；对于无明显色差的，应当按照《货物进口证明书》记载的颜色办理注册登记。

33. 因单方事故或时间久远、多次过户等原因，现机动车所有人不能提供或说明车架号变更原因的，但需办理车架号变更或报废手续，如何处理？

答：应对车辆进行认真查验，看车身、车架是否与档案记载或系统登记的属于同型号，如属于同型号，则应告知现机动车所有人写出书面情况说明，阐述具体原因，由办理单位主管领导审核无误后，按相关规定办理。

第三章 机动车安全技术检验

现代社会，机动车，特别是汽车已成为人们工作、生活中不可缺少的一种交通工具。汽车保有量的多少、交通运输业发达的程度，已成为社会生产水平高低的重要标志之一。机动车在为人们造福的同时，也带来了交通安全、大气污染和噪声等一系列社会问题。要解决机动车带来的交通安全和环境污染问题，可从道路建设、法规制定、宣传教育和机动车制造技术等多方面入手，其中，加强机动车管理、设法提高机动车的安全性是重要的手段之一。

机动车性能检测是在不解体条件下确定机动车技术状况或工作能力的检查，目的是判别机动车的技术状况是否处于规定水平。汽车诊断是在不解体条件下确定机动车技术状况，找出故障部位和原因的检查。一般而言，诊断技术主要针对的是机动车故障，检测技术主要针对的是机动车的使用性能。

目前，在我国存在两类对机动车进行管理的机动车性能检测制度，即用于公安交通管理的机动车安全技术检验（又称安全性能检测）和用于交通运输管理的汽车综合性能检测。机动车安全性能检测主要是检查机动车的安全性能是否达到合格标准，检测的结论是合格或不合格，从而判定其能否上路行驶；汽车综合性能检测主要检查在用汽车的技术状况，含有较多的汽车故障诊断的内容，从而决定其是否需要维修和能否继续从事营运。

第一节 机动车安全技术检验概述

机动车的安全性，是指机动车在行驶中不发生事故和减少事故损失的性能，是机动车的重要性能之一。机动车安全性关系到人民的生命财产安全，同时也关系到车辆的合理运行速度和运输生产率。机动车安全性能检测，就是对新车、在用车安全性能进行检测，检查其安全性能是否达标，确保上路行驶的车辆具有良好的安全技术状态，以减少事故的发生和对环境的污染。

一、机动车安全技术检验的概念

机动车安全技术检验，是指根据《道路交通安全法》及其实施条例的规定，按照国家机动车安全技术标准和规程等技术规范的要求，对上路行驶的机动车进行检验检测的活动，包括机动车注册登记时的初次安全技术检验和登记后的定期安全技术检验。

目前，我国承办机动车安全技术检验工作的检测站约2000多个，检测线有4000多条，检验人员6万余人。机动车安全技术检验是预防道路交通事故的重要源头措施之一，是搞好道路交通管理的一项基础工作，对提高机动车的安全技术状态和减少社会公害具有重要作用。

二、机动车安全技术检验的有关法规和标准

为了对我国机动车安全技术检验制度有一个深入全面的了解，有必要对相关法律法规和标准有所了解。

（一）实施机动车安全技术检验的法律依据

第一，2003年10月28日中华人民共和国主席令第8号公布，自2004年5月1日起施行的《道路交通安全法》。其中，第5条规定，国务院公安部门负责全国道路交通安全管理工作。县级以上地方各级人民政府公安机关交通管理部门负责本行政区域内的道路交通安全管理工作。县级以上各级人民政府交通、建设管理部门依据各自职责，负责有关的道路交通工作。第8条规定，国家对机动车实行登记制度。机动车经公安机关交通管理部门登记后，方可上道路行驶。尚未登记的机动车，需要临时上道路行驶的，应当取得临时通行牌证。第10条规定，准予登记的机动车应当符合机动车国家安全技术标准。申请机动车登记时，应当接受对该机动车的安全技术检验。但是，经国家机动车产品主管部门依据机动车国家安全技术标准认定的企业生产的机动车型，该车型的新车在出厂时经检验符合机动车国家安全技术标准，获得检验合格证的，免予安全技术检验。第13条规定，对登记后上道路行驶的机动车，应当依照法律、行政法规的规定，根据车辆用途、载客载货数量、使用年限等不同情况，定期进行安全技术检验。对提供机动车行驶证和机动车第三者责任强制保险单的，机动车安全技术检验机构应当予以检验，任何单位不得附加其他条件。对符合机动车国家安全技术标准的，公安机关交通管理部门应当发给检验合格标志。

第二，《道路交通安全法实施条例》经2004年4月30日中华人民共和国国务院令第405号公布，自2004年5月1日起施行。该条例对机动车安全技术检验的一些重要内容作出了明确规定。其中，第15条规定，机动车安全技术检验由机动车安全技术检验机构实施。机动车安全技术检验机构应当按照国家机动车安全技术检验标准对机动车进行检验，对检验结果承担法律责任。质量技术监督部门负责对机动车安全技术检验机构实行资格管理和计量认证管理，对机动车安全技术检验设备进行检定，对执行国家机动车安全技术检验标准的情况进行监

督。机动车安全技术检验项目由国务院公安部门会同国务院质量技术监督部门规定。第115条规定，该条例自2004年5月1日起施行。1960年2月11日国务院批准、交通部发布的《机动车管理办法》，1988年3月9日国务院发布的《中华人民共和国道路交通管理条例》，1991年9月22日国务院发布的《道路交通事故处理办法》，同时废止。

以上法规明确规定要对机动车实行强制检验，并对检验工作执行的标准、实施检验的机构以及管理部门作出了明确规定。这种车辆管理制度从本质上和国外大多数国家是一样的，是采用行车执照制度和车辆牌照制度。公安机关车管部门在执行管理工作中，机动车安全性能的检测结果是重要的依据之一。

（二）国家标准《机动车运行安全技术条件》（GB 7258－2012）

国家标准《机动车运行安全技术条件》（GB 7258－2012）是我国机动车运行安全管理最基本的技术标准，是进行注册登记检验和在用机动车检验、机动车查验、事故车检验的主要技术依据，同时也是我国机动车新车定型强制性检验、新车出厂检验及进口机动车检验的重要技术依据之一。

《机动车运行安全技术条件》（GB 7258－1987）是我国第一部机动车运行安全技术管理的技术性法规。它的颁布和实施，使我国机动车运行安全技术管理有法可依，并在保障机动车运行安全、促进机动车技术和质量的提高及检测技术的发展等方面发挥了重大作用。《机动车运行安全技术条件》（GB 7258－1987）公布后，1987年9月21日公安部发出通知，决定自1988年1月1日起，全国机动车安全检测统一执行这个标准。为了适应我国机动车工业和交通运输事业的发展，车辆的技术性能、行驶速度以及车检技术的不断提高，也为了进一步提高机动车运行的安全性，我国分别于1997年和2004年对《机动车运行安全技术条件》进行了两次修改，实行新的标准，即《机动车运行安全技术条件》（GB 7258－1997）和《机动车运行安全技术条件》（GB 7258－2004）。标准的更新促进了机动车安全性能和车检技术的发展。

《机动车运行安全技术条件》（GB 7258－2004）自2004年10月1日起实施以来，在加强机动车运行安全管理、提高机动车运行安全水平等方面起到了积极的作用。但是，随着我国经济社会的持续快速发展和机动化步伐的不断加快，广大人民群众对安全出行的期待越来越高，机动车运行安全管理不断遇到新情况、新问题，特别是当前我国大型客货车辆的安全技术要求仍较低，与车辆安全性能相关的重特大道路交通事故比例较高。为此，根据我国道路交通实际情况修订《机动车运行安全技术条件》（GB 7258－2004），提高机动车（特别是大型客货车辆）运行安全技术要求，严密机动车运行安全管理技术依据，已十分必要。

1.《机动车运行安全技术条件》（GB 7258－2012）标准的修订原则

（1）根据道路交通发展实际情况，进一步明确《机动车运行安全技术条件》的适用范围，提出特型机动车、教练车、残疾人专用汽车等各类道路车辆安全技术管理的依据，严密车辆安全技术管理主要环节。

（2）根据《机动车运行安全技术条件》（GB 7258－2004）在执行过程中暴露出来的问题，研究采用与管理要求相适应的机动车分类标准，提高标准的可操作性。

（3）提高重点车辆的安全装置配备要求和结构安全要求，适当加严卧铺客车和栏板货车等安全性能低的道路车辆的安全技术要求，提高道路运行机动车的整体运行安全技术性能。

（4）进一步明确公共汽车运行安全技术要求，为加强管理提供依据。

（5）系统地梳理《机动车运行安全技术条件》（GB 7258－2004）报批以来发布的相关国家标准和强制性行业标准，整理相关标准条文，确保标准之间的协调。

2.《机动车运行安全技术条件》（GB 7258－2012）的修订过程

国家标准《机动车运行安全技术条件》（GB 7258－2004）的制修订工作于2009年4月启动，在公安部交通管理局的领导下，作为标准修订起草工作组组长单位，公安部交通管理科学研究所牵头组织公安机关交通管理部门、交通运输部门、汽车行业、摩托车行业、低速汽车行业、公交系统、进出口检验检疫系统等方面的专家成立了标准起草工作组。标准起草工作组各成员单位开展了广泛的调研，并在各自行业内部多次召开征求意见会，征求对《机动车运行安全技术条件》修订的意见。

2009年9月初，公安部交通管理科学研究所根据调研初步成果，结合标准起草工作组其他成员单位反馈的意见，确定了标准修订原则，并对前期调研收集到的300余条反馈意见进行了整理，于2009年10月15日完成了标准修订征求意见稿草稿。

2009年11月4日至6日，公安部道路交通管理标准化技术委员会在无锡召开《机动车运行安全技术条件》（GB 7258－2004）修订第一次工作会议，公安部交通管理局、交通运输部道路运输司、工业和信息化部装备司和产业政策司等政府部门的领导参加会议并对修订原则及具体要求作了指示。《机动车运行安全技术条件》（GB 7258－2004）修订起草工作组全体成员参加了会议，按照相关政府部门确定的原则，在《机动车运行安全技术条件》修订征求意见稿草稿的基础上进行了深入细致地讨论，就“加严大中型客车、重中型货车、危险货物运输车、汽车列车等重点车辆的运行安全技术要求”、“进一步明确公共汽车等客运车辆的防火要求和安全逃生要求”、“采用与《道路交通安全法》及其实施条例相一致的机动车分类标准”等事项基本达成了共识。会后，公安部交通管理科学研究所根据讨论结果于2009年11月15日完成了标准修订征求意见稿（上报稿）。

2009年12月2日，公安部交通管理局召开局务会，对《机动车运行安全技术条件》修订征求意见稿（上报稿）进行讨论，原则同意标准修订征求意见稿（上报稿）的相关内容，并要求标准修订起草工作组就安全气囊要求、儿童座椅固定、固定式反光标识板等10个问题进一步加以研究，进一步完善后公开征求相关部门、单位及专家意见。按照公安部交通管理局的指示，标准修订起草工作组就安全气囊要求、儿童座椅固定等10个问题再次进行了研究，于2010年1月完成了标准修订征求意见稿。

3. 主要修订内容

与《机动车运行安全技术条件》（GB 7258－2004）相比，标准征求意见稿的主要修订内容有：

（1）进一步明确了标准的适用范围，规定标准适用于除有轨电车以外的所有上道路行驶的机动车。

（2）修改了机动车的定义，将汽车分为载客汽车、载货汽车和专项作业车，将原摩托车和轻便摩托车合称为摩托车，以与《道路交通安全法》及其实施条例的相关规定相适应；同时，增加了公路客车、旅游客车、校车、危险货物运输车、教练车、残疾人专用汽车、上道路行驶的拖拉机、特型机动车等术语和定义，以使标准使用者能更清晰地理解标准相关条款的适用范围。

（3）进一步明确了车辆识别代号的打刻要求，规定乘用车和货车（低速汽车除外）还应在仪表板上左侧适当位置设置永久保持的、能从车外清晰识读的标有车辆识别代号的标签，以便于交通警察在注册登记和路面执勤执法时的严格管理；同时，增加了乘用车至少还应在6个主要部件上标识车辆识别代号或零部件编号，以及具有ECU单元的乘用车其ECU应能读取车辆识别代号，发动机型号等特征信息或能通过电子接口读取车辆识别代号，车辆品牌等特征信息的要求，以便于更好地打击盗抢机动车的违法行为。

（4）将卧铺客车的侧倾稳定角限值由“空载静态时向左和向右均不允许小于32°”调整为“静态最不利载荷状态时向左和向右均不允许小于28°”，并规定卧铺客车应装用无内胎子午线轮胎、车身应为全承载整体式框架结构，明确规定卧铺客车的卧铺不允许设置为三层或三层以上，卧铺客车的乘客座椅（包括车组人员座椅）不核定乘坐人数，以切实提高此类长途运行公路客车的安全技术性能。

（5）提高了大中型客车、重中型货车、危险货物运输车等重点车辆的运行安全技术要求：

①对于大中型客车，标准征求意见稿规定，公路客车、旅游客车、不允许乘客站立的公共汽车和专用校车的上部结构强度应符合《客车上部结构强度的规定》（GB/T 17578 - 1998）的规定，且公路客车和旅游客车的所有座椅均应装备汽车安全带；客车的所有车轮均应装备盘式制动器及使用子午线轮胎，主要在山区道路行驶的应装备缓速器或其他辅助制动装置，且车长大于9m的公路客车、旅游客车、不允许乘客站立的公共汽车及所有专用校车还应装备符合规定的防抱制动装置、限速装置（或具有限速功能）和汽车行驶记录仪等安全装置；车长大于11m的公路客车、旅游客车、不允许乘客站立的公共汽车和专用校车，其车身应为全承载整体式框架结构；三轴公路客车的随动轴应具有随动转向或主动转向的功能；公路客车不允许采用双层客车的结构。

②对于重中型货车，标准征求意见稿规定，半挂牵引车和总质量大于12000kg的货车的所有车轮均应装备盘式制动器，且应装备符合规定的防抱制动装置、限速装置（或具有限速功能）和汽车行驶记录仪等安全装置，总质量大于12000kg的货车主要在山区道路行驶的还应装备缓速器或其他辅助制动装置；总质量大于4500kg的货车的每一个后位灯、后转向信号灯和制动灯，其透光面都应有一个不少于以90mm为直径的圆的面积或6400mm^{2}的照明区；总质量大于12000kg的货车（半挂牵引车除外）、车长大于8m的挂车及最高设计车速不大于40km/h的汽车和挂车应设置车辆尾部标志板、厢式货车和厢式挂车应装备符合规定的反射器型车身反光标识。

③对于危险货物运输车，标准征求意见稿规定，危险货物运输车的所有车轮均应装备盘式制动器及使用子午线轮胎，且应装备防抱制动装置、限速装置（或具有限速功能）和汽车行驶记录仪等安全装置，主要在山区道路行驶的还应装备缓速器或其他辅助装置；道路运输爆炸品和剧毒化学品车辆应在后部和两侧粘贴符合规定的橙色反光带；罐式危险货物运输车的罐体及罐体上的管路和管路附件应符合相应的特殊要求。

（6）加强了公共汽车站立人数核定、客车防火及安全逃生等方面的要求：

①对允许乘客站立的公共汽车，其站立乘客有效面积按每人不小于0.15m^{2}计算，其他客车不允许核定站立人数；

②客车线束应采用耐温不低于125℃的阻燃电线，波纹管应达到《塑料　燃烧性能的测定　水平法和垂直法》（GB/T 2408 - 2008）表1规定的V-0级，车长大于6m的客车应设置手动机械断电开关；

③客车内饰材料的阻燃性应达到《汽车内饰标准》（GB 8410 - 2006）的4.6规定的A或B级的要求，公共汽车和发动机后置的公路客车、旅游客车，其发动机舱使用的隔音、隔热材料应为不燃材料；

④发动机后置的客车应装备发动机舱自动灭火装置；

⑤客车乘客门紧急情况下应能从车外开启，即使车外将门锁住时仍应能从车内开启车门，且车外开门装置离地高度应不大于1800mm；

⑥公共汽车及车长大于6m的其他客车应在驾驶员座位附近驾驶员易于操作部位设置乘客门应急开关；

⑦车长大于6m的客车如车身右侧仅有一个乘客门且在车身左侧未设置驾驶员门时，应设置应急窗并在车身左侧设置应急门；

⑧作为击碎玻璃式应急窗的车窗应使用厚度不大于5mm的钢化玻璃，用于击碎玻璃的工具丢失时应能通过声响信号实现报警，且公共汽车车身两侧的车窗如面积能达到设置为应急窗的要求均应设置为推拉式应急窗或外翻式应急窗。

（7）细化了重中型栏板货车最大允许总质量核定的相关要求，明确了货车后轴（包括驱动轴和承载轴）的结构和承载形式应相同，力图从设计和制造环节最大限度地避免此类货车使用时超限超载情形的发生。

（8）明确了摩托车不允许使用方向盘转向，允许乘用车的方向盘布置在中间的要求。

（9）适当放宽了台式检验制动性能时的制动力平衡要求，规定机动车左右两侧前照灯远光光束发光强度的差与较大的发光强度之比应不大于50%。

（10）细化了载客汽车乘客座椅和货车驾驶室（区）最后一排座椅布置的相关规定，并规定货运机动车的载货部位不允许设置乘客座椅，摩托车的乘客座椅应纵向布置。

（11）增加了乘用车应装备驾驶员汽车安全带佩戴提示装置及应能可靠固定儿童座椅的要求，以期更好地保证驾乘人员尤其是乘车儿童的安全；此外，对自动变速器的性能要求也做了原则性的规定，以期在一定程度上规范自动变速器的设计和选用。

（12）增加了汽车安全气囊系统的原则性规定，以期更好地保护汽车消费者的权益。

（13）增加了残疾人专用汽车的附加要求。

（14）增加细化了机动车产品使用说明书的相关规定，以使机动车所有人更清楚地了解机动车实际安全性能和运行安全要求，更好地保证行车安全。

（15）删除了《机动车运行安全技术条件》（GB 7258－2004）的附录A至附录F（关于检验方法的相关附录），以避免与2009年6月1日起实施的国家标准《机动车安全技术检验项目和方法》（GB 21861－2008）相矛盾。

4.《机动车运行安全技术条件》（GB 7258－2012）中所引用文件

《机动车运行安全技术条件》（GB 7258－2012）引用下列文件中的条款，并通过该标准的引用而成为该标准的条款。该标准引用的标准有：《道路车辆外廓尺寸、轴荷及质量限值》（GB 1589－2004）、《塑料　燃烧性能的测定　水平法和垂直法》（GB/T 2408－2008）、《漆膜颜色标准》（GB/T 3181－2008）、《汽车操纵件、指示器及信号装置的标志》（GB 4094－1999）、《汽车用灯丝灯泡前照灯》（GB 4599－1994）、《汽车及挂车外部照明和光信号装置的安装规定》（GB 4785－2007）、《摩托车白炽丝光源前照灯配光性能》（GB 5948－1998）、《车用电子警报器》（GB 8108－1999）、《机械安全　防护装置　固定式和活动式防护装置设计与制造一般要求》（GB/T 8196－2003）、《汽车内饰材料的燃烧特性》（GB 8410－2006）、《汽车安全玻璃》（GB 9656－2003）、《农林拖拉机和机械、草坪和园艺动力机械　安全标志和危险图形　总则》（GB 10396－2006）、《汽车和挂车侧面防护要求》（GB 11567.1－2001）、《汽车和挂车后下部防护要求》（GB 11567.2－2001）、《客车装载质量计算方法》（GB/T 12428－2005）、《危险货物品名表》（GB 12268－2006）、《汽车制动系统　结构、性能和试验方法》（GB 12676－1999）、《客车座椅及其车辆固定件的强度》（GB 13057－2003）、《机动车排气火花熄灭器》（GB 13365－2005）、《道路运输危险货物车辆标志》（GB 13392－2005）、《机动车和挂车防抱制动性能和试验方法》（GB/T 13594－2003）、《警车、消防车、救护车、工程救险车标志灯具》（GB 13954－2009）、《汽车静侧翻稳定性台架试验方法》（GB/T 14172－2009）、《机动车辆后视镜的性能和安装要求》（GB 15084－2006）、《摩托车和轻便摩托车操纵件、指示器及信号装置的图形符号》（GB 15365－2005）、《道路车辆　车辆识别代号（VIN）》（GB 16735－2004）、《摩托车和轻便摩托车后视镜的性能和安装要求》（GB 17352－2010）、《客车上部结构强度的规定》（GB/T 17578－1998）、《天然气汽车和液化石油气汽车　标志》（GB/T 17676－1999）、《摩托车照明和光信号装置的安装规定　第1部分：两轮摩托车》（GB 18100.1－2010）、《摩托车照明和光信号装置的安装规定　第2部分：两轮轻便摩托车》（GB 18100.2－2010）、《摩托车照明和光信号装置的安装规定　第3部分：三轮摩托车》（GB 18100.3－2010）、《道路车辆　产品标牌》（GB/T 18411－2001）、《拖拉机　安全要求 第1部分：轮式拖拉机》（GB 18447.1－2008）、《道路运输液体危险货物罐式车辆　第1部分：金属常压罐体技术要求》（GB 18564.1－2006）、《道路运输液体危险货物罐式车辆　第2部分：非金属常压罐体技术要求》（GB 18564.2－2006）、《营运车辆综合性能要求和检验方法》（GB 18565－2001）、《声学　汽车车内噪声测量方法》（GB/T 18697－2002）、《汽车行驶记录仪》（GB/T 19056－2003）、《机动车用三角警告牌》（GB 19151－2003）、《轻便摩托车前照灯配光性能》（GB 19152－2003）、《摩托车和轻便摩托车外部凸出物》（GB 20074－2006）、《摩托车乘员扶手》（GB 20075－2006）、《道路运输爆炸品和剧毒化学品车辆安全技术条件》（GB 20300－2006）、《汽车用气体放电光源前照灯》（GB 21259－2007）、《货车及挂车　车身反光标识》（GB 23254－2009）、《校车标识》（GB

24315－2009)、《专用校车学生座椅系统及其车辆固定件的强度》（GB 24406－2012)、《专用校车安全技术条件》(GB 24407－2012)、《车辆车速限制系统技术要求》(GB/T 24545－2009)、《道路车辆　标牌和标签》（GB/T 25978－2010)、《车辆尾部标志板》（GB 25990－2010)、《汽车用 LED 前照灯》（GB 25991－2010)、《式警车汽车类外观制式涂装规范》（GA 524－2004)、《式警车摩托车类外观制式涂装规范》(GA 525－2004)。

(三)《机动车安全检测设备　检定技术条件》

机动车安全技术检测要出具机动车检测数据和结果，属于“产品质量检验”工作范畴，所用的机动车检测设备属于计量器具。根据《中华人民共和国计量法》的规定，所用的机动车检测设备应接受计量部门的定期检定。机动车安全检测设备检定工作所执行的主要标准是国家质量监督检验检疫总局于 2001 年 4 月 29 日发布的《机动车安全检测设备　检定技术条件》。

该标准包括:《机动车安全检测设备　检定技术条件　第 1 部分：滑板式汽车侧滑试验台检定技术条件》(GB/T 11798.1－2001)、《机动车安全检测设备　检定技术条件　第 2 部分：滚筒反力式制动试验台检定技术条件》（GB/T 11798.2－2001）、《机动车安全检测设备　检定技术条件　第 3 部分：汽油车排气分析仪检定技术条件》（GB/T 11798.3－2001）、《机动车安全检测设备　检定技术条件　第 4 部分：滚筒式车速表试验台检定技术条件》(GB/T 11798.4－2001)、《机动车安全检测设备　检定技术条件　第 5 部分：滤纸式烟度计检定技术条件》(GB/T 11798.5－2001)、《机动车安全检测设备　检定技术条件　第 6 部分：对称光前照灯检测仪检定技术条件》（GB/T 11798.6－2001）、《机动车安全检测设备　检定技术条件　第 7 部分：轴（轮）重仪检定技术条件》（GB/T 11798.7－2001)、《机动车安全检测设备　检定技术条件　第 8 部分：摩托车轮偏检测仪检定技术条件》（GB/T 11798.8－2001)、《机动车安全检测设备　检定技术条件　第 9 部分：平板制动试验台检定技术条件》(GB/T 11798.9－2001)。

(四)《机动车安全技术检验项目和方法》(GB 21861－2008)

为了规范机动车安全技术检测工作，公安部于 2004 年公布并实施了《机动车安全检验项目和方法》（GA 468－2004)。该标准规定了机动车安全检验的检验方式/工位/项目/常用设备和工具、检验流程、检验方法、检验结果及审核、合格签章与资料收存要求等。但《机动车安全检验项目和方法》（GA 468－2004）的主要制定依据是《机动车运行安全技术条件》(GB 7258－1997)，而对《机动车运行安全技术条件》(GB 7258－2004）中许多新增加的技术要求没有体现。因此，《机动车安全技术检验的项目和方法》的制定，将进一步促进机动车安全技术检验工作的规范化。

1.《机动车安全检验项目和方法》（GB 21861－2008）标准制定原则和主要技术内容确定依据

《机动车安全技术检验项目和方法》于2008年5月26日批准，自2009年6月1日起实施。该标准是在《机动车安全检验项目和方法》（GA468－2004）的基础上修订而成。

根据《道路交通安全法实施条例》"机动车安全技术检验项目由国务院公安部门会同国务院质量技术监督部门规定"的规定，公安部于2008年11月20日发布了《关于实施国家标准〈机动车安全技术检验项目和方法〉的通知》，要求于2009年6月1日起实施国家标准《机动车安全技术检验项目和方法》。

《机动车安全技术检验项目和方法》适用于机动车安全技术检验机构对在我国道路上行驶的机动车进行安全技术检验，该标准也适用于进出口机动车检验机构对入境机动车进行安全技术检验。对经有关部门批准进行实际道路试验的机动车进行安全技术检验时，可参照该标准进行。

《机动车安全技术检验项目和方法》确定的制定原则主要包括：

（1）参照《机动车运行安全技术条件》（GB 7258－2004）新增的技术要求，结合我国道路交通安全管理的实际需要，根据《道路交通安全法》及其实施条例等现行道路交通安全法律法规的规定，在《机动车安全检验项目和方法》（GA 468－2004）的基础上制定《机动车安全技术检验项目和方法》。

（2）明确注册登记检验和在用车检验的不同要求，强化机动车安全技术检验的"源头管理"作用，确保国家现行机动车管理法律、法规、政策的有效实施。

（3）明确机动车安全技术检验项目，细化检验方法和审核要求，以期进一步提高标准的科学性和可操作性。

（4）列出了尾气排放的检验项目，但考虑到北京等部分地区已经实行了"机动车环保检验合格标志"，且国家环保总局也正酝酿在全国范围内推广"机动车环保检验合格标志"，该标准规定，实行"机动车环保检验合格标志"的地方，排放（排气污染物测量）不再列入安全技术检验。

（5）根据《道路交通安全法》及其实施条例的相关规定，经国家机动车产品主管部门依据机动车国家安全技术标准认定的企业生产的机动车型，该车型的新车在出厂时经检验符合机动车国家安全技术标准，获得检验合格证的，申请机动车登记时，免于安全技术检验。

（6）根据道路交通安全相关法律法规的规定和机动车安全技术管理工作的实际需要适当扩大了标准适用范围，明确了标准适用于对在我国道路上行驶的机动车进行安全技术检验及进出口机动车检验机构对入境机动车进行安全技术检验，对经有关部门批准进行实际道路试验的机动车进行安全技术检验时可参照该标准进行。

（7）按照《道路交通安全法》的规定，机动车安全技术检验机构应按照机动车国家安全技术标准对安全技术检验项目的检验结果进行判定，《机动车运行安全技术条件》是我国机动车安全技术管理最基础的技术标准，是机动车国家安全技术标准的重要组成部分，为确保该标准能切实得到贯彻落实，标准将《机动车运行安全技术条件》列为规范性引用文件。考虑到在不同时期注册登记的车辆执行的《机动车运行安全技术条件》的版本号不完全相同，标准未具体引用某一版本的《机动车运行安全技术条件》，在具体操作时，应根据车辆出厂日期和注册登记日期按照相应版本的《机动车运行安全技术条件》判定机动车安全技术检验结果是否符合要求。

2.《机动车安全技术检验项目和方法》（GB 21861－2008）与《机动车安全检验项目和方法》（GA 468－2004）的主要区别

（1）增加了入境机动车和轮式专用机械车的安全技术检验项目要求，规定了对上道路行驶的拖拉机的安全技术检验项目另行制定。明确了检验项目按属性分为否决项和建议维护项，规定了各检验项目的属性。检验要求更加明确，严格把关的依据更加充分。《机动车安全技术检验项目和方法》在"车辆唯一性认定"部分增加了"异常情形的处理"的相关要求，在"线外检验"部分明确了检验时出现否决项不合格或发现其他不符合《机动车运行安全技术条件》等机动车国家安全技术标准事项时的处置要求，以便于检验员在检验过程中发现异常情形时更好地采取针对性的处置措施，严把安全技术检验关。

（2）《机动车安全技术检验项目和方法》从加强机动车安全技术检验的针对性和更好地服务于机动车所有人出发，增加了"联网查询"的要求。同时，考虑到目前绝大部分机动车安全技术检验机构尚不具备相应的计算机网络条件，在该标准前言中规定，本标准中涉及机动车安全技术检验机构与公安机关交通管理部门联网的条文（如联网查询送检机动车是否发生过交通事故或涉及尚未处理完毕的交通安全违法行为的要求），在网络条件具备后实施，网络条件不具备时暂不实施。

（3）《机动车安全技术检验项目和方法》调整、增加了部分检验项目，如增加了对照明和电气信号装置中的"车身反光标识"、底盘动态检验中的"仪表和指示器"等项目的检查；明确了轴荷超过检验设备允许承载能力的车辆、多轴无法上线的车辆不进行线内制动性能台试检验；明确了对全时四轮驱动车辆等无法上线检测车速表指示误差的车辆，在相关管理部门要求时可路试检验车速表指示误差。

（4）《机动车运行安全技术条件》（GB 7258－2004）第1号修改单明确了前照灯远光光束照射位置检验仅适用于远光光束能单独调整的前照灯；同时规定了在二、三轮机动车只装用一只前照灯时，仅检验前照灯远光发光强度。

（5）为加强对使用年限长的车辆的安全技术管理，配合机动车强制报废标准的顺利实施，《机动车运行安全技术条件》对使用年限超过 20 年的非营运乘用车增加了底盘输出功率测试要求。考虑到目前配备了汽车底盘测功机的机动车安检机构数量尚比较少，该标准在前言中明确规定，自 2009 年 7 月 1 日起实施。

（6）考虑到北京等部分地区已实行了“机动车环保检验合格标志”，而国家环保总局也正酝酿在全国范围内推广“机动车环保检验合格标志”，故标准规定，已经实行“机动车环保检验合格标志”的地方，排放（排气污染物测量）不再列入安全技术检验。

（7）检验报告审核要求更加明确。《机动车安全技术检验项目和方法》细化了合格、合格（建议维护）、不合格等三种评判结果的评判要求，明确了检验员应根据车辆出厂日期和注册登记日期按《机动车运行安全技术条件》等机动车国家安全技术标准确定人工检验项目是否符合规定，并规定检验报告评判结论为“合格（建议维护）”时，送检人应在《机动车安全技术检验报告》签字，机动车所有人应及时调修建议维护项目。

（8）《机动车安全技术检验项目和方法》明确了注册登记检验和在用车检验的不同要求，强化机动车安全技术检验的“源头管理”作用，以确保国家现行机动车管理法律、法规、政策的有效实施。同时，进一步明确了机动车安全技术检验项目，细化了检验方法和审核要求，进一步提高了标准的科学性和可操作性。

（9）2010 年 4 月 2 日国家标准化管理委员会批准了《机动车安全技术检验项目和方法》（GB 21861－2008）第 1 号修改单（国标委工一函〔2010〕6 号），共 13 条，其中第 2、3、11、12 条为强制性，其余均为推荐性。

①第一章“范围”中的第二段修改为：“本标准适用于机动车安全技术检验机构对在我国道路上行驶的机动车进行安全技术检验，本标准也适用于进出口机动车检验机构对入境机动车进行安全技术检验。加装肢体残疾人操纵辅助装置的汽车，应按照本标准进行安全技术检验。经有关部门批准进行实际道路试验的机动车，可参照本标准进行安全技术检验。”

②在第 6.1.1 条“认定机动车的主要特征和技术参数（详见附录 A），”之后增加：“加装肢体残疾人操纵辅助装置的，应检查操纵辅助装置铭牌标明的产品型号和产品编号，确认是否与操纵辅助装置加装合格证明记录的产品型号和产品编号一致。”

③将第 6.2.1 条的“对变更车身/车架或变更发动机后的在用机动车进行安全技术检验时，还应核对车身/车架和发动机的来历凭证及公安机关交通管理部门批准允许变更车身/车架的相关证明材料”修改为：“加装肢体残疾人操纵辅助装置的，应检查操纵辅助装置铭牌标明的产品型号和产品编号，确认是否与操纵辅助装置加装合格证明或机动车行驶证记录的产品型号和产品编号一致。对变

更车身/车架或变更发动机后的在用机动车进行安全技术检验时，还应核对车身/车架和发动机的来历凭证。”

④删除第 6. 2. 2. 2 条。

⑤第 8. 1. 1. 1 条增加：“j）对加装肢体残疾人操纵辅助装置的汽车，检查设置的残疾人机动车专用标志是否符合相关规定。”

⑥第 8. 1. 4. 1 条增加：“g）对加装肢体残疾人操纵辅助装置的汽车，检查加装的操纵辅助装置部件是否齐全完整、紧固件有无松动。”

⑦增加第 9. 3. 5 条：“9. 3. 5 加装肢体残疾人操纵辅助装置的汽车检验的特殊要求”

“对加装肢体残疾人操纵辅助装置的汽车，应通过操纵辅助装置检验制动性能。检验行车制动性能时施加在制动和加速迁延手柄表面上的正压力不应大于 300N，检验驻车制动性能时驻车制动辅助手柄的操纵力应不大于 200N。”

⑧将第 13. 1 条修改为：“13. 1 机动车安全技术检验完毕后，机动车安全技术检验机构应签发《机动车安全技术检验报告》，并将安全技术检验的相关数据及图像传送给公安机关交通管理部门等相关部门。”

⑨增加第 14 章：“14 其他规定”

机动车安全技术检验每个工位的最少检验时间见表 3。

⑩增加表 3。

表 3　机动车安全技术检验各工位最少检验时间　单位为秒

检验工位	最少检验时间		
	大（重）、中型汽车	小（轻）、微型汽车	摩托车
车辆外观检查及底盘动态检验	300	180	90
车辆底盘检查（下部检查）	100	60[a]	
制动（含轮重）[b]	60	60	30
前照灯	60[c]	60[c]	30
车速	20	20	15
排放	120[d,e]	120[d,e]	120

a. 对小型、微型载客汽车为 40s；

b. 使用平板式制动检验台时，最少检验时间对汽车和摩托车均为 15s；

c. 使用左右前照灯检测仪同时检测时，最少检验时间对汽车为 40s；

d. 对柴油车最少检验时间为 60s；使用工况法进行检测时，最少检验时间根据检测方法另行制定；

e. 不包括安装转速计等准备环节的时间。

⑪在附录 A 的“A. 2 技术参数”的最后增加：“操纵辅助装置的产品型号和产品编号”。

⑫在附录 B 的“表 B. 1 车辆外观检查项目”的“4 驾驶室（区）”的“驾驶室固定”行下方增加一行，为“操纵辅助装置，否决项”。

⑬将附录 E 的“机动车安全技术检验记录单（人工检验部分）”中的“驾驶室固定、安全带 *”更改为“驾驶室固定、操纵辅助装置 *”。

3.《机动车安全技术检验项目和方法》（GB 21861 – 2008）标准主要技术内容说明

（1）关于标准的总体构成。该标准由前言、引言；范围，规范性引用文件，术语和定义，检验方式和检验项目，检验流程和对送检机动车的基本要求，车辆唯一性认定，联网查询，线外检验，线内检验，路试检验，二、三轮机动车检验的补充说明，检验结果审核和检验报告处置，检验报告签发与资料收存等十三章及附录 A、附录 B、附录 C、附录 D、附录 E、附录 F、附录 G、附录 H 等八个附录组成。

该标准实际上是将《机动车安全检验项目和方法》（GA 468 – 2004）修订升级为国家标准。该标准的总体构成与《机动车安全检验项目和方法》（GA 468 – 2004）类似，有所不同的是增加了“引言”部分，并将“检验方法”进一步细分为“车辆唯一性认定”、“联网查询”、“线外检验”、“线内检验”、“路试检验”、“二、三轮机动车检验的补充说明”等六部分。

（2）关于“引言”。“引言”部分主要介绍标准制定的背景和意义、标准制定所采用的原则及其他说明事项，目的是希望帮助标准的使用者能够正确理解和执行该标准。

（3）关于“范围”。该标准根据道路交通安全相关法律法规规定和机动车安全技术管理工作的实际需要适当扩大了标准适用范围，明确了本标准适用于对在我国道路上行驶的机动车进行安全技术检验及进出口机动车检验机构对入境机动车进行安全技术检验，对经有关部门批准进行实际道路试验的机动车进行安全技术检验时可参照本标准进行。

（4）关于“规范性引用文件”。按照《道路交通安全法》的规定，机动车安全技术检验机构应按照机动车国家安全技术标准对安全技术检验项目的检验结果进行判定，《机动车运行安全技术条件》是我国机动车安全技术管理最基础的技术标准，是机动车国家安全技术标准的重要组成部分，为确保该标准能切实得到贯彻落实，标准将《机动车运行安全技术条件》列为规范性引用文件。考虑到在不同时期注册登记的车辆执行的《机动车运行安全技术条件》的版本号不完全相同，标准未具体引用某一版本的《机动车运行安全技术条件》，在具体操作时，应根据车辆出厂日期和注册登记日期按照相应版本的《机动车运行安全技术条件》判定机动车安全技术检验结果是否符合要求。

（5）关于“术语和定义”。该标准在“车辆唯一性认定”和“线外检验”等部分对注册登记检验和在用车检验分别提出了要求，为使标准的使用者能正确理解该标准，本部分增加了“注册登记检验”和“在用车检验”两个定义。

（6）关于“检验方式和检验项目”。本部分的内容与《机动车安全检验项目和方法》（GA 468－2004）相比有所区别的是：

①增加了入境机动车和轮式专用机械车的安全技术检验项目要求，规定了对上道路行驶的拖拉机的安全技术检验项目另行制定。

②明确了检验项目按属性分为否决项和建议维护项，规定了各检验项目的属性。

③按照现行管理规定，明确了车辆唯一性认定环节“主要特征和技术参数”的具体要求（见附录A），以避免各地机动车安全技术检验机构因对“主要特征和技术参数”理解的不一致而使得实际检验项目有所区别。

④从加强机动车安全技术检验的针对性和更好地服务于机动车所有人出发，增加了“联网查询”的要求。同时，考虑到目前绝大部分机动车安全技术检验机构尚不具备相应的计算机网络条件，该标准在前言中规定，标准中涉及机动车安全技术检验机构与公安机关交通管理部门联网的条文（如联网查询送检机动车是否发生过交通事故或涉及尚未处理完毕的交通安全违法行为的要求），在网络条件具备后实施，网络条件不具备时暂不实施。

⑤调整、增加了部分检验项目，如增加了对照明和电气信号装置中的“车身反光标识”、底盘动态检验中的“仪表和指示器”等项目的检查；明确了轴荷超过检验设备允许承载能力的车辆、多轴无法上线的车辆不进行线内制动性能台试检验，应路试，明确了对全时四轮驱动车辆等无法上线检测车速表指示误差的车辆，在相关管理部门要求时可路试检验车速表指示误差。

⑥根据《机动车运行安全技术条件》（GB 7258－2004）第1号修改单明确了前照灯远光光束照射位置检验仅适用于远光光束能单独调整的前照灯；同时，规定了在二、三轮机动车只装用一只前照灯时，仅检验前照灯远光发光强度。

⑦为加强对使用年限长的车辆的安全技术管理，配合机动车强制报废标准的顺利实施，对使用年限超过20年的非营运乘用车增加了底盘输出功率测试要求。考虑到目前配备了汽车底盘测功机的机动车安检机构数量尚比较少，在标准前言中明确规定，自2009年7月1日起实施。

⑧考虑到北京等部分地区已实行了“机动车环保检验合格标志”，而国家环保总局也正酝酿在全国范围内推广“机动车环保检验合格标志”，标准规定，已经实行“机动车环保检验合格标志”的地方，排放（排气污染物测量）不再列入安全技术检验。

(7) 关于“检验流程和对送检机动车的基本要求”。本部分根据第四章的相关要求对检验流程适当进行了调整。同时，根据《道路交通安全法》第13条的相关规定增加了在用车检验时机动车安检机构需核查送检机动车的机动车行驶证及有效的机动车第三者责任强制保险凭证的要求。

(8) 关于“车辆唯一性认定”。本部分在《机动车安全检验项目和方法》(GA 468-2004) 相关规定的基础上进一步细化了相关要求，分注册登记检验和在用车检验，明确了检验项目和要求及异常情形的处理办法，并明确认定主要特征及技术参数时宜结合车辆外观检查和车辆底盘检查进行。

(9) 关于“联网查询”。本部分为新增要求，规定了联网查询的内容及处置等要求。

(10) 关于“线外检验”。与《机动车安全检验项目和方法》(GA 468-2004) 相比，本部分根据《机动车运行安全技术条件》(GB 7258-2004) 等机动车国家安全技术标准的相关规定增加了一些检验项目，进一步明确了一些检验要求。其次，考虑到又有十三种汽车零部件产品实施了强制性认证，丰富了相关部门进行安全技术管理的手段，标准规定应检查汽车行驶记录仪产品和车身反光标识产品的“CCC”标志。此外，标准还规定了在检验过程中出现否决项不合格及发现其他不符合《机动车运行安全技术条件》等机动车国家安全技术标准的事项时的处置要求。

(11) 关于“线内检验”。本部分的内容与《机动车安全检验项目和方法》(GA 468-2004) 的相关规定基本一致。所不同的主要内容是：

① 为了进一步提高制动性能检验的科学性和准确性，标准明确了应使用轮重仪测量各轮的轮荷；采用滚筒反力式制动检验台时，制动检验台的电气系统应能分别控制左右两组滚筒停机以测得左、右车轮的最大制动力；在附录D中规定了制动力增长全过程中的左、右轮制动力差的取值范围，并规定用平板制动试验台检验乘用车制动性能时应按动态轴荷计算轴制动率的计算方法。

② 明确前轴采用独立悬架的汽车侧滑量测试值不作评判依据。

③鉴于《机动车运行安全技术条件》(GB 7258-2004) 未明确规定尾气排气污染物的控制要求和测量方法，标准未规定尾气排气污染物的测量方法，仅定性规定应“按国家环境保护行政主管部门的相关规定进行”。

④增加了汽车底盘输出功率的测试方法。

⑤ 取消喇叭声级的线内检验，改为线外的外观功能性检验项目。

(12) 关于“路试检验”。本部分与《机动车安全检验项目和方法》(GA 468-2004) 的相关规定基本一致。

(13) 关于“二、三轮机动车检验的补充说明”。本部分根据二、三轮机动车的实际特点，按照二、三轮机动车检验的流程，对检验方法和检验重点作了补充说明。

（14）关于“检验结果审核和检验报告处置”。本部分明确了检验员应根据车辆出厂日期和注册登记日期按《机动车运行安全技术条件》等机动车国家安全技术标准确定人工检验项目是否符合规定，规定了全自动检测线检测设备的检测数据应能通过计算机网络传至检测控制主机。同时，本部分细化了合格、合格（建议维护）、不合格等三种评判结果的评判要求：

①合格：送检机动车所有检验项目的检验结果均合格的，评判结论为合格。

②合格（建议维护）：送检机动车检验项目中，所有否决项的检验结果均合格，检验结果为不合格的建议维护项小于等于6项的，评判结论为合格（建议维护）。

③不合格：送检机动车检验项目中，有任一否决项的检验结果不合格，或检验结论为不合格的建议维护项多于6项的，评判结果为不合格。

此外，为进一步加强机动车安全技术检验“源头管理”的作用，标准规定了检验报告评判结论为“合格（建议维护）”时，送检人应在《机动车安全技术检验报告》上签字，机动车所有人应及时调修建议维护项目。

（15）关于“检验报告签发与资料收存”。本部分明确了检验报告的签发要求及机动车安全技术检验机构在安全技术检验后应收存的资料类型及保管期限。

（16）关于“附录”。本标准的附录A、附录B和附录C是第四章表1和表2中的检验项目的补充，其具体内容根据《机动车安全检验项目和方法》（GA 468－2004）在执行过程中的具体情况及《机动车运行安全技术条件》（GB 7258－2004）的相关要求较《机动车安全检验项目和方法》（GA 468－2004）有所增加和调整。附录B和附录C还规定了各检验项目的属性，根据其对运行安全影响的重要程度分为否决项和建议维护项。

标准的附录D是对台式制动性能检验时制动性能参数计算的相关要求，其目的是尽可能减少由于设备原因及检验方法原因造成的制动性能检验结果误判，提高制动性能检验的科学性、公正性。

标准的附录E和附录G是人工检验记录单的格式要求。与《机动车安全检验项目和方法》（GA 468－2004）相比，主要区别是增加了“VIN拓印膜粘贴区”。

标准的附录F和附录H是《机动车安全技术检验报告》的格式要求。与《机动车安全检验项目和方法》（GA 468－2004）相比，主要区别是进一步明确了人工检验项目的打印要求，增加了“批准人”和“送检人（签字）”等栏；同时，从更好地服务于机动车所有人出发，在报告中增加了“备注”栏说明送检机动车是否涉及尚未处理完毕的道路交通安全违法行为等信息，并在报告最下方增加了一条提示，“《道路交通安全法》规定，上道路行驶的机动车未放置有效检验合格标志的，公安机关交通管理部门将扣留机动车并处以罚款。检验合格后请及时到公安机关交通管理部门办理相关手续并领取检验合格标志，有不合格建议维护项时请及时调修车辆”。

（五）机动车检验工作规程与其他相关标准

1.《机动车查验工作规程》（GA 801－2008）

《机动车查验工作规程》是各地公安机关交通管理部门车辆管理所确认（检验）机动车的主要技术依据，是执行《机动车运行安全技术条件》等机动车国家安全技术标准的具体要求。鉴于道路交通安全法律法规和相关标准对机动车运行安全技术状况方面的要求很多，考虑到检验机动车的实际情况，从适当减轻检验员责任出发，本标准对检验合格的最低标准作了规定。

《机动车查验工作规程》主要内容包括：从事机动车检验人员的资质，办理注册登记、核发检验合格标志、变更登记和变更备案、转移登记、变更迁出、申领、补领机动车登记证书、监销报废解体等业务时的检验项目，检验工作要求，特殊情形处理等。

2. 其他相关标准

（1）《道路车辆外廓尺寸、轴荷及质量限值》（GB 1589－2004）。

《道路车辆外廓尺寸、轴荷及质量限值》于2004年4月1日发布，自2004年10月1日起实施。该标准适用于在道路上使用的汽车（最大设计总质量超过26000kg的汽车起重机、混凝土泵车及消防车除外）。汽车起重机、混凝土泵车及消防车的最大允许总质量的最大限值为55000kg。

《道路车辆外廓尺寸、轴荷及质量限值》的主要内容包括：车辆外廓尺寸限值，车辆的最大允许轴荷限值，车辆总质量限值，货车、挂车的栏板高度限值等。

（2）《机动车类型术语和定义》（GA 802－2008）。

《机动车类型术语和定义》规定了机动车类型分类的规格术语、结构术语及机动车使用性质术语。该标准适用于道路交通管理的各个环节，机动车注册登记时，按照本标准确定并签注机动车的类型（即车辆类型）；在路面秩序管理时，如需分类型对机动车通行加以限制应使用本标准规定的机动车类型，或使用本标准规定的机动车类型的组合（如汽车列车），标准未列入的机动车种类，原则上不具有合法上路权；事故处理时应根据本标准判定事故车辆的属性及车辆类型。

《机动车类型术语和定义》的主要内容包括：术语和定义、机动车规格术语、机动车结构术语、机动车使用性质术语、车辆类型确定标准等。

第二节 机动车安全技术检验机构

一、机动车安全技术检验机构管理相关规定

《道路交通安全法》颁布实施前，机动车安检机构的管理由公安机关交通管理部门负责。1989年公安部曾颁布《机动车辆安全技术检测站管理办法》（公安部令第2号），规定对机动车安检机构实行省级公安机关交通管理部门统一管理。在实践中，由于这些机构存在着安检机构审批不规范、规划布局不合理、收费标准不统一、监管不到位等问题，依法切实加强对安检机构的监督管理已成为公安部门和质检部门的重要工作。

《道路交通安全法实施条例》第15条第2款明确规定："质量技术监督部门负责对机动车安全技术检验机构实行资格管理和计量认证管理，对机动车安全技术检验设备进行检定，对执行国家机动车安全技术检验标准的情况进行监督。"因此，实施对机动车安检机构的管理，是法律赋予质量技术监督部门的一项职责。

经过相关部门的多次磋商，国家质检总局与公安部、国家认监委联合发布了《关于加强机动车安全技术检验机构管理有关工作的通知》（国质检监联〔2005〕39号），决定自2005年1月至2005年3月31日，机动车安检机构资格及监督管理工作由公安机关交通管理部门向质检部门移交。同时，为做好移交工作，国家质检总局又与国家认监委联合发布了《关于做好机动车安全技术检验机构监督管理接收工作的通知》（国质检监联〔2005〕77号），提出在过渡期间，国家质检总局将研究制定《机动车安全技术检验机构监督管理规定》。2006年2月27日国家质量监督检验检疫总局公布了《机动车安全技术检验机构管理规定》。

2009年10月13日国家质量监督检验检疫总局公布了《机动车安全技术检验机构监督管理办法》，自2009年12月1日起施行。同时，规定2006年2月27日国家质量监督检验检疫总局公布的《机动车安全技术检验机构管理规定》同时废止。

《机动车安全技术检验机构监督管理办法》对《机动车安全技术检验机构管理规定》中的一些内容进行了修订，提出了一些新的规定。

（一）机动车安全检测机构的含义

《机动车安全技术检验机构监督管理办法》第2条规定：" 机动车安全技术检验机构（以下简称'安检机构'）开展机动车安全技术检验以及对安检机构实施监督管理应当遵守本办法。本办法所称机动车安全技术检验，是指根据《道路

交通安全法》及其实施条例规定，按照机动车国家安全技术标准等要求，对上道路行驶的机动车进行检验检测的活动，包括机动车注册登记时的初次安全技术检验和登记后的定期安全技术检验。本办法所称安检机构，是指在中华人民共和国境内，根据《道路交通安全法》及其实施条例的规定，按照机动车国家安全技术标准等要求，对上道路行驶的机动车进行检验，并向社会出具公证数据的检验机构。"

（二）安检机构资格申请的条件

申请取得安检机构检验资格许可，应当具备以下基本条件：（1）具有法人资格；（2）具有满足机动车安全技术检验工作需要的，并经省级质量技术监督部门考核合格的从事机动车安全技术检验工作的技术人员；（3）有完善的工作管理制度，有齐全的机动车安全技术检验标准等技术规范文件资料；（4）具有申请检测车辆类型和项目所需的机动车安全技术检验的设备及其校准设备；（5）机动车安全技术检验设备应当通过合法有效的型式认定，在用计量器具应当依法经质量技术监督部门授权的计量技术机构计量检定合格或校准，并在检定或校准有效期内；（6）具有满足机动车安全技术检验的设施、工作场所和工作环境；（7）其他应当具备的条件。

（三）安检机构申请的受理与审查

省级质量技术监督部门在受理申请后，应当及时组织审查人员对申请人进行审查，审查包括资料审查和现场核查。审查人员应当具备相应的专业知识和实践工作经验。审查后，应当根据《中华人民共和国行政许可法》关于许可审查和决定的程序、期限等规定，作出是否批准检验资格许可的决定。

获得检验资格许可的申请人由省级质量技术监督部门颁发安检机构检验资格许可证书和检验专用印章。安检机构检验资格许可证书的式样、编号规则和检验专用印章的式样，由国家质检总局统一规定。

安检机构检验资格许可证书有效期为 3 年。安检机构检验资格有效期届满，继续从事机动车安全技术检验活动的，应当于期满前 3 个月向所在地省级质量技术监督部门重新提出申请；安检机构迁址、改建或增加检测线的应当及时向省级质量技术监督部门提出申请；申请的受理、审查和决定按照本规定执行。

二、机动车安全检验类别

根据《道路交通安全法》、《道路交通安全法实施条例》、《机动车登记规定》等法律法规的规定，对新机动车和在用机动车，按照国家标准《机动车运行安全技术条件》（GB 7258－2012）和《机动车安全技术检验项目和方法》（GB 21861－2008），进行机动车安全技术检验。

（一）注册登记检验（Inspection for Unregistered Vehicles）

注册登记检验，是指机动车安全技术检验机构对经国家有关部门许可生产（入境），或经有关执法部门罚没、拍卖，需领取机动车牌证上道路行驶的机动车，在其申请注册登记时进行的安全技术检验。

此项检验有两个作用：一是使不符合安全性能要求的车辆不能上路行驶，这样可以通过提高安全性能标准，来提高机动车的制造水平。最近几年北京、上海等几个大城市对汽车排污标准的提高，促进了我国汽车技术水平的提高就是很典型的例证。二是通过核对手续和材料，可以有效地扼制走私车辆、盗窃车辆、私自拼装车辆等经济犯罪活动。

（二）在用机动车检验（Inspection for In – use Power – driven Vehicles）

在用机动车检验，是指机动车安全技术检验机构对已注册登记的机动车进行的安全技术检验。通常可分为以下三种：

1. 定期检验

定期检验，是指对已领取正式号牌和行车执照的在用车辆进行定期安全性能检验，对于检验不合格的车辆要限期进行维修，复检合格后才能签发合格证，否则不能继续上路行驶。

定期检验的技术要求按《机动车运行安全技术条件》（GB 7258 – 2012）的规定执行，其目的是督促车辆所属单位和个人加强车辆的保养和维护，使车辆经常处于良好的技术状态，以确保行车安全和控制环境污染。

2. 临时检验

临时检验，是指在定期检测的周期内，对参加特定运输的车辆进行检测，以及对未在车辆管理机关注册登记需短期上路行驶车辆所进行的检测。检测的对象如果是参加春节客运的车辆、复驶车辆、损坏修复后的车辆、入境的外国人的车辆等，一般也按《机动车运行安全技术条件》（GB 7258 – 2012）标准的要求进行检测。

3. 特殊检验

特殊检验，一般是指对改装车辆、肇事车辆和报废车辆以及重要人物或外宾在外事活动中的用车等进行的检验。其检测的内容和着重点不同于上述检验，一般是根据需要只着重检测几个项目。

（三）机动车安全技术检验的方式和内容

机动车安全技术检验的方式和内容主要包括：（1）车辆唯一性认定；（2）联网查询；（3）线外检测（外观检测和底盘动态检测）；（4）线内检测（车速、尾气排放、制动、侧滑、前照灯、车辆底盘、功率）；（5）路试检验（行车制动、驻车制动和车速）。

机动车检测流程见图 3－1 和图 3－2。四轮及四轮以上机动车（轮式专用机械车除外）的安全技术检验的检验方式和检验项目见表 3－1，二、三轮机动车的安全技术检验的检验方式和检验项目见表 3－2。

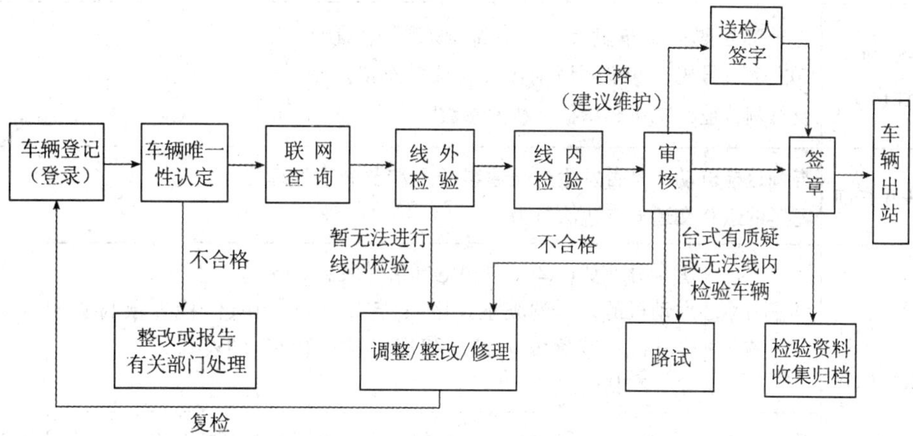

图 3－1　机动车安全检测流程图

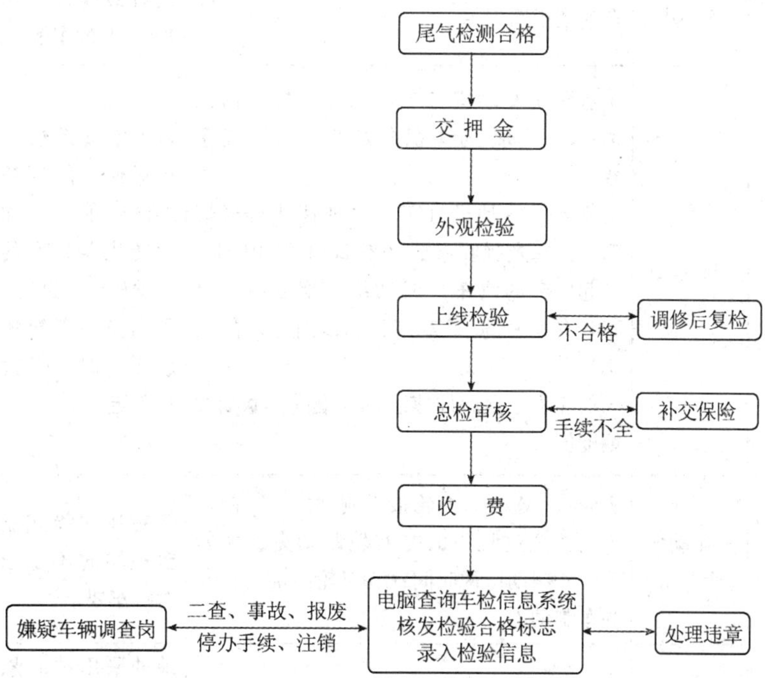

图 3－2　北京市在用车定期检测流程图

表 3－1　机动车安全技术检验的检验方式和检验项目（四轮及四轮以上机动车）

检验方式	检验项目		备注
车辆唯一性认定	①号牌号码；②车辆类型；③品牌/型号；④颜色；⑤发动机号码；⑥车辆识别代号（或整车出厂编号）及打刻特征；⑦主要特征及技术参数[a]		
联网查询	查询送检机动车是否发生过交通事故及涉及尚未处理完毕的道路交通安全违法行为		
线外检验	车辆外观检查	①车身外观；②照明和电气信号装置；③发动机舱；④驾驶室（区）；⑤发动机运转状况；⑥客车内部；⑦底盘件；⑧车轮；⑨其他	具体检查项目见附录 B 的表 B.1
	底盘动态检验	①转向系；②传动系；③制动系；④仪表和指示器	具体检验项目见附录 B 的表 B.2
线内检验	车速[b]	车速表指示误差	仅对最高设计车速超过 40km/h 的车辆要求
	排放[c]	①点燃式发动机汽车双怠速法排气污染物：CO、HC 的体积分数，过量空气系数 λ。 ②压燃式发动机汽车自由加速法排气烟度：排气光吸收系数（对 2001 年 10 月 1 日起生产的汽车）或滤纸式烟度值（对 2001 年 9 月 30 日及该日期以前生产的汽车）。 ③低速货车自由加速法排气烟度：滤纸式烟度值	过量空气系数 λ 的测试仅对使用闭环控制电子燃油喷射系统和三元催化转化器技术的点燃式发动机汽车进行。 采用简易工况法进行排放测量时，检验项目另行确定
	制动[d]（含轮重）	①轮重；②左、右轮最大制动力；③制动力增长全过程中的左右轮制动力最大差值；④制动协调时间；⑤车轮阻滞力；⑥驻车制动力	④在用滚筒式制动检验台检验时不要求；⑤仅对汽车要求
	侧滑	转向轮横向侧滑量	前轴采用独立悬架的汽车侧滑量测试值不作评判依据

续表

检验方式	检验项目		备注
线内检验	前照灯	①前照灯远光光束发光强度；②前照灯远光光束照射位置（光束中心左右偏移量及上下偏移量）；③前照灯近光光束照射位置（明暗截止线转角折点位置）	前照灯远光光束照射位置检验仅对远光光束能单独调整的前照灯要求
	车辆底盘	①转向系；②传动系；③行驶系；④制动系；⑤电器线路；⑥底盘其他部件	具体检查项目见附录B的表B.3
	功　率	底盘输出功率	仅对使用年限超过20年的非营运乘用车要求
路试检验	行车制动	制动距离和制动稳定性，或充分发出的平均减速度、制动协调时间和制动稳定性	通常只对无法上线检验的车辆及线内检验结果有质疑的车辆进行
	驻车制动	驻车制动性能	
	车　速	车速表指示误差	仅在相关管理部门有要求时对全时四驱车辆等无法上线检测车速表指示误差的车辆进行

a. 主要特征及技术参数是指机动车已认证（登记）的结构、构造或者特征，以及国家机动车产品主管部门公告的数据（详见附录A）；
b. 对全时四驱车辆等无法上线检测车速表指示误差的车辆不进行；
c. 实行环保检验合格标志的地方，排放（排气污染物测量）不再列入安全技术检验；
d. 轴荷超过检验设备允许承载能力的车辆、多轴无法上线的车辆不进行线内制动检验，应路试。

表3－2　机动车安全技术检验的检验方式和检验项目
（二、三轮机动车）

检验方式	检验项目	备注
车辆唯一性认定	①号牌号码；②车辆类型；③品牌/型号；④颜色；⑤发动机号码；⑥车辆识别代号（或整车出厂编号）及打刻特征；⑦主要特征及技术参数[a]	
联网查询	查询送检机动车是否发生过交通事故及涉及尚未处理完毕的道路交通安全违法行为	

<table>
<tr><th>检验方式</th><th colspan="2">检 验 项 目</th><th>备 注</th></tr>
<tr><td rowspan="2">线外检验</td><td>外观检查</td><td>①车辆外观；②发动机运转状况；③照明和信号装置；④安全防护装置；⑤电器线路；⑥其他部件</td><td>具体检查项目见附录C</td></tr>
<tr><td>动态检验</td><td>①转向系；②离合器；③变速器；④传动装置；⑤制动系</td><td>具体检验项目见附录C</td></tr>
<tr><td rowspan="6">线内检验</td><td>车 速</td><td>车速表指示误差</td><td>仅对最高设计车速大于40km/h的车辆要求</td></tr>
<tr><td>排 放[b]</td><td>①摩托车和轻便摩托车怠速法排气污染物：CO、HC的体积分数。
②三轮汽车自由加速法排气烟度：滤纸式烟度值</td><td></td></tr>
<tr><td>制 动（含轮重）</td><td>①轮重；②各轮最大制动力；③制动力增长全过程中左右轮制动力最大差值；④驻车制动力</td><td>③、④仅对三轮汽车和正三轮摩托车要求</td></tr>
<tr><td>轮 偏</td><td>前后轮中心平面偏差</td><td>仅对二轮机动车和边三轮摩托车主车要求</td></tr>
<tr><td>前照灯</td><td>①前照灯远光光束发光强度；②前照灯远光光束照射位置（光束中心左右偏移量及上下偏移量）；③前照灯近光光束照射位置（明暗截止线转角折点位置）</td><td>对装用一只前照灯的机动车只检验远光光束发光强度，远近光光束照射位置仅做功能性检查；对其他机动车，前照灯远光光束照射位置检验仅适用于远光光束能单独调整的前照灯</td></tr>
<tr><td>下部检查</td><td>①车架；②电器线路固定；③相关部件</td><td>具体检查项目见附录C</td></tr>
<tr><td rowspan="2">路试检验</td><td>行车制动</td><td>制动距离和制动稳定性，或充分发出的平均减速度、制动协调时间和制动稳定性</td><td rowspan="2">通常只对无法上线检验或线内检验结果有质疑的三轮机动车进行</td></tr>
<tr><td>驻车制动</td><td>驻车制动性能</td></tr>
<tr><td colspan="4">a. 主要特征及技术参数是指机动车已认证（登记）的结构、构造或者特征，以及国家机动车产品主管部门公告的数据（详见附录A）；
b. 实行环保检验合格标志的地方，排放（排气污染物测量）不再列入安全技术检验。</td></tr>
</table>

三、检 测 站

（一）检测站的类型和功用

检测站，是指用各种专用的检测设备，仪表及操纵显示记录仪器装备起来的，通过台架检测并辅以少量的经验诊断就可测出车辆的主要性能或判断故障的场所。我国有些地方亦称它为“机动车检测中心”、“机动车检测场”，日本把它称为“车检场”或“检查场”，美国称为“诊断站”或“服务站”，前苏联称为“诊检站”。

检测站按承担或完成检测任务的不同可分三种主要类型：第一种是专门从事机动车安全性能和环保性能检测，执行监督任务的检测站，称为“机动车安全环保检测站”。第二种是既能对汽车的安全环保性能以及动力性和燃料经济性能等进行全面检测，又具有故障诊断功能的检测站，称为“汽车综合性能检测站”。第三种是专门从事农业机械（拖拉机、三轮低速车和收割机等）安全性能检测的检测站，称之为“农机检测站”或“农机监理站”。

检测站按工作场所的特点又可划分为固定式检测站和流动检测站。检测工作有固定的场所，检测设备不用经常移动的检测站，称之为固定式检测站，又称为检测场，我国大多数检测站都属于这类，所以称呼检测站（场）时，都指的是固定式检测站。流动检测站没有固定的检测工作场所，或是它的检测工作场所不只一处，所用的检测设备是可以较方便地移动和安装的，可根据需要能较快地搬迁，这类检测站称之为流动检测站。由于这类检测站的所有检测设备和辅助设施都装在一辆汽车上，所以又称之为流动检测车。我国幅员辽阔，各地经济发展很不平衡，对于车辆保有量较少且分散的地区，尤其是边远山区和广大农村，不适宜建投资很大的固定式检测站，采用流动检测站（车）可以很好地解决车检问题。

（二）检测站的基本构成

由于对机动车检测目的及任务的不同，在检测站的总体设计、工艺布置、设备选择及厂房形式（流动检测站载体及车体选择）等方面有所区别，但其基本构成内容大同小异。

检测站必须具备的条件主要有：（1）有检测车辆侧滑、灯光、轴重、制动、排放、噪声的设备以及其他必要的仪器仪表，如综合性能检测站的底盘测功机、发动机综合测试仪等。（2）至少有一名工程师或技师技术职称的主任检验员；具有一定的汽车理论知识和修理经验，并能熟练地运用检测设备对机动车辆的性能作出正确评价的检验员若干名。（3）有相应的停车场地、试车跑道和检验驻车制动器的坡道。要布局合理，根据国家标准设置交通标志、标线，出入口视线良好，不妨碍交通。(4) 检测厂房宽敞，通风、照明、排水、防雨、防火和安全防护等设施良好（此条与流动检测站无关），各检测项目要有相应的检测面积，检测工艺布置合理，便于流水作业。(5) 必须有设备维修人员，保持检测设备经常处于良好的技术状态和精度。(6) 有一套完整、科学的检测站管理规章制度。

（三）检测线

检测线，是指为了快速方便地检测车辆，把用来检测机动车的专用设备仪器，按工序顺序排列成流水式的检测通道。检测线是检测站最基本也是最重要的组成部分，一个检测站至少要有一条检测线。

机动车检测线按控制方式可分为手动式、半自动式（简易型自动式）和全自动式检测线。这里必须指出的是，所谓手动式，其所用检查仪器设备不一定就是人工操作的仪器设备，在手动式检测设备上有数字显示，图形显示，以及打印机打印等方式亦很普遍，目前，有许多还属于智能化的检测设备。所谓全自动式检测线，亦并非检测过程实现无人干涉，是全自动进行，它仍有不少检查项目需要运用人工目视、手摸、耳听、凭经验的方法进行检验。手动式和全自动式二者的主要区别体现在情报信息系统和控制检查顺序的自动化程度上。我国早期建的检测线有手动式和半自动式，但随着计算机技术的发展和普及，新建的检测线，以及老式检测线通过改造，已经全部进行了计算机联网，实现全自动控制，甚至做到站与站之间，站与管理部门之间组成网络系统，实现了情报信息资源共享。目前，除一些经济型流动检测站（车）还采用半自动或手动控制方式外，几乎所有检测站的检测线都实现了自动控制。

机动车检测线按受检车质量的不同可分为小型车检测线（允许最大轴荷3000kg）和大、中型车兼用检测线（允许轴荷3000kg～10000kg）。

机动车检测线按其检验车种的不同可分为汽车检测线、摩托车检测线、专用车检测线以及可以检测多种车辆的全车型检测线。

机动车检测线按检测内容的不同可分为安全环保检测线、汽车动力性和燃料经济性检测线以及具有以上两种检测线功能的综合性能检测线；

最近几年，由于平板式制动试验台逐渐被人们认识和接受，一些新建线和旧线改造采用平板式制动试验台代替了传统的反力滚筒式制功试验台，为了便于区分，俗称为“平板线”和“滚筒线”。

（四）典型检测线功能简介

1. 安全环保线

安全环保线是由公安车辆管理部门管辖的检测线，所以社会上又俗称为“公安安检线”。其目的是为了保证车辆行驶安全和减少车辆污染。一般由车辆外观检查（略称L）、排放尾气检验（汽油机略称X、柴油机略称D）、前轮定位侧滑量检验（略称 A）、制动性能检验（略称 B）、车速表检验（略称 S）、前照灯检验（略称 H）、喇叭声响检验（略称 N）以及底盘检验（略称 P）等组成。检测执行的标准是《机动车运行安全技术条件》（GB 7258－2012）。检测的结果是“合格”或“不合格”，一般不进行故障诊断，也不承担不合格项目的调修工作。

2. 综合性能检验线

综合性能检验线是交通运输管理部门为了检验在用车辆技术状况，分析和判断故障，评定车辆的改造和修理质量而建的检测线，因此，它需对车辆的技术性能进行综合性的全面检测。其一般是在安全环保线的基础上，加上发动机综合检测仪、底盘测功机以及四轮定位仪等组成。检测执行的标准有《汽车技术等级评定标准》（JT/T 198－1995）和《营运车辆综合性能要求和检测方法》（GB 18565－2001）。检测结果是受检车辆符合哪一级，故障可能存在的部位与原因，需要哪级保养和修理，并承接调修任务。

3. 流动检测站（车）

流动检测站可分为两大类：一类为有载体型，或称之为标准型；一类是无载体型，或称之为简易型或经济型。

（1）有载体型流动检测站。有载体型流动检测站（见图 3－3）把固定检测站的一条检测线的几乎所有设备都安装在可收缩、展开或可方便组装在一起的刚性载体上，此载体有转运和检测两种状态，当处于转运状态时，可以方便流动，即从一个检测场地到另一检测场地，到达新的场地后，可以较方便地展开进入检测状态，如同在固定式检测站的检测线上一样，也可以实现计算机自动控制下的顺序连续检测。

图 3－3　某一型式流动检测站的转运状态和检测状态

此种流动检测站有多种结构形式。其共同点是：都有安装检测设备的刚性载体，都需要一个专用的运载车辆，都带有液压或电动装卸系统，检测过程大部分都实现了自动化或半自动化。所不同的是：载体在搬迁时装卸的方法大不相同，有能自动展开、自动收拢的，有自动升降的，也有需要借助外部起重设备的；载体长度差别也较大，有的载体长达20多米，检测线分为二到三个工位，几辆车可以同时在载体上完成全部检测过程；有的载体较短，只有两三米，除制动、测速和测滑等主要设备安装在载体上外，其他检测设备只能放在地面上。

这类流动检测站多为安全环保检测站，检测设备和功能齐全，不仅用于汽车保有量较少、较分散的地区，由于它不占用土地，不需要投资建厂房，投资也少，所以在经济发达的沿海地区得到了比较广泛的应用。

（2）无载体型流动检测站。有载体型流动检测站虽然有可以流动，与固定检测站相比有投资少的优点等，但是由于它体积庞大，在山区和农村低级公路上转运时有一定困难，同时造价也偏高，所以不大适合经济欠发达地区尤其是广大农村采用。从20世纪80年代开始就有专家和企业致力于开发无载体型流动检测站（车）。

所谓无载体型流动检测站，不如称之为流动检测车更为贴切，它是把一些轻便的不完全同于固定检测线的检测设备携带于轻便旅行车或中型客车上，可以方便、快捷地在服务区内流动，每到一个工作点，可以很快地把检测设备卸下车、安装、布置，然后开始检测工作。转运用的汽车就成为了这个流动检测站的机房、登录室和工作人员休息室，一切都简便、紧凑，所以又称它们为经济型或简易型流动检测站（车）。这类流动检测车有一个共同点，即几乎都不能检测车速表，除此之外，都能完成安全环保检测线其他所有检测任务，所带设备比较轻巧，不需专用的起重设备。这类流动检测站之间的差异有三点：①制动检测设备不一样，早期的多用拖板式制动试验台，近几年生产的此类流动检测车多用两块板组成的平板式制动检测设备，极少采用反力滚筒式制动试验台。②大部分检测车只具有安全环保检测线的功能，也有的检测车还配有发动机综合测试仪等综合性能检测设备。③检测过程大部分采用手动控制，也有采用半自动或全自动控制的。

流动检测站不能轻便地流动和造价不能降低的主要原因是，制动检测用的反力滚筒式制动试验台不仅体积庞大沉重不便搬运，而且耗能太大。平板式制动试验台的出现，为流动检测站的轻便化、简单化创造了条件。近几年，国内研制出几种以平板式制动试验台为核心设备的流动检测站。其中具有代表性的经济型流动检测车一般由一部9～13座的中型客车和一套平板式制动、轴重、测滑检测仪、灯光仪、尾气仪和电控柜等组成，即把普通安全环保检测线中的主要设备（除车速表试验台外）分别装在车上的专用机架上，以便在某一服务区内进行巡回检测。到达检测场地（仅需几百平方米的空地即可）后，卸下检测设备，经过简单的安装和布置就可检测车辆。

进入检测场地的车辆先领取验车登记表，填完车辆牌号、型号和车主等基本信息后交给检验员。检验员依次对车辆外观、尾气、喇叭声级和大灯进行检测，并把检测结果填在表中。检验员把检测表交给流动检测车内的操作员，由操作员把表中的信息和检测结果录入计算机，并向该车发出可以进入平板式制动、轴重、侧滑检测系统区进行检测的引导信息。检验员按规定驾车在板式检测仪上完成操作，当车辆驶离检测板时，控制柜内的计算机自动显示并打印出全部检测结果，整个检测过程结束。

第三节　国内外机动车安全技术检验概况

一、国外车检概况

（一）车检制度和车检内容

世界各国对交通安全管理都很重视，都设立了专门机构进行研究和管理。

美国的交通管理有三个部门：一是州、市、县交通工程局，其主要任务是进行交通调查、交通规划、交通工程设施建设和开展对交通事故的研究等；二是各州的交通监理厅（局），其专管机动车牌照的发放、车辆检验、驾驶员的考核培训和执照的发放；三是交通警察，其主要任务是道路巡逻和交通事故的处理。这三个部门不存在隶属关系，在工作中互相联系、互相合作。美国对车检工作不太重视，没有统一的车检制度。在美国，除对排放污染物有较严格的检测外，只有个别州有自己的车检法规，车检工作在民间检测站或汽车加油站进行。加拿大的情形与美国类似。

一些国家的道路交通管理体制与我国的大体相似。从交通调查、交通规划、车辆管理到交通安全宣传、事故处理、交通设施的安装等，全部由交通警察机关负责完成。至于车检工作，各国不太统一，只有个别国家建立车检制度，有正式的车检机构，如哈萨克斯坦。

西欧一些国家的车检情况较好，如在德国，汽车的检测工作由交通部门统一领导，在全国各地建有由交通部门认证的汽车检测场（站），负责新车的登记和在用车的安全检测，修理厂维修过的汽车也要经过汽车检测场的检测，以确定其安全性能和排放是否符合国家标准。在英国、意大利等国，车检工作由民众技术监督协会负责，不以盈利为目的，具有良好的公正性和权威性。

在亚洲，有的国家也不同程度地开展了车检工作，如印度尼西亚。日本具有较完善的检车制度和标准，对检测的内容、方法、设备等都有规定，强调“先修后检”。汽车的检测工作由运输省统一领导。运输省在全国设有“国家检测场”和经过批准的“民间检测场”，代替政府执行车检工作。其中“国家检测场”主要负责新车登记和在用车安全检测；“民间检测场”通常设在汽车维修厂内，经政府批准并受政府委托对汽车进行安全检测。国营站只判断车辆安全性是否合格，采用自动化程度较高的检测线，上线合格率较高，检测设备比较先进，多为全自动检测线。

1968 年在比利时成立了“国际汽车检查会议”（CITA），意图统一全球的车检制度、标准、测量方法和减少公害等，由于参加国不多，未达到预期目的。

（二）车检技术和设备

汽车检测技术是从无到有逐步发展起来的，早在 20 世纪 50 年代，在一些工业发达国家就形成以故障诊断和性能调试为主的单项检测技术和单项检测设备。60 年代进入我国的汽车检测试验设备有美国的发动机分析仪、英国的发动机点火系统故障诊断仪和汽车道路试验速度分析仪等，这些都是国外早期发展的汽车检测设备。60 年代后期，国外汽车检测诊断技术发展很快，大量应用电子、光学、理化与机械相结合的光、机、电、理化一体化检测技术开发出了一些综合性较强的检测设备，如非接触式车速仪、前照灯检测仪、车轮定位仪、排气分析仪等。

进入 70 年代以来，随着计算机技术的发展，出现了汽车检测诊断、数据采集处理自动化、检测结果直接打印等功能的汽车性能检测仪器和设备。在此基础上，为了加强管理，某些工业发达国家建立了汽车检测站和检测线。

随着科学技术的进步，汽车检测设备在智能化、自动化、精密化、综合化方面都有新的发展，应用新技术开拓新的检测领域，研制新的检测设备。例如，国外生产的汽车制动检测仪、全自动前照灯检测仪、发动机分析仪、发动机诊断仪、非接触式五轮仪、计算机四轮定位仪等检测设备都具有较先进的全自动功能。

在汽车检测技术研究和检测设备研制生产方面，日本、德国、意大制和丹麦等国具有较强的实力，其中，日本和德国对我国的车检行业影响最大。我国目前使用的车检设备，无论是国产的还是进口的，多为日本式或西欧式。

进入 80 年代后，计算机技术在汽车检测技术领域的应用进一步向深度和广度发展，已出现集检测工艺、操作、数据采集和打印、存储、显示等功能于一体的系统软件，使汽车检测线实现了全自动化，这样不仅可避免人为的判断错误，而且还可以把受检汽车的技术状况储存在计算机中备查。

二、国内车检工作发展概况

（一）车检制度、标准和法规建设历程简介

据记载，我国在新中国成立之前便有了车检方面的规定。1928 年 11 月 6 日发布的《北京汽车管理规则》的第二章第 13 条中规定，“车辆经检验合格后，每隔六个月应赴公用局重检一次”。在 1932 年的《青岛汽车管理规则》中第 18 条规定，“汽车车体及其附属品之限制如下：对灯、喇叭、制动、仪表等都要有要求”。1945 年 10 月 8 日，当时政府颁布了第一批全国性的车辆管理法规，即《汽车管理规则》。其中规定，“车主领牌照前应申请检验汽车，汽车的检验由汽车检验员执行之。汽车检验员检定办法另定之。不合格者应于修理或改造后重新报请检验”。从这些早期的法规可以看出，我国开展车检工作的时间还是相当早的。

1949 年 1 月 31 日北平和平解放，为了改变北平的市容面貌和交通秩序，北平市军事管理委员会于 1949 年 2 月 5 日发布了《北平市交通管理暂行办法》和《北平市汽车登记暂行办法》。新中国成立前夕，又先后制定了《北平市汽车驾驶人管理暂行规则》、《北平市汽车管理暂行规则》等。新中国成立以后，国家先后颁发了一系列有关机动车管理和检验的办法、规则、规范或标准等，如 1950 年《汽车管理暂行办法》，1960 年《机动车管理办法》，1972 年《城市和公路交通管理规则》等。十一届三中全会以来，随着改革开放和经济形势的发展，机动车保有量的迅速增加，必须加快机动车管理和车检制度建立与完善工作的步伐。从 1979 年至 1985 年，短短几年间先后制定了《机动车辆允许噪声》、《机动车噪声测量方法》、《机动车制动检验规范》、《城市机动车辆安全检验暂行标准》等法规和标准。这些法规和标准对加强统一全国城市车辆管理工作，提高机动车辆安全技术状况，保障道路交通安全起了重要作用。

1987 年 8 月 1 日国家标准局发布了《机动车运行安全技术条件》（GB 7258－1987），1988 年 3 月 9 日国务院发布了《中华人民共和国道路交通管理条例》，至此，统一了全国车辆管理工作，使我国的车检工作走上了标准化、法制化的轨道。

1986 年以前，我国的车检工作由交通部所属的车辆监理部门负责，1986 年实施交通管理工作改革时，划归公安部统一管理。1989 年 2 月 22 日，公安部发布了《机动车辆安全技术检测站管理办法》。该管理办法对机动车安全检测站的性质、任务和义务、具备的条件、设备检定等作了明确规定。该管理办法的具体实施，促进了机动车安全检测工作的发展，使机动车安全检测站的组建和管理走上了正规化和法制化轨道。

1990 年 3 月 7 日交通部发布了《汽车运输业车辆技术管理规定》，以及先后

颁布的《汽车运输业车辆综合性能检测站管理办法》、《道路运输行政处罚规定》和交通行业标准《汽车技术等级评价标准》（JT/T 198 - 1995 ）等法规和标准，为我国的车检工作增加了一个新的内容，极大地促进了车检行业的发展。

2004 年 5 月 1 日颁布实施的《道路交通安全法》及其实施条例，为机动车安全技术检测工作提供了新的法律依据。为此，需要对相关的机动车安全技术检测的一些标准进行修订和补充，并相继出台了一些新标准，如《机动车安全运行技术条件》（GB 7258 - 2008）、《机动车安全技术检验项目和方法》（GB 21861 - 2008）、《机动车安全技术检验机构监督管理办法》（国家质量监督检验检疫总局第 121 号令）、《专用校车学生座椅系统及其车辆固定件的强度》（GB 24406 - 2012）、《专用校车安全技术条件》（GB 24407 - 2012）等。

（二）车检技术和设备的发展历程简介

和车检制度相比，我国车检技术起步较晚。直到 20 世纪 60 年代，为满足汽车维修需要，当时的交通部才开始主持开发发动机汽缸漏气量检测仪、点火正时灯等检测仪器。70 年代，为了发展汽车检测技术，把汽车不解体检测技术及设备列为国家科委的开发项目。由交通部主持研制开发了反力式汽车制动试验台、惯性式汽车制动试验台、发动机综合检测仪等汽车性能检测设备。

进入 80 年代，在改革开放的大好形势下，随着国民经济的发展，我国的汽车制造业和公路交通运输业发展迅猛，对汽车检测诊断技术和设备的需求也与日俱增。交通部主持研制开发了汽车制动试验台、侧滑试验台、轴（轮）重仪、速度试验台、灯光检测仪、发动机综合分析仪、底盘测功机等设备。在单台检测设备研制成功的基础上，为了保证汽车技术状况良好，加强在用汽车的技术管理，充分发挥汽车检测设备的使用，交通部于 1980 年开始有计划地在全国公路运输和车辆管理系统筹建汽车检测站，检测内容以汽车安全性检测为主。80 年代初期，交通部在大连市建立了国内第一个汽车检测站，从工艺上提出将各种单台检测设备安装联线，构成功能齐全的汽车检测线，其检测能力为每年 3 万辆次。继大连检测站之后，作为“六五”科技项目，交通部先后要求 10 多个省市、自治区交通厅（局）筹建汽车检测站。

80 年代中期，汽车监理由公安部主管，公安部在交通部建设汽车检测站的基础上，进行了推广和发展。截至 1990 年年底，全国已有汽车检测站 600 多个，形成了全国的汽车检测网。这个时期，由于汽车检测业发展过于迅猛，对检测设备需求量过大，再加之国产检测设备和国外工业发达国家的检测设备相比，无论是在性能上还是实用性方面都有一定的差距，尤其在检测线的测控技术方面，差距更大，所以，80 年代我国建的检测站，多数采用的是国外生产的检测设备，有的整个检测线都是从日本和西欧引进的。

自 1990 年交通部发布《汽车运输业车辆技术管理规定》和 1991 年交通部发

布《汽车运输业车辆综合性能检测站管理办法》之后，全国又掀起了建设汽车综合性能检测站的高潮。到 1997 年，全国已建立汽车综合性能检测站近千家，其中 A 级站 140 多家。

与此同时，汽车的检测技术和设备也得到了大力发展。70 年代国内仅能生产少量的简单的检测、诊断设备。目前，全国仅就生产汽车综合性能检测设备的厂家已达 60 多个，从事机动车行业工作的企业已达数百家，除交通部门外，机械、城建、高等院校等部门也进入汽车检测设备研制、开发、生产、销售领域。我国已能自己生产全套汽车检测设备，如大型的技术复杂的汽车底盘测功机、发动机综合分析仪、四轮定位仪、悬挂检测台、制动检测台、排气分析仪、灯光检测仪等。除汽车故障分析仪、电脑控制式四轮定位仪、发动机综合分析仪以及多组份尾气分析仪等比较复杂的仪器和国外的产品相比还有一定的差距外，我们的普通检测设备的生产水平已进入世界先进行列。

近 20 多年，我国的机动车性能检测、诊断技术迅速提高。从开始由国外引进检测设备发展到现在自己生产成套的检测设备；从第一条检测线的建立发展到遍布全国的几千条检测线；从单机检测发展到整机联网电脑控制，我国的机动车性能检测、诊断逐步走向成熟，检测方法更加科学，检测标准和监督管理水平进一步提高。目前我国的检测线绝大部分已实现了计算机自动控制，计算机网络技术也逐步应用到汽车检测站中，部分地区已把各检测站进行联网，实现了区域内的检测信息交换和资源共享。和国外相比，我国在汽车检测过程自动化和车检管理工作网络化方面，也是比较超前的。

总之，我国的汽车性能检测经历了从无到有，从小到大，从引进技术、引进检测设备到自主研究开发、推广应用，从单项性能检测到检测站的综合检测的发展过程。在检测设备的研制生产和检测线自动化方面得到了快速发展，缩小了与先进国家的差距，尤其是在车检行业发展的速度和规模方面，已经进入了世界先进行列。但是，在检测原理和检测技术的基础研究方面、在应采用何种车检模式方面、在如何体现车检工作的公益性和公证性方面以及如何评价和提高车检效益等方面，还存在一些需要研究和解决的问题。

第四章　机动车与驾驶人档案管理

第一节　机动车与驾驶人档案管理概述

一、机动车与驾驶人档案的含义

机动车与驾驶人档案是机动车与驾驶人管理的重要组成部分，是公安交通管理的基础工作之一。机动车与驾驶人档案的管理，是指公安机动车管理机关对辖区内的机动车及驾驶人的材料和其他技术资料加以收集、整理、鉴定、统计、保管和对变动情况进行记载的一项专门工作。

机动车与驾驶人档案真实地记录了机动车管理工作的方针、政策、原则、方法和实施效果，全面地反映了公安机动车管理机关最基本的职能活动，也是衡量各级机动车管理部门工作水平和工作质量的重要标准。建立系统、完整、全面的机动车与驾驶人档案，对于加强机动车管理工作的研究和改革，促进交通管理工作发展具有重要意义。

二、机动车与驾驶人档案的作用

机动车与驾驶人档案具有特殊性，它不同于社会上的其他档案，如文书档案、人事档案、科学技术档案等。机动车与驾驶人档案属于公安专业档案。它是在机动车管理工作中积累形成并按照一定的归档制度集中保存起来的文字、图表等多种形式的原始记录。

（一）发挥职能作用

机动车与驾驶人档案为公安机关与国家安全部门提供信息。机动车与驾驶人档案与公安机关、国家安全部门的各项业务工作有着不可分割的紧密联系。长期以来，公安机关与国家安全机关按照各自职能分工，在维护国家安全和社会稳定工作中互相支持、紧密配合、互通信息、协同作战，取得了明显的成效。为了进一步适应当前形势下公安工作和国家安全工作的需要，充分发挥政法机关在维护国家安全、打击犯罪和维护社会稳定方面的职能作用，有效利用公安机关机动车管理档案所掌握的机动车及驾驶人的信息资源，及时满足国家安全机关的工作需要，是共同做好维护国家安全和社会稳定工作的保证。同时为人民法院、人民检察院、司法等机关提供必要的协助和信息，做到信息共享。

（二）为领导进行决策提供依据

机动车与驾驶人档案的另一个重要作用是为城市发展与规划建设提供各种机动车、驾驶人的发展情况信息。机动车与驾驶人档案是上级领导和有关工作人员了解国家在机动车与驾驶人管理方面的方针、政策的凭证材料，是总结经验教训，进一步开展工作，制订决策、计划，总结工作，处理问题的参考材料。城市在发展过程中的规划与建设，离不开道路交通管理，机动车的增长与城市道路发展有着密切的关系，而这些必需的参考依据都来源于机动车档案的相关数据。所以凭借档案中的各种真实记载，就能很好地了解和熟悉有关情况，进行工作决策，同时，也有利于提高本部门的工作效率和工作质量。

（三）为科学研究和宣传教育提供可靠资料

对道路交通管理进行科学研究必须有充分资料，机动车管理档案记录了大量的机动车与驾驶人的统计资料、技术参数等信息，可以为科学研究提供可靠参考数据，如研究事故发生的规律、原因，以利于提出预防的措施等。

（四）为道路交通管理工作服务

机动车管理是交通管理重要的组成部分，机动车与驾驶人档案联系着交通管理的方方面面，包括道路、秩序、事故处理等。全局实现计算机数据库联网，各管理单位可从不同方面提取机动车、驾驶人的各种信息。

“机动车检测信息系统”的建立，实现了机动车管理与路面秩序管理的有机结合，从而方便各秩序管理部门利用机动车和驾驶人档案资料，进行路面执法工作。同时，联网后也使路面道路执法中不方便追查的违章行为，在机动车检验时受到处罚。

（五）有利于打击和惩处与机动车有关的犯罪活动

当前，与机动车有关的犯罪案件时有发生，严重扰乱了社会秩序。从社会犯罪案件上升的特点看，利用机动车作为犯罪工具的案件是极为普遍的。在破获的大案、要案中以机动车为查找线索，从而抓获犯罪嫌疑人的案例很多。因此，在预防、制止、惩治违法犯罪，侦破案件等执法活动中，机动车与驾驶人档案起着不可替代的作用。

（六）维护国家、集体和个人权益的法律书证

档案能够以其内容、含义和外形特征如实地说明历史上某些事实，作为证实国家、集体和个人正当利益的书面文件。档案的原始材料，记载了有关过程，如

发生争执或纠纷时，档案最能有力地说明权益的归属，成为权威性的法律书证。长期以来，档案为证实国家、机关单位和个人的合法权益发挥了很大的作用。各级人民法院以档案为证据，解决了诸多债权、债务的经济纠纷案件。随着改革开放的逐步深入，市场经济的日益发展，财产纠纷、经济纠纷越来越多，机动车管理部门受理的各级人民法院因纠纷而对机动车采取的财产保全措施，查封机动车也成倍地增加。对债务人机动车及时采取查封措施，防止当事人将机动车进行财产转移，限制机动车过户等限制措施，只有在档案管理工作中加以处理，才能实现。

综上所述，机动车与驾驶人档案管理，是指将机动车、机动车驾驶人的初次登记以及运行过程中的变动情况，按照一定的立卷归案制度集中保管的一项专门业务。其为公安机关交通管理部门实施交通和治安管理、侦察破案、追缉肇事机动车提供准确情况，是国家了解机动车和驾驶人基本情况，制定有关政策的依据。机动车与驾驶人档案为国家宏观调控道路交通、制定汽车产业政策、保护环境等提供了基础信息。机动车与驾驶人档案管理是机动车管理的一项基础工作，有一套严格、规范的管理制度，并设专门机构负责。档案管理的好坏直接反映出机动车管理工作的水平，关系到整个道路交通管理、治安管理工作的成败，甚至对公安工作的好坏都有极大影响，所以机动车与驾驶人档案规范化、科学化管理势在必行。

三、机动车与驾驶人档案的种类

机动车与驾驶人档案的种类包括机动车档案、驾驶人档案、非机动车档案。

（一）机动车档案

机动车档案是机动车管理机关在机动车检验合格办理牌照等日常车务工作中形成的。机动车档案一车一档。一般是机动车在初次检验合格、核发牌证后建立的，档案一经形成就须确定编号。另外，由于在日常车务手续中还包括机动车转移登记、变更登记、更正、补牌、换牌等，使机动车档案的内容不断变化。

目前，机动车档案主要按三类进行管理：

第一，按号牌的使用性质可分为正式号牌档案、临时号牌档案、试车号牌档案、教练车号牌档案。

第二，按机动车的车型可分为大型汽车档案，小型汽车档案，挂车档案，二轮、三轮摩托车、轻便车档案，专用机械、农用车档案。

第三，根据机动车管理范围可分为民用机动车档案、公安专用机动车档案。

（二）驾驶人档案

驾驶人档案分为学习驾驶人档案和正式驾驶人档案。

1. 学习驾驶人档案

学习驾驶人在报考驾驶人后，经交通法规及相关知识考试合格后核发学习驾驶证，收存相关材料建档。档案编号与学习证号码相符，学习驾驶人档案由各机动车管理分所保存管理。

2. 正式驾驶人档案

正式驾驶人档案，是指持学习驾驶证的学习驾驶人在掌握一定驾驶技能，经场地驾驶和道路驾驶考试合格核发驾驶证后建立的档案。驾驶人档案的内容多，保管期限长，是管理的重点。正式驾驶人档案按序号排列，每个地区机动车管理分所都有自己的编号顺序。

（三）非机动车档案

在我国交通还不是很发达的今天，非机动车在道路交通中还占有相当大的比重。我国是一个自行车王国，除了数量众多的自行车外，还有大量的三轮车、残疾人专用车及其他形式的非机动车。为了使交通管理走上正轨，适应经济发展和人们生活的需要，给种类和数量庞杂的非机动车逐车建立完整的档案是非常必要的。搞好非机动车的档案管理，对于失盗非机动车的查寻、加强非机动车的管理、搞好非机动车驾驶人的教育、保持良好的交通秩序具有重要的意义。

四、机动车与驾驶人档案管理方式

（一）纸质档案

机动车管理实物档案，是指所有保存完整的文字原始资料，包括机动车从注册登记到报废注销，驾驶人从学习驾驶人到注销等资料。《中华人民共和国档案法实施办法》中明文规定，“各级各类档案馆提供社会利用的档案，应当逐步实现以电子档案代替原件”。在目前没有达到此规定要求前，纸质档案还发挥着很大作用，且由于以前档案管理中的差错，手续不规范，还有现在计算机传输线路不稳定等方面的原因，许多数据还要以纸质档案为准，并且有不可替代作用。

（二）电子档案

电子档案是档案管理的计算机化，是利用计算机系统记录机动车与驾驶人的各种信息，便于管理和利用的一种记录形式。它是档案工作技术现代化的核心，能根据实际需要迅速、快捷、准确地获取档案的各种信息资料。它的主要优势是：(1) 能及时掌握机动车、非机动车和驾驶人的基本情况；(2) 能及时掌握机动车安全运行情况，如注销、年检、过户、变更、报废等有关现状的数据；(3) 为道路交通管理服务，加强机动车及驾驶人管理，对违章事故等违反交通法规的行为作出及时处理。在实际工作中，计算机管理的优越性正在发挥着巨大作用。

五、机动车与驾驶人档案的建立

（一）机动车档案

机动车的建档范围包括按牌证管理办法分类的全部车种，机动车档案的内容是由机动车管理的内容决定的。机动车档案存入的材料主要包括：机动车注册、转移、注销登记或转入申请表，《货物进口证明书》，《没收走私汽车、摩托车证明书》，机动车出厂合格证，机动车购置税完税证明或者免税凭证副联，《协助执行通知书》，《全国进口机动车计算机核查系统核对无误证明书》，机动车查验记录表，机动车销售发票，交易发票等原件和身份证明、《单位代码证书》、人民法院出具的发生法律效力的判决书、裁定书、调解书等复印件以及根据机动车管理规定收存的其他相关材料。

（二）驾驶人档案

驾驶人档案内容包括：《机动车驾驶证申请表》、申请人、身份证明复印件、《身体条件证明》原件，考试成绩表原件、《准考证明》原件、经驾校培训的，还需收存驾校出具的培训记录原件、增驾表等。

持有军队（含武警部队）驾驶证申请地方驾驶证时，需要有申请人身份证明复印件，复员转业、退伍证明复印件，军队和武警部队驾驶证，《机动车驾驶证申请表》，身份证明复印件，《身体条件证明》原件，经考试合格的，还需收存考试成绩表原件等。

持有外国或香港、澳门、台湾地区驾驶证的申请我国驾驶证时应存入《机动车驾驶证申请表》、《身体条件证明》原件，申请人身份证明复印件，考试成绩表原件，境外机动车驾驶证复印件，非中文表述的，还需收存中文翻译文本原件、护照证件复印件，外国和香港、澳门、台湾地区驾驶证的复印件。在建立驾驶人档案时，应根据整档、建档的原则和方法，对应该入档的材料进行认真核对，在确认无误后归档保管。

（三）非机动车档案

目前，一些城市的非机动车档案管理一般分为人力小三轮车、残疾人专用车、人力客运三轮车及外籍车，档案均由机动车管理所管理。自行车、人力货运三轮车的档案分别在各交通支（大）队非机动车档案室管理。各非机动车登记站须把本区域内的自行车和人力货运三轮车档案登记卡片送交本区非机动车档案室保存管理，已发牌证的人力小三轮车、残疾人专用车档案送交机动车管理所保存管理。档案登记卡片上记录车主详细情况。

六、机动车与驾驶人档案的整理

档案的整理是档案馆（室）对收集来的档案分门别类组成有序体系的一项业务，是档案管理中的一项基础工作。档案整理工作在档案总体管理中具有重要意义。数量浩繁的档案，如不进行科学的整理，查找一份便如同大海捞针一样困难，而且不把档案联系组合起来，就不能充分体现档案的特点，就会影响以至失去档案的利用价值。只有把档案组成条理化的体系，才能客观地反映出各种活动的本来面貌，才可系统地查阅、研究。所以，对档案进行系统整理，是档案发挥其作用的一项前提条件，是整个档案工作中的重要环节。

机动车与驾驶人档案要服务于政府有关部门、公安刑事侦查部门、司法部门及车辆所有人等，因此档案应及时地反映原始情况和变动情况。在管理过程中，应及时整理档案，将不断变化的机动车与驾驶人情况及时归档，使档案信息完整齐全。及时反映机动车及驾驶人的真实情况，是机动车管理的一项日常工作。

车辆管理所对每辆机动车建立机动车档案，一车一卷，并按照国际标准 A4 纸尺寸，对每次登记的资料装订成册，不足 A4 纸大小的资料（如车辆购置税等），粘贴到 A4 纸上收存。机动车在使用中，可能发生过户、变更、转籍等多种情况，必须将变动的原始登记及新的机动车登记表存入档案，并在计算机数据库中更新相关数据。

车辆管理所对每名驾驶人建立驾驶人档案，一证一档。对驾驶人办理换证、增驾等业务手续时，新增驾驶人档案资料的，必须及时整理归档并录入计算机。档案管理人员将新增驾驶人纸质档案资料收存档案中，计算机录入人员做到及时、准确、无误更新计算机中的相关数据。

七、机动车与驾驶人档案的鉴定

档案的鉴定，一般是指对档案真伪和档案价值的鉴定。档案的鉴定工作就是鉴别真伪和判定档案的价值，挑选有价值的档案材料保存，对无须保存的档案予以处理。机动车与驾驶人档案的鉴定内容包括：对进口机动车的海关《货物进口证明书》及《没收走私汽车、摩托车证明书》进行必要的鉴定，识别真伪，核对公安部进口机动车核查系统；对各种机动车来历凭证，以及机动车所有者的各种证明、单位公章、各种手续证明材料的确认，对外转京的机动车档案材料进行审核。鉴定后的档案具有保存价值。

八、机动车与驾驶人档案的保管

（一）档案保管的内容

档案的保管通常理解为档案的日常管理工作。档案保管工作的内容主要包括三个方面：第一，档案的库房管理，即对库房内进行科学管理；第二，档案流动过程中的保护，即档案在各个管理环节中的保存和管理；第三，保护档案的专门措施，即为延长档案的寿命而采取专门措施。

档案的保管既是整个档案管理业务的一个方面又是相对独立的环节。档案管理部门都配有专职档案保管工作人员，如果对档案保管工作不予以足够的重视，必然会给档案管理工作造成不可弥补的损失。

（二）档案保管的有关规定

第一，档案存放要规范，即查找方便、取档及时、归档迅速；维护档案的齐全和完整，做到八防，即防虫、防火、防盗、防潮、防光、防尘、防鼠、防高温。

第二，档案内容的增减、变更及错误数据修改，归档必须及时，并核准计算机的数据是否正确。

第三，档案的查阅、变更、异动及错误数据修改，必须严格按照审批制度和操作规程进行。

机动车与驾驶人档案从形成的那一刻开始就存在着保管问题。档案的保管问题，不仅仅是档案管理人员的工作，从填写办理各种车务手续的各种表格，到入库归档这个过程，有时需要几天甚至几十天的时间，如果不按规定及时转档或保管不严就会造成档案丢失。档案必须设专人管理，要有专门的管理制度，对所入库的档案按顺序排列整齐。出库档案要进行登记，对所管理的档案做到心中有数，严格库房管理制度，借阅档案必须进行登记。定期或不定期地对档案和档案库房进行检查，发现问题及时纠正，确保档案库的安全保管、防止各种问题发生。

九、机动车与驾驶人档案的运用

档案工作总的目的是使档案为国家机构、社会组织和个人提供服务。就机动车和驾驶人档案而言，其不仅是车管工作的一部分，而且还是公安工作的一部分，乃至于与社会治安环境、社会交通管理、机动车和驾驶人发展、社会稳定等诸多方面都有关联。车辆管理所对于人民法院、人民检察院、公安机关或者其他行政执法部门、纪检监察部门以及公证机构、仲裁机构、律师事务机构等因办案需要而查阅机动车和驾驶人档案的，经审查其提交的档案查询公函和经办人工作证明无误的可提供档案资料查询；对机动车所有人查询本人的机动车和驾驶人档案的，经审查其身份证明无误的可提供档案资料查询。

十、机动车与驾驶人档案的销毁

档案销毁，是指经过鉴定，将本无保存价值和保存期满的档案分拣出销毁，在挑拣这类档案时，仍应直接审查档案，不能只根据档案保管期限就将档案提出销毁。

（一）档案销毁清册

为了使有关机关审查批准需要销毁的档案，必须编制“档案销毁清册”。它是日后考查档案销毁情况的凭据。对于机动车与驾驶人档案的销毁工作，销毁清册的内容有机动车档案、驾驶人档案清册。机动车档案清册应包括：机动车号码、车种、车主、厂牌型号、发动机号、车架号颜色等。驾驶人档案清册应包括：驾驶证号码、有效日期、驾驶人姓名、住址、出生年月、驾驶车种等。将其打印造册，留用备查。

（二）档案销毁方法

档案销毁清册被批准前，准备销毁的档案应系统地单独保管，以便审查批准时检查或未批准时继续保存。档案销毁清册经批准后，需要销毁的档案一般送到工厂作为原料。为了确保档案销毁的严密性，严禁将应销毁的档案作其他用途，更不准出卖。无论采取什么方法销毁，均应指派2名以上专人监销。档案确已销毁后，监销人须在销毁清册上注明“已销毁”字样和销毁日期，并由监销人签字。根据公安部的有关规定，机动车办理报废、驾驶人办理注销2年后档案销毁。

第二节　机动车档案管理应用系统软件介绍与应用

一、机动车统一版程序

全国机动车/驾驶人信息管理系统（以下简称“系统”）改造及资源库建设是“金盾工程”一类重点建设的应用系统，是实现全国公安信息资源高度共享和综合利用的基础项目。2004年10月8日，北京车辆管理所成功启用全国统一版机动车/驾驶人信息管理系统，实现了机动车和驾驶人登记数据标准统一、发牌流程统一、数据更新统一、制证式样统一、倒查方式统一，使车管工作在科技化、规范化管理方面迈上了新台阶。

“机动车登记统一版程序”主要功能包括：（1）法定业务登记模块（新车注册登记、变更登记、转移登记、注销登记、抵押登记、核发检验合格标志、补换牌证、转入业务、档案更正）和各种证件打印模块（行驶证、登记证书、检验合格标志）；（2）系统管理模块（用户管理、代码维护、系统参数维护、日志管理）；（3）查询库数据更新模块（导入、统计）；（4）历史数据导入模块（数据质量校验、数据导入、异常数据处理）；（5）网上监督系统模块；（6）外挂系统的接口模块（被盗抢车辆比对模块、公告数据库系统和合格证二维条码阅读模块、检测线、收费、历史数据导入）。

二、驾驶证统一版程序

“机动车驾驶证管理统一版程序”的主要功能包括：(1) 法定业务登记模块(新增、增驾、变更、审验、转入、补换证、注销、档案更正)；(2) 系统管理模块（用户管理、代码维护、系统参数维护、日志管理)；(3) 查询库数据实时更新模块（导入、统计）和 历史数据导入模块（数据质量校验、数据导入、异常数据处理)；(4) 驾驶证限制申请数据库系统模块；(5) 网上监督（责任倒查）系统模块；(6) 外挂系统的接口及标准（科目一、二、三考试成绩接口、收费接口)。

三、互联网自编自排号码

互联网自编自排号码实现了机动车所有人在一定的规则下通过互联网完成自主编排机动车号牌号码操作。其具体操作流程为：(1) 互联网选号确认，可关联预约系统，预约办理时间；(2) 公安信息专用数据确认，将数据转交至统一版处理。

该程序的创新点是：机动车所有人在购买机动车后，不用来车辆管理所即可通过互联网预约满意的机动车号牌，使号牌号码选取方法更加人性化，还缩短了机动车所有人在车辆管理所办理手续的时间。

该程序新技术是：该系统采用 Webwork +spring 的开发框架。

该程序数据库是：Oracle 9i。

该程序应用效果是：根据公安部的便民措施，结合北京市的机动车业务工作的实际情况，车辆管理所以服务车主为宗旨，为车主提供方便、快捷的号牌预约服务；在北京市交通管理局网站上增设外网自主编号功能。

此预约服务为办理新车注册的小型车的机动车所有人提供自编号牌的预约功能，方便了机动车所有人进行机动车编号，提高了公安机关的工作效率，扩展了交管局网站为民服务的功能。

除了提供车辆管理所选号的各类功能，还保证了数据的安全性和实时性，包括内网与外网的数据交流和安全性问题；通过由计算机系统替代窗口业务人员来验证机动车的有效性，记录车主预计安排办理业务的时间，有效地对已注册车辆进行屏蔽、防止了恶意选号。

四、机动车档案电子图像化

随着各级车辆管理所各项便民措施的推出和业务量的不断增长，现有对机动车档案实行纸质管理的方式已经不能完全满足工作的需求，同时，为了进一步加强机动车辆管理的源头防线，推动“闭环执法”工作趋向精准化，车辆管理所对机动车档案实行电子图像化管理。机动车档案电子图像化的具体内容有：

第一，进行机动车档案电子图像化的车管业务范围包括注册登记、转入业务、转移登记和变更登记。

第二，进行机动车档案电子图像化的地点为总所、各分所、各新车检测场。

第三，进行电子图像化的机动车档案资料为机动车查验记录表、机动车所有人身份证明复印件（如为外地在京人员还须扫描暂、居住证明）、机动车为单位的还需扫描《办理机动车业务委托授权书》。

第四，机动车档案电子图像化原则上由复核归档岗在归档前完成。

第五，进行机动车档案电子图像化的流程为：（1）录入机动车业务流水号；（2）由系统自动判断该流水号是否需要扫描；（3）扫描机动车档案；（4）审核已扫描机动车档案。

第五章　机动车驾驶人管理

第一节　机动车驾驶人管理概述

根据《道路交通安全法》和《机动车驾驶证申领和使用规定》的规定，驾驶人管理主要是指机动车驾驶人的管理。机动车驾驶人管理主要围绕驾驶人考试制度、驾驶证核发制度（申领、换证、补证与注销）、驾驶证审验制度以及交通违法记分及行政处罚制度四项基本制度展开。

一、驾驶人考试制度

对申请机动车驾驶证的人员，公安机关交通管理部门依法进行法律、法规和交通安全知识，以及道路驾驶技能的考试，考试合格后核发机动车驾驶证。驾驶人考试制度是机动车驾驶人管理的核心和基础。

二、驾驶证核发制度

对申请机动车驾驶证的，公安机关交通管理部门依法审查其驾驶许可条件，对符合条件并考试合格的，核发相应的机动车驾驶证。

持有境外机动车驾驶证，符合我国法律规定的驾驶许可条件，并经考试合格的人，核发在中国的机动车驾驶证。

临时入境需要驾驶机动车的，公安机关交通管理部门应当按规定核发临时机动车驾驶许可。

三、驾驶证审验制度

公安机关交通管理部门依法定期对驾驶人的身体条件、驾驶记录、遵守道路交通安全法律、法规情况进行审验。

四、交通违法记分及行政处罚制度

对违反道路交通安全法律法规的驾驶人，根据情节的严重程度，对驾驶证予以一定的分值，对违法行为记分达到满分的，依法进行道路交通安全法律法规和相关知识的考试和教育。

五、机动车驾驶证管理制度的发展历程

（一）基本概况

随着机动车辆的迅猛增长，机动车驾驶人队伍的不断扩大，因机动车驾驶人因素导致的道路交通事故比例持续上升。分析表明，驾驶人疲劳驾驶、超速、超载、酒后驾车、无证驾驶、措施不当、疏忽大意、违章占道行驶等违章行为是导致事故发生及死亡的主要原因。由此可见，驾驶人是影响交通安全的主要因素之一。提高驾驶人的综合素质，强化驾驶人管理工作已成为有关部门的当务之急。因此，在汽车化社会时期加强对驾驶人的管理已成为一个至关重要的问题，迫切需要进一步改革和加强驾驶人管理工作，从严规范驾驶证管理制度，提高驾驶人的整体素质。因此，公安部于1996年颁布实施了《机动车驾驶证管理办法》（公安部令第28号）、《机动车驾驶员考试办法》（公安部令第29号），1999年颁布实施了《机动车驾驶员交通违章记分办法》（公安部令第45号），强化机动车驾驶人的源头管理，预防道路交通事故的发生。

2004年公安部发布了《机动车驾驶证申领和使用规定》（公安部令第71号），自2004年5月1日起施行。2004年《机动车驾驶证申领和使用规定》是在结合社会发展的需求的基础上，对1996年颁行的《机动车驾驶证管理办法》、《机动车驾驶员考试办法》和1999年颁行的《机动车驾驶员交通违章记分办法》相关内容进行修改、调整而形成的。其主要目的：一是整合管理手段，使源头管理与路面执法形成合力。二是增强可操作性。三是减少立法成本，提高工作效率。从立法技术上讲，对有内在联系的事物，应尽可能放在一个规定中，这样有利于立法、有利于执法、有利于监督、有利于学习掌握。

2006年12月，公安部发布了《机动车驾驶证申领和使用规定》（公安部令第91号），自2007年4月1日起实施。

2009年12月，公安部对2006年《机动车驾驶证申领和使用规定》进行了修改，发布了《关于修改〈机动车驾驶证申领和使用规定〉的决定》（公安部令第111号），自2010年4月1日起施行。

2011年3月公安部交管局启动对2009年《机动车驾驶证申领和使用规定》再次修改工作，其间，多次召开座谈会听取意见，赴地方专题调研，并征求了各地公安机关交通管理部门以及公安部法制局、禁毒局和交通运输部、教育部、总后军交部等单位意见；在10个省开展了社会调查，收回调查问卷20534份。根据各地各部门反映的问题和社会调查情况，在参考国外管理经验基础上，修改形成《机动车驾驶证申领和使用规定》（送审稿）。2012年10月正式颁布了修订

后的《机动车驾驶证申领与使用规定》（公安部令第123号）。

（二）2006年《机动车驾驶证申领和使用规定》与2004年《机动车驾驶证申领和使用规定》的比较

为进一步加强对机动车驾驶证的管理，严格机动车驾驶人考试，从源头上预防和遏制交通事故，方便群众办理驾驶证，营造和谐的交通安全环境，公安部对2004年《机动车驾驶证申领和使用规定》进行了修订，并于2006年12月20日颁布了新的《机动车驾驶证申领和使用规定》。

2006年《机动车驾驶证申领和使用规定》是一部与《道路交通安全法》相配套的部门规章。通过修订，严格了机动车驾驶人考试制度，调整了考核内容，细化了评判标准，提高了考试难度；本着“突出重点、宽严相济”的原则，调整道路交通安全违法行为记分分值，加大对重点车型和驾驶人的违法记分管理；严格了大、中型客车申请增驾条件，规范重点驾驶人的安全驾驶行为。

2006年《机动车驾驶证申领和使用规定》对2004年《机动车驾驶证申领和使用规定》中三个科目的考试内容、评判标准进行了调整。同时，道路交通安全违法行为记分开始执行新的标准，新的记分标准重在惩处“恶意、主观”的违法行为，取消了一些在无意间违法行为的记分标准。

对申领和使用机动车驾驶证作了更加切合实际的规定，体现出“管住重点、方便一般”的人性化执法原则。再就是更加贴近实际驾驶操作，从而能够更好地发挥驾驶人考试作为源头性管理交通事故的第一道防线作用。

（三）2009年修改后的《机动车驾驶证申领和使用规定》

2009年12月7日，公安部颁布了《关于修改〈机动车驾驶证申领和使用规定〉的决定》，自2010年4月1日起施行。通过此次修改，进一步适应了经济社会快速发展、机动化进程给人民群众生活带来的变化，进一步放宽了残疾人驾驶汽车的身体条件、支持保障残疾人驾驶汽车出行，进一步简化了办理驾驶证业务程序、方便群众，进一步完善了驾驶证管理制度，在源头管理上有效预防和减少道路交通事故，以满足群众的新期待和新要求。

1. 修改的必要性

进一步推进残疾人驾驶汽车工作，是保障残疾人权益、促进残疾人充分参与社会生活、共享社会物质文化成果的重要举措。公安部对推动残疾人驾驶汽车工作一直高度重视。2003年9月1日，公安部出台三十项便民利民措施，其中就有“允许左下肢残疾但其他肢体健全的残疾人驾驶小型自动挡载客汽车”，满足了部分残疾人驾车出行的需求。2004年5月1日实施的《机动车驾驶证申领和使用规定》进一步扩大了允许左下肢残疾人驾驶车辆的范围，由小型自动挡载客汽车扩大为包括小型载货汽车在内的所有小型自动挡汽车，满足了更多残疾人驾驶自动挡载货汽车运营谋生的需求。2007 年 4 月 1 日实施的修改后的《机动车驾驶证申领和使用规定》继续沿用了 2004 年《机动车驾驶证申领和使用规定》的规定。

但是，随着经济社会的发展和人民生活水平的提高，越来越多的残疾人希望进一步放宽残疾人驾驶汽车的政策。近几年，为推动残疾人驾驶汽车工作，公安部主动与中国残联、工业和信息化部、交通运输部、卫生部、质检总局、认监委等有关部门协商，商定本着“逐步放开、稳步推进”的原则，先解决右下肢和双下肢残疾人驾驶汽车问题。2009 年 4 月 1 日，国务院残工委组织召开了残疾人驾驶汽车协调会，决定建立由国务院残工委牵头的残疾人驾驶汽车协调工作机制，争取在 2009 年年底前解决右下肢和双下肢残疾人驾驶汽车问题，并明确了各部门的职责分工。根据会议要求，车辆改装规范、产品质量认证、安全技术检验、驾驶人身体条件认定和驾驶技能培训等工作，是推出右下肢、双下肢等残疾人驾驶汽车政策的前提，涉及工业和信息化部、交通运输部、卫生部、质检总局等部门。为贯彻落实会议精神，公安部需要对 2006 年《机动车驾驶证申领和使用规定》的有关内容进行修改，对右下肢和双下肢残疾人驾驶汽车的身体条件、驾驶人考试及驾驶证审验等管理制度进行调整。

推进残疾人驾驶汽车工作既涉及满足残疾人驾驶汽车的需求问题，又涉及广大交通参与者的交通安全问题，必须在准备充分、确保安全的前提下，积极稳妥地推进。随着汽车工业整体发展水平的提升，对下肢残疾人驾驶的汽车改装技术日益成熟，车辆加装相应辅助装置后，下肢残疾人可以安全操控制动、转向和加速等装置，为右下肢、双下肢残疾人安全驾驶汽车提供了可能。公安部与有关部门多次沟通协调，积极推动残疾人驾驶汽车政策的出台。

2005 年，车辆管理所业务大厅设立无障碍窗口和通道，实行优先办理，方便残疾人办理车辆和驾驶证业务。2008 年，《肢体残疾人驾驶汽车操纵辅助装置》开始实施。2009 年年底，《城市道路路内停车泊位设置规范》制定实施，规定路内停车泊位应考虑设置残疾人专用停车泊位，其数量应不少于停车泊位总数的 2%。

由于上肢残疾人驾驶的汽车涉及的车辆改装技术相对比较复杂，需改装的部件较多，目前条件还不成熟。下一步，公安部将会同有关部门，积极开展上肢、聋人等残疾人驾驶汽车可行性的调研、论证，根据下肢残疾人驾驶汽车政策实施情况，进一步推动残疾人驾驶汽车工作。

通过此次修改，右下肢、双下肢缺失或者丧失运动功能，但能够自主坐立的残疾人，可以申请残疾人专用小型自动挡载客汽车准驾车型的机动车驾驶证；手指末节残缺或者右手拇指缺失的人员，可以申请小型汽车、小型自动挡汽车准驾车型的机动车驾驶证；有听力障碍但佩戴助听设备能够达到合格标准的人员，可以申请小型汽车、小型自动挡汽车准驾车型的机动车驾驶证。

2. 修改的主要内容

（1）在第 8 条中的三轮汽车后增加“残疾人专用小型自动挡载客汽车”。

（2）将第 11 条第 1 项第 1 目修改为：“申请小型汽车、小型自动挡汽车、残疾人专用小型自动挡载客汽车、轻便摩托车准驾车型的，在 18 周岁以上，70 周岁以下。”

将第 2 项第 4 目修改为：“听力：两耳分别距音叉 50 厘米能辨别声源方向。有听力障碍但佩戴助听设备能够达到以上条件的，可以申请小型汽车、小型自动挡汽车准驾车型的机动车驾驶证。”将第 5 目修改为：“上肢：双手拇指健全，每只手其他手指必须有三指健全，肢体和手指运动功能正常。但手指末节残缺或者右手拇指缺失的，可以申请小型汽车、小型自动挡汽车准驾车型的机动车驾驶证。”将第 6 目修改为：“下肢：双下肢健全且运动功能正常，不等长度不得大于 5 厘米。但左下肢缺失或者丧失运动功能的，可以申请小型自动挡汽车准驾车型的机动车驾驶证。右下肢、双下肢缺失或者丧失运动功能但能够自主坐立的，可以申请残疾人专用小型自动挡载客汽车准驾车型的机动车驾驶证。”

（3）将第 13 条修改为：“初次申领机动车驾驶证的，可以申请准驾车型为城市公交车、大型货车、小型汽车、小型自动挡汽车、低速载货汽车、三轮汽车、残疾人专用小型自动挡载客汽车、普通三轮摩托车、普通二轮摩托车、轻便摩托车、轮式自行机械车、无轨电车、有轨电车的机动车驾驶证。

“在暂住地初次申领机动车驾驶证的，可以申请准驾车型为小型汽车、小型自动挡汽车、低速载货汽车、三轮汽车、残疾人专用小型自动挡载客汽车、普通三轮摩托车、普通二轮摩托车、轻便摩托车的机动车驾驶证。”

（4）将第 14 条第 2 款修改为：“在暂住地可以申请增加的准驾车型为小型汽车、小型自动挡汽车、低速载货汽车、三轮汽车、普通三轮摩托车、普通二轮摩托车、轻便摩托车。”

（5）将第 18 条第 2 项修改为：“县级或者部队团级以上医疗机构出具的有关身体条件的证明。属于申请驾驶残疾人专用小型自动挡载客汽车的，应当提交经省级卫生主管部门指定的专门医疗机构出具的有关身体条件的证明。”

（6）将第 26 条第 1 项修改为：“报考小型汽车、小型自动挡汽车、低速载货汽车、三轮汽车、残疾人专用小型自动挡载客汽车、轮式自行机械车、无轨电车、有轨电车准驾车型的，在取得驾驶技能准考证明满十日后预约考试。”

（7）将第 27 条第 1 项修改为：“报考低速载货汽车、三轮汽车、轮式自行机械车、无轨电车、有轨电车准驾车型的，在取得驾驶技能准考证明满二十日后预约考试。”

将第 2 项修改为：“报考小型汽车、小型自动挡汽车、残疾人专用小型自动挡载客汽车准驾车型的，在取得驾驶技能准考证明满三十日后预约考试。”

（8）将第 35 条第 3 项修改为：“县级或者部队团级以上医疗机构出具的有关身体条件的证明。属于申请驾驶残疾人专用小型自动挡载客汽车的，应当提交经省级卫生主管部门指定的专门医疗机构出具的有关身体条件的证明。”

（9）在第 38 条后增加一条，作为第 39 条：“机动车驾驶人身体条件发生变化，不符合所持机动车驾驶证准驾车型的条件，但符合准予驾驶的其他准驾车型条件的，应当在三十日内到机动车驾驶证核发地车辆管理所申请降低准驾车型。申请时应当填写《机动车驾驶证申请表》，并提交机动车驾驶人的身份证明、机动车驾驶证、县级或者部队团级以上医疗机构出具的有关身体条件的证明。

“机动车驾驶人身体条件发生变化，不符合第十一条第二项规定或者具有第十二条规定情形之一，不适合驾驶机动车的，应当在三十日内到机动车驾驶证核发地车辆管理所申请注销。申请时应当填写《机动车驾驶证申请表》，并提交机动车驾驶人的身份证明和机动车驾驶证。

“机动车驾驶人身体条件不适合驾驶机动车的，不得驾驶机动车。”

（10）将第 39 条改为第 40 条，并修改为：“车辆管理所对符合第三十五条至第三十八条、第三十九条第一款规定的，应当在三日内换发机动车驾驶证。对符合第三十九条第二款规定的，应当在三日内注销机动车驾驶证。其中，对符合第三十六条至第三十九条规定的，还应当收回原机动车驾驶证。”

（11）将第 40 条改为第 41 条，并增加三款，作为第 3 款、第 4 款、第 5 款：“机动车驾驶人补领机动车驾驶证后，原机动车驾驶证作废，不得继续使用。

“机动车驾驶证被依法扣押、扣留或者暂扣期间，机动车驾驶人不得申请补发。

“机动车驾驶人违反本条第三款规定继续使用原机动车驾驶证的，由公安机关交通管理部门处二十元以上二百元以下罚款，并收回原机动车驾驶证。机动车驾驶人违反本条第四款规定，采用隐瞒、欺骗手段补领机动车驾驶证的，由公安机关交通管理部门处二百元以上五百元以下罚款，并收回补领的机动车驾驶证。”

（12）将第 41 条改为第 51 条，并修改为：“机动车驾驶人可以委托代理人代理机动车驾驶证的换证、补证、提交身体条件证明、延期办理和注销业务。代理人申请机动车驾驶证业务时，应当提交代理人的身份证明和机动车驾驶人与代理人共同签字的《机动车驾驶证申请表》或者身体条件证明。”

（13）将第 42 条第 1 款第 6 项修改为：“年龄在 60 周岁以上，在一个记分周期结束后一年内未提交身体条件证明的；或者持有大型客车、牵引车、城市公交车、中型客车、大型货车、无轨电车、有轨电车准驾车型，在两个记分周期结束后一年内未提交身体条件证明的；或者持有残疾人专用小型自动挡载客汽车准驾车型，在三个记分周期结束后一年内未提交身体条件证明的。”

在第42条中增加一款，作为第三款：“因第五项、第六项情形之一被注销机动车驾驶证未超过两年的，机动车驾驶人考试科目一合格后，可以恢复驾驶资格。”

（14）在第47条后增加一条，作为第48条：“车辆管理所换发机动车驾驶证时，应当对机动车驾驶证进行审验。机动车驾驶人有下列情形之一的，不予换发机动车驾驶证：（一）道路交通安全违法行为未处理完毕的；（二）身体条件不符合驾驶许可条件的；（三）在一个记分周期内记分达到12分未接受道路交通安全法律、法规和相关知识教育、考试的。”

（15）将第48条改为第49条，并修改为：“年龄在60周岁以上的机动车驾驶人，应当每年进行一次身体检查，在记分周期结束后十五日内，提交县级或者部队团级以上医疗机构出具的有关身体条件的证明。

“持有准驾车型为大型客车、牵引车、城市公交车、中型客车、大型货车、无轨电车、有轨电车的机动车驾驶人，应当每两年进行一次身体检查，在记分周期结束后十五日内，提交县级或者部队团级以上医疗机构出具的有关身体条件的证明。

“持有准驾车型为残疾人专用小型自动挡载客汽车的机动车驾驶人，应当每三年进行一次身体检查，在记分周期结束后十五日内，提交经省级卫生主管部门指定的专门医疗机构出具的有关身体条件的证明。”

（16）在第48条后增加两条，作为第50条和第52条。

“第五十条　机动车驾驶人因服兵役、出国（境）等原因，无法在规定时间内办理驾驶证期满换证、提交身体条件证明的，可以向机动车驾驶证核发地车辆管理所申请延期办理。申请时应当填写《机动车驾驶证申请表》，并提交机动车驾驶人的身份证明、机动车驾驶证和延期事由证明。

“延期期限最长不超过三年。延期期间机动车驾驶人不得驾驶机动车。”

“第五十二条　持有准驾车型为残疾人专用小型自动挡载客汽车的机动车驾驶人驾驶机动车时，应当按规定在车身设置残疾人机动车专用标志（附件7）。

“有听力障碍的机动车驾驶人驾驶机动车时，应当佩戴助听设备。”

（17）将第52条改为第56条，并修改为：“本规定下列用语的含义：

——身份证明是指：

“①居民的身份证明，是《居民身份证》或者《临时居民身份证》。在暂住地居住的内地居民的身份证明，是《居民身份证》或者《临时居民身份证》，以及公安机关核发的居住、暂住证明；

“②现役军人（含武警）的身份证明，是《居民身份证》或者《临时居民身份证》。在未办理《居民身份证》前，是军队有关部门核发的《军官证》、

《文职干部证》、《士兵证》、《离休证》、《退休证》等有效军人身份证件，以及其所在的团级以上单位出具的本人住所证明；

“③香港、澳门特别行政区居民的身份证明，是其入境时所持有的《港澳居民来往内地通行证》或者《港澳同胞回乡证》、香港、澳门特别行政区《居民身份证》和公安机关核发的居住、暂住证明；

“④台湾地区居民的身份证明，是其所持有的有效期三个月以上的公安机关核发的《台湾居民来往大陆通行证》或者外交部核发的《中华人民共和国旅行证》和公安机关核发的居住、暂住证明；

“⑤华侨的身份证明，是《中华人民共和国护照》和公安机关核发的居住、暂住证明；

“⑥外国人的身份证明，是其入境时所持有的护照或者其他旅行证件、居（停）留期为三个月以上的有效签证或者居留许可，以及公安机关出具的住宿登记证明；

“⑦外国驻华使馆、领馆人员、国际组织驻华代表机构人员的身份证明，是外交部核发的有效身份证件。

——住址是指：

“①居民的住址，是《居民身份证》或者《临时居民身份证》记载的住址；

“②现役军人（含武警）的住址，是《居民身份证》或者《临时居民身份证》记载的住址。在未办理《居民身份证》前，是其所在的团级以上单位出具的本人住所证明记载的住址；

“③境外人员的住址，是公安机关核发的居住、暂住或者住宿登记证明记载的地址；

“④外国驻华使馆、领馆人员及国际组织驻华代表机构人员的住址，是外交部核发的有效身份证件记载的地址。”

（18）在附件1第九栏“三轮汽车”后增加一栏，作为第十栏：“准驾车型为残疾人专用小型自动挡载客汽车，代号为C5，准驾的车辆为残疾人专用小型、微型自动挡载客汽车，只允许右下肢或者双下肢残疾人驾驶。”

（19）在附件2中的小型自动挡汽车后增加“残疾人专用小型自动挡载客汽车”。

（20）对附件3《道路交通安全违法行为记分分值》进行修改。

（21）在附件4第1条中增加一项，作为第十项：“残疾人专用小型自动挡载客汽车：加装符合相关标准的肢体残疾人驾驶汽车的操纵辅助装置，且车长不小于4米的小型自动挡载客汽车。其中，申请人为右下肢残疾的，考试车应当加装制动和加速迁延控制手柄或者制动和加速迁延控制踏板；申请人为双下肢残疾的，考试车应当加装方向盘控制辅助手柄、制动和加速迁延控制手柄、转向信号迁延开关，或者驻车制动辅助手柄。”

在附件4第2条中的小型自动挡汽车后增加“残疾人专用小型自动挡载客汽车”。

(22) 在附件5中的小型自动挡汽车后增加“残疾人专用小型自动挡载客汽车”。

(23) 增加一个附件，作为附件7：“残疾人机动车专用标志（图）（图略——笔者注）。”

3. 修改的主要特点

(1) 明确了残疾人驾驶资格认定、车辆改装、培训考试等方面的管理制度。此次修改涉及残疾人驾驶汽车的条款主要包括四个方面的内容：

①增加了残疾人专用小型自动挡载客汽车准驾车型。该准驾车型所称的车辆，是指加装有残疾人驾驶汽车操纵辅助装置的小型自动挡载客汽车。按照《肢体残疾人驾驶汽车的操纵辅助装置》（GB/T 21055－2007）的规定，其主要包括两类：一类是适用于右下肢残疾人驾驶的车辆，需要加装制动和加速迁延控制手柄或迁延踏板；一类是适用于双下肢残疾人驾驶的车辆，需要加装方向盘控制辅助手柄、制动和加速迁延控制手柄、转向信号迁延开关或者驻车制动辅助手柄。残疾人专用小型自动挡载客汽车准驾车型的代号为C5。

②进一步放宽了残疾人申请驾驶证的身体条件。其主要有两个方面：一是允许右下肢或双下肢残疾人申请驾驶证，规定右下肢、双下肢缺失或者丧失运动功能，但能够自主坐立的人，可以申请驾驶残疾人专用小型自动挡载客汽车。二是允许有听力障碍的残疾人申请驾驶证，规定有听力障碍的人佩戴助听设备后听力达到规定要求的，可以申请驾驶小型汽车和小型自动挡汽车。

③明确了残疾人申请和使用驾驶证的身体检查要求。考虑到右下肢或双下肢残疾人的残疾程度、坐立能力、操作协调能力等，需要专门的医疗机构和人员进行专业评估。借鉴国外的通行做法，规定右下肢或双下肢残疾人申请残疾人专用小型自动挡载客汽车驾驶证的，应当由省级卫生主管部门批准的专门医疗机构进行专门的身体检查。同时，完善驾驶证审验制度，规定这些驾驶人取得驾驶证后每年要在专门医疗机构进行一次身体检查，确保身体条件符合相关标准和驾驶要求。

④规定了残疾人专用小型自动挡载客汽车的驾驶要求。明确规定持有残疾人专用小型自动挡载客汽车准驾车型的驾驶人，只能驾驶残疾人专用小型自动挡载客汽车，不能驾驶其他类型的机动车。同时，考虑到驾驶操纵方式不同，规定持有其他准驾车型的机动车驾驶人也不得驾驶残疾人专用小型自动挡载客汽车。另外，明确规定残疾人专用小型自动挡载客汽车应当按规定在车身粘贴残疾人机动车专用标志。

（2）便民服务方面的特点。近年来，为适应我国社会经济的发展，满足人民群众的新期待、新要求，公安部通过修订部门规章、制定服务群众措施等形式，陆续推出了100多项涉及车管服务、事故处理、违法处理等交通管理便民利民措施。

目前，我国机动车驾驶人已达2.39亿人，据初步测算，机动车驾驶人仍将以平均每年2000多万人的速度快速增长。全国公安机关交通管理部门每年办理的驾驶证业务达9000多万笔，驾驶人群体数量多、增长快、流动性强、社会面广，驾驶证业务数量激增，对机动车驾驶人管理工作提出了更高的要求。

此次修改《机动车驾驶证申领和使用规定》在便民服务方面突出以下三个特点：

①简化办事程序，为群众提供更加便捷高效的服务。随着机动车驾驶人数量的迅速增加，驾驶证业务办理模式需要不断适应新形势发展的需要，更好地体现便民利民的原则与要求。为更加突出"以人为本"的管理和服务理念，2009年《机动车驾驶证申领和使用规定》进一步简化了办事程序，改进了工作方法，为群众提供优质、高效、便捷的服务。

此次修改取消了在暂住地申领摩托车驾驶证的限制，允许群众在暂住地直接申请、考试和领取摩托车驾驶证。近年来，随着经济社会的不断发展，摩托车成为农村外出务工人员的重要交通工具。为方便在暂住地生活的群众驾驶摩托车出行，2009年《机动车驾驶证申领和使用规定》取消了在暂住地申领摩托车驾驶证的限制，允许群众在暂住地直接申请、考试和领取摩托车驾驶证，无须回到户籍地申领。同时，取消了摩托车驾驶证科目考试的间隔时间限制，申请人可以在同一天进行科目一、科目二和科目三的考试。按照原来的规定，摩托车驾驶证申请人参加科目一考试合格，10日、20日后才可以参加科目二、科目三的考试，申请人需要多次往返车辆管理所。

②完善管理制度，解决群众反映较多的突出问题。

第一，增加被注销驾驶证的恢复措施，提供法律救济保障。驾驶证因逾期未换证或未提交体检证明被注销不超过2年的，驾驶人考试科目一合格后，可以恢复驾驶资格。根据《行政许可法》和《机动车驾驶证申请和使用规定》的相关规定，驾驶人未在规定时限内换证或提交身体条件证明超过1年的，车辆管理所将注销驾驶证。目前，一些驾驶人因为生活、工作节奏快等原因，没有在规定的期限内换证或提交身体条件证明，造成驾驶证被注销。其中，以大中型客车、大型货车等驾驶人居多，而大中型客车等驾驶证不能初次申领，被注销后需要从小型汽车驾驶证逐级申请，对群众造成了较大影响。考虑到这种行为不属于对交通安全造成严重影响的违法行为，2009年《机动车驾驶证申领和使用规定》增加了救济措施。

第二，延长提交身体条件证明的期限 。针对群众反映驾驶人身体检查过于频繁的问题，新规定延长了驾驶人身体条件检查的间隔期限，将大型客车、牵引车、城市公交车、中型客车、大型货车驾驶人的体检周期，由每年一次调整为每两年一次。该措施实施后，约6000 万名驾驶人不必每年进行身体条件检查和提交身体条件证明。值得注意的是，新规定对年龄超过 60 周岁的驾驶人，借鉴了国外的做法，保留了每年提交身体条件证明的规定。

第三，允许延期办理驾驶证业务。一些驾驶人因服兵役、出国（境）等原因，无法在规定时间内办理驾驶证期满换证、提交身体条件证明等业务，导致驾驶证被注销。2007 年，公安部修改《机动车驾驶证业务工作规范》时规定了可以延期办理，但鉴于该规定涉及行政相对人的权利义务，应当在部令中作出规定。

2009 年《机动车驾驶证申领和使用规定》明确规定，驾驶人因服兵役、出国（境）等原因，无法在规定时间内办理驾驶证期满换证、提交身体条件证明的，可以向驾驶证核发地车辆管理所申请延期办理。延期申请可以由驾驶人本人申请，也可以由他人代为申请。申请时需要填写申请表，提交驾驶人的身份证明、驾驶证和延期事由证明。延期期限最长不超过 3 年，自驾驶证有效期截止日期或者未提交身体条件证明的记分周期结束日期开始计算。

第四，扩大允许代办驾驶证业务的范围。2004 年 5 月 1 日实施的《机动车驾驶证申领和使用规定》规定，驾驶人可以委托代理人代理驾驶证换证、补证业务，这受到驾驶人的普遍欢迎。2009 年《机动车驾驶证申领和使用规定》扩大了允许代办驾驶证业务的范围，将提交身体条件证明、注销驾驶证、延期办理业务也纳入可委托办理的范围，进一步方便机动车驾驶人。

③改进管理方式，加强对轻微交通违法行为人的教育。为贯彻“理性、平和、文明、规范”的总体执法要求，增强执法效果，2009 年《机动车驾驶证申领和使用规定》按照宽严相济的原则，调整了交通违法行为记分项目和分值，对主观恶意小、对交通安全影响不大的轻微交通违法行为，适当给予减轻处罚，加大警告和教育力度。合并了 9 种性质类似、分值相同的交通违法行为项目。

此次修改中的另一个重点就是加强驾驶人源头管理，对部分驾驶人主观过错大、严重影响道路交通安全、扰乱道路交通秩序的交通违法行为提高记分分值，加大对交通违法行为的处罚力度，如将饮酒后驾驶机动车，在高速公路上倒车、逆行、掉头，使用伪造、变造机动车牌证这三种违法行为，由一次记 6 分调整为记 12 分；对违反禁令标志、禁止标线指示违法行为的记分分值由 2 分提高至 3 分。调整后违法记分项目由 47 项减为 38 项，其中，一次记 12 分的 6 项，记 6 分的 9 项，记 3 分的 11 项，记 2 分的 8 项，记 1 分的 4 项。

六、《加强机动车驾驶人管理指导意见》

2012年3月23日，公安部交通管理局印发《加强机动车驾驶人管理指导意见》（以下简称《意见》），部署进一步加强驾驶人考试培训工作。驾驶人培训考试是驾驶人养成良好驾驶习惯和意识的第一关，是预防道路交通事故的第一道防线，是道路交通安全管理的重要基础。

（一）《意见》出台背景

截至2012年2月底，全国机动车保有量达2.28亿辆，驾驶人达2.39亿人，其中驾龄在3年以下的新驾驶人达到9125万人，占驾驶人总数的38%。据初步测算，机动车驾驶人仍将以平均每年2000多万人的速度快速增长。

据公安部交通管理局有关负责人介绍，2011年发生的27起一次死亡10人以上特大交通事故中，造成451人死亡。其中，大中型客货车引发的特大道路交通事故23起，造成390人死亡，分别占特大道路交通事故起数和死亡人数的85.1%和86.5%。2012年1月至3月，全国发生一次死亡10人以上的特大道路交通事故5起，造成74人死亡、127人受伤，这5起特大道路交通事故全部涉及大中型客货车。

重特大道路交通事故暴露出驾驶人管理方面存在以下问题：

一是驾驶人安全驾驶技能不高，特别是驾驶培训多以应试学习和训练为主，一些新驾驶人通过考试后往往不能独立驾车上路。

二是应急处置能力不强，特别是一些客货运驾驶人应对恶劣天气、复杂路况和突发情况的能力不强、经验不足，成为导致重特大道路交通事故的直接因素。2011年发生的27起一次死亡10人以上特大交通事故中，14起是由于驾驶人在紧急情况下采取措施不当造成的，如2011年10月7日天津滨保高速“10·7”特大道路交通事故，上海浦东“9·14”特大道路交通事故，都是由于驾驶人超速驾驶、遇到突发情况急打方向造成车辆侧翻所致。

三是驾驶人安全文明驾车意识淡薄，各种争道抢行、开车拨打手机等交通陋习，以及超速行驶、强行超车等违法行为普遍。从2011年统计情况看，在交通违法行为中，超速行驶占20.1%，闯红灯占7.7%；在发生的交通死亡事故中，因超速行驶导致的占14.13%，因未按规定让行导致的占11.26%。2011年发生的致人死亡交通事故中，因驾驶人交通违法导致的占92.51%，特别是大中型客货运驾驶人超速、超员、疲劳驾驶等严重违法行为突出，成为目前重特大交通事故频发的重要原因。2011年发生的27起一次死亡10人以上特大交通事故中，23起是客货运驾驶人肇事导致的，而且全部存在超速行驶、超员超载等严重交通违法行为。

当前形势下，进一步加强驾驶人管理工作是适应汽车社会快速发展、创新驾驶人管理模式的迫切要求，是预防和减少道路交通事故、保障人民群众生命财产安全的迫切要求，是促进提高驾驶人安全文明素质、建设文明安全交通文化的迫切要求。

（二）《意见》提出的新措施

严格驾驶人考试培训是提高驾驶人安全驾驶意识和技能的重要举措。据了解，严格驾驶人考试特别是大中型客货车驾驶人考试是国际通行做法。欧盟对大中型客货车驾驶人要进行职业驾驶规则、交通事故救助、紧急情况处置等专业理论考核。欧洲国家路考路线包括城市道路、高速公路、隧道及冰雪路段、湿滑路段、漫水道路、山区路段等多种实际复杂道路。加拿大、欧盟的路考考试时间最少45分钟以上，法国、英国的路考一次合格率仅为30%～50%。

《意见》本着严把进出口关、突出管理重点、强化日常监管、提升驾驶人整体素质的原则，从三个方面提出了17项管理服务措施。一是严格驾驶人考试培训监督，提高大中型客货车考试针对性；二是严格路面执勤执法，严查严重交通违法行为；三是强化驾驶人日常教育监管，增强驾驶人安全文明意识。

按照《意见》规定，17项工作措施自2012年5月1日起实施。考虑到驾驶人考场建设需要一定时间周期，因此规定，大中型客货车实行模拟的高速公路、连续急弯路等场地驾驶考试措施从2012年10月1日起实施。此外，按照公安部和交通运输部联合印发的《关于进一步加强客货运驾驶人安全管理工作的意见》的规定，自2012年4月1日起实施大中型客货车驾驶人培训应当全部应用计时管理系统，自2010年10月1日起实施其他汽车类驾驶人培训应当全部应用计时管理系统。

七、《机动车驾驶证申领和使用规定》

2012年10月8日公安部发布了修订后的《机动车驾驶证申领和使用规定》（公安部令第123号），同时，为贯彻落实国务院《校车安全管理条例》，公安部发布了《关于修改〈机动车登记规定〉的决定》（公安部令第124号）。2012年《机动车驾驶证申领和使用规定》中关于校车驾驶人管理的规定和2012年《机动车登记规定》自发布之日起施行，2012年《机动车驾驶证申领和使用规定》中的其他规定将于2013年1月1日起正式施行。

（一）修订背景

2009年《机动车驾驶证申领和使用规定》实施以来，对规范驾驶证管理，严格驾驶人考试，强化道路交通安全源头管理等方面发挥了重要作用。但随着我国经济社会的发展和交通安全形势的变化，2009年《机动车驾驶证申领和使用规定》的部分内容已不适应现实需要。

一是需要进一步严格驾驶人考试和日常管理。近年来，全国每年平均新增机动车1600多万辆，驾驶人2000多万人，重特大道路交通事故也一直处于多发的态势，特别是大中型客货车驾驶人肇事导致的事故伤亡惨重。2009年至2011年，一次死亡10人以上的特大道路交通事故中，大中型客货车驾驶人肇事67起，导致1030人死亡，占事故起数和死亡人数的80%和83%。2012年国庆黄金周期间，发生7起一次死亡5人以上的交通事故，有3起是由大中型客货车肇事导致的。2011年，全国共查处醉酒驾驶机动车违法行为4.7万起，酒后驾驶36.6万起，吊销驾驶证2.9万本，撤销驾驶证116本；2011年共查处超速、超员、超载和疲劳驾驶交通违法5572万起，与2010年相比，增加1535.8万起，上升38.1%，占全部处罚总量的22.6%；2011年发生的致人死亡交通事故中，因驾驶人交通违法导致的占92.51%。这些事故暴露出机动车驾驶人，特别是大中型客货驾驶人整体素质不高，安全守法驾驶意识不强，需要进一步严格驾驶人考试、发证和日常监督管理。

二是需要进一步明确违规办证、使用假证的法律责任。一些地方在驾驶人考试发证中仍然存在降低考试标准、甚至不考试就发证等问题，有的驾驶证申请人通过欺骗、贿赂等手段非法取得驾驶证，有的伪造、变造或者使用伪造、变造的驾驶证。为打击这些违法行为，需要进一步明确对民警、驾驶证申请人及驾驶人的追责规定。

三是需要与新制定、修改的法律法规相协调。2011年5月起施行的《道路交通安全法》，对饮酒和醉酒后驾驶机动车、使用假牌假证等违法行为规定了更严厉的处罚；2012年年4月施行的《校车安全管理条例》，明确了公安机关交通管理部门校车驾驶人许可等职责。为此，2012年《机动车驾驶证申领和使用规定》按照严格管理与便民服务相结合的原则，在简化办事程序、缩短办理时间的同时，进一步突出了管理的针对性，完善了驾驶申请、考试和日常管理制度。

（二）2012年《机动车驾驶证申领和使用规定》的主要特点

1. 严格大中型客货车驾驶证申请，限制吸毒人员驾驶机动车资格

大中型客货车驾驶人大多驾驶营运车辆，在社会交通中承担重大的交通安全责任，其安全驾驶意识和技能的高低直接关系到人民群众的生命财产安全，但从近年的事故情况来看，大中型客货车驾驶人的整体素不高，安全驾驶意识和能力不强，严重交通违法行为突出，一旦发生交通事故就会造成惨重的伤亡。近年来，大中型客货车驾驶人肇事率较高。据统计，2009年至2011年，每年一次死亡10人以上的重特大道路交通事故中，大中型客货车驾驶人肇事导致事故起数和死亡人数均占70%以上。2011年，全国共发生一次死亡10人以上的特大交通事故27起，其中23起是由大中型客货车驾驶人肇事导致的，而且全部存在超速行驶、超员超载等严重交通违法行为。因此，有必要参照国际通行做法，对大中

型客货车驾驶证规定更加严格的申请限制条件。美国、英国要求凡申请或持有客运汽车或大型载货汽车驾驶证者必须没有与驾驶有关的犯罪记录；南非也规定要有5年以上客车安全驾驶经历和经验。2012年《机动车驾驶证申领和使用规定》进一步对大中型客货车驾驶证申请人安全驾驶记录提出了更加严格的限制条件：一是将原来发生死亡事故承担主要以上责任，不得申请增驾的限制条件修改为有死亡交通事故负同等以上责任、醉酒驾驶记录的终身不得申请。二是明确有被处以吊销或者撤销驾驶证记录的10年内不得申请。三是针对不同车型规定了不同记满12分记录的年限条件。记满12分的5年内不得申请大型客车驾驶证、3年内不得申请牵引车、中型客车驾驶证。

此外，针对近年来暴露出的吸毒后驾驶机动车问题，对吸毒人员申请驾驶证或者驾驶机动车采取“零容忍”措施，严格限制吸毒人员申请机动车驾驶证。从国外情况看，也普遍对吸毒人员驾驶机动车采取了“零容忍”态度。美国对吸毒后驾驶机动车的，一律由警察部门先行羁押后交刑事法庭处理，导致严重交通事故的，永久吊销驾驶证，罚款至少4000美元，视情节判处监禁。日本规定，驾驶人如果被发现是吸毒人员，要扣35分，面临5年以下监禁或者100万日元以下罚款，同时还吊销驾驶证3年以上10年以下。2012年《机动车驾驶证申领和使用规定》进一步细化了吸毒人员申领驾驶证的限制条件，完善了对取得驾驶证的吸毒人员的管理措施：一是明确3年内有吸食、注射毒品行为或者解除强制隔离戒毒措施未满3年的不得申请机动车驾驶证；二是明确取得驾驶证后具有正在执行社区戒毒、强制隔离戒毒或者社区康复措施三种情形的，视为吸毒成瘾未戒除，予以注销驾驶证；三是明确持有驾驶证有吸毒后驾驶机动车行为的，予以注销驾驶证。

2. 完善驾驶人考试制度，突出实际驾驶能力

近年来，大中型客货车在急弯、陡坡、冰雪湿滑等危险路段的重特大交通事故频发。2011年发生的27起一次死亡10人以上的特大交通事故中，有22起是在山区等复杂路况和恶劣天气条件下发生的，占81.5%；14起是由于驾驶人在紧急情况下采取措施不当造成的，占51.9%。国外许多国家十分重视危险路段驾驶意识和技能的考核，芬兰、瑞典等国家进行冰上驾驶技能的培训和考核。在公安部组织的社会调查中，有70.9%的调查对象认为申请大中型客货车驾驶证，应增加模拟高速公路、连续急弯山区路、雨（雾）天、湿滑路、紧急情况处置等考试内容，有65.1%的调查对象认为对大中型客货车应该进行长距离实际道路考试。

为提高大中型客货车驾驶人面对复杂天气和路况的应急处置能力，解决一些小型汽车新驾驶人考试合格后不敢独立驾车上路等问题，2012年《机动车驾驶证申领和使用规定》增加了大中型客货车的模拟考试项目，优化了小型汽车考

试项目，增强了考试的针对性和实用性。新规定对小型汽车、大中型客货车的考试项目进行了调整，确保更多小汽车驾驶人考试合格后能够独立驾车上路，提高大中型客货车驾驶人应对复杂条件的能力。其中，将科目一理论考试拆分为两部分，第一部分主要考核道路交通安全法律法规、交通信号、通行规则等知识，仍作为科目一；第二部分作为安全文明驾驶考试项目，在实际道路考试后进行，考核安全文明驾驶要求、复杂条件下的安全驾驶知识等，加深驾驶人对安全文明驾驶常识的理解记忆。对申领大中型客货车驾驶证的，在科目二场地驾驶技能考试中，增加模拟高速公路、雨（雾）天、湿滑路、紧急情况处置等考试项目，提高了考试针对性和考试难度。

调整后的大中型客货车科目二考试由原来的“训练 10 项、考试 6 项”修改为“训练、考试均为 16 项”。在科目三的实际道路驾驶技能考试中，增加山区、隧道、陡坡等复杂道路考试，并明确大中型客车考试里程不少于 20 公里、牵引车和大型货车不少于 10 公里。

此次小型汽车驾驶人的考试项目调整突出了实际驾驶中的实用性，取消小型汽车桩考两个桩位之间的移库、通过连续障碍、单边桥等现实生活中应用性不强的考试项目。调整后，小型汽车场地考试项目由原来的“训练 10 项、考试 4 项”改为“训练和考试均为 5 项”，即倒车入库、坡道定点停车与起步、侧方停车、曲线行驶和直角转弯。场地考试中用标线替换现有的标杆，更加贴近实际道路场景。

同时，为确保驾驶人培训、考试质量，建立了考试培训质量公告制度和违规考试发证责任追究制度，设置考试工作纪律“高压线”，明确民警违规考试发证的法律责任，并规定对 3 年以下驾龄的驾驶人发生交通死亡事故的，倒查考试发证民警的责任。

3. 完善审验和实习期管理，严格重点驾驶人日常管理

严格驾驶证实习期管理，有助于新驾驶人文明礼让、安全守法驾驶意识和习惯的养成。《道路交通安全法》及其实施条例规定，实习期驾驶人驾车时需要在车身后部粘贴实习标志以及禁止驾驶营运客车等特定类型的车辆。但是，在部门规章层面，没有对实习期驾驶人的违法记分、审验教育和驾车通行限制等方面作出细化规定。目前，我国驾驶人是 2.47 亿，其中拥有汽车驾驶证的有 1.86 亿。近年来，我国驾驶人以平均每年 2000 多万人的速度快速增长，截至 2011 年年底，1 年以下驾龄驾驶人达 2613 万人，占驾驶人总数的 10.91%，与此同时新驾驶人素质不高、安全守法驾驶意识不强等问题突出。2011 年，1 年以下驾龄的新驾驶人肇事 21845 起，占同期事故总数的 10.47%，造成人员死亡 5505 人，占同期死亡人数的 8.94%。2012 年国庆黄金周期间，驾龄不足 1 年的新驾驶人肇事导致的死亡人数占总量的 16.2%。欧美等发达国家对实习期驾驶人采取严格的

管理措施，法国规定实习期为3年，3年内记满6分的，要重新考试，记3分的，要参加学习；英国规定领取驾驶证2年内被扣6分的，注销驾驶证，重新考试。在公安部组织的社会调查中，有73.4%的调查对象认为对新取得大中型客货车驾驶证的人有必要采取更严格的管理措施；有74.7%的调查对象认为实习期驾车上高速公路需要有驾驶经验的人陪同。

为加强对新驾驶人的管理，2012年《机动车驾驶证申领和使用规定》进一步完善了驾驶证实习期管理制度：一是扩大了实习期管理范围，将增驾新取得大型客车、中型客车、牵引车等驾驶证的驾驶人一并纳入实习期管理。二是明确了实习期陪驾要求，在实习期内驾驶机动车上高速公路时，必须由持相应或者更高车型驾驶证3年以上的驾驶人陪同。三是规定所有车型驾驶证在实习期内有记满12分记录的，予以注销实习车型的驾驶资格。四是规定大中型客货车驾驶人实习期结束后，要参加安全文明驾驶等知识考试，接受交通事故警示教育；大中型客货车驾驶人在实习期内违法记6分以上的，实习期限延长1年；在延长的实习期内再次记6分以上但未达到12分的，注销其实习的准驾车型驾驶资格。

4. 完善驾驶证审验制度，强化驾驶人日常教育管理

驾驶证审验制度是加强驾驶人日常管理的重要措施。《道路交通安全法》及其实施条例规定，公安机关交通管理部门依法对机动车驾驶证实施审验，1年内无累积记分的机动车驾驶人，可以延长机动车驾驶证的审验期。现行的规定没有针对大中型客货车驾驶证、违法记分等情况作出细化规定，也没有明确违法驾驶人的教育措施。国外非常重视驾驶人的日常教育管理。荷兰每年集中组织对驾驶人进行事故成因分析、驾驶技术讲解等方面的培训；日本规定驾驶人在换领驾驶证时，如果有违法记分必须参加由警方组织的培训。根据公安部组织的社会调查，有71.9%的调查对象认为对有交通违法的大中型客货车驾驶人应当加强教育管理，每年进行一次审验教育。

为进一步加强对驾驶人特别是大中型客货车驾驶人的日常教育管理，2012年《机动车驾驶证申领和使用规定》借鉴国外管理经验，完善了驾驶证审验制度：一是细化审验对象和期限。规定了驾驶人办理驾驶证有效期满换证、转入换证业务时接受审验。但持有大型客车、牵引车、城市公交车、中型客车、大型货车驾驶证的驾驶人，应当在每个记分周期结束后30日内接受审验，持有其他准驾车型驾驶证发生交通死亡事故承担同等以上责任、驾驶证未被吊销的，应当在发生事故的记分周期结束后30日内接受审验。二是完善审验措施。规定大中型客货车驾驶人，以及发生交通死亡事故承担同等以上责任、驾驶证未被吊销的驾驶人，除审验交通违法、事故处理，违法记分和满分学习、申报身体条件情况以外，还要参加不少于3小时的法律法规学习和交通事故警示教育。三是制定奖励措施。规定大中型客货车驾驶人，1年内没有记分的免于当年审验，不必参加法

规等的学习和事故案例警示教育，鼓励驾驶人安全守法驾驶。根据2011年的数据测算，有4703万无违法记分记录的大中型客货车驾驶人可以免于审验，占大中型客货车驾驶人的76.95%。四是简化身体条件证明手续。持有大型客车、牵引车、城市公交车、中型客车、大型货车驾驶证，以及其他准驾车型驾驶证发生交通死亡事故承担同等以上责任、驾驶证未被吊销的驾驶人，参加审验时只需填表自主申报身体条件情况，不必再到医院进行体检。但是，年龄在60周岁以上的驾驶人，以及持有残疾人专用小型自动挡载客汽车驾驶证的机动车驾驶人，还要按照原有规定期限，提交医疗机构出具的有关身体条件的证明。

5. 建立驾驶证降级制度，严格大中型客货车驾驶人监管

当前，大中型客货车驾驶人交通违法行为发生率较高。据统计，截至2011年年底，全国共有大中型客货车驾驶人6111万人，占全部驾驶人的25.52%。2011年大中型客货车驾驶人有违法记分的有1408万人，占全部有违法记分驾驶人的42.5%。究其原因，主要是由驾驶人守法意识不强、违法成本相对较低造成的。据了解，国外普遍采取交通违法记分与吊销驾驶证相结合的办法加强驾驶人的日常动态管理。比如，德国规定驾驶证在2年内交通违法记分超过18分的，将吊销驾驶证；美国规定营运性大客车驾驶人每5年仅能记8分，记满8分被吊销驾驶证。在公安部组织的社会调查中，有71%的调查对象认为对存在严重交通违法或重大交通事故的驾驶人，应该取消其驾驶大中型客货车资格。

根据《行政许可法》有关注销许可的规定，2012年《机动车驾驶证申领和使用规定》建立了大中型客货车驾驶证注销降级制度：一是明确注销降级条件。规定大中型客货车驾驶人发生交通事故造成人员死亡、承担同等以上责任未构成犯罪，一个记分周期内有记满12分记录或者连续三个记分周期不参加审验的，将被注销降级。二是实行逐级降级制度。在注销降级时，只注销其当前最高准驾车型的准驾资格，逐级降低其驾驶资格，最终只保留其小型汽车驾驶资格。三是与实习期管理制度相衔接。规定对于大中型客货车驾驶人在实习期内记满12分记录，且实习车型不属于最高准驾车型的，除按照实习期管理规定注销其实习车型驾驶资格外，还要按照降级规定一并注销其最高准驾车型资格。

此外，还进一步明确运输企业主体监管责任，规定运输企业每月对聘用的驾驶人向公安机关交通管理部门备案，公安机关交通管理部门每月将驾驶人违法、事故等情况通报运输企业，督促企业加强管理。

6. 完善交通违法行为记分制度，提高执法管理的针对性

交通违法记分是预防和减少驾驶人交通违法行为的一种有效教育措施，也是国际通行的做法。在公安部组织的社会调查中，有70.9%的调查对象认为应当提高对闯红灯交通违法行为的记分分值，有82.2%的调查对象认为对机动车不挂号牌、遮挡号牌等违法行为，应该从严查处、从严记分。为充分发挥机动车驾

驶人累积记分制度在预防道路交通事故、维护道路交通秩序中的积极作用，规范驾驶人驾驶行为，进一步加大对严重危害交通安全的违法行为的惩处力度，2012年《机动车驾驶证申领和使用规定》对校车、大中型客货车、危险品运输车等重点车型驾驶人的严重交通违法行为提高了记分分值，记分项由38项增加至52项。一是新增使用伪造和变造校车标牌、校车超员20%以上记12分，不按规定避让校车记6分等14个涉及校车管理的记分项。二是新增大中型客货车、危险品运输车在高速公路、城市快速路行驶超速20%以上，或者在其他道路行驶超速50%以上，驾驶营运客车、校车超员20%以上记12分，以及疲劳驾驶载客汽车、危险品运输车记12分等记分项。三是将未悬挂或者不按规定安装号牌、故意遮挡污损号牌等违法行为记分由6分提高到12分，将违反道路交通信号灯通行等违法记分由3分提高到6分。四是根据《道路交通安全法》关于醉酒驾驶机动车的，吊销机动车驾驶证且5年内不得重新取得驾驶证的规定，取消了原醉酒驾驶机动车违法行为记分等内容。

7. 加强内部业务监管，严格驾驶人考试责任追究

近年来，全国公安机关交通管理部门通过加强考试民警教育培训、应用科技评判监督系统、完善内外监督机制，使驾驶人考试工作规范化水平有所提升。但是，仍然存在一些考试不规范、考试制度落实不到位问题：一些地方考试项目不落实，考试员执法随意性大；一些地方异地申请人数量不符合当地暂住人口实际情况，考试比例明显偏高；个别民警收受贿赂、违规发证等问题时有发生。为进一步严格对车辆管理所考试发证的监管，2012年《机动车驾驶证申领和使用规定》对现行的有效管理制度进行梳理，明确了考试工作监管机制和考试工作纪律规定。一是完善考试工作监管机制，建立驾驶人考试业务数据分析核查机制，完善考试能力、考试质量公告制度等社会监督机制。二是明确考试员工作纪律。对为不符合机动车驾驶许可条件、未经考试、考试不合格核发驾驶证的，减少机动车驾驶人考试项目、降低评判标准或者参与、协助、纵容作弊的，收取培训机构、教练员、考生财物的，给予相应处分；构成犯罪的，依法追究刑事责任。三是实行考试责任倒查。对3年以下驾龄的驾驶人发生交通死亡事故负主要以上责任的，要开展车辆管理所考试发证情况责任倒查。对车辆管理所存在严重违规办理机动车驾驶证业务的，上级部门可以暂停其业务或者指派人员接管业务。

8. 严格校车驾驶人资格许可和管理制度

明确了申请校车驾驶资格应具备的条件，以及办理许可的手续和程序，建立了校车驾驶人每年审验、联合监管以及退出机制。

9. 进一步为群众提供便捷高效的服务

为更加方便群众高效快捷办理机动车和驾驶证业务，2012年《机动车驾驶证申领和使用规定》推出六项便民服务措施：

(1) 将驾驶证补换领、审验和小型汽车驾驶证考试等业务向县级车辆管理所下放，方便县乡、农村群众在家门口申领、换领汽车驾驶证，缩短群众办事距离，减少群众往返时间。

(2) 将核发和补换领驾驶证的时限由 3 日缩短为 1 日。群众在驾驶证遗失或损坏后，在申请办理补换证的当日即可领取新的驾驶证，方便群众驾车出行。同时，对于申领驾驶证的群众，在三个科目考试合格和宣誓仪式后，当日就可领取驾驶证。

(3) 将申领大型货车驾驶证的年龄条件由 21 岁放宽至 20 岁。

(4) 考虑到一些群众由于平时学习工作较忙，不能在 2 年内完成培训和考试，将驾驶准考证明有效期由 2 年延长至 3 年，方便群众通过法规知识考试后，有更充裕的时间参加驾驶技能培训学习，参加考试。

(5) 推行互联网、电话等远程自助预约驾驶人考试服务，公开考试预约计划、预约人数和考试人数，方便群众根据自己的学习、工作和生活需要，合理选择时间参加考试。

(6) 规定异地从事营运的驾驶人和货车，在备案登记 1 年后，可以直接在营运地参加驾驶证审验或车辆年检，避免群众多次往返办理业务。

第二节 机动车驾驶证申领

对机动车驾驶证申请人进行审核是确保机动车驾驶人安全驾驶车辆，预防道路交通事故，减少或杜绝人身伤亡和国家及广大人民群众财产损失的管理措施。审核的内容主要有年龄条件、身体条件、不得申请机动车驾驶证的其他条件、申请增驾的条件等。机动车驾驶证申领人应当符合 2012 年《机动车驾驶证申领和使用规定》的要求。

一、年龄条件

第一，申请小型汽车、小型自动挡汽车、残疾人专用小型自动挡载客汽车、轻便摩托车准驾车型的，在 18 周岁以上，70 周岁以下。

第二，申请低速载货汽车、三轮汽车、普通三轮摩托车、普通二轮摩托车或者轮式自行机械车准驾车型的，在 18 周岁以上，60 周岁以下。

第三，申请城市公交车、大型货车、无轨电车或者有轨电车准驾车型的，在 20 周岁以上，50 周岁以下。

第四，申请中型客车准驾车型的，在 21 周岁以上，50 周岁以下。

第五，申请牵引车准驾车型的，在 24 周岁以上，50 周岁以下。

第六，申请大型客车准驾车型的，在 26 周岁以上，50 周岁以下。

根据我国现行法律规定，现役军人入伍的年龄为18岁，义务兵服役时间为2年，大部分义务兵在20岁退役。此前申领大型货车驾驶证的年龄条件为21岁，一部分持军队驾驶证的退役军人不能立即换领地方驾驶证，必须要等到年满21岁。因此，2012年《机动车驾驶证申领和使用规定》将申领大型货车驾驶证的年龄条件由21岁放宽至20岁，方便退役军人持军队驾驶证换领地方驾驶证。

二、身体条件

第一，身高。申请大型客车、牵引车、城市公交车、大型货车、无轨电车准驾车型的，身高为155cm以上。申请中型客车准驾车型的，身高为150cm以上。

第二，视力。申请大型客车、牵引车、城市公交车、中型客车、大型货车、无轨电车或者有轨电车准驾车型的，两眼裸视力或者矫正视力达到对数视力表5.0以上。申请其他准驾车型的，两眼裸视力或者矫正视力达到对数视力表4.9以上。

第三，辨色力。无红绿色盲。

第四，听力。两耳分别距音叉50cm能辨别声源方向。有听力障碍但佩戴助听设备能够达到以上条件的，可以申请小型汽车、小型自动挡汽车准驾车型的机动车驾驶证。

第五，上肢。双手拇指健全，每只手其他手指必须有三指健全，肢体和手指运动功能正常。但手指末节残缺或者右手拇指缺失的，可以申请小型汽车、小型自动挡汽车准驾车型的机动车驾驶证。

第六，下肢。双下肢健全且运动功能正常，不等长度不得大于5cm。但左下肢缺失或者丧失运动功能的，可以申请小型自动挡汽车准驾车型的机动车驾驶证。右下肢、双下肢缺失或者丧失运动功能但能够自主坐立的，可以申请残疾人专用小型自动挡载客汽车准驾车型的机动车驾驶证。

第七，躯干、颈部。躯干、颈部无运动功能障碍。

三、不得申请机动车驾驶证的其他条件

第一，有器质性心脏病、癫痫病、美尼尔氏症、眩晕症、癔病、震颤麻痹、精神病、痴呆以及影响肢体活动的神经系统疾病等妨碍安全驾驶疾病的。

第二，3年内有吸食、注射毒品行为或者解除强制隔离戒毒措施未满3年，或者长期服用依赖性精神药品成瘾尚未戒除的。

第三，造成交通事故后逃逸构成犯罪的。

第四，饮酒后或者醉酒驾驶机动车发生重大交通事故构成犯罪的。

第五，醉酒驾驶机动车或者饮酒后驾驶营运机动车依法被吊销机动车驾驶证未满5年的。

第六，醉酒驾驶营运机动车依法被吊销机动车驾驶证未满 10 年的。

第七，因其他情形依法被吊销机动车驾驶证未满 2 年的。

第八，驾驶许可依法被撤销未满 3 年的。

第九，法律、行政法规规定的其他情形。

未取得机动车驾驶证驾驶机动车，有上述第 5 项至第 7 项行为之一的，在规定期限内不得申请机动车驾驶证。

四、居住地条件

第一，初次申领机动车驾驶证的，可以申请准驾车型为城市公交车、大型货车、小型汽车、小型自动挡汽车、低速载货汽车、三轮汽车、残疾人专用小型自动挡载客汽车、普通三轮摩托车、普通二轮摩托车、轻便摩托车、轮式自行机械车、无轨电车、有轨电车的机动车驾驶证。

第二，在暂住地初次申领机动车驾驶证的，可以申请准驾车型为小型汽车、小型自动挡汽车、低速载货汽车、三轮汽车、残疾人专用小型自动挡载客汽车、普通三轮摩托车、普通二轮摩托车、轻便摩托车的机动车驾驶证。

五、申请增驾车型条件

已持有机动车驾驶证，申请增加准驾车型的，应当在本记分周期和申请前最近一个记分周期内没有记满 12 分记录。申请增加中型客车、牵引车、大型客车准驾车型的，还应当符合下列规定：

第一，申请增加中型客车准驾车型的，已取得驾驶城市公交车、大型货车、小型汽车、小型自动挡汽车、低速载货汽车或者三轮汽车准驾车型资格 3 年以上，并在申请前最近连续 3 个记分周期内没有记满 12 分记录。

第二，申请增加牵引车准驾车型的，已取得驾驶中型客车或者大型货车准驾车型资格 3 年以上，或者取得驾驶大型客车准驾车型资格 1 年以上，并在申请前最近连续 3 个记分周期内没有记满 12 分记录。

第三，申请增加大型客车准驾车型的，已取得驾驶中型客车或者大型货车准驾车型资格 5 年以上，或者取得驾驶牵引车准驾车型资格 2 年以上，并在申请前最近连续 5 个记分周期内没有记满 12 分记录。

在暂住地可以申请增加的准驾车型为小型汽车、小型自动挡汽车、低速载货汽车、三轮汽车、普通三轮摩托车、普通二轮摩托车、轻便摩托车。

六、不得申请增驾重点车型条件

有下列情形之一的，不得申请增加大型客车、牵引车、中型客车、大型货车准驾车型：

第一，发生交通事故造成人员死亡，承担全部责任或者主要责任的。

第二，醉酒后驾驶机动车的。

第三，被吊销或者撤销机动车驾驶证未满10年的。

七、申请属地条件

第一，在户籍所在地居住的，应当在户籍所在地提出申请。

第二，在暂住地居住的，可以在暂住地提出申请。

第三，现役军人（含武警），应当在居住地提出申请。

第四，境外人员，应当在居留地或者居住地提出申请。

第五，申请增加准驾车型的，应当在所持机动车驾驶证核发地提出申请。

八、证明材料条件

（一）初次申请机动车驾驶证

初次申请机动车驾驶证，应当填写申请表，并提交以下证明：

1. 申请人的身份证明

（1）申请表中的身份证明是指：

①居民的身份证明是《居民身份证》或者《临时居民身份证》。在暂住地居住的内地居民的身份证明是《居民身份证》或者《临时居民身份证》，以及公安机关核发的居住、暂住证明。

②现役军人（含武警）的身份证明是《居民身份证》或者《临时居民身份证》。在未办理《居民身份证》前现役军人（含武警）的身份证明是军队有关部门核发的《军官证》、《文职干部证》、《士兵证》、《离休证》、《退休证》等有效军人身份证件，以及其所在的团级以上单位出具的本人住所证明。

③香港、澳门特别行政区居民的身份证明是其入境时所持有的《港澳居民来往内地通行证》或者《港澳同胞回乡证》，香港、澳门特别行政区《居民身份证》和公安机关核发的居住、暂住证明。

④台湾地区居民的身份证明是其所持有的有效期3个月以上的公安机关核发的《台湾居民来往大陆通行证》或者外交部核发的《中华人民共和国旅行证》和公安机关核发的居住、暂住证明。

⑤华侨的身份证明是《中华人民共和国护照》和公安机关核发的居住、暂住证明。

⑥外国人的身份证明是其入境时所持有的护照或者其他旅行证件、居（停）留期为3个月以上的有效签证或者居留许可，以及公安机关出具的住宿登记证明。

⑦外国驻华使馆、领馆人员、国际组织驻华代表机构人员的身份证明是外交

部核发的有效身份证件。

（2）申请表中的住址是指：

①居民的住址是《居民身份证》或者《临时居民身份证》记载的住址。

②现役军人（含武警）的住址是《居民身份证》或者《临时居民身份证》记载的住址。在未办理《居民身份证》前现役军人（含武警）的住址是其所在的团级以上单位出具的本人住所证明记载的住址。

③境外人员的住址是公安机关核发的居住、暂住或者住宿登记证明记载的地址。

④外国驻华使馆、领馆人员及国际组织驻华代表机构人员的住址是外交部核发的有效身份证件记载的地址。

2. 申请人的身体条件证明材料

身体条件证明材料，是指具有县级或者部队团级以上医疗机构出具的有关身体条件的证明。申请人属于申请残疾人专用小型自动挡载客汽车的，应当提交经省级卫生主管部门指定的专门医疗机构出具的有关身体条件的证明。

申请增加准驾车型的，除填写申请表，提交上述规定的证明外，还应当提交所持机动车驾驶证。

（二）持军队、武装警察部队机动车驾驶证的人申请机动车驾驶证

持军队、武装警察部队机动车驾驶证的人申请机动车驾驶证，应当填写申请表，并提交以下证明、凭证：（1）申请人的身份证明。属于复员、转业、退伍的人员，还应当提交军队、武装警察部队核发的复员、转业、退伍证明；（2）县级或者部队团级以上医疗机构出具的有关身体条件的证明；（3）军队、武装警察部队机动车驾驶证。

（三）持境外机动车驾驶证的人申请机动车驾驶证

持境外机动车驾驶证的人申请机动车驾驶证，应当填写申请表，并提交以下证明、凭证：（1）申请人的身份证明；（2）县级以上医疗机构出具的有关身体条件的证明，属于外国驻华使馆、领馆人员及国际组织驻华代表机构人员申请的，按照外交对等原则执行；（3）所持机动车驾驶证，属于非中文表述的，还应当出具中文翻译文本。

境外机动车驾驶证，是指外国、香港、澳门特别行政区、台湾地区核发的具有单独驾驶资格且非临时性的机动车驾驶证。

九、校车驾驶人资格申请条件

2012 年 4 月 5 日公布施行的《校车安全管理条例》，为加强校车安全管理、保护中小学生上下学交通安全提供了法律保障，同时也明确了公安机关工作职

责。根据《校车安全管理条例》的有关规定，2012 年《机动车驾驶证申领和使用规定》进一步明确了申请校车驾驶资格的驾驶人所应具备的六项基本条件：一是取得相应准驾车型驾驶证并具有 3 年以上驾驶经历，年龄在 25 周岁以上、不超过 60 周岁；二是最近连续 3 个记分周期内没有被记满分记录；三是无致人死亡或者重伤的交通事故责任记录；四是无酒后驾驶或者醉酒驾驶机动车记录，最近 1 年内无驾驶客运车辆超员、超速等严重交通违法行为记录；五是无犯罪记录；六是身心健康，无传染性疾病，无癫痫病、精神病等可能危及行车安全的疾病病史，无酗酒、吸毒行为记录。

此外，2012 年《机动车驾驶证申领和使用规定》还从严格审验教育、加强动态监管、建立退出机制等方面，对校车驾驶人日常管理作出了明确规定：一是校车驾驶人要每年参加审验教育。规定校车驾驶人每个记分周期结束后 30 日内接受公安机关交通管理部门的审验。审验时，应当提交县级或者部队团级以上医疗机构出具的有关身体条件的证明，参加不少于 3 小时的道路交通安全法律法规、交通安全文明驾驶、应急处置等知识学习，并接受交通事故典型案例警示教育。二是建立联合动态监管机制。规定公安机关交通管理部门会同有关部门建立对校车驾驶人的动态监管机制，每月汇总校车驾驶人交通违法和事故情况，向教育行政部门、学校通报。三是建立校车驾驶人退出机制。规定对提出注销申请的和不符条件的校车驾驶人注销其驾驶资格许可。

第三节　机动车驾驶培训

按照《道路交通安全法》第 20 条的规定，“机动车的驾驶培训实行社会化，由交通主管部门对驾驶培训学校、驾驶培训班实行资格管理，其中专门的拖拉机驾驶培训学校、驾驶培训班由农业（农业机械）主管部门实行资格管理。驾驶培训学校、驾驶培训班应当严格按照国家有关规定，对学员进行道路交通安全法律、法规、驾驶技能的培训，确保培训质量”。本节中的机动车驾驶培训是指承担客货运任务的机动车驾驶培训，除作特殊说明外，均不包括拖拉机驾驶培训。

根据2004 年国务院公布施行的《中华人民共和国道路运输条例》和2007 年交通部颁布的《中华人民共和国机动车驾驶员培训教学大纲》中的有关规定，本节主要内容包括机动车驾驶培训机构、机动车驾驶教练场和机动车驾驶培训内容三个方面。

一、机动车驾驶培训机构

依据交通部颁布的《机动车驾驶培训机构资格条件》（JT/T 433－2004）的规定，机动车驾驶培训机构是各类机动车驾驶培训学校、培训班等的总称，分为综合和专项两类。

（一）培训车型类别

培训车型类别是指机动车驾驶培训教练车车型的分类，分为大型客车、通用货车半挂车（牵引车）、城市公交车、中型客车、大型货车、小型汽车（含小型自动挡汽车）、低速汽车（含低速载货汽车、三轮汽车）、摩托车（含三轮摩托车、二轮摩托车、轻便摩托车）、其他车型（含轮式自行机械车、无轨电车、有轨电车）等九类。

（二）培训机构分类

1. 综合类机动车驾驶培训机构

综合类机动车驾驶培训机构应具备两种以上（含两种）车型的培训能力，且每种车型教练车数量不少于 5 辆。综合类机动车驾驶培训机构分为三级：

（1）一级机动车驾驶培训机构教练车不得少于 50 辆；

（2）二级机动车驾驶培训机构教练车不得少于 20 辆；

（3）三级机动车驾驶培训机构教练车不得少于 10 辆。

2. 专项类机动车驾驶培训机构

专项类机动车驾驶培训机构只具备一种车型的培训能力。专项类机动车驾驶培训机构分为三级：

（1）一级机动车驾驶培训机构教练车不得少于 50 辆；

（2）二级机动车驾驶培训机构教练车不得少于 20 辆；

（3）三级机动车驾驶培训机构教练车不得少于 5 辆。

（三）相关要求

1. 资格要求

机动车驾驶培训机构应具有独立的企业法人资格。机动车驾驶培训机构应设有教学、教练员、学员、质量、安全、结业考试和设施设备等管理组织。组织机构可以综合设置，应建立负责人、管理人员、教练员和其他人员的岗位职责；应建立诚信承诺制度、教学管理制度、教练员管理制度、学员管理制度、结业考试制度、培训预约制度、责任倒查制度、学员投诉受理制度、安全管理制度、教练车管理制度、教学设施设备管理制度、计算机教学管理制度和培训收费管理制度。

2. 管理人员要求

（1）理论教学负责人应具有汽车及相关专业中专以上学历或汽车及相关专业中级以上技术职称，并持有机动车驾驶证。

（2）驾驶操作训练负责人应具有汽车及相关专业中专以上学历或汽车及相关专业中级以上技术职称，并持有机动车驾驶证，有 10 年以上安全驾驶经历。

(3) 教练车管理人员应具有汽车及相关专业中专以上学历或汽车及相关专业初级以上技术职称，并持有机动车驾驶证。

(4) 结业考核人员应具有汽车及相关专业中专以上学历或汽车及相关专业初级以上技术职称，从事教练员工作5年以上，且具有8年以上安全驾驶经历。

(5) 计算机管理人员应具有计算机专业大专以上学历或持有专业计算机等级考试二级证书。

3. 教练员要求

机动车驾驶培训机构的教练员分为理论教练员和驾驶操作教练员两种。

(1) 理论教练员人数，一级培训机构不少于5人，二级培训机构不少于3人，三级培训机构不少于1人，且应当具备下列条件：

①应持有机动车驾驶证，且具有两年以上汽车驾驶经历；

②具有汽车及相关专业中专以上学历或汽车及相关专业中级以上技术职称；

③经省级道路运输管理机构对道路交通安全法律法规、汽车构造基本知识和教学授课能力考试合格。

(2) 驾驶操作教练员人数不少于教练车数量的1.1倍，且应当具备下列条件：

① 持有机动车驾驶证，且年龄不超过60周岁；

② 具有汽车及相关专业中专或高中以上学历；

③安全驾驶经历和相应车型驾驶经历应满足一定要求（见下文）。

4. 教练员驾驶经历要求

(1) 大型客车驾驶操作教练员具有10年以上安全驾驶经历，且有5年以上驾驶大型客车经历；

(2) 通用货车半挂车（牵引车）驾驶操作教练员具有10年以上安全驾驶经历，且有5年以上驾驶通用货车半挂车（牵引车）的经历；

(3) 城市公交车驾驶操作教练员具有10年以上安全驾驶经历，且有5年以上驾驶大型客车或城市公交车的经历；

(4) 中型客车驾驶操作教练员具有10年以上安全驾驶经历，且有5年以上驾驶中型客车的经历；

(5) 大型货车驾驶操作教练员具有10年以上安全驾驶经历，且有5年以上驾驶大型货车的经历；

(6) 小型汽车驾驶操作教练员具有5年以上安全驾驶经历，且有3年以上驾驶小型汽车的经历；

(7) 低速汽车驾驶操作教练员具有5年以上安全驾驶经历，且有3年以上驾驶低速汽车的经历；

(8) 摩托车驾驶操作教练员具有5年以上安全驾驶经历，且有3年以上驾驶摩托车的经历；

（9）其他教练车的驾驶操作教练员具有5年以上安全驾驶经历，且有4年以上驾驶相应车辆的经历。

5. 教练车要求

教练车技术状况应符合《机动车运行安全技术条件》的要求和《营运车辆技术等级划分和评定要求》所规定的二级车以上技术条件，并装有副后视镜、副制动踏板、灭火器及其他安全防护装置。道路驾驶教练车还需装有副加速踏板和副离合器踏板。教练车技术参数应符合下列要求：

（1）大型客车、城市公交车车长不小于8m；

（2）通用货车半挂车（牵引车）车长不小于12m；

（3）中型客车车长不小于5.8m；

（4）大型货车车长不小于6m，轴距不小于3.6m；

（5）小型汽车（含小型自动挡汽车）、低速汽车车长不小于3.3m，轴距不小于2.3m，轮距不小于1.3m；

（6）二、三轮摩托车至少有4个速度挡位；

（7）其他教练车车型及其技术参数由省级道路运输管理机构确定。

教练车应有统一的教练车标识，培训机构应注意考试车辆要求的变化，教练车尽量与考试车辆要求一致，应按国家规定的机动车报废标准及时更新。

二、机动车驾驶教练场

机动车驾驶教练场（含租用的教练场）包括场地驾驶教练场、场内道路驾驶教练场和实际道路驾驶教练路线。

（一）场地驾驶教练场

场地驾驶教练场应满足20%以上的教练车同时训练，其总面积应满足以下公式的要求：

$$S \geqslant 0.2 \sum n_i \times \alpha_i$$

式中：

S——场地驾驶训练场总面积，单位为m^2；

n_i——各类教练车总数量，单位为辆；

α_i——各类教练车单车使用面积，单位为m^2，见表5－1。

表 5-1 各类教练车单车使用面积 (单位为 m^2)

序号	教练车型	单车使用面积
1	大型客车	750
2	通用货车半挂车（牵引车）	400
3	城市公交车	750
4	中型客车	500
5	大型货车	750
6	小型汽车	400
7	摩托车	40
注：其他教练车型单车使用面积按省级道路运输管理机构的有关规定计算。		

（二）场内道路驾驶教练场

场内道路驾驶教练场单向行车道宽度不小于3.5m。同向行驶的教练车，密度应在20辆/km以下。应设有连续障碍、单边桥、直角转弯、侧方停车、上坡路定点停车与坡道起步、限宽门、百米加减档、起伏路、曲线行驶等训练科目。场内道路驾驶训练场道路长度，应满足30%以上的教练车同时训练，其长度应满足以下公式的要求：

$$L \geq (N-1) \times 50 \times 0.3$$

式中：

L——场内道路驾驶训练场道路长度，单位为m；

N——教练车总数量，单位为辆；

50——教练车辆安全间距为50m。

采用具有基础驾驶或特殊道路交通环境驾驶功能的汽车驾驶模拟器进行训练，其数量一级培训机构配15台以上、二级培训机构配10台以上、三级培训机构配5台以上的，可减少25%的场内道路驾驶教练场总长度。

（三）实际道路驾驶教练路线

实际道路驾驶教练路线的长度和训练科目，应满足教学大纲的要求，各地可按实际情况进行细化和要求。

（四）理论教学场地

1. 理论教室

学员人均使用教室面积不小于1.2m^2，理论教室面积不少于50m^2。

2. 教学设施设备

机动车驾驶培训机构应具备计算机单机或网络教学系统，满足运行多媒体理论教学软件和记录学时的要求；应使用多媒体软件进行理论教学，多媒体教学软件的内容应满足教学大纲的要求，并具有集文字、图片、声音、动画、视频于一体的功能。机动车驾驶培训机构教学设施设备，如表5－2所示：

表5－2　教学设施设备表

序号	名　　称	序号	名　　称
电化教学设备		控电教板	
1	多媒体教学设备	※13	离合器
2	多媒体理论教学软件	※14	变速器
※3	无纸化理论考试用计算机	※15	自动变速器
教学挂图		模型教具	
4	交通信号挂图	16	发动机机体解剖模型
控电教板		17	转向机构模型
※5	汽油机工作原理	18	透明或实物解剖全车制动系统模型
※6	柴油机工作原理	其他教具、设备	
※7	化油器式汽油机燃料供给系	19	系培训学时计算机计时管理系统
※8	电控汽油喷射发动机燃料供给	20	教学磁板
※9	柴油机燃料供给系	21	更换车轮工具（千斤顶和轮胎扳手）
※10	发动机点火系	22	车用灭火器
※11	发动机冷却系	※23	红外线桩考仪
12	汽车气压制动系或汽车液压制动系	※24	汽车驾驶模拟器

注：1. 标“※”的为可选教具、设备。
2. 摩托车、无轨电车、有轨电车、轮式自行机械车等车型专用教学设施设备由省级道路运输管理机构规定。

三、机动车驾驶培训内容

（一）交通法规与相关知识

交通法规与相关知识包括：（1）道路交通安全法律、法规和规章等规定；（2）交通信号等交通安全设施的识别、应用与遵守；（3）交通安全守法意识及安全行车、文明驾驶；（4）高速公路、山区道路、桥梁、隧道、夜间、恶劣气象和复杂道路条件下的安全驾驶知识；（5）出现爆胎、转向失控、制动失灵等紧急情况时的临危处置知识；（6）机动车总体构造、主要安全装置常识、日常检查和维护基本知识；（7）发生交通事故后的法律责任、应急处置及自救、急救等基本知识。

（二）场地驾驶技能

1. 模拟驾驶训练

模拟驾驶训练包括车辆各种仪表、操作部件的识别和作用。要求学员初步掌握起步、变速、转向、制动、停车、使用后视镜、灯光等的操作要领。

2. 穿桩移库训练

穿桩移库训练包括驾驶车辆进出停车场（库），完成停车场（库）横向移位。要求学员熟练掌握驾驶车辆穿桩移库要领，做到车速平稳、不碰杆、不出线、不发生方向错误。允许在规定时间内，作出正确判断和操作。

3. 场地驾驶训练

场地驾驶训练包括起步、换挡、停车、倒车的技术操作，方向盘、油门、离合器、变速器、制动器、灯光的配合操作，以及障碍设施训练，如坡道定点停车和起步、侧方停车、通过单边桥、曲线行驶、直角转弯、限速通过限宽门、通过连续障碍、百米加减挡、起伏路行驶。要求学员驾驶操作姿势正确。

（三）实际道路训练

1. 道路驾驶训练

道路驾驶训练包括道路驾驶技术和道路交通情况的观察、分析、判断和处理，以及道路交通法规的应用。要求学员熟练掌握道路驾驶技术，能正确判断、处理复杂道路交通情况，在恶劣天气情况下安全驾驶，具有预判并提前采取合理、安全的行车方式及处置紧急情况的能力，能严格遵守交通法规、文明驾驶、安全操作。

2. 夜间驾驶训练

夜间驾驶训练包括夜间道路和障碍物的识别，夜间各种道路情况的判断、处理，以及灯光的使用。要求学员掌握夜间驾驶车辆的操作要领及注意事项，能正确分析、判断、处理夜间道路交通情况，正确使用灯光。

第四节 驾驶人考试

驾驶人考试是根据2012年《机动车驾驶证申领和使用规定》（公安部令第123号）对机动车驾驶证申请人所掌握的交通法规及相关知识、基本驾驶技能进行全面、综合、真实、客观的考核。

一、考试科目分类

机动车驾驶人考试内容分为道路交通安全法律、法规和相关知识考试科目（以下简称“科目一”）、场地驾驶技能考试科目（以下简称“科目二”）、道路驾驶技能和安全文明驾驶常识考试科目（以下简称“科目三”）。考试内容和合格标准全国统一，根据不同准驾车型规定相应的考试项目。

车辆管理所对符合机动车驾驶证申请条件的，应当受理，并按照预约日期安排考试。考试顺序按照科目一、科目二、科目三依次进行，前一科目考试合格后，方准参加后一科目的考试。科目三道路驾驶技能考试合格后，方准参加安全文明驾驶常识考试。

车辆管理所应当提供互联网、电话等方式由申请人自助预约考试，并在车辆管理所和互联网公开考试预约计划、预约人数和考试人数等情况。

持军队、武装警察部队机动车驾驶证的人申请大型客车、牵引车、中型客车、大型货车准驾车型机动车驾驶证的，应当考试科目一和科目三；申请其他准驾车型机动车驾驶证的，免予考试核发机动车驾驶证。

持境外机动车驾驶证申请机动车驾驶证的，应当考试科目一。申请准驾车型为大型客车、牵引车、中型客车、大型货车机动车驾驶证的，还应当考试科目三。属于外国驻华使馆、领馆人员及国际组织驻华代表机构人员申请的，应当按照外交对等原则执行。

（一）科目一考试

1. 考试内容

科目一考试内容包括道路通行、交通信号、交通安全违法行为和交通事故处理、机动车驾驶证申领和使用、机动车登记等规定以及其他道路交通安全法律、法规和规章。

2. 考试题库

科目一考试题库分为汽车类、摩托车类和恢复驾驶资格类三部分。科目一考试的基本题型为单项选择题和判断题。科目一考试题库全国统一，各省（自治区、直辖市）可以根据实际情况在考试题库中加入不超过5%的地方交通法规试题。科目一考试应当在考试员的监督下，由申请人通过计算机闭卷答题。考试结束后，考试成绩自动上传计算机管理系统。

报考普通三轮摩托车、普通二轮摩托车、轻便摩托车准驾车型的，可以由计算机管理系统从考试题库中随机抽取生成考题后使用纸质试卷闭卷答题。

（1）汽车类考试题库结构分为通用试题和专用试题。通用试题主要考核汽车类各种准驾车型的申请人应当掌握的基本知识；专用试题主要考核客车类、货车类、轮式自行机械车类准驾车型的申请人应当掌握的专项知识。其中，客车专用试题，用于考核大型客车、城市公交车、中型客车、有轨电车、无轨电车准驾车型申请人；货车专用试题，用于考核牵引车、大型货车准驾车型申请人；轮式自行机械车专用试题，用于考核轮式自行机械车准驾车型申请人。

（2）摩托车类考试题库主要考核摩托车类各种准驾车型的申请人应当掌握的基本知识，用于考核普通三轮摩托车、普通二轮摩托车、轻便摩托车准驾车型申请人。

（3）恢复驾驶资格类考试题库主要考核恢复驾驶资格的申请人应当掌握的法律、法规和规章，以及安全行车、文明驾驶等基本知识。

（4）不同考试车型的题库比例有所区别，具体比例如下：

①报考大型客车、牵引车、城市公交车、中型客车、大型货车和轮式自行机械车准驾车型的，25%为道路交通安全法律、法规和规章知识，5%为地方性法规知识，15%为道路交通信号知识，20%为安全行车、文明驾驶知识，10%为高速公路、山区道路、桥梁、隧道、夜间、恶劣气象和复杂道路条件下的安全驾驶知识，10%为出现爆胎、转向失控和制动失灵等紧急情况临危处置知识，5%为机动车总体构造常识、常见故障判断知识、车辆日常检查和维护知识，5%为发生交通事故后的自救、急救常识和危险品运输相关知识，5%为专用试题。

②报考小型汽车、小型自动挡汽车、残疾人专用小型自动挡载客汽车、三轮汽车、低速载货汽车准驾车型的，25%为道路交通安全法律、法规和规章知识，5%为地方性法规知识，20%为道路交通信号知识，20%为安全行车、文明驾驶知识，10%为高速公路、山区道路、桥梁、隧道、夜间、恶劣气象和复杂道路条件下的安全驾驶知识，10%为出现爆胎、转向失控和制动失灵等紧急情况临危处置知识，5%为机动车总体构造常识、常见故障判断知识、车辆日常检查和维护知识，5%为发生交通事故后的自救、急救常识和危险品运输相关知识。

③报考普通三轮摩托车、普通二轮摩托车、轻便摩托车准驾车型的，30%为道路交通安全法律、法规和规章知识，2%为地方性法规知识，20%为道路交通信号知识，30%为安全行车、文明驾驶知识，10%为山区道路、桥梁、隧道、夜间、恶劣气象和复杂道路条件下的安全驾驶知识，4%为出现爆胎、转向失控和制动失灵等紧急情况临危处置知识，4%为发生交通事故后的自救、急救常识和危险品运输相关知识。

④报考无轨电车、有轨电车准驾车型的，考试题库结构和比例由省级公安机关交通管理部门确定。

⑤申请恢复驾驶资格的，30%为道路交通安全法律、法规和规章知识，2%为地方性法规知识，20%为道路交通信号知识，30%为安全行车、文明驾驶知识，10%为高速公路、山区道路、桥梁、隧道、夜间、恶劣气象和复杂道路条件下的安全驾驶知识，4%为出现爆胎、转向失控和制动失灵等紧急情况临危处置

知识，4%为发生交通事故后的自救、急救常识和危险品运输相关知识。

3. 2012年《机动车驾驶证申领和使用规定》实施后科目一考试的变化

根据2009年《机动车驾驶证申领和使用规定》（公安部令第111号）的规定，科目一考试主要包括道路交通安全法律、法规和规章、恶劣气象和复杂道路条件下安全驾驶、紧急情况临危处置、事故急救和危险物品等内容。由于初次申领驾驶证的申请人，对车辆驾驶和道路通行没有实际认知，对恶劣天气和复杂道路条件下安全驾驶、紧急情况临危处置等知识点只能靠死记硬背，理解不深，影响了培训和考试的效果。同时，原来设置的客货车专用试题数量少，需要增加考点，丰富题型，以全面考核驾驶人的安全文明驾驶意识和技能。

2012年《机动车驾驶证申领和使用规定》实施后，原科目一考试将拆分为两个部分：第一部分主要考核道路交通安全法律法规、交通信号、通行规则等最基本的知识，作为科目一，放在学员接受场内驾驶技能培训前进行；第二部分主要考核安全文明驾驶要求、复杂条件下的安全驾驶知识、紧急情况下的临危处置方法等，作为科目三中的一个考试项目，放在实际道路驾驶考试后进行，安全文明驾驶常识考试不另外收费。考虑到学员考试科目一时基本没有实际驾驶操作经验，此时适宜考试一些最基本的法律规定、通行规则、交通信号等知识，待学员完成科目三实际道路驾驶技能考试，对驾驶操作有了直观认识，此时考试安全文明驾驶常识，可以使学员结合驾驶培训考试经历进一步加深对安全文明驾驶等知识的理解和应用。两部分的考试试卷满分均为100分，90分为合格。

（二）科目二考试

1. 考试内容

科目二考试内容包括：

（1）大型客车、牵引车、城市公交车、中型客车、大型货车考试桩考、坡道定点停车和起步、侧方停车、通过单边桥、曲线行驶、直角转弯、通过限宽门、通过连续障碍、起伏路行驶、窄路掉头，以及模拟高速公路、连续急弯山区路、隧道、雨（雾）天、湿滑路、紧急情况处置；

（2）小型汽车、小型自动挡汽车、残疾人专用小型自动挡载客汽车和低速载货汽车考试倒车入库、坡道定点停车和起步、侧方停车、曲线行驶、直角转弯；

（3）三轮汽车、普通三轮摩托车、普通二轮摩托车和轻便摩托车考试桩考、坡道定点停车和起步、通过单边桥；

（4）轮式自行机械车、无轨电车、有轨电车的考试内容由省级公安机关交通管理部门确定。

对大型客车、牵引车准驾车型，省级公安机关交通管理部门可以根据实际增加考试内容。

科目二考试应当先进行桩考。桩考未出现扣分情形的，补考或者重新预约考试时可以不再进行桩考。科目二考试应当按照报考的准驾车型，选定对应考试场地和考试车辆，桩考项目在考试员的现场监督下，其他考试项目由申请人按照规定的考试线路、操作规范和考试指令独立、连续完成驾驶。

（5）其他准驾车型的考试项目，由省级公安机关交通管理部门确定。

对报考大型客车、城市公交车、中型客车、大型货车、小型汽车、小型自动挡汽车、残疾人专用小型自动挡载客汽车准驾车型的，应当使用场地驾驶技能考试系统进行科目二考试，考试结束后，考试成绩自动上传计算机管理系统。

2. 各科目考试具体要求

（1）桩考。

①大型客车、城市公交车、中型客车、大型货车、小型汽车、小型自动挡汽车、残疾人专用小型自动挡载客汽车、低速载货汽车准驾车型的桩考，如图5－1所示。

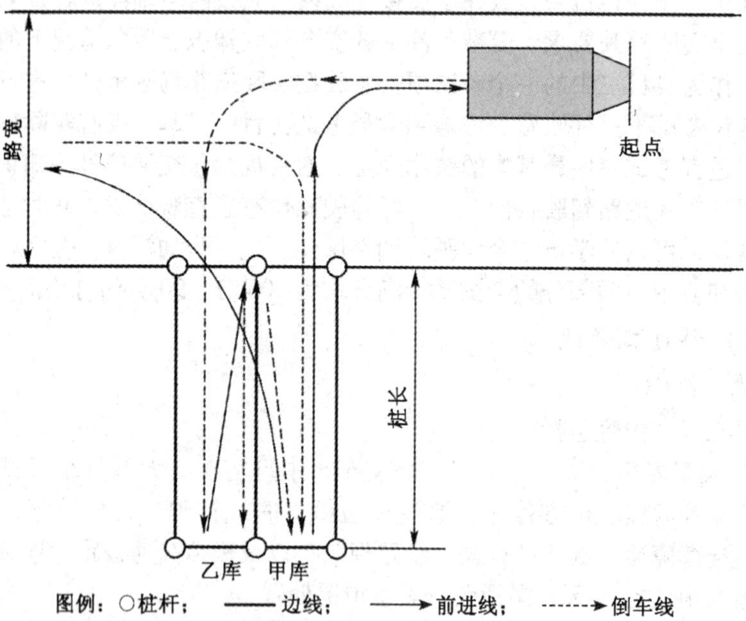

图 5－1　桩考示意图 1

目的：考核机动车驾驶人操控车辆完成侧方移位、倒车入库和正确判断车身空间位置的能力。

a. 桩长：二倍车长；前驱动车，加 50cm；

b. 桩宽：大型客车、城市公交车、大型货车、中型客车为车宽加 70cm；小型汽车、小型自动挡汽车、残疾人专用小型自动挡载客汽车、低速载货汽车为车宽加 60cm；

c. 路宽：车长的 1.5 倍；

d. 起点：距甲库外边线 1.5 倍车长；

e. 操作要求：从起点倒入乙库停正，再经过二进二退移位到甲库停正，前进穿过乙库至路上，倒入甲库停正，前进返回起点。

②牵引车准驾车型的桩考，如图 5－2 所示。

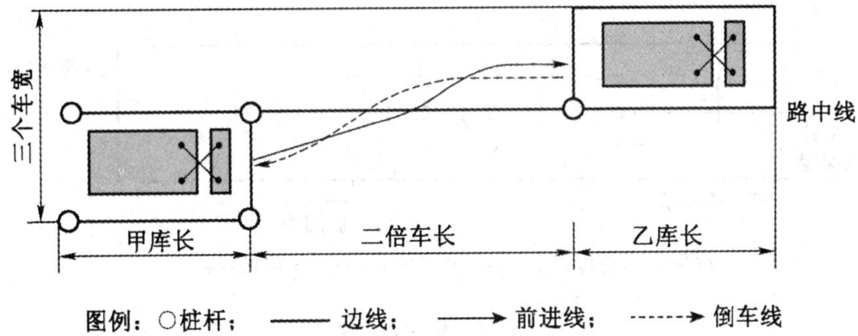

图 5－2　桩考示意图 2

目的：考核机动车驾驶人操控牵引车前进、倒车和正确判断车轮行驶轨迹以及在有限区域正确停靠车辆的能力。

a. 甲、乙库长为整车长加 1m，库宽为整车宽的 1.5 倍；

b. 甲库四角设桩杆，乙库在靠近甲库的一角设桩杆；甲、乙库之间相距 2 倍车长，分设在路中线的两侧；

c. 操作要求：从甲库向前驶入乙库停正，然后倒入甲库内停正。

③三轮汽车准驾车型的桩考，如图 5－3 所示。

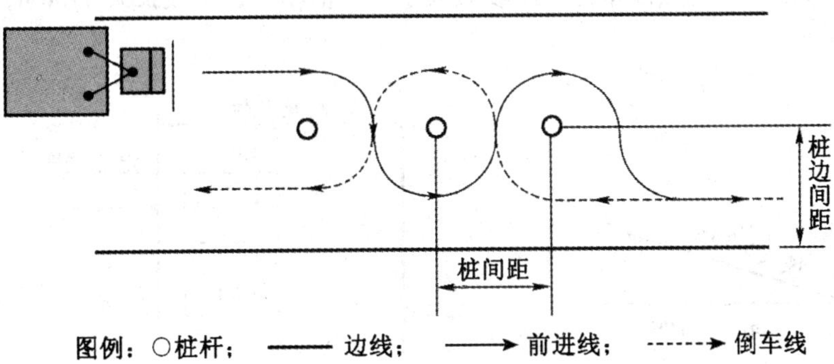

图 5－3　桩考示意图 3

目的：考核机动车驾驶人操控三轮汽车前进、倒车和正确判断车轮行驶轨迹的能力。

a. 尺寸：桩间距为车长加 40cm；桩与边线的距离为车宽加 30cm；

b. 操作要求：从起点绕桩前进驶出，再倒车绕桩反向驶回。

④普通三轮摩托车、普通二轮摩托车、轻便摩托车准驾车型的桩考，如图5－4所示。

目的：考核机动车驾驶人操控三轮摩托车、二轮摩托车、轻便摩托车曲线行驶及转弯的能力。

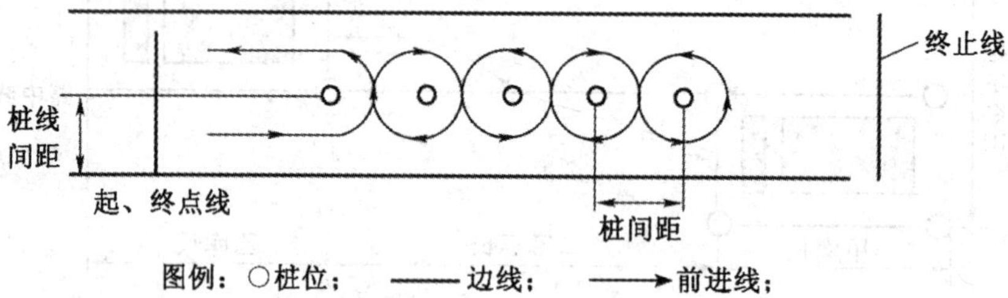

图 5－4　桩考示意图 4

a. 桩与边线的距离为车宽加 30cm；

b. 桩间距：普通和轻便二轮摩托车为车长加 50cm；正三轮摩托车为车长加 40cm；侧三轮摩托车为车长加 80cm；

c. 终止线距最后一根桩杆 3 倍车长；

d. 操作要求：从起点处起步按箭头所示方向绕桩行驶至终点处停车。

（2）坡道定点停车和起步。

目的：考核机动车驾驶人在坡道上驾驶车辆的技能，准确判断车辆的位置，正确使用制动、挡位和离合器，以适应在上坡路段停车与起步的需要。

①图形设计。定点停车桩杆距坡底大于 1.5 倍车长，全坡长大于 30m，如图 5－5 所示。

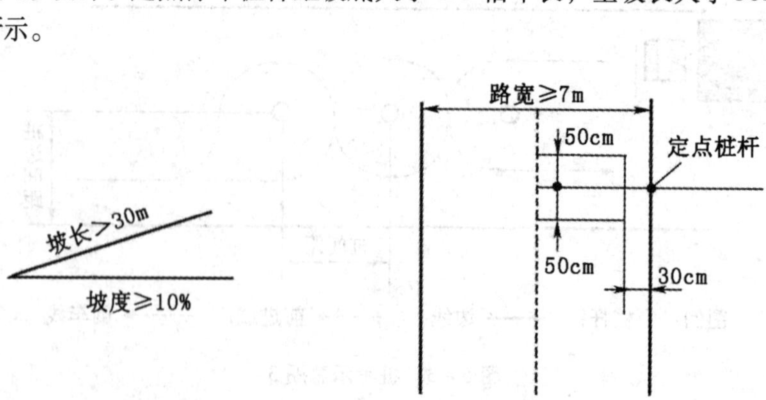

图 5－5　坡道定点停车和起步示意图

②操作要求。机动车驾驶人应通过视觉和感觉及时判断坡道的坡度大小、长

短及路宽等道路情况，采取正确的操作方法，控制车辆平稳停车和起步。做到转向正确，换挡迅速，操纵加速踏板、驻车制动器和离合器踏板的动作准确协调。

（3）侧方停车。

目的：考核机动车驾驶人将车辆正确停入道路右侧车位（库）的技能。

①图形设计，如图 5－6 所示。

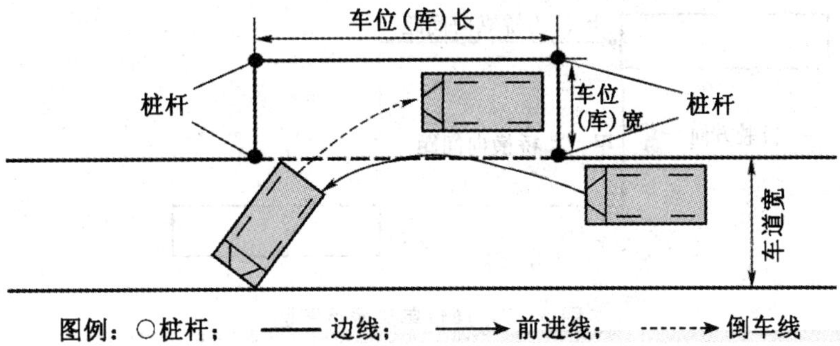

图 5－6 侧方停车示意图

a. 车位（库）长：大型客车为 1.5 倍车长减 1m，小型车辆为 1.5 倍车长加 1m，其他车辆为 1.5 倍车长；

b. 车位（库）宽：车宽加 80cm；

c. 车道宽：1.5 倍车宽加 80cm。

②操作要求。机动车驾驶人驾驶车辆在不碰、擦库位桩杆，车轮不轧碰车道边线、库位边线的情况下，通过一进一退的方式，将车辆停入右侧车位（库）中。

（4）通过单边桥。

目的：考核机动车驾驶人准确运用转向、正确判断车轮直线行驶轨迹、操纵车辆不平行运行的能力。

①图形设计，如图 5－7 所示。

a. 桥宽：20cm；

b. 桥高：小于等于车辆最小离地间隙，摩托车桥高为 5cm，小型汽车桥高为 8cm，其他汽车桥高为 12cm；

c. 甲乙桥横向间距：车辆轮距加 1m；

d. 甲乙桥纵向间距：牵引车挂车为 2 倍轴距，小型车辆为 3 倍轴距，其他车辆为 2.5 倍轴距；

e. 桥面长度：1.5 倍车辆轴距；

f. 坡度：小于等于 7%。

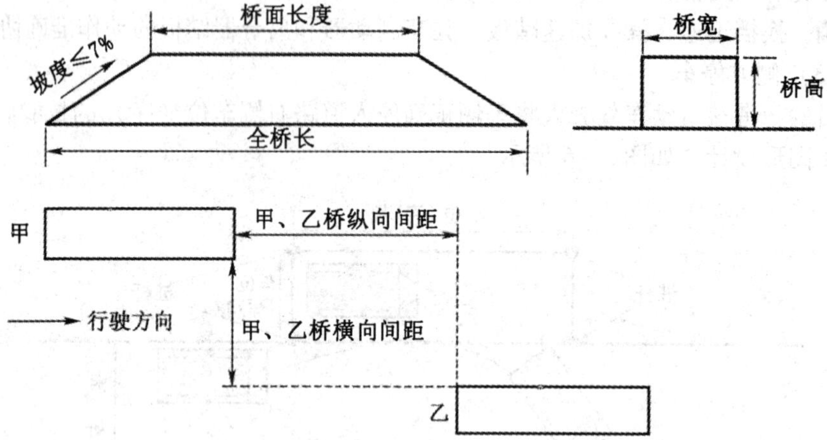

图 5－7　通过单边桥示意图

②操作要求。机动车驾驶人按规定的行驶方向，正确操纵转向，将汽车的左、右侧前后车轮依次平稳、顺畅地驶过甲、乙两桥。三轮汽车、普通三轮摩托车用左、右后轮依次平稳、顺畅地驶过甲、乙两桥。普通二轮摩托车、轻便摩托车从桥上平稳、顺畅通过。

（5）曲线行驶。

目的：考核机动车驾驶人操纵转向、控制车辆曲线行驶的能力。

①图形设计，如图 5－8 所示。

a. 路宽：大型车辆为 4m，小型车辆为 3.5m，摩托车为 2.5m；

b. 半径：大型车辆为 12m，小型车辆为 7.5m，摩托车为 5m；

c. 弧长：八分之三个圆周。

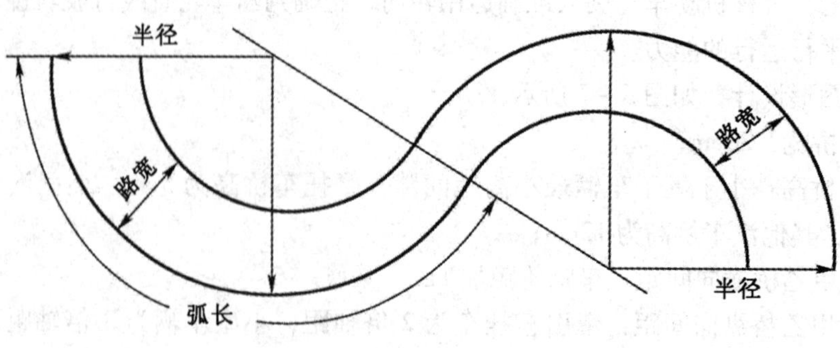

图 5－8　曲线行驶示意图

②操作要求。机动车驾驶人驾驶车辆从弯道的一端前进驶入，减速换挡，以低挡低速从另一端驶出。行驶中不得轧弯道边缘线，转向自如。

（6）直角转弯。

目的：考核机动车驾驶人在急弯路段驾驶车辆时，正确操纵转向、准确判断车辆内、外轮差的能力。

①图形设计，如图5－9所示。

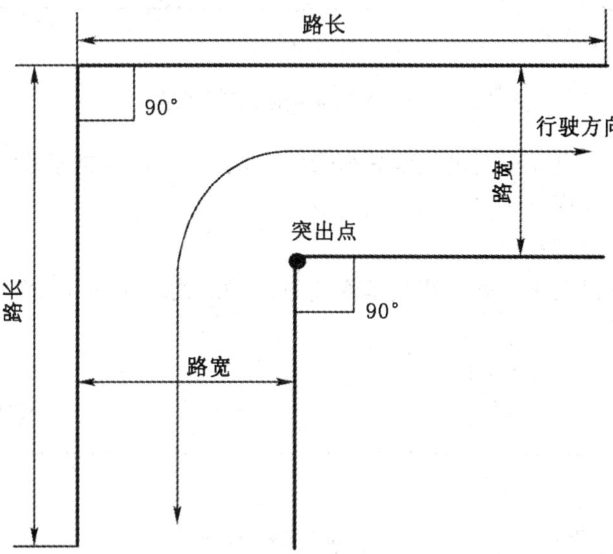

图5－9　直角转弯示意图

a. 路长：大于等于1.5倍车长；

b. 路宽：小型车辆为轴距加1m，半挂牵引车为牵引车轴距加3m，其他车辆为轴距加50cm。

②操作要求。机动车驾驶人驾驶车辆按规定的线路低速行驶，由左向右或者由右向左直角转弯，一次通过，中途不得停车。

（7）限速通过限宽门。

目的：考核机动车驾驶人在一定车速下对车身位置的正确判断能力。

①图形设计，如图5－10所示。

a. 路宽：大于等于7m；

b. 门宽：车宽加60cm。

c. 设置：共设置三个限宽门，三门之间各相距3倍车长，1、3两门设置于正对位置，2门与1、3门偏移一个门宽位置。

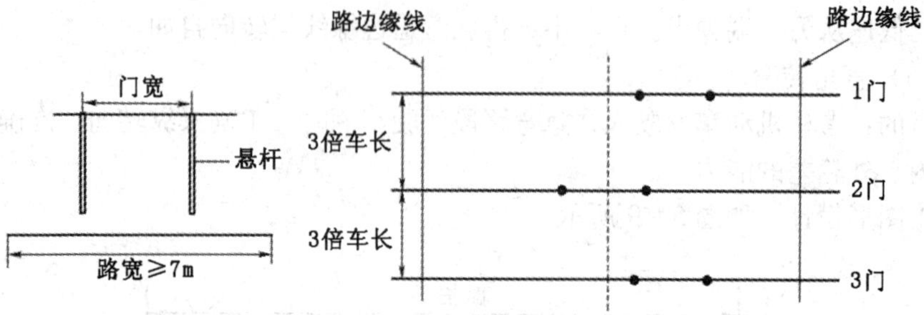

图 5－10　限速通过限宽门示意图

②操作要求。机动车驾驶人驾驶车辆以不低于 20km/h 的速度，从三门之间穿越，不得碰擦悬杆。

（8）通过连续障碍。

目的：考核机动车驾驶人驾驶车辆通过连续障碍时，对车轮行驶轨迹和内、外轮差的判断能力。

①图形设计，如图 5－11 所示。

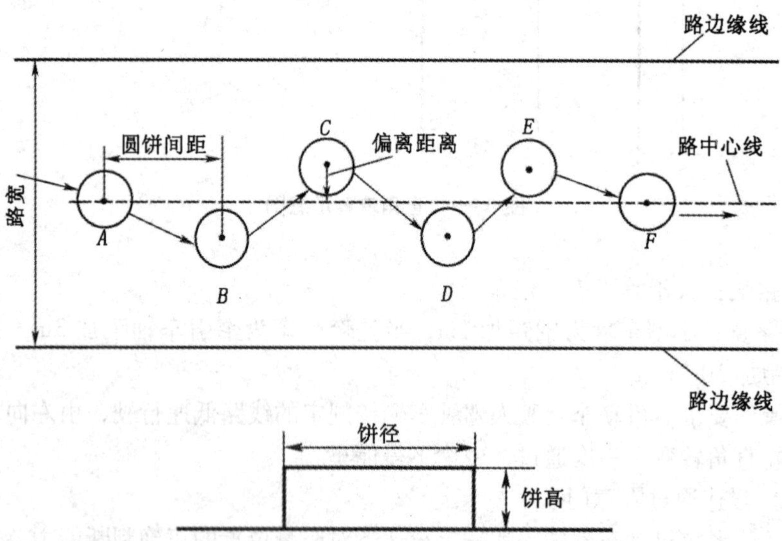

图 5－11　通过连续障碍示意图

a. 路宽：7m。

b. 圆饼直径：70cm，B、C、D、E 圆饼中心点偏离路中心线 1m。

c. 饼高：小于车辆最小离地间隙；小型车辆 6cm，其他车辆 10cm。

d. 圆饼间距：指相邻两块圆饼中心点投影在路中心线上之间的距离；大型客车、城市公交车、大型货车所考核的圆饼间距为2倍车辆最前轮轴至最后轮轴距，牵引车圆饼间距为1.5倍轴距（轴距是牵引车前轴至挂车最后轴的轴距），其他汽车圆饼间距为2.5倍的车辆轴距。

e. 圆饼数量：牵引车只设A、B、C三个圆饼，其他车辆设置六个圆饼。

②操作要求。除小型车辆用一挡外，其他车辆用二挡（含）以上挡位，将车骑于圆饼之上通过，车轮不得碰、擦、轧圆饼，并且不得超、轧两侧路边缘线。

（9）起伏路驾驶。

目的：考核机动车驾驶人驾驶车辆平顺通过起伏路面的能力。

①图形设计，如图5－12所示。

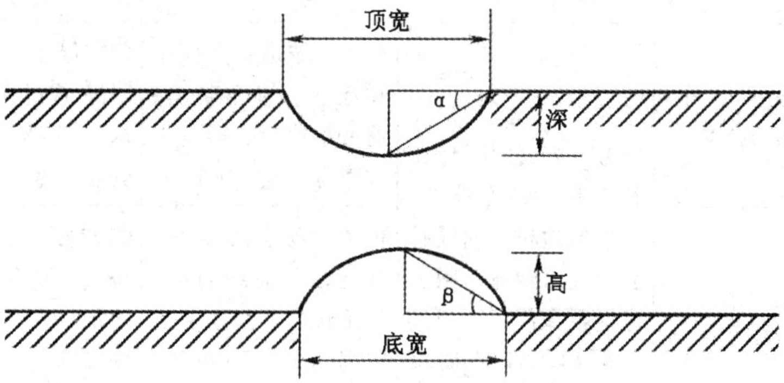

图5－12 起伏路驾驶示意图

a. 顶宽、底宽：车轮直径加60cm；

b. 深度、高度：大型客车、小型车辆为6cm，其他车辆为12cm；

c. 凹路面的α角小于车辆离去角，凸路面的β角小于车辆接近角；

d. 凹路面的深度和凸路面的高度要小于车辆的最小离地间隙。

②操作要求。机动车驾驶人驾驶车辆行驶至起伏路面前20米内制动减速，使用低速挡或者半联动平稳安全地通过起伏路段。

3. 2012年《机动车驾驶证申领和使用规定》实施后科目二考试内容的变化

（1）大中型客货车科目二考试内容的变化。近年来，大中型客货车在急弯、陡坡、冰雪湿滑等危险路段的重特大交通事故频发。分析2011年发生的27起一次死亡10人以上的特大事故，有22起是在恶劣天气和复杂路况条件下发生的，占81.5%（其中，在山区、急弯、陡坡等复杂路况条件下发生的有16起，在夜间、雨雾等恶劣天气条件下发生的有9起）；有14起是由于驾驶人在紧急情况下采取措施不当造成的，占51.9%。

国外许多国家十分重视危险路段驾驶意识和技能的考核，如芬兰、瑞典等国家设有冰上驾驶技能的培训和考核。在我国公安部组织的社会调查中，有70.9%的调查对象认为申请大中型客货车驾驶证，应该考试模拟高速公路、连续急弯山区路、雨（雾）天、湿滑路、紧急情况处置等内容。

因此，2012年《机动车驾驶证申领和使用规定》对大中型客货车科目二考试项目进行了调整，增设模拟高速公路、连续急弯山区路、隧道、雨（雾）天、湿滑路、紧急情况处置等考试项目。调整后，场地考试项目由原来的“训练10项、考试6项”变为“训练、考试均为16项”，如表5-3所示。

表5-3　大中型客货车科目二考试项目对照表

<table>
<tr><th rowspan="2"></th><th rowspan="2">车　型</th><th rowspan="2">训练项目</th><th colspan="2">考试项目</th></tr>
<tr><th>必考项目</th><th>选考项目</th></tr>
<tr><td rowspan="3">原规定</td><td>大型客车、城市公交车</td><td rowspan="3">桩考、坡道定点停车和起步、侧方停车、通过单边桥、曲线行驶、直角转弯、限速通过限宽门、通过连续障碍、百米加减挡、起伏路行驶（共10项）</td><td>桩考、坡道定点停车和起步、直角转弯、通过单边桥、通过连续障碍（共5项）</td><td>侧方停车、曲线行驶、限速通过限宽门、百米加减挡、起伏路行驶（选考1项）</td></tr>
<tr><td>牵引车</td><td>桩考、坡道定点停车和起步、曲线行驶、直角转弯、限速通过限宽门（共5项）</td><td>侧方停车、通过单边桥、通过连续障碍、百米加减挡、起伏路行驶（选考1项）</td></tr>
<tr><td>中型客车、大型货车</td><td>桩考、坡道定点停车和起步、侧方停车、通过单边桥、通过连续障碍（共5项）</td><td>曲线行驶、直角转弯、限速通过限宽门、百米加减挡、起伏路行驶（选考1项）</td></tr>
<tr><td>新规定</td><td>大型客车、牵引车、城市公交车、中型客车、大型货车</td><td colspan="2">桩考、坡道定点停车和起步、侧方停车、通过单边桥、曲线行驶、直角转弯、通过限宽门、通过连续障碍、起伏路行驶、窄路掉头，以及模拟高速公路、连续急弯山区路、隧道、雨（雾）天、湿滑路、紧急情况处置（共16项）</td><td>无</td></tr>
</table>

（2）小型汽车科目二内容的变化。2009年《机动车驾驶证申领和使用规定》规定，小型汽车科目二训练项目共10项，包括桩考、坡道定点停车和起步、侧方停车、通过单边桥、曲线行驶、直角转弯、限速通过限宽门、通过连续障碍、百米加减挡、起伏路行驶。考试其中的4项，必考项目为桩考、坡道定点

停车和起步、侧方停车3项，其他项目中随机选考1项。通过调研发现，小型汽车科目二考试存在部分考试项目针对性不强的问题，如通过连续障碍、通过单边桥等现实生活中已不常用，学员大多靠背口诀应试。为提高小型汽车考试的针对性和实用性，2012年《机动车驾驶证申领和使用规定》优化了小型汽车科目二考试项目：一是简化了小型汽车桩考考试线路，改为倒车入库，取消两个桩位之间的移库要求。二是将百米加减挡、起伏路行驶等两个项目调整至实际道路驾驶考试中。百米加减档主要考核学员对档位熟练操作，起伏路主要考核学员对车速的控制和油离配合，所以放在实际道路正常驾驶过程进行考核更合理。三是取消现实生活中应用性不强的限速通过限宽门、通过连续障碍、通过单边桥3个考试项目。调整后考试项目由原来的"训练10项、考试4项"改为"训练和考试均为5项"，即桩考、坡道定点停车与起步、侧方停车、曲线行驶和直角转弯5个项目，如表5-4所示。

表5-4　小型汽车科目二考试项目对照表

<table>
<tr><th rowspan="2"></th><th rowspan="2">车　型</th><th rowspan="2">训练项目</th><th colspan="2">考试项目</th></tr>
<tr><th>必考项目</th><th>选考项目</th></tr>
<tr><td rowspan="2">原规定</td><td>小型汽车、低速载货汽车</td><td rowspan="2">桩考、坡道定点停车和起步、侧方停车、通过单边桥、曲线行驶、直角转弯、限速通过限宽门、通过连续障碍、百米加减挡、起伏路行驶（共10项）</td><td>桩考、坡道定点停车和起步、侧方停车（共3项）</td><td>通过单边桥、曲线行驶、直角转弯、限速通过限宽门、通过连续障碍、百米加减挡、起伏路行驶（选考1项）</td></tr>
<tr><td>小型自动挡汽车、残疾人专用小型自动挡汽车</td><td>桩考、侧方停车（共2项）</td><td>坡道定点停车和起步、通过单边桥、曲线行驶、直角转弯、限速通过限宽门、通过连续障碍、百米加减挡、起伏路行驶（选考2项）</td></tr>
<tr><td>新规定</td><td>小型汽车、小型自动挡汽车、残疾人专用小型自动挡载客汽车、低速载货汽车</td><td colspan="2">考试倒车入库、坡道定点停车和起步、侧方停车、曲线行驶、直角转弯（共5项）</td><td>无</td></tr>
</table>

此外，在科目二场地考试中，将用施划标线替换现有的标杆，防止考生以标杆为基准点背口诀应试，使考试更贴近实际场景。

（三）科目三考试

实际道路驾驶考试是考核驾驶证申请人在实际道路上正确操纵机动车的能力；遵守交通法规行驶的情况；驾驶姿势及观察、判断、预见能力和综合控制车辆的能力。通过考试可以测定应试人员是否具备单独驾驶车辆的能力。

1. 考试内容

（1）科目三道路驾驶技能考试内容包括大型客车、牵引车、城市公交车、中型客车、大型货车、小型汽车、小型自动挡汽车、低速载货汽车和残疾人专用小型自动挡载客汽车考试上车准备、起步、直线行驶、加减挡位操作、变更车道、靠边停车、直行通过路口、路口左转弯、路口右转弯、通过人行横道线、通过学校区域、通过公共汽车站、会车、超车、掉头、夜间行驶；其他准驾车型的考试内容，由省级公安机关交通管理部门确定。

大型客车、中型客车考试里程不少于20km，其中白天考试里程不少于10km，夜间考试里程不少于5km。牵引车、城市公交车、大型货车考试里程不少于10km，其中白天考试里程不少于5km，夜间考试里程不少于3km。小型汽车、小型自动挡汽车、低速载货汽车、残疾人专用小型自动挡载客汽车考试里程不少于3km，并抽取不少于20%进行夜间考试；不进行夜间考试的，应当进行模拟夜间灯光使用考试。

对大型客车、牵引车、城市公交车、中型客车、大型货车，省级公安机关交通管理部门应当根据实际增加山区、隧道、陡坡等复杂道路驾驶考试内容。对其他汽车准驾车型，省级公安机关交通管理部门可以根据实际增加考试内容。

（2）科目三安全文明驾驶常识考试内容包括安全文明驾驶操作要求、恶劣气象和复杂道路条件下的安全驾驶知识、爆胎等紧急情况下的临危处置方法以及发生交通事故后的处置知识等。

2. 2012年《机动车驾驶证申领和使用规定》实施后科目三考试内容的变化

2009年《机动车驾驶证申领和使用规定》规定科目三考试的内容包括上车准备、起步、直线行驶、变更车道、通过路口、靠边停车、通过人行横道线、通过学校区域、通过公共汽车站、会车、超车、掉头、夜间行驶13个道路驾驶技能项目。2012年《机动车驾驶证申领和使用规定》实施后，科目三考试分为两个项目，在道路驾驶技能考试合格后，还要参加安全文明驾驶常识理论考试。

第一部分道路驾驶技能考试项目增加到16项，增加了加减挡位操作、路口左转弯、路口右转弯3个考试项目。此外，对于大中型客货车，还规定省级公安机关交通管理部门应当根据实际增加山区、隧道、陡坡等复杂道路驾驶考试内容；对于小型汽车，抽取不少于20%进行夜间考试，不进行夜间考试的，进行模拟夜间灯光使用考试。在公安部组织的社会调查中，有72%的调查对象认为申请小型汽车驾驶证，应该设置模拟夜间灯光使用的考试内容。

第二部分安全文明驾驶常识考试主要考核安全文明驾驶要求、复杂条件下的安全驾驶知识、紧急情况下的临危处置方法等，内容包括安全文明驾驶操作要求、恶劣气象和复杂道路条件下的安全驾驶知识、爆胎等紧急情况下的临危处置方法以及发生交通事故后的处置知识等，满分为100分，90分及以上的为合格。

考核驾驶人驾驶技能是否合格，必须有一定的考试距离，多数国家的机动车驾驶人考试有一定的考试量化指标，如英国规定驾驶人实际道路考试不得少于45分钟，加拿大规定驾驶人实际道路考试每次40分钟，大约行驶5～10km。而我国的原部门规章对科目三实际道路驾驶技能考试里程没有规定。因此，有必要明确实际道路驾驶技能考试的里程，特别是对于要求较高的大中型客货车的驾驶而言，应该进行更长距离的考试，对驾驶人的安全驾驶意识和技能进行更全面的考核。在公安部组织的社会调查中，有65.1%的调查对象认为对大中型客货车应该进行长距离实际道路考试。因此，2012年《机动车驾驶证申领和使用规定》规定，大型客车、中型客车准驾车型考试里程不少于20km，其中白天考试里程不少于10km，夜间考试里程不少于5km；牵引车、城市公交车、大型货车准驾车型考试里程不少于10km，其中白天考试里程不少于5km，夜间考试里程不少于3km；小型汽车、小型自动挡汽车、低速载货汽车、残疾人专用小型自动挡载客汽车准驾车型考试里程不少于3km。

二、考试车辆和考试场地要求

（一）考试车辆要求

大型客车——车长不小于9m的大型普通载客汽车；

牵引车——车长不小于12m的半挂汽车列车；

城市公交车——车长不小于9m的大型普通载客汽车；

中型客车——车长不小于5.8m的中型普通载客汽车；

大型货车——车长不小于9m、轴距不小于5m的重型普通载货汽车；

小型汽车——车长不小于5m的轻型普通载货汽车，或者车长不小于4m的小型普通载客汽车，或者车长不小于4m的轿车；

小型自动挡汽车——车长不小于5m的轻型自动挡普通载货汽车，或者车长不小于4m的小型自动挡普通载客汽车，或者车长不小于4m的自动挡轿车；

普通三轮摩托车——至少有四个速度挡位的普通正三轮摩托车或者普通侧三轮摩托车；

普通二轮摩托车——至少有四个速度挡位的普通二轮摩托车；

残疾人专用小型自动挡载客汽车——加装符合相关标准的肢体残疾人驾驶汽车的操纵辅助装置，且车长不小于4m的小型自动挡载客汽车。

其中，申请人为右下肢残疾的，考试车应当加装制动和加速迁延控制手柄或者制动和加速迁延控制踏板；申请人为双下肢残疾的，考试车应当加装方向盘控制辅助手柄、制动和加速迁延控制手柄、转向信号迁延开关，或者驻车制动辅助手柄。

考试车应当设置明显的考试用车标志，除三轮汽车和摩托车外的考试车应当安装供考试员使用的副制动踏板和后视镜装置。

其他考试用车的条件，由省级公安机关交通管理部门确定。

（二）考试场地要求

1. 科目一考试场所

（1）使用计算机系统随机出题、考试，计算机考试系统与机动车驾驶证管理系统联网；

（2）各考位之间设置有效的间隔设施；

（3）考试区域实行封闭式管理；

（4）设置有待考人员等候休息场所，配备必要的便民服务和交通安全宣传设施。

2. 科目二考试场地

（1）有满足场内道路驾驶考试所需的设施及相应的标志、标线；

（2）桩考场内地面平坦，坡度小于1%，附着系数大于0.40；

（3）大型客车、城市公交车、中型客车、大型货车、小型汽车、小型自动挡汽车、残疾人专用小型自动挡载客汽车、低速载货汽车的桩考应当使用计算机自动监控系统。

3. 科目三考试道路

大型客车、牵引车、城市公交车、中型客车、大型货车、小型汽车、小型自动挡汽车、残疾人专用小型自动挡载客汽车、低速载货汽车准驾车型的考试道路应当符合下列条件：

（1）用于通行社会车辆的混合交通道路，汽车单向流量每小时不少于60辆；

（2）考试路段起点和终点应当设置明显的标志，每公里设置里程标志；

（3）应当具有平面交叉路口、交通信号灯以及人行横道、注意行人、注意儿童、减速让行、停车让行等标志、标线。

其他准驾车型的科目三考试可以在场地道路上进行。

省级公安机关交通管理部门可以根据本地实际，确定山区、涵洞、隧道等特点的科目三考试道路条件。

三、各科目考试的合格要求及评判标准

（一）科目一考试

恢复驾驶资格、摩托车的科目一考试共50道题，其他科目一考试100道题，

由计算机管理系统从考试题库中随机抽取生成。恢复驾驶资格的科目一考试时间为30分钟，其他科目一考试时间为45分钟，考试成绩90分以上（含）的为合格。

（二）科目二考试

科目二考试满分为100分，设定不合格、减20分、减10分、减5分的项目评判标准。报考大型客车、牵引车、城市公交车、中型客车、大型货车准驾车型，成绩达到90分的或者报考其他准驾车型成绩达到80分的为合格。

（三）科目三考试

科目三道路驾驶技能和安全文明驾驶常识考试满分分别为100分，成绩分别达到90分的为合格。设定不合格、减20分、减10分、减5分的项目评判标准。

（四）科目二和科目三考试评判标准

科目二和科目三考试评判标准，如表5－5所示：

表5－5　科目二、科目三考试评判标准表

	扣分项目	代码	扣分	扣分项目	代码	扣分
综合评判标准	不按规定使用安全带或者戴安全头盔	A101	100	不能熟练掌握牵引车与半挂车安全连接方法	A121	100
	不按交通信号灯、标志、标线或者民警指挥信号行驶	A102	100	起步、转向、变更车道、超车、停车前不使用转向灯	A201	20
	车辆行驶中骑轧车道中心实线或者车道边缘实线	A103	100	将车辆停在人行横道、网状线内等禁止停车区域	A202	20
	车速超过限速规定	A104	100	起步时车辆后溜，但后溜距离小于30cm	A203	20
	起步时车辆后溜距离大于30cm	A105	100	长时间骑轧车道分界线行驶	A204	20
	车辆行驶方向控制差	A106	100	转弯时，转、回方向过早、过晚，或者转向角度过大、过小	A205	20
	驾驶汽车双手同时离开转向盘	A107	100	不主动避让行人、非机动车	A206	20
	单手控制转向盘时，不能有效、平稳控制行驶方向	A108	100	对可能出现危险的情形未采取减速、鸣喇叭等安全措施	A207	20
	换挡时低头看挡或者连续两次换挡不进	A109	100	起步、转向、变更车道、超车、停车前，开转向灯少于3s即转向	A301	10

	扣分项目	代码	扣分	扣分项目	代码	扣分
综合评判标准	制动、加速踏板使用错误	A110	100	驾驶姿势不正确	A302	10
	行驶中空挡滑行	A111	100	操纵转向盘手法不合理	A303	10
	视线离开行驶方向超过2s	A112	100	选择挡位不当，造成车辆低挡高转速行驶或者车辆抖动	A304	10
	行驶中不能保持安全距离和安全车速	A113	100	起步挂错挡，不能及时纠正	A305	10
	争道抢行，妨碍其他车辆正常行驶	A114	100	换挡时发生齿轮撞击	A306	10
	因观察、判断或者操作不当出现危险情况	A115	100	遇情况时不会合理使用离合器半联动控制车速	A307	10
	不按考试员指令驾驶	A116	100	因操作不当造成发动机熄火一次	A308	10
	违反交通安全法律、法规，考试员认为影响安全驾驶的	A117	100	不能根据交通情况合理使用喇叭	A309	10
	驾驶摩托车时手离开转向把	A118	100	不能根据交通情况合理选择行驶车道或者行驶速度	A310	10
	二轮摩托车在行驶中左右摇摆或者脚触地	A119	100	制动不平顺	A311	10
	摩托车制动时不同时使用前、后制动器	A120	100	通过积水路面遇行人、非机动车时，有不减速等不文明驾驶行为	A312	10
科目二评判标准	不按规定路线、顺序行驶	B101	100	车轮触轧突出点或者驶出边缘线	B601	100
	碰擦桩杆	B102	100	车轮轧道路边缘线	B602	20
	车身出线	B103	100	借助倒车完成	B603	10
	移库不入	B104	100	时速低于20km/h通过	B701	100
	车辆停止后，汽车前保险杠或者摩托车前轴未定于桩杆线上，且前后超出50cm	B201	100	不按规定路线、顺序行驶	B702	100
	车辆停止后，汽车前保险杠或者摩托车前轴未定于桩杆线上，且前后不超出50cm	B202	20	每碰擦一次限宽门悬杆	B703	20

	扣分项目	代码	扣分	扣分项目	代码	扣分
科目二评判标准	车辆停止后，车身距离路边缘线30cm以上	B203	20	不按规定路线行驶	B801	100
	车辆在入库停止后，车身出线	B301	100	车轮驶出边缘线	B802	100
	碰擦桩杆	B302	100	车轮轧路边缘线	B803	20
	行驶中轮胎触轧车道边线	B303	10	轧一个圆饼	B804	20
	其中有一车轮未上桥	B401	20	碰、擦一个圆饼	B805	10
	已骑上桥面，在行驶中出现一个车轮掉下桥面	B402	10	通过起伏路面时，车速控制不当，车辆严重跳跃	BA01	100
	车轮驶出边缘线	B501	100	通过起伏路面前不减速	BA02	10
	车轮轧路边缘线	B502	20	通过起伏路面前过早减速	BA03	5
科目三评判标准	不绕车一周检查车辆外观及安全状况	C101	100	不观察左、右方交通情况	C801	100
	打开车门前不观察后方交通情况	C102	100	不按规定减速慢行	C802	100
	制动气压不足起步	C201	100	遇行人通过人行横道不停车让行	C803	100
	车门未关闭起步	C202	100	在没有中心隔离设施或者中心线的道路上会车时，不减速靠右行驶，并与其他车辆、行人或者非机动车未保持安全距离	C901	100
	起步前，未通过后视镜并向左方侧头，观察左、后方交通情况	C203	100	会车困难时不让行	C902	100
	启动发动机时，变速器操纵杆未置于空挡（或者P挡）	C204	10	横向安全间距判断差，紧急转向避让相对方向来车	C903	100
	发动机启动后，不及时松开启动开关	C205	10	超车前不通过内、外后视镜观察后方和左侧交通情况	CA01	100
	不松驻车制动器起步	C206	10	超车时机选择不合理，影响其他车辆正常行驶	CA02	100
	道路交通情况复杂时起步不能合理使用喇叭	C207	10	超车时未与被超越车辆保持安全距离	CA03	100

项目	扣分项目	代码	扣分	扣分项目	代码	扣分
科目三评判标准	起步时车辆发生闯动	C208	10	超车后急转向驶回本车道，妨碍被超车辆正常行驶	CA04	100
	起步时，加速踏板控制不当，致使发动机转速过高	C209	5	从右侧超车	CA05	100
	启动发动机前，不调整驾驶座椅、后视镜、检查仪表	C210	5	当后车发出超车信号时，具备让车条件不减速靠右让行	CA06	10
	方向控制不稳，不能保持车辆直线运动状态	C301	100	停车前，不通过内、外后视镜观察后方和右侧交通情况	CB01	100
	遇前车制动时不采取减速措施	C302	100	停车后，车身超过道路右侧边缘线或者人行道边缘	CB02	100
	超过20s不通过后视镜观察后方交通情况	C303	10	停车后，在车内开门前不侧头观察侧后方和左侧交通情况	CB03	100
	不了解车辆行驶速度	C304	10	停车后，车身距离道路右侧边缘线或者人行道边缘大于30cm	CB04	20
	未及时发现路面障碍物，未及时采取减速措施	C305	10	停车后，未拉紧驻车制动器	CB05	20
	变更车道前，不通过内、外后视镜观察后方道路交通情况	C401	100	拉紧驻车制动器前放松行车制动踏板	CB06	10
	变更车道时，判断车辆安全距离不合理，妨碍其他车辆正常行驶	C402	100	下车后不关车门	CB07	10
	连续变更两条以上车道	C403	100	下车前不将发动机熄火	CB08	5
	通过路口前未减速慢行	C501	100	夜间在路边临时停车不关闭前照灯或不开启警示灯	CB09	5
	直行通过路口不观察左、右方交通情况	C502	100	不能正确观察交通情况选择掉头时机	CC01	100
	转弯通过路口时，未观察侧前方交通情况或未通过内、外后视镜观察侧、后方交通情况	C503	100	掉头地点选择不当	CC02	100

	扣分项目	代码	扣分	扣分项目	代码	扣分
科目三评判标准	遇有路口交通阻塞时进入路口，将车辆停在路口内等候	C504	100	掉头时，妨碍正常行驶的其他车辆和行人通行	CC03	100
	不按规定避让行人和优先通行的车辆	C505	100	不能正确开启灯光	CD01	100
	左转通过路口时，未靠路口中心点左侧转弯	C506	100	同方向近距离跟车行驶时，使用远光灯	CD02	100
	不观察左、右方交通情况	C601	100	通过急弯、坡路、拱桥、人行横道或者没有交通信号灯控制的路口时，不交替使用远、近光灯示意	CD03	100
	不按规定减速慢行	C602	100	会车时不按规定使用灯光	CD04	100
	遇行人通过人行横道不停车让行	C603	100	在路口转弯时，使用远光灯	CD05	100
	不观察左、右方交通情况	C701	100	超车时未变换使用远、近光灯提醒被超越车辆	CD06	100
	不按规定减速慢行	C702	100	对低能见度道路情况判断差	CD07	100
	遇行人通过人行横道不停车让行	C703	100	在有路灯、照明良好的道路上行驶时，使用远光灯	CD08	100

四、约考规定

约考，是指驾驶证申请人在完成规定培训学时后，认为其技术水平已达到考试的要求，而向公安机关车辆管理机关提出申请，约定考试时间的程序。

初次申请机动车驾驶证或者申请增加准驾车型的，科目一考试合格后，车辆管理所应当在1日内核发驾驶技能准考证明。驾驶技能准考证明的有效期为3年。申请人应当在有效期内完成科目二和科目三考试。未在有效期内完成考试的，已考试合格的科目成绩作废。

（一）科目二预约时限规定

报考小型汽车、小型自动挡汽车、低速载货汽车、三轮汽车、残疾人专用小型自动挡载客汽车、轮式自行机械车、无轨电车、有轨电车准驾车型的，在取得驾驶技能准考证明满10日后预约考试。

报考大型客车、牵引车、城市公交车、中型客车、大型货车准驾车型的，在取得驾驶技能准考证明满20日后预约考试。

（二）科目三预约时限规定

报考低速载货汽车、三轮汽车、轮式自行机械车、无轨电车、有轨电车准驾车型的，在取得驾驶技能准考证明满20日后预约考试。

报考小型汽车、小型自动挡汽车、残疾人专用小型自动挡载客汽车准驾车型的，在取得驾驶技能准考证明满30日后预约考试。

报考大型客车、牵引车、城市公交车、中型客车、大型货车准驾车型的，在取得驾驶技能准考证明满40日后预约考试。

持军队、武装警察部队或者境外机动车驾驶证申请机动车驾驶证的，应当自车辆管理所受理之日起3年内完成科目考试。

（三）缺考与补考规定

申请人因故不能按照预约时间参加考试的，应当提前1日申请取消预约。对申请人未按照预约考试时间参加考试的，判定该次考试不合格。

每个科目考试一次，考试不合格的，可以补考一次。不参加补考或者补考仍不合格的，本次考试终止，申请人应当重新预约考试，但科目二、科目三考试应当在10日后预约。科目三安全文明驾驶常识考试不合格的，已通过的道路驾驶技能考试成绩有效。

在驾驶技能准考证明有效期内，科目二和科目三道路驾驶技能考试预约考试的次数不得超过5次。第5次预约考试仍不合格的，已考试合格的其他科目成绩作废。

（四）2012《机动车驾驶证申领和使用规定》实施后各科目预约考试规定的变化

为督促驾驶培训机构提高培训质量，合理利用考试资源，防止出现“以考代训”的现象，新的部门规章规定：（1）每个科目考试一次，考试不合格的，可以补考一次。不参加补考或者补考仍不合格的，本次考试终止，应当重新预约考试。在驾驶技能准考证明3年有效期内，科目二、科目三道路驾驶技能考试的预约次数不得超过5次，即科目二和科目三的道路驾驶技能考试各有10次考试机会。第5次预约考试仍不合格的，已考试合格的其他科目成绩作废。（2）科目一和科目三的安全文明驾驶常识考试没有预约次数的限制。科目三安全文明驾驶常识考试不合格的，已通过的道路驾驶技能考试成绩有效。（3）科目二、科目三考试不合格的，重新预约考试的间隔时间由20日缩短为10日，如图5－13所示。

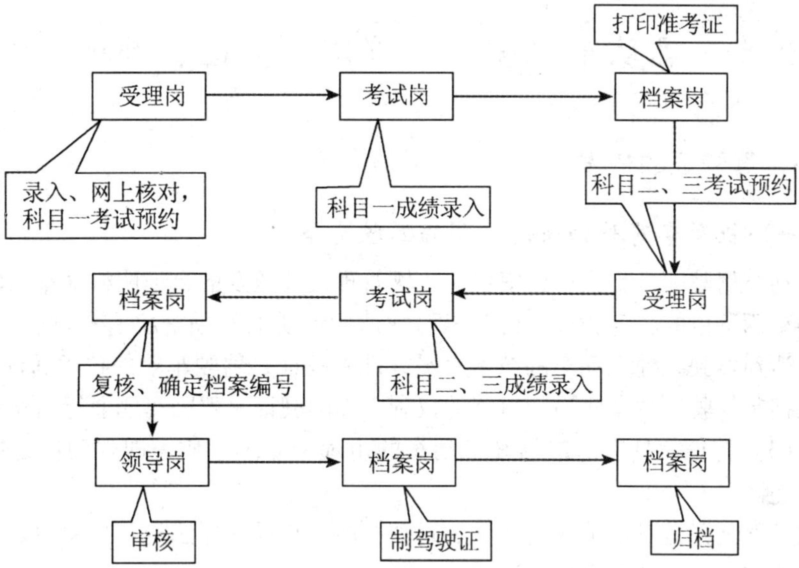

图 5－13 机动车驾驶证申领程序

五、考试监督管理

近年来，全国公安机关交通管理部门通过加强考试民警教育培训、应用科技评判监督系统、完善内外监督机制，驾驶人考试工作规范化水平有所提升。但是，仍然存在考试不规范、考试制度落实不到位的问题：一些地方考试项目不落实，考试员执法随意性大；一些地方异地申请人数量不符合当地暂住人口实际情况，考试比例明显偏高；个别民警收受贿赂、违规发证等问题时有发生。为进一步严格车辆管理所考试发证的监管，2012 年《机动车驾驶证申领和使用规定》对现行有效的管理制度进行了梳理，明确了考试工作监管机制和考试工作纪律规定。

一是完善考试工作监管机制，建立驾驶人考试业务数据分析核查机制，完善考试能力、考试质量公告制度等社会监督机制。

二是明确考试员工作纪律。对为不符合机动车驾驶许可条件、未经考试、考试不合格核发驾驶证的，或者减少机动车驾驶人考试项目、降低评判标准或者参与、协助、纵容作弊的，或者收取培训机构、教练员、考生财物的，给予相应处分；构成犯罪的，依法追究刑事责任。

三是实行考试责任倒查。对 3 年以下驾龄的驾驶人发生交通死亡事故且负主要以上责任的，要开展车辆管理所考试发证情况责任倒查。对车辆管理所存在严重违规办理机动车驾驶证业务的情况的，上级部门可以暂停其业务或者指派人员接管业务。

第五节　机动车驾驶证的核发、换证、补证与注销

一、驾驶证的核发

（一）机动车驾驶证所能证明的驾驶资格

机动车驾驶证，是指由公安机关车辆管理机关核发的，证明机动车驾驶人驾驶某种车辆资格的法定凭证。机动车驾驶证所证明的驾驶资格有三项：（1）持证人已达到驾驶某种机动车的技术水平，即驾驶证是驾驶车辆的技术凭证；（2）持证人拥有驾驶某种车辆通行道路的权利，即驾驶证是驾驶车辆通行道路的权利凭证；（3）持证人具有适应驾驶机动车的生理和心理素质，即驾驶证是持证人的健康凭证。

核发驾驶证是对申请人的条件、驾驶技能、掌握交通法规与相关知识的程度等项目的审核、考试及发证的过程。

申请人考试合格后，应当接受不少于半小时的交通安全文明驾驶常识和交通事故案例警示教育，并参加领证宣誓仪式。

车辆管理所应当在申请人参加领证宣誓仪式的当日核发机动车驾驶证。属于申请增加准驾车型的，应当收回原机动车驾驶证。属于复员、转业、退伍（军人）的，应当收回军队、武装警察部队机动车驾驶证。

机动车驾驶人在机动车驾驶证的 6 年有效期内，每个记分周期均未记满 12 分的，换发 10 年有效期的机动车驾驶证；在机动车驾驶证的 10 年有效期内，每个记分周期均未记满 12 分的，换发长期有效的机动车驾驶证。

（二）驾驶实习期规定

严格驾驶证实习期管理，有助于新驾驶人文明礼让、安全守法驾驶意识和习惯的养成。《道路交通安全法》及其实施条例规定了实习期驾驶人驾车时需要在车身后部粘贴实习标志，禁止驾驶营运客车等特定类型的车辆，但是在以往公安部的部门规章里，没有对实习期驾驶人的违法记分、审验教育和驾车通行限制等方面作出细化规定。

近年来，我国驾驶人以平均每年 2000 多万人的速度快速增长，截至 2011 年年底，1 年以下驾龄驾驶人达 2613 万人，占总数的 10.91%。与此同时，新驾驶人素质不高、安全守法驾驶意识不强等问题突出。2011 年，驾龄在 1 年内的新驾驶人肇事就达 21845 起，占同期事故总数的 10.47%，造成人员死亡 5505 人，占同期死亡人数的 8.94%；2012 年国庆黄金周期间，驾龄不足 1 年的新驾驶人肇事导致的死亡人数占死亡人数总量的 16.2%。欧美等发达国家普遍对实习期

驾驶人采取严格的管理措施。比如，英国规定领取驾驶证 2 年内被扣 6 分的，注销驾驶证，重新考试；法国规定实习期为 3 年，3 年内只要被扣 3 分就要参加学习，扣 6 分则要重新考试；日本规定实习期被扣 3 分，要到驾校重新学习 7 小时的交通法规和驾驶技能，否则将被吊销驾驶证。

为加强对新驾驶人的管理，2012 年《机动车驾驶证申领和使用规定》进一步完善了驾驶人实习期管理制度：

一是扩大了实习期管理范围，将增驾新取得大型客车、中型客车、牵引车等驾驶证的驾驶人一并纳入实习期管理。在公安部组织的社会调查中，有 73.4% 的调查对象认为对新取得大中型客货车驾驶证的人有必要采取更严格的管理措施。

二是明确了实习期陪驾要求，在实习期内驾驶机动车上高速公路时，必须由持相应或者更高车型驾驶证 3 年以上的驾驶人陪同。在公安部组织的社会调查中，有 74.7% 的调查对象认为实习期驾车上高速公路需要有驾驶经验的人陪同。

三是规定所有车型驾驶证在实习期内有记满 12 分记录的，予以注销实习车型的驾驶资格。

四是规定大中型客货车驾驶人实习期结束后，要参加安全文明驾驶等知识考试，接受交通事故警示教育；大中型客货车驾驶人在实习期内违法记 6 分以上的，实习期限延长 1 年；在延长的实习期内再次记 6 分以上但未达到 12 分的，注销其实习的准驾车型驾驶资格。具体规定如下：（1）机动车驾驶人初次申请机动车驾驶证和增加准驾车型后的 12 个月为实习期。（2）新取得大型客车、牵引车、城市公交车、中型客车、大型货车驾驶证的，实习期结束后 30 日内应当参加道路交通安全法律法规、交通安全文明驾驶、应急处置等知识考试，并接受不少于半小时的交通事故案例警示教育。（3）在实习期内驾驶机动车的，应当在车身后部粘贴或者悬挂统一式样的实习标志。（4）机动车驾驶人在实习期内不得驾驶公共汽车、营运客车或者执行任务的警车、消防车、救护车、工程救险车以及载有爆炸物品、易燃易爆化学物品、剧毒或者放射性等危险物品的机动车；驾驶的机动车不得牵引挂车。（5）驾驶人在实习期内驾驶机动车上高速公路行驶，应当由持相应或者更高准驾车型驾驶证 3 年以上的驾驶人陪同。其中，驾驶残疾人专用小型自动挡载客汽车的，可以由持有小型自动挡载客汽车以上准驾车型驾驶证的驾驶人陪同。（6）在增加准驾车型后的实习期内，驾驶原准驾车型的机动车时不受上述限制。

二、驾驶证的换证

（一）期满换证

机动车驾驶人应当于机动车驾驶证有效期满前 90 日内，向机动车驾驶证核发地车辆管理所申请换证，如图5－14、5－15所示。申请时应当填写《机动车驾驶证申请表》（如表5－6所示），并提交身份证明、机动车驾驶证、县级或者部队团级以上医疗机构出具的有关身体条件的证明。属于申请驾驶残疾人专用小型自动挡载客汽车的，应当提交经省级卫生主管部门指定的专门医疗机构出具的有关身体条件的证明。

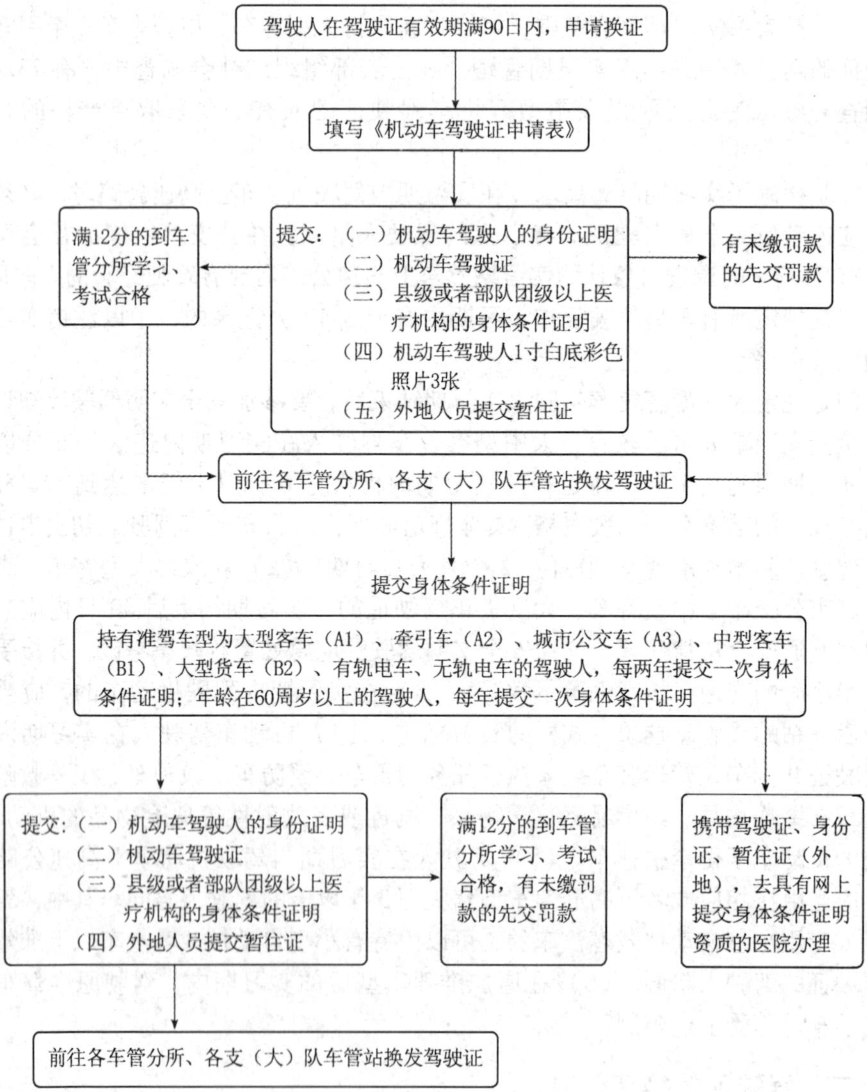

图5－14　驾驶证期满换证流程图

年龄达到 60 周岁降低准驾车型图表

原准驾车型	换领准驾车型
持有准驾车型为 大型客车（A1） 牵引车（A2） 城市公交车（A3） 中型客车（B1） 大型货车（B2）	换领准驾车型为 小型汽车（C1）或 小型自动挡汽车（C2）

年龄达到 70 周岁降低准驾车型图表

原准驾车型	换领准驾车型
持有准驾车型为 普通三轮摩托车（D） 普通二轮摩托车（E）	换领准驾车型为 轻便摩托车（F）

图 5－15　降低准驾车型图表

机动车驾驶人因服兵役、出国（境）等原因，无法在规定时间内办理驾驶证期满换证的，可以向机动车驾驶证核发地车辆管理所申请延期办理。申请时应当填写《机动车驾驶证申请表》，并提交机动车驾驶人的身份证明、机动车驾驶证和延期事由证明。延期期限最长不超过 3 年。延期期间机动车驾驶人不得驾驶机动车。

（二）转入换证

机动车驾驶人户籍迁出原车辆管理所管辖区的，应当向迁入地车辆管理所申请换证；机动车驾驶人在核发地车辆管理所管辖区以外居住的，可以向居住地车辆管理所申请换证。申请时应当填写《机动车驾驶证申请表》，并提交机动车驾驶人的身份证明和机动车驾驶证。

表 5－6　机动车驾驶证申请表

机动车驾驶证申请表

受理岗签字签章		档案编号	

申请人信息							
	姓名		性别		出生日期		国籍
	身份证明名称		号码				照片
			号码				
	住所地址						
	联系地址						
	联系电话		邮政编码				

申请业务种类					
申领	□初次申领 □增加准驾车型 □持军警驾驶证 □持境外驾驶证	申请的准驾车型代号		现准驾车型代号	
		属于持军警驾驶证、境外驾驶证申领的，还应填写下列事项： □军队驾驶证　□武警驾驶证　□香港驾驶证　□澳门驾驶证 □台湾驾驶证　□外国驾驶证 所持驾驶证的证号＿＿＿＿＿＿＿＿签注的准驾车型代号＿＿＿＿＿ 初次领证日期＿＿＿＿＿＿＿＿＿有效期截止日期＿＿＿＿＿＿			
换证 补证 注销	□有效期满	□有效期截止日期		有效期限	
	□转入	转入原因	□户籍迁入　□来本地居住	原驾驶证档案编号	
	□达到规定年龄 □自愿降低准驾	现准驾车型代号		申请的准驾车型代号	注：原C证可换领B1、C1、C2证。换领B1证的，须每年提交身体条件证明，逾期一年未提交将予以注销；换领C1、C2证且年龄在60周岁以下的，驾驶证有效期内无须提交身体条件证明
	□身份信息变化	变化事项		变化后内容	
	□证件损毁 □补证 □注销	原因			
	申请方式	□本人申请 □委托＿＿＿＿＿＿＿＿＿＿	□监护人申请 代理人申请	本人签字： 年　月　日	
	委托代理	代理人/监护人姓名		身份证明名称	号码
		住址			

申告的义务和内容		
	机动车驾驶证申请人应当如实申告是否具有下列不准申请的情形： 一、器质性心脏病、癫痫病、美尼尔氏症、眩晕症、癔病、震颤麻痹、精神病、痴呆以及影响肢体活动的神经系统疾病等妨碍安全驾驶疾病； 二、吸食、注射毒品，长期服用依赖性精神药品成瘾尚未戒除； 三、提供虚假申请材料，以欺骗等不正当手段申领机动车驾驶证； 四、被吊销机动车驾驶证未满两年； 五、造成交通事故后逃逸被吊销机动车驾驶证； 六、驾驶许可依法被撤销未满三年； 七、机动车驾驶证被暂扣； 八、法律和行政法规规定的其他不准申请的情形。 上述内容本人已认真阅读，本人不具有所列的不准申请的情形。	申请人签字 年　月　日

（三）变更准驾车型换证

年龄在60周岁以上的，不得驾驶大型客车、牵引车、城市公交车、中型客车、大型货车、无轨电车和有轨电车；持有大型客车、牵引车、城市公交车、中型客车、大型货车驾驶证的，应当到机动车驾驶证核发地车辆管理所换领准驾车型为小型汽车或者小型自动挡汽车的机动车驾驶证。年龄在70周岁以上的，不得驾驶低速载货汽车、三轮汽车、普通三轮摩托车、普通二轮摩托车和轮式自行机械车；持有普通三轮摩托车、普通二轮摩托车驾驶证的，应当到机动车驾驶证核发地车辆管理所换领准驾车型为轻便摩托车的机动车驾驶证。

机动车驾驶人自愿降低准驾车型的，应当填写《机动车驾驶证申请表》，并提交身份证明和机动车驾驶证。

机动车驾驶人身体条件发生变化，不符合所持机动车驾驶证准驾车型的条件，但符合准予驾驶其他准驾车型条件的，应当在30日内到机动车驾驶证核发地车辆管理所申请降低准驾车型。申请时应当填写《机动车驾驶证申请表》，并提交机动车驾驶人的身份证明、机动车驾驶证、县级或者部队团级以上医疗机构出具的有关身体条件的证明。

（四）驾驶证信息变更换证

在车辆管理所管辖区域内，机动车驾驶证记载的机动车驾驶人信息发生变化的，机动车驾驶人应当在30日内到机动车驾驶证核发地车辆管理所申请换证。申请时应当填写《机动车驾驶证申请表》，并提交机动车驾驶人的身份证明和机动车驾驶证。

（五）损毁换证

机动车驾驶证损毁无法辨认的，机动车驾驶人应当在30日内到机动车驾驶证核发地车辆管理所申请换证。申请时应当填写《机动车驾驶证申请表》，并提交机动车驾驶人的身份证明和机动车驾驶证。

（六）其他规定

车辆管理所换发机动车驾驶证时，应当对机动车驾驶证进行审验。机动车驾驶人有下列情形之一的，不予换发机动车驾驶证：（1）道路交通安全违法行为未处理完毕的；（2）身体条件不符合驾驶许可条件的；（3）在一个记分周期内记分达到12分未接受道路交通安全法律、法规和相关知识教育、考试的。

三、驾驶证的补发

机动车驾驶证遗失的，机动车驾驶人应当向机动车驾驶证核发地车辆管理所申请补发，由车辆管理所审核后补发新证。

机动车驾驶人补领机动车驾驶证后，原机动车驾驶证作废，不得继续使用。

机动车驾驶证被依法扣押、扣留或者暂扣期间，机动车驾驶人不得申请补发。

四、驾驶人提交身体条件证明

年龄在60周岁以上的机动车驾驶人，应当每年进行一次身体检查，在记分周期结束后15日内，提交县级或者部队团级以上医疗机构出具的有关身体条件的证明。

持有准驾车型为大型客车、牵引车、城市公交车、中型客车、大型货车、无轨电车、有轨电车的机动车驾驶人，应当每两年进行一次身体检查，在记分周期结束后15日内，提交县级或者部队团级以上医疗机构出具的有关身体条件的证明。

持有准驾车型为残疾人专用小型自动挡载客汽车的机动车驾驶人，应当每三年进行一次身体检查，在记分周期结束后15日内，提交经省级卫生主管部门指定的专门医疗机构出具的有关身体条件的证明。

机动车驾驶人因服兵役、出国（境）等原因，无法在规定时间内办理提交身体条件证明的，可以向机动车驾驶证核发地车辆管理所申请延期办理。延期期限最长不超过3年。延期期间机动车驾驶人不得驾驶机动车。

五、驾驶证的注销

依据《机动车驾驶证申领和使用规定》（公安部令第123号）的规定，对有下列情况之一的，应当注销机动车驾驶证。（1）死亡的；（2）提出注销申请的；（3）丧失民事行为能力，监护人提出注销申请的；（4）身体条件不适合驾驶机动车的；（5）有器质性心脏病、癫痫病、美尼尔氏症、眩晕症、癔病、震颤麻痹、精神病、痴呆以及影响肢体活动的神经系统疾病等妨碍安全驾驶疾病的；（6）被查获有吸食、注射毒品后驾驶机动车行为，正在执行社区戒毒、强制隔离戒毒、社区康复措施，或者长期服用依赖性精神药品成瘾尚未戒除的；（7）超过机动车驾驶证有效期1年以上未换证的；（8）年龄在60周岁以上，在一个记分周期结束后1年内未提交身体条件证明的，或者持有残疾人专用小型自动挡载客汽车准驾车型，在三个记分周期结束后1年内未提交身体条件证明的；（9）年龄在60周岁以上，所持机动车驾驶证只具有无轨电车或者有轨电车准驾车型，或者年龄在70周岁以上，所持机动车驾驶证只具有低速载货汽车、三轮汽车、轮式自行机械车准驾车型的；（10）机动车驾驶证依法被吊销或者驾驶许可依法被撤销的。符合第（4）项至第（10）项情形之一，未收回机动车驾驶证的，应当公告机动车驾驶证作废。具有第（7）项、第（8）项情形之一被注销机动车驾驶证未超过2年的，机动车驾驶人参加道路交通安全法律、法规和相关知识考试合格后，可以恢复驾驶资格。

持有大型客车、牵引车、城市公交车、中型客车、大型货车驾驶证的驾驶人有下列情形之一的，车辆管理所应当注销其最高准驾车型驾驶资格，并通知机动车驾驶人在 30 日内办理降级换证业务：（1）发生交通事故造成人员死亡，承担同等以上责任，未构成犯罪的；（2）在一个记分周期内有记满 12 分记录的；（3）连续三个记分周期不参加审验的。机动车驾驶人在规定时间内未办理降级换证业务的，车辆管理所应当公告注销的准驾车型驾驶资格作废。

机动车驾驶人在实习期内有记满 12 分记录的，注销其实习的准驾车型驾驶资格。被注销的驾驶资格不属于最高准驾车型的，还应当按照 2012 年《机动车驾驶证申领和使用规定》第 68 条第 1 款规定，注销其最高准驾车型驾驶资格。

持有大型客车、牵引车、城市公交车、中型客车、大型货车驾驶证的驾驶人在 1 年实习期内记 6 分以上但未达到 12 分的，实习期限延长 1 年。在延长的实习期内再次记 6 分以上但未达到 12 分的，注销其实习的准驾车型驾驶资格。

六、驾驶人信息变化备案制度

如实申报信息是驾驶人的法定义务。公安机关只有准确掌握驾驶人信息，才能对驾驶人实行有针对性的有效管理。目前，多数发达国家和地区对驾驶人信息变更申报有明确的法律规定，如英国、美国、我国香港等国家和地区均设定了严格的驾驶人信息变更申报制度，香港规定驾驶人信息变更必须在 72 小时以内申报，否则将被罚款 2000 港币；英国驾驶人地址变更后，如果不及时告知，会受到 1000 英镑的罚款。因此，为保障营运驾驶人关键信息的准确真实和及时更新，加强对营运驾驶人的安全提示和管理，借鉴国外经验，规定机动车驾驶人联系电话、联系地址等信息，以及持有大型客车、牵引车、城市公交车、中型客车、大型货车准驾车型驾驶证的驾驶人从业单位等信息发生变化的，应当在信息变更后 30 日内，向驾驶证核发地车辆管理所备案。大型客车、牵引车、城市公交车、中型客车、大型货车准驾车型驾驶证的驾驶人未按规定申报的，由公安机关交通管理部门处 20 元以上 200 元以下罚款。对此，2012 年《机动车驾驶证申领和使用规定》中有明确规定，其中第 70 条规定："机动车驾驶人联系电话、联系地址等信息发生变化，以及持有大型客车、牵引车、城市公交车、中型客车、大型货车驾驶证的驾驶人从业单位等信息发生变化的，应当在信息变更后三十日内，向驾驶证核发地车辆管理所备案。"第 71 条规定："道路运输企业应当定期将聘用的机动车驾驶人向所在地公安机关交通管理部门备案，督促及时处理道路交通安全违法行为、交通事故和参加机动车驾驶证审验。公安机关交通管理部门应当每月向辖区内交通运输主管部门、运输企业通报机动车驾驶人的道路交通违法行为、记分和交通事故等情况。"

第六节 机动车驾驶证审验、记分制度与行政处罚

一、驾驶证审验

（一）驾驶证审验的作用

驾驶证审验制度是道路交通安全管理的重要组成部分。其作用主要有以下几个方面：

第一，促进驾驶人遵守交通安全法律、法规。在审验时，按照相关规定，驾驶人必须将涉及的道路交通安全违法行为处理完毕，未处理完毕的不得予以审验，不得延续驾驶许可。

第二，对在一个记分周期内记分达到 12 分未接受道路交通安全法律、法规和相关知识教育、考试的，要扣留机动车驾驶证，对驾驶人进行教育、考试。因此，驾驶证审验有着对驾驶人进行交通安全教育的作用。

第三，及时掌握驾驶人信息变化情况。驾驶人在换证审验时，需要填写申请表，提交身体证明等相关信息，因而可以收集到驾驶人信息的变化情况。

（二）驾驶证审验的项目

第一，道路交通违法行为是否处理完毕。

第二，身体条件是否符合驾驶许可要求。

第三，在一个记分周期内记分达到 12 分是否接受了道路交通安全法律、法规和相关知识教育、考试。

（三）驾驶证审验规定

一般来说，驾驶证审验的期限与驾驶证有效期限一致。根据《道路交通安全法实施条例》第 26 条第 1 款的规定，机动车驾驶人在机动车驾驶证的 6 年有效期内，每个记分周期均未达到 12 分的，换发 10 年有效期的机动车驾驶证；在机动车驾驶证的 10 年有效期内，每个记分周期均未达到 12 分的，换发长期有效的机动车驾驶证。换发机动车驾驶证时，公安机关交通管理部门应当对机动车驾驶证进行审验。

驾驶人的身体条件状况对道路交通安全有着重要的影响。2012 年《机动车驾驶证申领和使用规定》第 60 条规定："机动车驾驶人应当按照法律、行政法规的规定，定期到公安机关交通管理部门接受审验。机动车驾驶人按照本规定第四十八条、第四十九条换领机动车驾驶证时，应当接受公安机关交通管理部门的审验。持有大型客车、牵引车、城市公交车、中型客车、大型货车驾驶证的驾驶人，应当在每个记分周期结束后三十日内到公安机关交通管理部门接受审验。但

在一个记分周期内没有记分记录的，免予本记分周期审验。持有本条第三款规定以外准驾车型驾驶证的驾驶人，发生交通事故造成人员死亡承担同等以上责任未被吊销机动车驾驶证的，应当在本记分周期结束后三十日内到公安机关交通管理部门接受审验。在异地从事营运的机动车驾驶人，向营运地车辆管理所备案登记一年后，可以直接在营运地参加审验。”第 61 条规定：“……持有大型客车、牵引车、城市公交车、中型客车、大型货车驾驶证一个记分周期内有记分的，以及持有其他准驾车型驾驶证发生交通事故造成人员死亡承担同等以上责任未被吊销机动车驾驶证的驾驶人，审验时应当参加不少于三小时的道路交通安全法律法规、交通安全文明驾驶、应急处置等知识学习，并接受交通事故案例警示教育。对交通违法行为或者交通事故未处理完毕的、身体条件不符合驾驶许可条件的、未按照规定参加学习、教育和考试的，不予通过审验。”第 62 条规定：“年龄在 60 周岁以上的机动车驾驶人，应当每年进行一次身体检查，在记分周期结束后三十日内，提交县级或者部队团级以上医疗机构出具的有关身体条件的证明。持有残疾人专用小型自动挡载客汽车驾驶证的机动车驾驶人，应当每三年进行一次身体检查，在记分周期结束后三十日内，提交经省级卫生主管部门指定的专门医疗机构出具的有关身体条件的证明。机动车驾驶人按照本规定第六十条第三款、第四款规定参加审验时，应当申报身体条件情况。”

另外，2012 年《机动车驾驶证申领和使用规定》中明确了驾驶人身体条件发生变化时，应主动向驾驶证核发地车辆管理所申报。其中，第 52 条规定：“机动车驾驶人身体条件发生变化，不符合所持机动车驾驶证准驾车型的条件，但符合准予驾驶的其他准驾车型条件的，应当在三十日内到机动车驾驶证核发地车辆管理所申请降低准驾车型。申请时应当填写申请表，并提交机动车驾驶人的身份证明、机动车驾驶证、县级或者部队团级以上医疗机构出具的有关身体条件的证明。机动车驾驶人身体条件发生变化，不符合第十一条第二项规定或者具有第十二条规定情形之一，不适合驾驶机动车的，应当在三十日内到机动车驾驶证核发地车辆管理所申请注销。申请时应当填写申请表，并提交机动车驾驶人的身份证明和机动车驾驶证。机动车驾驶人身体条件不适合驾驶机动车的，不得驾驶机动车。”

二、交通违法记分制度

实施机动车驾驶人记分管理，是总结多年来交通管理工作的实践，借鉴国外交通管理的先进经验，结合我国城市交通现状而制定的机动车驾驶人交通违法处理的法规措施。它是依法管理交通，向现代化交通管理模式迈进的一个重要步骤和手段。

1996 年，我国就以规章的形式规定了对发生交通违法或交通事故的机动车驾驶人实行记分管理。1996年9月1日起在全国施行的《机动车驾驶证管理办法》（公安部令第28号）第25条曾明确规定，对持证人发生交通事故或违章的，实行记分管理，并在驾驶证或驾驶证登记资料中记载。对超过违章、事故记录分数规定的，依法分别进行交通法规教育、考试和处罚。1998年1月1日起实施的《北京市机动车和机动车驾驶员管理办法》第21条也规定，驾驶员违反交通法规或发生交通事故，须按规定参加交通法规培训和考试。根据这两个规章的规定，北京市公安交通管理局发布了《关于对本市有交通违法行为和发生交通事故的机动车驾驶员进行交通安全教育的通告》，首先规定了公安机关交通管理部门对交通违法行为人进行处罚的同时执行记分，还规定了驾驶人一年内记录分值累计达12分的，须接受交通安全教育培训和考试。1999年12月9日《机动车驾驶员交通违章记分办法》（公安部令第45号）发布，这部规章对机动车驾驶员记分管理作了更进一步的详尽规定和说明，并强化了对违法记分驾驶员的考试工作。2004年5月1日起施行的《道路交通安全法》正式将驾驶人的累积记分制度写入了法律当中，为我国的驾驶人记分管理工作奠定了坚实的法律基础。其中，第24条规定："公安机关交通管理部门对机动车驾驶人违反道路交通安全法律、法规的行为，除依法给予行政处罚外，实行累积记分制度。公安机关交通管理部门对累积记分达到规定分值的机动车驾驶人，扣留机动车驾驶证，对其进行道路交通安全法律、法规教育，重新考试；考试合格的，发还其机动车驾驶证。对遵守道路交通安全法律、法规，在一年内无累积记分的机动车驾驶人，可以延长机动车驾驶证的审验期。具体办法由国务院公安部门规定。"

（一）对机动车驾驶人违法行为实施累计记分管理的目的和意义

机动车驾驶人违法行为累积记分管理，是预防和减少机动车驾驶人交通违法行为以及交通事故发生的一种有效的教育防范措施，是公安机关交通管理部门依法管理交通的重要手段。其目的是为了体现依法治国基本方略，严格依法行政，保障交通秩序的安全畅通，提高机动车驾驶人自觉守法的意识。

正确贯彻执行记分管理办法，对于提高交通管理执法水平，保障道路交通安全畅通，保护公民、法人和其他组织合法权益，促进依法行政，密切政府与人民群众的关系，维护社会稳定，都有着十分重要的意义。

对机动车驾驶人违法行为实施累计记分管理是国际上通用的制度，特别是在一些比较发达的国家和地区，这种做法尤为普遍，如美国、日本、德国、意大利、巴西等国，以及我国香港和台湾等地区都对机动车驾驶人实行记分制度。主要方法是在机动车驾驶人发生交通违法后，进行相应的分值记录，对累计达到一定分值的驾驶人进行吊扣驾驶证处罚或教育、考试等。通过违法记分约束机动车驾驶人严重违法或屡次违法行为，对驾驶人进行动态管理，进而增强其自我教育、自觉守法意识。这一做法从一定意义上弥补了对一些严重违法行为的处罚未起到应有惩戒作用的不足，是一种较为有效的预防和减少交通违法行为发生的措施，在实践中取得了良好的效果。

为进一步加大对严重危害交通安全的违法行为的惩处力度，2012 年《机动车驾驶证申领和使用规定》对校车、大中型客货车、危险物品运输车等重点车型驾驶人的严重交通违法行为提高了记分分值，记分项由 38 项增加至 52 项。一是新增使用伪造和变造校车标牌、校车超员 20% 以上记 12 分、不按规定避让校车记 6 分等 14 个涉及校车管理的记分项。二是新增记 12 分的记分项 2 项。中型以上载客载货汽车、校车、危险物品运输车辆在高速公路、城市快速路上超速 20% 以上的记 12 分；未取得校车驾驶资格驾驶校车的记 12 分。三是由记 6 分提高到记 12 分的记分项 4 项。机动车超速 50% 以上，中型以上载客汽车和危险物品运输车辆疲劳驾驶，未悬挂机动车号牌或者故意遮挡、污损、不按规定安装机动车号牌，营运客车在高速公路车道内违法停车，由记 6 分提高到 12 分。在公安部组织的社会调查中，有 82.2% 的调查对象认为对机动车不挂号牌、遮挡号牌等违法行为，应该从严查处、从严记分。四是调整表述的记 12 分记分项 2 项。将公路客运车辆超员 20% 以上调整为营运客车、校车超员 20% 以上；根据《道路交通安全法》的修改决定，取消了原醉酒后驾驶机动车记 12 分的内容，规定饮酒后驾驶机动车的记 12 分。五是细化了超速的记分标准，如表 5－7 所示。

表 5－7　超速违法行为记分分值表

<table>
<tr><th colspan="2" rowspan="2">违法行为</th><th rowspan="2">道路类型</th><th colspan="2">车辆类型</th></tr>
<tr><th>中型以上载客载货汽车、校车、危险物品运输车辆</th><th>其他机动车</th></tr>
<tr><td rowspan="5">超速</td><td>50% 以上</td><td>所有道路</td><td>记 12 分</td><td>记 12 分</td></tr>
<tr><td rowspan="2">20% 以上 50% 以下</td><td>高速公路、城市快速路</td><td>记 12 分</td><td>记 6 分</td></tr>
<tr><td>高速公路、城市快速路以外道路</td><td>记 6 分</td><td>记 6 分</td></tr>
<tr><td rowspan="2">20% 以下</td><td>高速公路、城市快速路</td><td>记 6 分</td><td>记 3 分</td></tr>
<tr><td>高速公路、城市快速路以外道路</td><td>记 3 分</td><td>记 3 分</td></tr>
</table>

（二）记分原则

《道路交通安全法实施条例》第 23 条第 2 款规定：“应当给予记分的道路交通安全违法行为及其分值，由国务院公安部门根据道路交通安全违法行为的危害程度规定。”道路交通安全违法行为累计记分周期（即记分周期）为 12 个月，满分为 12 分，从机动车驾驶证初次领取之日起计算。依据道路交通安全违法行为的严重程度，一次记分的分值分为12分、6分、3分、2分、1分五种。对机动车驾驶人的道路交通安全违法行为，处罚与记分同时执行。机动车驾驶人一次有两个以上违法行为记分的，应当分别计算，累加分值。机动车驾驶人对道路交通安全违法行为处罚不服，申请行政复议或者提起行政诉讼后，经依法裁决变更或者撤销原处罚决定的，相应记分分值予以变更或者撤销。公安机关交通管理部门应当向社会公布机动车驾驶人违法行为记分查询方式，提供查询便利。

（三）分值设定

1. 记12分

机动车驾驶人有下列违法行为之一，一次记12分：

（1）驾驶与准驾车型不符的机动车的；

（2）饮酒后驾驶机动车的；

（3）驾驶营运客车（不包括公共汽车）、校车载人超过核定人数20%以上的；

（4）造成交通事故后逃逸，尚不构成犯罪的；

（5）上道路行驶的机动车未悬挂机动车号牌的，或者故意遮挡、污损、不按规定安装机动车号牌的；

（6）使用伪造、变造的机动车号牌、行驶证、驾驶证、校车标牌或者使用其他机动车号牌、行驶证的；

（7）驾驶机动车在高速公路上倒车、逆行、穿越中央分隔带掉头的；

（8）驾驶营运客车在高速公路车道内停车的；

（9）驾驶中型以上载客载货汽车、校车、危险物品运输车辆在高速公路、城市快速路上行驶超过规定时速20%以上或者在高速公路、城市快速路以外的道路上行驶超过规定时速50%以上，以及驾驶其他机动车行驶超过规定时速50%以上的；

（10）连续驾驶中型以上载客汽车、危险物品运输车辆超过4小时未停车休息或者停车休息时间少于20分钟的；

（11）未取得校车驾驶资格驾驶校车的。

2. 记6分

机动车驾驶人有下列违法行为之一，一次记6分：

（1）机动车驾驶证被暂扣期间驾驶机动车的；

（2）驾驶机动车违反道路交通信号灯通行的；

（3）驾驶营运客车（不包括公共汽车）、校车载人超过核定人数未达20%的，或者驾驶其他载客汽车载人超过核定人数20%以上的；

（4）驾驶中型以上载客载货汽车、校车、危险物品运输车辆在高速公路、城市快速路上行驶超过规定时速未达20%的；

（5）驾驶中型以上载客载货汽车、校车、危险物品运输车辆在高速公路、城市快速路以外的道路上行驶或者驾驶其他机动车行驶超过规定时速20%以上未达到50%的；

（6）驾驶货车载物超过核定载质量30%以上或者违反规定载客的；

（7）驾驶营运客车以外的机动车在高速公路车道内停车的；

（8）驾驶机动车在高速公路或者城市快速路上违法占用应急车道行驶的；

（9）低能见度气象条件下，驾驶机动车在高速公路上不按规定行驶的；

（10）驾驶机动车运载超限的不可解体的物品，未按指定的时间、路线、速度行驶或者未悬挂明显标志的；

（11）驾驶机动车载运爆炸物品、易燃易爆化学物品以及剧毒、放射性等危险物品，未按指定的时间、路线、速度行驶或者未悬挂警示标志并采取必要的安全措施的；

（12）以隐瞒、欺骗手段补领机动车驾驶证的；

（13）连续驾驶中型以上载客汽车、危险物品运输车辆以外的机动车超过4小时未停车休息或者停车休息时间少于20分钟的；

（14）驾驶机动车不按照规定避让校车的。

3. 记3分

机动车驾驶人有下列违法行为之一，一次记3分：

（1）驾驶营运客车（不包括公共汽车）、校车以外的载客汽车载人超过核定人数未达20%的；

（2）驾驶中型以上载客载货汽车、危险物品运输车辆在高速公路、城市快速路以外的道路上行驶或者驾驶其他机动车行驶超过规定时速未达20%的；

（3）驾驶货车载物超过核定载质量未达30%的；

（4）驾驶机动车在高速公路上行驶低于规定最低时速的；

（5）驾驶禁止驶入高速公路的机动车驶入高速公路的；

（6）驾驶机动车在高速公路或者城市快速路上不按规定车道行驶的；

（7）驾驶机动车行经人行横道，不按规定减速、停车、避让行人的；

（8）驾驶机动车违反禁令标志、禁止标线指示的；

（9）驾驶机动车不按规定超车、让行的，或者逆向行驶的；

（10）驾驶机动车违反规定牵引挂车的；

（11）在道路上车辆发生故障、事故停车后，不按规定使用灯光和设置警告标志的；

（12）上道路行驶的机动车未按规定定期进行安全技术检验的。

4. 记2分

机动车驾驶人有下列违法行为之一，一次记2分：

（1）驾驶机动车行经交叉路口不按规定行车或者停车的；

（2）驾驶机动车有拨打、接听手持电话等妨碍安全驾驶的行为的；

（3）驾驶二轮摩托车，不戴安全头盔的；

（4）驾驶机动车在高速公路或者城市快速路上行驶时，驾驶人未按规定系安全带的；

（5）驾驶机动车遇前方机动车停车排队或者缓慢行驶时，借道超车或者占用对面车道、穿插等候车辆的；

（6）不按照规定为校车配备安全设备，或者不按照规定对校车进行安全维护的；

（7）驾驶校车运载学生，不按照规定放置校车标牌、开启校车标志灯，或者不按照经审核确定的线路行驶的；

（8）校车上下学生，不按照规定在校车停靠站点停靠的；

（9）校车未运载学生上道路行驶，使用校车标牌、校车标志灯和停车指示标志的；

（10）驾驶校车上道路行驶前，未对校车车况是否符合安全技术要求进行检查，或者驾驶存在安全隐患的校车上道路行驶的；

（11）在校车载有学生时给车辆加油，或者在校车发动机引擎熄灭前离开驾驶座位的。

5. 记 1 分

机动车驾驶人有下列违法行为之一，一次记 1 分：

（1）驾驶机动车不按规定使用灯光的；

（2）驾驶机动车不按规定会车的；

（3）驾驶机动车载货长度、宽度、高度超过规定的；

（4）上道路行驶的机动车未放置检验合格标志、保险标志，未随车携带行驶证、机动车驾驶证的。

三、行政处罚

自《道路交通安全法》公布实施以来，公安部针对新时期道路交通安全形势的变化，在行政处罚方面进行了更多的修订。2007 年 4 月 1 日起施行的《机动车驾驶证申领和使用规定》（公安部令第 91 号），着重突出了对容易引发交通事故特别是群死群伤特大交通事故违法行为、驾驶人主观故意或恶意违法行为的处罚力度。2009 年《机动车驾驶证申领和使用规定》在原规定基础上，对严重交通违法行为处罚进行了调整，重点就是要加强驾驶人源头管理，对部分驾驶人主观过错大、严重影响道路交通安全、扰乱道路交通秩序的交通违法行为提高记分分值，加大对交通违法行为的处罚力度，如将饮酒后驾驶机动车，在高速公路上倒车、逆行、掉头，使用伪造、变造机动车牌证3种违法行为，由一次记6分调整为记12分。

2011年全国人大及其常委会对《中华人民共和国刑法》和《道路交通安全法》进行了修订，将危险驾驶和醉酒后驾驶两种违法行为纳入刑事处罚。

2012年《机动车驾驶证申领和使用规定》第78条规定："隐瞒有关情况或者提供虚假材料申领机动车驾驶证的，申请人在一年内不得再次申领机动车驾驶证。申请人在考试过程中有贿赂、舞弊行为的，取消考试资格，已经通过考试的其他科目成绩无效；申请人在一年内不得再次申领机动车驾驶证。申请人以欺骗、贿赂等不正当手段取得机动车驾驶证的，公安机关交通管理部门收缴机动车驾驶证，撤销机动车驾驶许可；申请人在三年内不得再次申领机动车驾驶证。"第79条规定："机动车驾驶人有下列行为之一的，由公安机关交通管理部门处二十元以上二百元以下罚款：（一）机动车驾驶人补领机动车驾驶证后，继续使用原机动车驾驶证的；（二）在实习期内驾驶机动车不符合第六十五条规定的；（三）驾驶机动车未按规定粘贴、悬挂实习标志或者残疾人机动车专用标志的；（四）持有大型客车、牵引车、城市公交车、中型客车、大型货车驾驶证的驾驶人，未按照第七十条规定申报变更信息的；有第一款第一项规定情形的，由公安机关交通管理部门收回原机动车驾驶证。"第80条规定："机动车驾驶人有下列行为之一的，由公安机关交通管理部门处二百元以上五百元以下罚款：（一）机动车驾驶证被依法扣押、扣留或者暂扣期间，采用隐瞒、欺骗手段补领机动车驾驶证的；（二）机动车驾驶人身体条件发生变化不适合驾驶机动车，仍驾驶机动车的；（三）逾期不参加审验仍驾驶机动车的。有第一款第一项、第二项规定情形之一的，由公安机关交通管理部门收回机动车驾驶证。"第81条规定："伪造、变造或者使用伪造、变造的机动车驾驶证的，由公安机关交通管理部门予以收缴，依法拘留，并处二千元以上五千元以下罚款；构成犯罪的，依法追究刑事责任。"

第七节　临时机动车驾驶许可规定

一、概　　念

临时机动车驾驶许可，是指公安机关交通管理部门根据临时入境的机动车驾驶人的申请，按照法定程序进行审查，对符合条件的申请人核发临时机动车驾驶许可证件，准予申请人在一段时间内驾驶机动车的制度。

二、申请与审查

（一）申　请

临时入境的机动车驾驶人在中国道路上驾驶自带临时入境的机动车，应当向入境地或者始发地所在的直辖市或者设区的市公安机关交通管理部门申领临时机动车驾驶许可。

临时入境的机动车驾驶人驾驶租赁的中国机动车，应当向机动车租赁单位所在的直辖市或者设区的市公安机关交通管理部门申领临时机动车驾驶许可。

申请临时机动车驾驶许可的机动车驾驶人应是临时进入我国境内不超过3个月的机动车驾驶人，并满足以下条件：（1）经国家主管部门批准，临时入境参加有组织的旅游、比赛以及其他交往活动的外国机动车和机动车驾驶人；（2）临时入境后仅在边境地区一定范围内行驶的外国机动车和机动车驾驶人；（3）临时入境后需驾驶租赁的中国机动车的外国机动车驾驶人。与中国签订有双边或者多边过境运输协定的，按照协定办理。国家或者政府之间对机动车牌证和驾驶证有互相认可协议的，按照协议办理。

申请临时机动车驾驶许可的，应当用中文填写《临时机动车驾驶许可申请表》，并按规定提交材料。申请材料包括：（1）入出境身份证件；（2）境外机动车驾驶证，属于非中文表述的，还应当出具中文翻译文本；（3）年龄、身体条件符合中国驾驶许可条件的证明文件；（4）两张一寸彩色照片（近期半身免冠正面白底）；（5）参加有组织的旅游、比赛以及其他交往活动的，还应当提交中国相关主管部门出具的证明。

（二）审　查

公安机关交通管理部门应当在收到申请材料之日起3日内进行审查，符合规定的，组织道路交通安全法律、法规学习，核发临时机动车驾驶许可。公安机关交通管理部门核发临时入境机动车号牌、行驶证和临时机动车驾驶许可时，应当对境外机动车和机动车驾驶人以前的入境记录进行核查，发现有道路交通违法行为和交通事故未处理完毕的，告知其处理完毕后再核发牌证；在中国境内有驾驶机动车交通肇事逃逸记录的，不予核发临时机动车驾驶许可。

三、使用及其效力

临时入境的机动车驾驶人应当按照下列规定驾驶机动车：（1）遵守中国的道路交通安全法律、法规及规章；（2）按照临时入境机动车号牌上签注的行驶区域或者路线行驶；（3）遇有交通警察检查的，应当停车接受检查，出示入出境证件、临时机动车驾驶许可和所持境外机动车驾驶证及其中文翻译文本；（4）违反道路交通安全法律、法规的，应当依法接受中国公安机关交通管理部门的处理。

外国机动车驾驶人取得临时机动车驾驶许可证件，也就取得了在我国道路上驾驶机动车的资格。

第八节　国际驾驶证和国家间机动车驾驶证互认

一、国际驾驶证

国际驾驶证一般标有英文“INTERNATIONAL”（国际），分为“国际驾驶证文件”和“国际驾驶 ID 卡”两部分。“国际驾驶证文件”内容具体包括国际驾驶证文件封面、驾驶人信息和具有资格的准驾车型、国际驾驶证接受国家列表、国际驾驶证使用记录（多国语言）、驾驶人的照片和签名（如图 5－16 所示）。

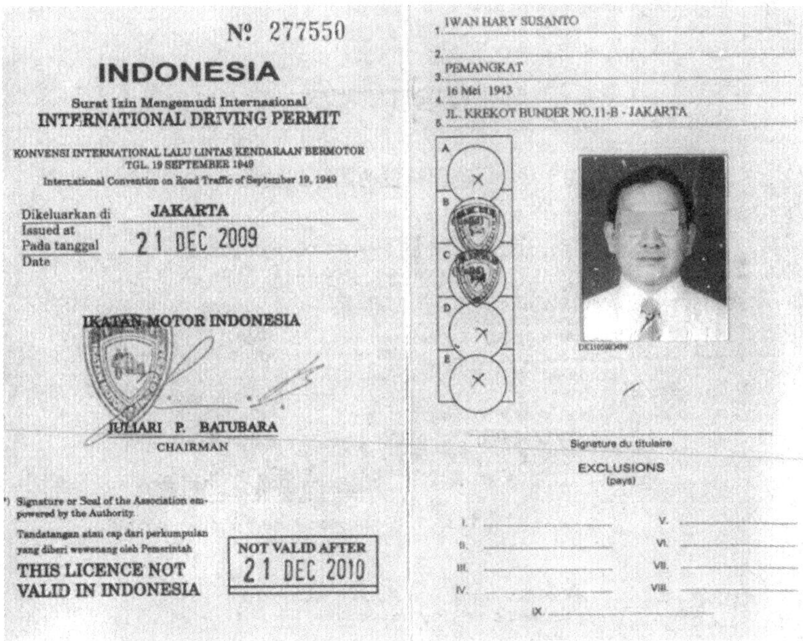

图 5－16　国际驾驶证文件

“国际驾驶 ID 卡”内容包括驾驶证类型，持证人姓名、性别、出生日期、地址、身高等持证人个人信息，以及签发日期、有效期。为防止伪造，国际驾驶 ID 卡采用了镭射水印防伪镀膜（如图 5－17、图 5－18 所示）。

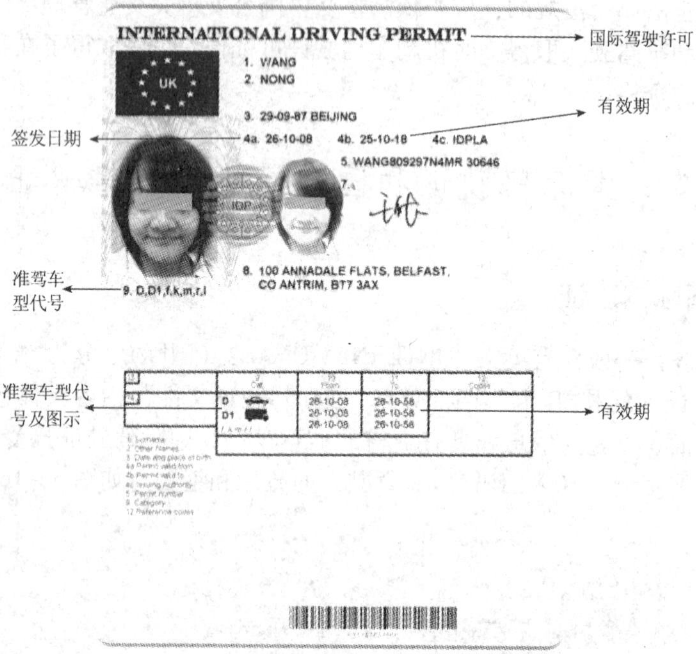

图 5－17　英国核发的国际驾驶证

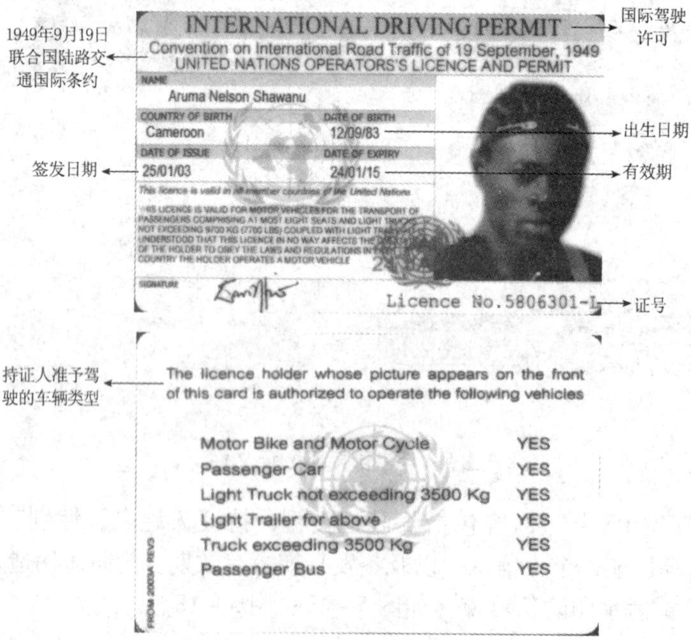

图 5－18　联合国核发的国际驾驶证

国际驾驶证文件上打印了8种语言，具体包括：英语、法语、西班牙语、俄语、阿拉伯语、汉语、德语和日语。

二、国家间机动车驾驶证互认

由于我国没有加入世界驾驶人社团组织，也没有接受联合国陆路交通国际条约，因此虽然国际驾驶证在180多个国家可以使用，并且有中文表述，但是我国并不承认国际驾驶证。这也就是说，持国际驾驶证和本国驾驶证不能在我国境内驾驶机动车。

第九节　机动车驾驶人管理若干实务问题解答

1. 正在驾校学习的学员，中途申请办理退学的，应如何处理？已通过的考试成绩如何处理？由谁消除原学习记录？

答：学员申请退学的，已通过的考试成绩全部取消。由学员向驾校提出退学申请，驾校应于3个工作日内到分所办理退办手续，不及时办理退办的驾校给予暂停受理的处理；对于驾校提出的退办申请，分所应及时办理退办手续。

2. 正在驾校学习的学员，中途想到另一所驾校学习申请转学的，如何办理？

答：现使用的六合一管理系统中，无“转学”业务项，当事人需先退办原有学车手续，再到新驾校重新申请驾驶资格，之前通过的考试成绩全部取消。

3. 考科目一时，因计算机网络故障中断考试，造成学员咨询或不满的，如何解决？

答：科目一考试因网络故障中断后，应立即启动应急处置流程，相关职能科室工作人员负责对网络故障进行排查，同时应做好学员解释工作，网络恢复后按照规定考试；对于因系统无法恢复正常造成当天无法进行考试的，受理民警应及时在驾驶人系统中将此次考试予以“取消”，并向学员说明情况后重新预约考试。

4. 在考试工作中，发现学员身体有残疾或运动功能障碍，不符合申请驾驶证身体条件的，如何处理？

答：如考试员发现申请人身体条件不符，应立即中止考试，报主管领导审示后，告知当事人到北京市体检中心对身体条件进行复查，并应及时与北京市体检中心对考试人身体条件进行再次确认，如确实不符，应退办驾驶许可申请，按照规定追究相关人员责任。

5. 外国人参加12分和注销恢复考试是否有多语种考试题？

答：公安部开发的无纸化考试系统的科目一考试题库中，12分和注销恢复仅有简体中文考题，暂时没有多语种考试题。

6. 科目二计算机考试系统出现误报或某一科目出现故障，学员须重新考试，发生争议的，如何处理?

答：如学员对重新考试有异议，考试民警应做好解释工作，并按规定进行重新考试。

7. 怀孕学员能否要求考试（尤其是科目二、科目三）?

答：法规中未明确规定怀孕人员不能参加机动车驾驶人考试，但出于安全考虑，建议孕妇根据自身实际情况，不要勉强，并要向驾校和车辆管理所说明实际情况；若在实际考试工作中发现确有影响安全驾驶可能的，则应告知学员可能发生的后果，学员坚持的，应让其写出书面保证，再予以考试。

8. 军队驾驶证年审过期或无退役章的，如何解决?

答：目前，相关法规没有规定审核退役章，但军队驾驶证应在年审有效期内，对于退役军人办理相关手续时还需审查并收存退出现役证件。

9. 部分军人退休，但本人关系仍属部队未移交地方，本人已有身份证但无人口信息，想办理军转地换证业务，如何解决?

答：须确认二代居民身份证真实、有效，二代居民身份证与军本信息相符，系同一人，凭本人离（退）休证、居民身份证、军队驾驶证，按照军转地相关规定办理地方驾驶证，驾驶证号录入身份证号。

10. 现役军官原驾驶证是在外地车辆管理所申领的，现军官证号已变更，申请驾驶证转入手续，应如何办理?具体证明由何单位出具?

答：如持有二代居民身份证，可凭所在单位出具证号变更证明办理转入业务；如未取得二代居民身份证，则应按照公安部令第123号要求其提供军官证、士兵证以及所在部队团级以上单位出具的住址证明作为本人身份证件使用，再按照规定办理转入手续。

11. 办理持境外驾驶证申请我国驾驶证业务时，无法判定申请人的境外驾驶证是否真实有效怎么办?

答：(1) 告知申请人需对其驾驶证的真实性进行查证，请其配合；(2) 登陆出入境管理系统查询申请人的出入境记录，对照其在境外考取驾驶证的时间，判断有无逻辑关系；(3) 告知其如使用虚假证件冒领中国驾驶证应承担的法律后果，并可要求其在相关法律责任书上签字，再视其驾驶证的中文翻译情况决定可否受理；(4) 根据其中文翻译文本，对照驾驶证的内容（如出生日期、驾驶证有效期、准驾车型等重点项目）加以判断，对于真实有效的正式的境外驾驶证予以换发中国驾驶证，对于境外驾驶证上标注或有规定不能单独驾驶的，不予换发驾驶证（国际驾照不予办理）。

12. 因驾驶人本人听力发生变化，申请变更驾驶证的，应如何办理？

答：持 C1 或 C2 准驾车型驾驶证的驾驶人，因听力条件发生变化申请变更驾驶证的，可到各分所办理变更驾驶证业务，程序如下：（1）受理岗审核申请人提交的《机动车驾驶证申请表》、身份证明（有代理人的，还需提交代理人身份证明）、机动车驾驶证、县级或者部队团级以上医疗机构出具的《身体条件证明》，且《身体条件证明》“听力”一栏中注明“需要佩戴助听装置”；（2）通过计算机管理系统核查申请人累计记分情况，以及是否具有被扣留、暂扣、注销、吊销、撤销机动车驾驶证或者道路交通安全违法行为未处理完毕的情形；（3）符合规定的，受理申请，使用驾驶员统一版系统对驾驶人信息进行更正，将“听力”一项更正为“需佩戴助听器”，确定后，使用“损毁换证”程序打印驾驶证交申请人；（4）档案岗将《机动车驾驶证申请表》原件、申请人身份证明（有代理人的，还需收存代理人身份证明）复印件、机动车驾驶证原件、县级或者部队团级以上医疗机构出具的《身体条件证明》原件存入驾驶人档案。

若持 C1 以上准驾车型（A1、A2、A3、B1、B2）驾驶证的申请人，因听力条件发生变化申请变更驾驶证的，应告知其先办理降低准驾车型业务，将准驾车型降为 C1 或 C2，再按照上述程序办理变更驾驶证业务。

车管部门在办理上述业务时，要认真审核申请人提交的资料，确保信息一致并符合规定。对于办理因听力发生变化变更驾驶证业务的申请人，其《身体条件证明》除“听力”一项更正为“需佩戴助听器”外，其他项目必须符合其所持驾驶证准驾车型要求的身体条件，审核无误后再予以办理。

13. 机动车驾驶人累计记分已满 12 分，同时驾驶证已丢失，系统不能办理补领驾驶证，也没办法处理违法行为，如何办理？

答：应先申请 12 分培训和考试，销分后补领驾驶证，再处理违法行为。

14. 申请人持军队驾驶证申领地方驾驶证时，出生日期与所持身份证明记载的不符，如何解决？

答：按照规定对申请人身份证明和其他证明、凭证进行审核，对于符合规定且可以确认其军本与所持身份证件为同一人的，如果属于出生年份一致，但月份或日期不一致，且符合申请驾驶证年龄条件的，可以办理；如果属于出生年份不一致的，则告知其应到发证机关出具相关证明后再来办理。

15. 现役军人已取得地方驾驶证，现持二代居民身份证办理驾驶证身份证明名称和种类变更的，如何办理？

答：受理民警需使用身份证阅读器对居民身份证的真伪进行查验，同时还需对居民身份证上记载的姓名、出生日期、照片进行核对，相符的，予以办理；不相符的，告知其需出具所在部队团级以上单位出具的证明，再予以办理。在对证件持有人的核对中存有疑义的，可与上级车辆管理所档案信息部门进行联系，调取机动车或驾驶人的实物档案进行核对，核对无误后再予以办理。

16. 现役军人持二代居民身份证办理机动车登记的身份证明名称和种类变更的，如何办理?

答：申请人提交变更登记规定的证明、凭证，受理民警审核无误后，还需使用身份证阅读器对居民身份证的真伪进行查验，同时还需对居民身份证上记载的姓名、出生日期进行核对，相符的，予以办理；不相符的，告知其需出具所在部队团级以上单位出具的证明，再予以办理。在对证件持有人的核对中存有疑义的，可与上级车辆管理所档案信息部门进行联系，调取机动车或驾驶人的实物档案进行核对，核对无误后再予以办理。

17. 部队离、退休人员持军队驾驶证申请地方驾驶证的，应如何办理？需要提交的资料有哪些?

答：应按照退伍、转业军人的规定办理，提交的资料包括《机动车驾驶证申请表》、《身体条件证明》、申请人的身份证明（未核发居民身份证的，则应提交《离休证》或《退休证》以及部队团级以上单位出具的本人住所证明）、军队、武装警察部队机动车驾驶证和机动车驾驶人照片。

附　录

校车安全管理条例

（2012 年 3 月 28 日国务院第 197 次常务会议通过
2012 年 4 月 5 日中华人民共和国国务院令
第 617 号公布施行）

第一章　总　则

第一条　为了加强校车安全管理，保障乘坐校车学生的人身安全，制定本条例。

第二条　本条例所称校车，是指依照本条例取得使用许可，用于接送接受义务教育的学生上下学的 7 座以上的载客汽车。

接送小学生的校车应当是按照专用校车国家标准设计和制造的小学生专用校车。

第三条　县级以上地方人民政府应当根据本行政区域的学生数量和分布状况等因素，依法制定、调整学校设置规划，保障学生就近入学或者在寄宿制学校入学，减少学生上下学的交通风险。实施义务教育的学校及其教学点的设置、调整，应当充分听取学生家长等有关方面的意见。

县级以上地方人民政府应当采取措施，发展城市和农村的公共交通，合理规划、设置公共交通线路和站点，为需要乘车上下学的学生提供方便。

对确实难以保障就近入学，并且公共交通不能满足学生上下学需要的农村地区，县级以上地方人民政府应当采取措施，保障接受义务教育的学生获得校车服务。

国家建立多渠道筹措校车经费的机制，并通过财政资助、税收优惠、鼓励社会捐赠等多种方式，按照规定支持使用校车接送学生的服务。支持校车服务所需的财政资金由中央财政和地方财政分担，具体办法由国务院财政部门制定。支持校车服务的税收优惠办法，依照法律、行政法规规定的税收管理权限制定。

第四条　国务院教育、公安、交通运输以及工业和信息化、质量监督检验检疫、安全生产监督管理等部门依照法律、行政法规和国务院的规定，负责校车安全管理的有关工作。国务院教育、公安部门会同国务院有关部门建立校车安全管理工作协调机制，统筹协调校车安全管理工作中的重大事项，共同做好校车安全管理工作。

第五条 县级以上地方人民政府对本行政区域的校车安全管理工作负总责，组织有关部门制定并实施与当地经济发展水平和校车服务需求相适应的校车服务方案，统一领导、组织、协调有关部门履行校车安全管理职责。

县级以上地方人民政府教育、公安、交通运输、安全生产监督管理等有关部门依照本条例以及本级人民政府的规定，履行校车安全管理的相关职责。有关部门应当建立健全校车安全管理信息共享机制。

第六条 国务院标准化主管部门会同国务院工业和信息化、公安、交通运输等部门，按照保障安全、经济适用的要求，制定并及时修订校车安全国家标准。

生产校车的企业应当建立健全产品质量保证体系，保证所生产（包括改装，下同）的校车符合校车安全国家标准；不符合标准的，不得出厂、销售。

第七条 保障学生上下学交通安全是政府、学校、社会和家庭的共同责任。社会各方面应当为校车通行提供便利，协助保障校车通行安全。

第八条 县级和设区的市级人民政府教育、公安、交通运输、安全生产监督管理部门应当设立并公布举报电话、举报网络平台，方便群众举报违反校车安全管理规定的行为。

接到举报的部门应当及时依法处理；对不属于本部门管理职责的举报，应当及时移送有关部门处理。

第二章　学校和校车服务提供者

第九条 学校可以配备校车。依法设立的道路旅客运输经营企业、城市公共交通企业，以及根据县级以上地方人民政府规定设立的校车运营单位，可以提供校车服务。

县级以上地方人民政府根据本地区实际情况，可以制定管理办法，组织依法取得道路旅客运输经营许可的个体经营者提供校车服务。

第十条 配备校车的学校和校车服务提供者应当建立健全校车安全管理制度，配备安全管理人员，加强校车的安全维护，定期对校车驾驶人进行安全教育，组织校车驾驶人学习道路交通安全法律法规以及安全防范、应急处置和应急救援知识，保障学生乘坐校车安全。

第十一条 由校车服务提供者提供校车服务的，学校应当与校车服务提供者签订校车安全管理责任书，明确各自的安全管理责任，落实校车运行安全管理措施。

学校应当将校车安全管理责任书报县级或者设区的市级人民政府教育行政部门备案。

第十二条 学校应当对教师、学生及其监护人进行交通安全教育，向学生讲解校车安全乘坐知识和校车安全事故应急处理技能，并定期组织校车安全事故应急处理演练。

学生的监护人应当履行监护义务，配合学校或者校车服务提供者的校车安全管理工作。学生的监护人应当拒绝使用不符合安全要求的车辆接送学生上下学。

第十三条　县级以上地方人民政府教育行政部门应当指导、监督学校建立健全校车安全管理制度，落实校车安全管理责任，组织学校开展交通安全教育。公安机关交通管理部门应当配合教育行政部门组织学校开展交通安全教育。

第三章　校车使用许可

第十四条　使用校车应当依照本条例的规定取得许可。

取得校车使用许可应当符合下列条件：

（一）车辆符合校车安全国家标准，取得机动车检验合格证明，并已经在公安机关交通管理部门办理注册登记；

（二）有取得校车驾驶资格的驾驶人；

（三）有包括行驶线路、开行时间和停靠站点的合理可行的校车运行方案；

（四）有健全的安全管理制度；

（五）已经投保机动车承运人责任保险。

第十五条　学校或者校车服务提供者申请取得校车使用许可，应当向县级或者设区的市级人民政府教育行政部门提交书面申请和证明其符合本条例第十四条规定条件的材料。教育行政部门应当自收到申请材料之日起 3 个工作日内，分别送同级公安机关交通管理部门、交通运输部门征求意见，公安机关交通管理部门和交通运输部门应当在 3 个工作日内回复意见。教育行政部门应当自收到回复意见之日起 5 个工作日内提出审查意见，报本级人民政府。本级人民政府决定批准的，由公安机关交通管理部门发给校车标牌，并在机动车行驶证上签注校车类型和核载人数；不予批准的，书面说明理由。

第十六条　校车标牌应当载明本车的号牌号码、车辆的所有人、驾驶人、行驶线路、开行时间、停靠站点以及校车标牌发牌单位、有效期等事项。

第十七条　取得校车标牌的车辆应当配备统一的校车标志灯和停车指示标志。

校车未运载学生上道路行驶的，不得使用校车标牌、校车标志灯和停车指示标志。

第十八条　禁止使用未取得校车标牌的车辆提供校车服务。

第十九条　取得校车标牌的车辆达到报废标准或者不再作为校车使用的，学校或者校车服务提供者应当将校车标牌交回公安机关交通管理部门。

第二十条　校车应当每半年进行一次机动车安全技术检验。

第二十一条　校车应当配备逃生锤、干粉灭火器、急救箱等安全设备。安全设备应当放置在便于取用的位置，并确保性能良好、有效适用。

校车应当按照规定配备具有行驶记录功能的卫星定位装置。

第二十二条 配备校车的学校和校车服务提供者应当按照国家规定做好校车的安全维护，建立安全维护档案，保证校车处于良好技术状态。不符合安全技术条件的校车，应当停运维修，消除安全隐患。

校车应当由依法取得相应资质的维修企业维修。承接校车维修业务的企业应当按照规定的维修技术规范维修校车，并按照国务院交通运输主管部门的规定对所维修的校车实行质量保证期制度，在质量保证期内对校车的维修质量负责。

第四章 校车驾驶人

第二十三条 校车驾驶人应当依照本条例的规定取得校车驾驶资格。

取得校车驾驶资格应当符合下列条件：

（一）取得相应准驾车型驾驶证并具有3年以上驾驶经历，年龄在25周岁以上、不超过60周岁；

（二）最近连续3个记分周期内没有被记满分记录；

（三）无致人死亡或者重伤的交通事故责任记录；

（四）无饮酒后驾驶或者醉酒驾驶机动车记录，最近1年内无驾驶客运车辆超员、超速等严重交通违法行为记录；

（五）无犯罪记录；

（六）身心健康，无传染性疾病，无癫痫、精神病等可能危及行车安全的疾病病史，无酗酒、吸毒行为记录。

第二十四条 机动车驾驶人申请取得校车驾驶资格，应当向县级或者设区的市级人民政府公安机关交通管理部门提交书面申请和证明其符合本条例第二十三条规定条件的材料。公安机关交通管理部门应当自收到申请材料之日起5个工作日内审查完毕，对符合条件的，在机动车驾驶证上签注准许驾驶校车；不符合条件的，书面说明理由。

第二十五条 机动车驾驶人未取得校车驾驶资格，不得驾驶校车。禁止聘用未取得校车驾驶资格的机动车驾驶人驾驶校车。

第二十六条 校车驾驶人应当每年接受公安机关交通管理部门的审验。

第二十七条 校车驾驶人应当遵守道路交通安全法律法规，严格按照机动车道路通行规则和驾驶操作规范安全驾驶、文明驾驶。

第五章 校车通行安全

第二十八条 校车行驶线路应当尽量避开急弯、陡坡、临崖、临水的危险路段；确实无法避开的，道路或者交通设施的管理、养护单位应当按照标准对上述危险路段设置安全防护设施、限速标志、警告标牌。

第二十九条　校车经过的道路出现不符合安全通行条件的状况或者存在交通安全隐患的，当地人民政府应当组织有关部门及时改善道路安全通行条件、消除安全隐患。

第三十条　校车运载学生，应当按照国务院公安部门规定的位置放置校车标牌，开启校车标志灯。

校车运载学生，应当按照经审核确定的线路行驶，遇有交通管制、道路施工以及自然灾害、恶劣气象条件或者重大交通事故等影响道路通行情形的除外。

第三十一条　公安机关交通管理部门应当加强对校车行驶线路的道路交通秩序管理。遇交通拥堵的，交通警察应当指挥疏导运载学生的校车优先通行。

校车运载学生，可以在公共交通专用车道以及其他禁止社会车辆通行但允许公共交通车辆通行的路段行驶。

第三十二条　校车上下学生，应当在校车停靠站点停靠；未设校车停靠站点的路段可以在公共交通站台停靠。

道路或者交通设施的管理、养护单位应当按照标准设置校车停靠站点预告标识和校车停靠站点标牌，施划校车停靠站点标线。

第三十三条　校车在道路上停车上下学生，应当靠道路右侧停靠，开启危险报警闪光灯，打开停车指示标志。校车在同方向只有一条机动车道的道路上停靠时，后方车辆应当停车等待，不得超越。校车在同方向有两条以上机动车道的道路上停靠时，校车停靠车道后方和相邻机动车道上的机动车应当停车等待，其他机动车道上的机动车应当减速通过。校车后方停车等待的机动车不得鸣喇叭或者使用灯光催促校车。

第三十四条　校车载人不得超过核定的人数，不得以任何理由超员。

学校和校车服务提供者不得要求校车驾驶人超员、超速驾驶校车。

第三十五条　载有学生的校车在高速公路上行驶的最高时速不得超过 80 公里，在其他道路上行驶的最高时速不得超过 60 公里。

道路交通安全法律法规规定或者道路上限速标志、标线标明的最高时速低于前款规定的，从其规定。

载有学生的校车在急弯、陡坡、窄路、窄桥以及冰雪、泥泞的道路上行驶，或者遇有雾、雨、雪、沙尘、冰雹等低能见度气象条件时，最高时速不得超过 20 公里。

第三十六条　交通警察对违反道路交通安全法律法规的校车，可以在消除违法行为的前提下先予放行，待校车完成接送学生任务后再对校车驾驶人进行处罚。

第三十七条　公安机关交通管理部门应当加强对校车运行情况的监督检查，

依法查处校车道路交通安全违法行为，定期将校车驾驶人的道路交通安全违法行为和交通事故信息抄送其所属单位和教育行政部门。

第六章　校车乘车安全

第三十八条　配备校车的学校、校车服务提供者应当指派照管人员随校车全程照管乘车学生。校车服务提供者为学校提供校车服务的，双方可以约定由学校指派随车照管人员。

学校和校车服务提供者应当定期对随车照管人员进行安全教育，组织随车照管人员学习道路交通安全法律法规、应急处置和应急救援知识。

第三十九条　随车照管人员应当履行下列职责：

（一）学生上下车时，在车下引导、指挥，维护上下车秩序；

（二）发现驾驶人无校车驾驶资格，饮酒、醉酒后驾驶，或者身体严重不适以及校车超员等明显妨碍行车安全情形的，制止校车开行；

（三）清点乘车学生人数，帮助、指导学生安全落座、系好安全带，确认车门关闭后示意驾驶人启动校车；

（四）制止学生在校车行驶过程中离开座位等危险行为；

（五）核实学生下车人数，确认乘车学生已经全部离车后本人方可离车。

第四十条　校车的副驾驶座位不得安排学生乘坐。

校车运载学生过程中，禁止除驾驶人、随车照管人员以外的人员乘坐。

第四十一条　校车驾驶人驾驶校车上道路行驶前，应当对校车的制动、转向、外部照明、轮胎、安全门、座椅、安全带等车况是否符合安全技术要求进行检查，不得驾驶存在安全隐患的校车上道路行驶。

校车驾驶人不得在校车载有学生时给车辆加油，不得在校车发动机引擎熄灭前离开驾驶座位。

第四十二条　校车发生交通事故，驾驶人、随车照管人员应当立即报警，设置警示标志。乘车学生继续留在校车内有危险的，随车照管人员应当将学生撤离到安全区域，并及时与学校、校车服务提供者、学生的监护人联系处理后续事宜。

第七章　法律责任

第四十三条　生产、销售不符合校车安全国家标准的校车的，依照道路交通安全、产品质量管理的法律、行政法规的规定处罚。

第四十四条　使用拼装或者达到报废标准的机动车接送学生的，由公安机关交通管理部门收缴并强制报废机动车；对驾驶人处2000元以上5000元以下的罚款，吊销其机动车驾驶证；对车辆所有人处8万元以上10万元以下的罚款，有违法所得的予以没收。

第四十五条　使用未取得校车标牌的车辆提供校车服务，或者使用未取得校车驾驶资格的人员驾驶校车的，由公安机关交通管理部门扣留该机动车，处1万元以上2万元以下的罚款，有违法所得的予以没收。

取得道路运输经营许可的企业或者个体经营者有前款规定的违法行为，除依照前款规定处罚外，情节严重的，由交通运输主管部门吊销其经营许可证件。

伪造、变造或者使用伪造、变造的校车标牌的，由公安机关交通管理部门收缴伪造、变造的校车标牌，扣留该机动车，处2000元以上5000元以下的罚款。

第四十六条　不按照规定为校车配备安全设备，或者不按照规定对校车进行安全维护的，由公安机关交通管理部门责令改正，处1000元以上3000元以下的罚款。

第四十七条　机动车驾驶人未取得校车驾驶资格驾驶校车的，由公安机关交通管理部门处1000元以上3000元以下的罚款，情节严重的，可以并处吊销机动车驾驶证。

第四十八条　校车驾驶人有下列情形之一的，由公安机关交通管理部门责令改正，可以处200元罚款：

（一）驾驶校车运载学生，不按照规定放置校车标牌、开启校车标志灯，或者不按照经审核确定的线路行驶；

（二）校车上下学生，不按照规定在校车停靠站点停靠；

（三）校车未运载学生上道路行驶，使用校车标牌、校车标志灯和停车指示标志；

（四）驾驶校车上道路行驶前，未对校车车况是否符合安全技术要求进行检查，或者驾驶存在安全隐患的校车上道路行驶；

（五）在校车载有学生时给车辆加油，或者在校车发动机引擎熄灭前离开驾驶座位。

校车驾驶人违反道路交通安全法律法规关于道路通行规定的，由公安机关交通管理部门依法从重处罚。

第四十九条　校车驾驶人违反道路交通安全法律法规被依法处罚或者发生道路交通事故，不再符合本条例规定的校车驾驶人条件的，由公安机关交通管理部门取消校车驾驶资格，并在机动车驾驶证上签注。

第五十条　校车载人超过核定人数的，由公安机关交通管理部门扣留车辆至违法状态消除，并依照道路交通安全法律法规的规定从重处罚。

第五十一条　公安机关交通管理部门查处校车道路交通安全违法行为，依法扣留车辆的，应当通知相关学校或者校车服务提供者转运学生，并在违法状态消除后立即发还被扣留车辆。

第五十二条 机动车驾驶人违反本条例规定，不避让校车的，由公安机关交通管理部门处200元罚款。

第五十三条 未依照本条例规定指派照管人员随校车全程照管乘车学生的，由公安机关责令改正，可以处500元罚款。

随车照管人员未履行本条例规定的职责的，由学校或者校车服务提供者责令改正；拒不改正的，给予处分或者予以解聘。

第五十四条 取得校车使用许可的学校、校车服务提供者违反本条例规定，情节严重的，原作出许可决定的地方人民政府可以吊销其校车使用许可，由公安机关交通管理部门收回校车标牌。

第五十五条 学校违反本条例规定的，除依照本条例有关规定予以处罚外，由教育行政部门给予通报批评；导致发生学生伤亡事故的，对政府举办的学校的负有责任的领导人员和直接责任人员依法给予处分；对民办学校由审批机关责令暂停招生，情节严重的，吊销其办学许可证，并由教育行政部门责令负有责任的领导人员和直接责任人员5年内不得从事学校管理事务。

第五十六条 县级以上地方人民政府不依法履行校车安全管理职责，致使本行政区域发生校车安全重大事故的，对负有责任的领导人员和直接责任人员依法给予处分。

第五十七条 教育、公安、交通运输、工业和信息化、质量监督检验检疫、安全生产监督管理等有关部门及其工作人员不依法履行校车安全管理职责的，对负有责任的领导人员和直接责任人员依法给予处分。

第五十八条 违反本条例的规定，构成违反治安管理行为的，由公安机关依法给予治安管理处罚；构成犯罪的，依法追究刑事责任。

第五十九条 发生校车安全事故，造成人身伤亡或者财产损失的，依法承担赔偿责任。

第八章　附　　则

第六十条 县级以上地方人民政府应当合理规划幼儿园布局，方便幼儿就近入园。

入园幼儿应当由监护人或者其委托的成年人接送。对确因特殊情况不能由监护人或者其委托的成年人接送，需要使用车辆集中接送的，应当使用按照专用校车国家标准设计和制造的幼儿专用校车，遵守本条例校车安全管理的规定。

第六十一条 省、自治区、直辖市人民政府应当结合本地区实际情况，制定本条例的实施办法。

第六十二条 本条例自公布之日起施行。

本条例施行前已经配备校车的学校和校车服务提供者及其聘用的校车驾驶人

应当自本条例施行之日起 90 日内，依照本条例的规定申请取得校车使用许可、校车驾驶资格。

本条例施行后，用于接送小学生、幼儿的专用校车不能满足需求的，在省、自治区、直辖市人民政府规定的过渡期限内可以使用取得校车标牌的其他载客汽车。

机动车登记规定

（2008 年 5 月 27 日中华人民共和国公安部令第 102 号发布　根据 2012 年 9 月 12 日《公安部关于修改〈机动车登记规定〉的决定》修正）

目　录

第一章　总　则
第二章　登　记
　第一节　注册登记
　第二节　变更登记
　第三节　转移登记
　第四节　抵押登记
　第五节　注销登记
　第六节　校车标牌核发
第三章　其他规定
第四章　法律责任
第五章　附　则

第一章　总　则

第一条　根据《中华人民共和国道路交通安全法》及其实施条例的规定，制定本规定。

第二条　本规定由公安机关交通管理部门负责实施。

省级公安机关交通管理部门负责本省（自治区、直辖市）机动车登记工作的指导、检查和监督。直辖市公安机关交通管理部门车辆管理所、设区的市或者相当于同级的公安机关交通管理部门车辆管理所负责办理本行政辖区内机动车登记业务。

县级公安机关交通管理部门车辆管理所可以办理本行政辖区内摩托车、三轮汽车、低速载货汽车登记业务。条件具备的，可以办理除进口机动车、危险化学品运输车、校车、中型以上载客汽车以外的其他机动车登记业务。具体业务范围和办理条件由省级公安机关交通管理部门确定。

警用车辆登记业务按照有关规定办理。

第三条 车辆管理所办理机动车登记，应当遵循公开、公正、便民的原则。

车辆管理所在受理机动车登记申请时，对申请材料齐全并符合法律、行政法规和本规定的，应当在规定的时限内办结。对申请材料不齐全或者其他不符合法定形式的，应当一次告知申请人需要补正的全部内容。对不符合规定的，应当书面告知不予受理、登记的理由。

车辆管理所应当将法律、行政法规和本规定的有关机动车登记的事项、条件、依据、程序、期限以及收费标准、需要提交的全部材料的目录和申请表示范文本等在办理登记的场所公示。

省级、设区的市或者相当于同级的公安机关交通管理部门应当在互联网上建立主页，发布信息，便于群众查阅机动车登记的有关规定，下载、使用有关表格。

第四条 车辆管理所应当使用计算机登记系统办理机动车登记，并建立数据库。不使用计算机登记系统登记的，登记无效。

计算机登记系统的数据库标准和登记软件全国统一。数据库能够完整、准确记录登记内容，记录办理过程和经办人员信息，并能够实时将有关登记内容传送到全国公安交通管理信息系统。计算机登记系统应当与交通违法信息系统和交通事故信息系统实行联网。

第二章 登　　记

第一节 注册登记

第五条 初次申领机动车号牌、行驶证的，机动车所有人应当向住所地的车辆管理所申请注册登记。

第六条 机动车所有人应当到机动车安全技术检验机构对机动车进行安全技术检验，取得机动车安全技术检验合格证明后申请注册登记。但经海关进口的机动车和国务院机动车产品主管部门认定免予安全技术检验的机动车除外。

免予安全技术检验的机动车有下列情形之一的，应当进行安全技术检验：

（一）国产机动车出厂后两年内未申请注册登记的；

（二）经海关进口的机动车进口后两年内未申请注册登记的；

（三）申请注册登记前发生交通事故的。

专用校车办理注册登记前，应当按照专用校车国家安全技术标准进行安全技术检验。

第七条　申请注册登记的，机动车所有人应当填写申请表，交验机动车，并提交以下证明、凭证：

（一）机动车所有人的身份证明；

（二）购车发票等机动车来历证明；

（三）机动车整车出厂合格证明或者进口机动车进口凭证；

（四）车辆购置税完税证明或者免税凭证；

（五）机动车交通事故责任强制保险凭证；

（六）车船税纳税或者免税证明；

（七）法律、行政法规规定应当在机动车注册登记时提交的其他证明、凭证。

不属于经海关进口的机动车和国务院机动车产品主管部门规定免予安全技术检验的机动车，还应当提交机动车安全技术检验合格证明。

车辆管理所应当自受理申请之日起二日内，确认机动车，核对车辆识别代号拓印膜，审查提交的证明、凭证，核发机动车登记证书、号牌、行驶证和检验合格标志。

第八条　车辆管理所办理消防车、救护车、工程救险车注册登记时，应当对车辆的使用性质、标志图案、标志灯具和警报器进行审查。

车辆管理所办理全挂汽车列车和半挂汽车列车注册登记时，应当对牵引车和挂车分别核发机动车登记证书、号牌和行驶证。

第九条　有下列情形之一的，不予办理注册登记：

（一）机动车所有人提交的证明、凭证无效的；

（二）机动车来历证明被涂改或者机动车来历证明记载的机动车所有人与身份证明不符的；

（三）机动车所有人提交的证明、凭证与机动车不符的；

（四）机动车未经国务院机动车产品主管部门许可生产或者未经国家进口机动车主管部门许可进口的；

（五）机动车的有关技术数据与国务院机动车产品主管部门公告的数据不符的；

（六）机动车的型号、发动机号码、车辆识别代号或者有关技术数据不符合国家安全技术标准的；

（七）机动车达到国家规定的强制报废标准的；

（八）机动车被人民法院、人民检察院、行政执法部门依法查封、扣押的；

（九）机动车属于被盗抢的；

（十）其他不符合法律、行政法规规定的情形。

第二节 变更登记

第十条 已注册登记的机动车有下列情形之一的，机动车所有人应当向登记地车辆管理所申请变更登记：

（一）改变车身颜色的；

（二）更换发动机的；

（三）更换车身或者车架的；

（四）因质量问题更换整车的；

（五）营运机动车改为非营运机动车或者非营运机动车改为营运机动车等使用性质改变的；

（六）机动车所有人的住所迁出或者迁入车辆管理所管辖区域的。

机动车所有人为两人以上，需要将登记的所有人姓名变更为其他所有人姓名的，可以向登记地车辆管理所申请变更登记。

属于本条第一款第（一）项、第（二）项和第（三）项规定的变更事项的，机动车所有人应当在变更后十日内向车辆管理所申请变更登记；属于本条第一款第（六）项规定的变更事项的，机动车所有人申请转出前，应当将涉及该车的道路交通安全违法行为和交通事故处理完毕。

第十一条 申请变更登记的，机动车所有人应当填写申请表，交验机动车，并提交以下证明、凭证：

（一）机动车所有人的身份证明；

（二）机动车登记证书；

（三）机动车行驶证；

（四）属于更换发动机、车身或者车架的，还应当提交机动车安全技术检验合格证明；

（五）属于因质量问题更换整车的，还应当提交机动车安全技术检验合格证明，但经海关进口的机动车和国务院机动车产品主管部门认定免予安全技术检验的机动车除外。

车辆管理所应当自受理之日起一日内，确认机动车，审查提交的证明、凭证，在机动车登记证书上签注变更事项，收回行驶证，重新核发行驶证。

车辆管理所办理本规定第十条第一款第（三）项、第（四）项和第（六）项规定的变更登记事项的，应当核对车辆识别代号拓印膜。

第十二条 车辆管理所办理机动车变更登记时，需要改变机动车号牌号码的，收回号牌、行驶证，确定新的机动车号牌号码，重新核发号牌、行驶证和检验合格标志。

第十三条 机动车所有人的住所迁出车辆管理所管辖区域的，车辆管理所应当自受理之日起三日内，在机动车登记证书上签注变更事项，收回号牌、行驶证，核发有效期为三十日的临时行驶车号牌，将机动车档案交机动车所有人。机动车所有人应当在临时行驶车号牌的有效期限内到住所地车辆管理所申请机动车转入。

申请机动车转入的，机动车所有人应当填写申请表，提交身份证明、机动车登记证书、机动车档案，并交验机动车。机动车在转入时已超过检验有效期的，应当在转入地进行安全技术检验并提交机动车安全技术检验合格证明和交通事故责任强制保险凭证。车辆管理所应当自受理之日起三日内，确认机动车，核对车辆识别代号拓印膜，审查相关证明、凭证和机动车档案，在机动车登记证书上签注转入信息，核发号牌、行驶证和检验合格标志。

第十四条 机动车所有人为两人以上，需要将登记的所有人姓名变更为其他所有人姓名的，应当提交机动车登记证书、行驶证、变更前和变更后机动车所有人的身份证明和共同所有的公证证明，但属于夫妻双方共同所有的，可以提供《结婚证》或者证明夫妻关系的《居民户口簿》。

变更后机动车所有人的住所在车辆管理所管辖区域内的，车辆管理所按照本规定第十一条第二款的规定办理变更登记。变更后机动车所有人的住所不在车辆管理所管辖区域内的，迁出地和迁入地车辆管理所按照本规定第十三条的规定办理变更登记。

第十五条 有下列情形之一的，不予办理变更登记：

（一）改变机动车的品牌、型号和发动机型号的，但经国务院机动车产品主管部门许可选装的发动机除外；

（二）改变已登记的机动车外形和有关技术数据的，但法律、法规和国家强制性标准另有规定的除外；

（三）有本规定第九条第（一）项、第（七）项、第（八）项、第（九）项规定情形的。

第十六条 有下列情形之一，在不影响安全和识别号牌的情况下，机动车所有人不需要办理变更登记：

（一）小型、微型载客汽车加装前后防撞装置；

（二）货运机动车加装防风罩、水箱、工具箱、备胎架等；

（三）增加机动车车内装饰。

第十七条 已注册登记的机动车，机动车所有人住所在车辆管理所管辖区域内迁移或者机动车所有人姓名（单位名称）、联系方式变更的，应当向登记地车辆管理所备案。

（一）机动车所有人住所在车辆管理所管辖区域内迁移、机动车所有人姓名（单位名称）变更的，机动车所有人应当提交身份证明、机动车登记证书、行驶证和相关变更证明。车辆管理所应当自受理之日起一日内，在机动车登记证书上签注备案事项，重新核发行驶证。

（二）机动车所有人联系方式变更的，机动车所有人应当提交身份证明和行驶证。车辆管理所应当自受理之日起一日内办理备案。

机动车所有人的身份证明名称或者号码变更的，可以向登记地车辆管理所申请备案。机动车所有人应当提交身份证明、机动车登记证书。车辆管理所应当自受理之日起一日内，在机动车登记证书上签注备案事项。

发动机号码、车辆识别代号因磨损、锈蚀、事故等原因辨认不清或者损坏的，可以向登记地车辆管理所申请备案。机动车所有人应当提交身份证明、机动车登记证书、行驶证。车辆管理所应当自受理之日起一日内，在发动机、车身或者车架上打刻原发动机号码或者原车辆识别代号，在机动车登记证书上签注备案事项。

第三节　转移登记

第十八条　已注册登记的机动车所有权发生转移的，现机动车所有人应当自机动车交付之日起三十日内向登记地车辆管理所申请转移登记。

机动车所有人申请转移登记前，应当将涉及该车的道路交通安全违法行为和交通事故处理完毕。

第十九条　申请转移登记的，现机动车所有人应当填写申请表，交验机动车，并提交以下证明、凭证：

（一）现机动车所有人的身份证明；

（二）机动车所有权转移的证明、凭证；

（三）机动车登记证书；

（四）机动车行驶证；

（五）属于海关监管的机动车，还应当提交《中华人民共和国海关监管车辆解除监管证明书》或者海关批准的转让证明；

（六）属于超过检验有效期的机动车，还应当提交机动车安全技术检验合格证明和交通事故责任强制保险凭证。

现机动车所有人住所在车辆管理所管辖区域内的，车辆管理所应当自受理申请之日起一日内，确认机动车，核对车辆识别代号拓印膜，审查提交的证明、凭证，收回号牌、行驶证，确定新的机动车号牌号码，在机动车登记证书上签注转移事项，重新核发号牌、行驶证和检验合格标志。

现机动车所有人住所不在车辆管理所管辖区域内的，车辆管理所应当按照本规定第十三条的规定办理。

第二十条　有下列情形之一的，不予办理转移登记：

（一）机动车与该车档案记载内容不一致的；

（二）属于海关监管的机动车，海关未解除监管或者批准转让的；

（三）机动车在抵押登记、质押备案期间的；

（四）有本规定第九条第（一）项、第（二）项、第（七）项、第（八）项、第（九）项规定情形的。

第二十一条　被人民法院、人民检察院和行政执法部门依法没收并拍卖，或者被仲裁机构依法仲裁裁决，或者被人民法院调解、裁定、判决机动车所有权转移时，原机动车所有人未向现机动车所有人提供机动车登记证书、号牌或者行驶证的，现机动车所有人在办理转移登记时，应当提交人民法院出具的未得到机动车登记证书、号牌或者行驶证的《协助执行通知书》，或者人民检察院、行政执法部门出具的未得到机动车登记证书、号牌或者行驶证的证明。车辆管理所应当公告原机动车登记证书、号牌或者行驶证作废，并在办理转移登记的同时，补发机动车登记证书。

第四节　抵押登记

第二十二条　机动车所有人将机动车作为抵押物抵押的，应当向登记地车辆管理所申请抵押登记；抵押权消灭的，应当向登记地车辆管理所申请解除抵押登记。

第二十三条　申请抵押登记的，机动车所有人应当填写申请表，由机动车所有人和抵押权人共同申请，并提交下列证明、凭证：

（一）机动车所有人和抵押权人的身份证明；

（二）机动车登记证书；

（三）机动车所有人和抵押权人依法订立的主合同和抵押合同。

车辆管理所应当自受理之日起一日内，审查提交的证明、凭证，在机动车登记证书上签注抵押登记的内容和日期。

第二十四条　申请解除抵押登记的，机动车所有人应当填写申请表，由机动车所有人和抵押权人共同申请，并提交下列证明、凭证：

（一）机动车所有人和抵押权人的身份证明；

（二）机动车登记证书。

人民法院调解、裁定、判决解除抵押的，机动车所有人或者抵押权人应当填写申请表，提交机动车登记证书、人民法院出具的已经生效的《调解书》、《裁定书》或者《判决书》，以及相应的《协助执行通知书》。

车辆管理所应当自受理之日起一日内，审查提交的证明、凭证，在机动车登记证书上签注解除抵押登记的内容和日期。

第二十五条　机动车抵押登记日期、解除抵押登记日期可以供公众查询。

第二十六条 有本规定第九条第（一）项、第（七）项、第（八）项、第（九）项或者第二十条第（二）项规定情形之一的，不予办理抵押登记。对机动车所有人提交的证明、凭证无效，或者机动车被人民法院、人民检察院、行政执法部门依法查封、扣押的，不予办理解除抵押登记。

第五节 注销登记

第二十七条 已达到国家强制报废标准的机动车，机动车所有人向机动车回收企业交售机动车时，应当填写申请表，提交机动车登记证书、号牌和行驶证。机动车回收企业应当确认机动车并解体，向机动车所有人出具《报废机动车回收证明》。报废的校车、大型客、货车及其他营运车辆应当在车辆管理所的监督下解体。

机动车回收企业应当在机动车解体后七日内将申请表、机动车登记证书、号牌、行驶证和《报废机动车回收证明》副本提交车辆管理所，申请注销登记。

车辆管理所应当自受理之日起一日内，审查提交的证明、凭证，收回机动车登记证书、号牌、行驶证，出具注销证明。

第二十八条 除本规定第二十七条规定的情形外，机动车有下列情形之一的，机动车所有人应当向登记地车辆管理所申请注销登记：

（一）机动车灭失的；

（二）机动车因故不在我国境内使用的；

（三）因质量问题退车的。

已注册登记的机动车有下列情形之一的，登记地车辆管理所应当办理注销登记：

（一）机动车登记被依法撤销的；

（二）达到国家强制报废标准的机动车被依法收缴并强制报废的。

属于本条第一款第（二）项和第（三）项规定情形之一的，机动车所有人申请注销登记前，应当将涉及该车的道路交通安全违法行为和交通事故处理完毕。

第二十九条 属于本规定第二十八条第一款规定的情形，机动车所有人申请注销登记的，应当填写申请表，并提交以下证明、凭证：

（一）机动车登记证书；

（二）机动车行驶证；

（三）属于机动车灭失的，还应当提交机动车所有人的身份证明和机动车灭失证明；

（四）属于机动车因故不在我国境内使用的，还应当提交机动车所有人的身份证明和出境证明，其中属于海关监管的机动车，还应当提交海关出具的《中华人民共和国海关监管车辆进（出）境领（销）牌照通知书》；

（五）属于因质量问题退车的，还应当提交机动车所有人的身份证明和机动车制造厂或者经销商出具的退车证明。

车辆管理所应当自受理之日起一日内，审查提交的证明、凭证，收回机动车登记证书、号牌、行驶证，出具注销证明。

第三十条　因车辆损坏无法驶回登记地的，机动车所有人可以向车辆所在地机动车回收企业交售报废机动车。交售机动车时应当填写申请表，提交机动车登记证书、号牌和行驶证。机动车回收企业应当确认机动车并解体，向机动车所有人出具《报废机动车回收证明》。报废的校车、大型客、货车及其他营运车辆应当在报废地车辆管理所的监督下解体。

机动车回收企业应当在机动车解体后七日内将申请表、机动车登记证书、号牌、行驶证和《报废机动车回收证明》副本提交报废地车辆管理所，申请注销登记。

报废地车辆管理所应当自受理之日起一日内，审查提交的证明、凭证，收回机动车登记证书、号牌、行驶证，并通过计算机登记系统将机动车报废信息传递给登记地车辆管理所。

登记地车辆管理所应当自接到机动车报废信息之日起一日内办理注销登记，并出具注销证明。

第三十一条　已注册登记的机动车有下列情形之一的，车辆管理所应当公告机动车登记证书、号牌、行驶证作废：

（一）达到国家强制报废标准，机动车所有人逾期不办理注销登记的；

（二）机动车登记被依法撤销后，未收缴机动车登记证书、号牌、行驶证的；

（三）达到国家强制报废标准的机动车被依法收缴并强制报废的；

（四）机动车所有人办理注销登记时未交回机动车登记证书、号牌、行驶证的。

第三十二条　有本规定第九条第（一）项、第（八）项、第（九）项或者第二十条第（一）项、第（三）项规定情形之一的，不予办理注销登记。

第六节　校车标牌核发

第三十三条　学校或者校车服务提供者申请校车使用许可，应当按照《校车安全管理条例》向县级或者设区的市级人民政府教育行政部门提出申请。公安机关交通管理部门收到教育行政部门送来的征求意见材料后，应当在一日内通知申请人交验机动车。

第三十四条　县级或者设区的市级公安机关交通管理部门应当自申请人交验

机动车之日起二日内确认机动车，查验校车标志灯、停车指示标志、卫星定位装置以及逃生锤、干粉灭火器、急救箱等安全设备，审核行驶线路、开行时间和停靠站点。属于专用校车的，还应当查验校车外观标识。审查以下证明、凭证：

（一）机动车所有人的身份证明；

（二）机动车行驶证；

（三）校车安全技术检验合格证明；

（四）包括行驶线路、开行时间和停靠站点的校车运行方案；

（五）校车驾驶人的机动车驾驶证。

公安机关交通管理部门应当自收到教育行政部门征求意见材料之日起三日内向教育行政部门回复意见，但申请人未按规定交验机动车的除外。

第三十五条 学校或者校车服务提供者按照《校车安全管理条例》取得校车使用许可后，应当向县级或者设区的市级公安机关交通管理部门领取校车标牌。领取时应当填写表格，并提交以下证明、凭证：

（一）机动车所有人的身份证明；

（二）校车驾驶人的机动车驾驶证；

（三）机动车行驶证；

（四）县级或者设区的市级人民政府批准的校车使用许可；

（五）县级或者设区的市级人民政府批准的包括行驶线路、开行时间和停靠站点的校车运行方案。

公安机关交通管理部门应当在收到领取表之日起三日内核发校车标牌。对属于专用校车的，应当核对行驶证上记载的校车类型和核载人数；对不属于专用校车的，应当在行驶证副页上签注校车类型和核载人数。

第三十六条 校车标牌应当记载本车的号牌号码、机动车所有人、驾驶人、行驶线路、开行时间、停靠站点、发牌单位、有效期限等信息。校车标牌分前后两块，分别放置于前风窗玻璃右下角和后风窗玻璃适当位置。

校车标牌有效期的截止日期与校车安全技术检验有效期的截止日期一致，但不得超过校车使用许可有效期。

第三十七条 专用校车应当自注册登记之日起每半年进行一次安全技术检验，非专用校车应当自取得校车标牌后每半年进行一次安全技术检验。

学校或者校车服务提供者应当在校车检验有效期满前一个月内向公安机关交通管理部门申请检验合格标志。

公安机关交通管理部门应当自受理之日起一日内，确认机动车，审查提交的证明、凭证，核发检验合格标志，换发校车标牌。

第三十八条 已取得校车标牌的机动车达到报废标准或者不再作为校车使用的，学校或者校车服务提供者应当拆除校车标志灯、停车指示标志，消除校车外观标识，并将校车标牌交回核发的公安机关交通管理部门。

专用校车不得改变使用性质。

校车使用许可被吊销、注销或者撤销的，学校或者校车服务提供者应当拆除校车标志灯、停车指示标志，消除校车外观标识，并将校车标牌交回核发的公安机关交通管理部门。

第三十九条 校车行驶线路、开行时间、停靠站点或者车辆、所有人、驾驶人发生变化的，经县级或者设区的市级人民政府批准后，应当按照本规定重新领取校车标牌。

第四十条 公安机关交通管理部门应当每月将校车标牌的发放、变更、收回等信息报本级人民政府备案，并通报教育行政部门。

学校或者校车服务提供者应当自取得校车标牌之日起，每月查询校车道路交通安全违法行为记录，及时到公安机关交通管理部门接受处理。核发校车标牌的公安机关交通管理部门应当每月汇总辖区内校车道路交通安全违法和交通事故等情况，通知学校或者校车服务提供者，并通报教育行政部门。

第四十一条 校车标牌灭失、丢失或者损毁的，学校或者校车服务提供者应当向核发标牌的公安机关交通管理部门申请补领或者换领。申请时，应当提交机动车所有人的身份证明及机动车行驶证。公安机关交通管理部门应当自受理之日起三日内审核，补发或者换发校车标牌。

第三章　其他规定

第四十二条 申请办理机动车质押备案或者解除质押备案的，由机动车所有人和典当行共同申请，机动车所有人应当填写申请表，并提交以下证明、凭证：

（一）机动车所有人和典当行的身份证明；

（二）机动车登记证书。

车辆管理所应当自受理之日起一日内，审查提交的证明、凭证，在机动车登记证书上签注质押备案或者解除质押备案的内容和日期。

有本规定第九条第（一）项、第（七）项、第（八）项、第（九）项规定情形之一的，不予办理质押备案。对机动车所有人提交的证明、凭证无效，或者机动车被人民法院、人民检察院、行政执法部门依法查封、扣押的，不予办理解除质押备案。

第四十三条 机动车登记证书灭失、丢失或者损毁的，机动车所有人应当向登记地车辆管理所申请补领、换领。申请时，机动车所有人应当填写申请表并提交身份证明，属于补领机动车登记证书的，还应当交验机动车。车辆管理所应当自受理之日起一日内，确认机动车，审查提交的证明、凭证，补发、换发机动车登记证书。

启用机动车登记证书前已注册登记的机动车未申领机动车登记证书的，机动车所有人可以向登记地车辆管理所申领机动车登记证书。但属于机动车所有人申请变更、转移或者抵押登记的，应当在申请前向车辆管理所申领机动车登记证书。申请时，机动车所有人应当填写申请表，交验机动车并提交身份证明。车辆管理所应当自受理之日起五日内，确认机动车，核对车辆识别代号拓印膜，审查提交的证明、凭证，核发机动车登记证书。

第四十四条 机动车号牌、行驶证灭失、丢失或者损毁的，机动车所有人应当向登记地车辆管理所申请补领、换领。申请时，机动车所有人应当填写申请表并提交身份证明。

车辆管理所应当审查提交的证明、凭证，收回未灭失、丢失或者损毁的号牌、行驶证，自受理之日起一日内补发、换发行驶证，自受理之日起十五日内补发、换发号牌，原机动车号牌号码不变。

补发、换发号牌期间应当核发有效期不超过十五日的临时行驶车号牌。

第四十五条 机动车具有下列情形之一，需要临时上道路行驶的，机动车所有人应当向车辆管理所申领临时行驶车号牌：

（一）未销售的；

（二）购买、调拨、赠予等方式获得机动车后尚未注册登记的；

（三）进行科研、定型试验的；

（四）因轴荷、总质量、外廓尺寸超出国家标准不予办理注册登记的特型机动车。

第四十六条 机动车所有人申领临时行驶车号牌应当提交以下证明、凭证：

（一）机动车所有人的身份证明；

（二）机动车交通事故责任强制保险凭证；

（三）属于本规定第四十五条第（一）项、第（四）项规定情形的，还应当提交机动车整车出厂合格证明或者进口机动车进口凭证；

（四）属于本规定第四十五条第（二）项规定情形的，还应当提交机动车来历证明，以及机动车整车出厂合格证明或者进口机动车进口凭证；

（五）属于本规定第四十五条第（三）项规定情形的，还应当提交书面申请和机动车安全技术检验合格证明。

车辆管理所应当自受理之日起一日内，审查提交的证明、凭证，属于本规定第四十五条第（一）项、第（二）项规定情形，需要在本行政辖区内临时行驶的，核发有效期不超过十五日的临时行驶车号牌；需要跨行政辖区临时行驶的，核发有效期不超过三十日的临时行驶车号牌。属于本规定第四十五条第（三）项、第（四）项规定情形的，核发有效期不超过九十日的临时行驶车号牌。

因号牌制作的原因，无法在规定时限内核发号牌的，车辆管理所应当核发有效期不超过十五日的临时行驶车号牌。

对具有本规定第四十五条第（一）项、第（二）项规定情形之一，机动车所有人需要多次申领临时行驶车号牌的，车辆管理所核发临时行驶车号牌不得超过三次。

第四十七条　机动车所有人发现登记内容有错误的，应当及时要求车辆管理所更正。车辆管理所应当自受理之日起五日内予以确认。确属登记错误的，在机动车登记证书上更正相关内容，换发行驶证。需要改变机动车号牌号码的，应当收回号牌、行驶证，确定新的机动车号牌号码，重新核发号牌、行驶证和检验合格标志。

第四十八条　已注册登记的机动车被盗抢的，车辆管理所应当根据刑侦部门提供的情况，在计算机登记系统内记录，停止办理该车的各项登记和业务。被盗抢机动车发还后，车辆管理所应当恢复办理该车的各项登记和业务。

机动车在被盗抢期间，发动机号码、车辆识别代号或者车身颜色被改变的，车辆管理所应当凭有关技术鉴定证明办理变更备案。

第四十九条　机动车所有人可以在机动车检验有效期满前三个月内向登记地车辆管理所申请检验合格标志。

申请前，机动车所有人应当将涉及该车的道路交通安全违法行为和交通事故处理完毕。申请时，机动车所有人应当填写申请表并提交行驶证、机动车交通事故责任强制保险凭证、车船税纳税或者免税证明、机动车安全技术检验合格证明。

车辆管理所应当自受理之日起一日内，确认机动车，审查提交的证明、凭证，核发检验合格标志。

第五十条　除大型载客汽车、校车以外的机动车因故不能在登记地检验的，机动车所有人可以向登记地车辆管理所申请委托核发检验合格标志。申请前，机动车所有人应当将涉及机动车的道路交通安全违法行为和交通事故处理完毕。申请时，应当提交机动车登记证书或者行驶证。

车辆管理所应当自受理之日起一日内，出具核发检验合格标志的委托书。

机动车在检验地检验合格后，机动车所有人应当按照本规定第四十九条第二款的规定向被委托地车辆管理所申请检验合格标志，并提交核发检验合格标志的委托书。被委托地车辆管理所应当自受理之日起一日内，按照本规定第四十九条第三款的规定核发检验合格标志。

营运货车长期在登记以外的地区从事道路运输的，机动车所有人向营运地车辆管理所备案登记一年后，可以在营运地直接进行安全技术检验，并向营运地车辆管理所申请检验合格标志。

第五十一条　机动车检验合格标志灭失、丢失或者损毁的，机动车所有人应当持行驶证向机动车登记地或者检验合格标志核发地车辆管理所申请补领或者换领。车辆管理所应当自受理之日起一日内补发或者换发。

第五十二条 办理机动车转移登记或者注销登记后，原机动车所有人申请办理新购机动车注册登记时，可以向车辆管理所申请使用原机动车号牌号码。

申请使用原机动车号牌号码应当符合下列条件：

（一）在办理转移登记或者注销登记后六个月内提出申请；

（二）机动车所有人拥有原机动车三年以上；

（三）涉及原机动车的道路交通安全违法行为和交通事故处理完毕。

第五十三条 确定机动车号牌号码采用计算机自动选取和由机动车所有人按照机动车号牌标准规定自行编排的方式。

第五十四条 机动车所有人可以委托代理人代理申请各项机动车登记和业务，但申请补领机动车登记证书的除外。对机动车所有人因死亡、出境、重病、伤残或者不可抗力等原因不能到场申请补领机动车登记证书的，可以凭相关证明委托代理人代理申领。

代理人申请机动车登记和业务时，应当提交代理人的身份证明和机动车所有人的书面委托。

第五十五条 机动车所有人或者代理人申请机动车登记和业务，应当如实向车辆管理所提交规定的材料和反映真实情况，并对其申请材料实质内容的真实性负责。

第四章 法律责任

第五十六条 有下列情形之一的，由公安机关交通管理部门处警告或者二百元以下罚款：

（一）重型、中型载货汽车及其挂车的车身或者车厢后部未按照规定喷涂放大的牌号或者放大的牌号不清晰的；

（二）机动车喷涂、粘贴标识或者车身广告，影响安全驾驶的；

（三）载货汽车、挂车未按照规定安装侧面及后下部防护装置、粘贴车身反光标识的；

（四）机动车未按照规定期限进行安全技术检验的；

（五）改变车身颜色、更换发动机、车身或者车架，未按照本规定第十条规定的时限办理变更登记的；

（六）机动车所有权转移后，现机动车所有人未按照本规定第十八条规定的时限办理转移登记的；

（七）机动车所有人办理变更登记、转移登记，机动车档案转出登记地车辆管理所后，未按照本规定第十三条规定的时限到住所地车辆管理所申请机动车转人的。

第五十七条 除本规定第十条和第十六条规定的情形外，擅自改变机动车外形和已登记的有关技术数据的，由公安机关交通管理部门责令恢复原状，并处警告或者五百元以下罚款。

第五十八条 以欺骗、贿赂等不正当手段取得机动车登记的，由公安机关交通管理部门收缴机动车登记证书、号牌、行驶证，撤销机动车登记；申请人在三年内不得申请机动车登记。对涉嫌走私、盗抢的机动车，移交有关部门处理。

以欺骗、贿赂等不正当手段办理补、换领机动车登记证书、号牌、行驶证和检验合格标志等业务的，由公安机关交通管理部门处警告或者二百元以下罚款。

第五十九条 省、自治区、直辖市公安厅、局可以根据本地区的实际情况，在本规定的处罚幅度范围内，制定具体的执行标准。

对本规定的道路交通安全违法行为的处理程序按照《道路交通安全违法行为处理程序规定》执行。

第六十条 交通警察违反规定为被盗抢、走私、非法拼（组）装、达到国家强制报废标准的机动车办理登记的，按照国家有关规定给予处分，经教育不改又不宜给予开除处分的，按照《公安机关组织管理条例》规定予以辞退；对聘用人员予以解聘。构成犯罪的，依法追究刑事责任。

第六十一条 交通警察有下列情形之一的，按照国家有关规定给予处分；对聘用人员予以解聘。构成犯罪的，依法追究刑事责任：

（一）不按照规定确认机动车和审查证明、凭证的；

（二）故意刁难，拖延或者拒绝办理机动车登记的；

（三）违反本规定增加机动车登记条件或者提交的证明、凭证的；

（四）违反本规定第五十三条的规定，采用其他方式确定机动车号牌号码的；

（五）违反规定跨行政辖区办理机动车登记和业务的；

（六）超越职权进入计算机登记系统办理机动车登记和业务，或者不按规定使用机动车登记系统办理登记和业务的；

（七）向他人泄漏、传播计算机登记系统密码，造成系统数据被篡改、丢失或者破坏的；

（八）利用职务上的便利索取、收受他人财物或者谋取其他利益的；

（九）强令车辆管理所违反本规定办理机动车登记的。

第六十二条 公安机关交通管理部门有本规定第六十条、第六十一条所列行为之一的，按照国家有关规定对直接负责的主管人员和其他直接责任人员给予相应的处分。

公安机关交通管理部门及其工作人员有本规定第六十条、第六十一条所列行为之一，给当事人造成损失的，应当依法承担赔偿责任。

第五章　附　则

第六十三条　机动车登记证书、号牌、行驶证、检验合格标志的种类、式样，以及各类登记表格式样等由公安部制定。机动车登记证书由公安部统一印制。

机动车登记证书、号牌、行驶证、检验合格标志的制作应当符合有关标准。

第六十四条　本规定下列用语的含义：

（一）进口机动车是指：

1. 经国家限定口岸海关进口的汽车；

2. 经各口岸海关进口的其他机动车；

3. 海关监管的机动车；

4. 国家授权的执法部门没收的走私、无合法进口证明和利用进口关键件非法拼（组）装的机动车。

（二）进口机动车的进口凭证是指：

1. 进口汽车的进口凭证，是国家限定口岸海关签发的《货物进口证明书》；

2. 其他进口机动车的进口凭证，是各口岸海关签发的《货物进口证明书》；

3. 海关监管的机动车的进口凭证，是监管地海关出具的《中华人民共和国海关监管车辆进（出）境领（销）牌照通知书》；

4. 国家授权的执法部门没收的走私、无进口证明和利用进口关键件非法拼（组）装的机动车的进口凭证，是该部门签发的《没收走私汽车、摩托车证明书》。

（三）机动车所有人是指拥有机动车的个人或者单位。

1. 个人是指我国内地的居民和军人（含武警）以及香港、澳门特别行政区、台湾地区居民、华侨和外国人；

2. 单位是指机关、企业、事业单位和社会团体以及外国驻华使馆、领馆和外国驻华办事机构、国际组织驻华代表机构。

（四）身份证明是指：

1. 机关、企业、事业单位、社会团体的身份证明，是该单位的《组织机构代码证书》、加盖单位公章的委托书和被委托人的身份证明。机动车所有人为单位的内设机构，本身不具备领取《组织机构代码证书》条件的，可以使用上级单位的《组织机构代码证书》作为机动车所有人的身份证明。上述单位已注销、撤销或者破产，其机动车需要办理变更登记、转移登记、解除抵押登记、注销登记、解除质押备案、申领机动车登记证书和补、换领机动车登记证书、号牌、行驶证的，已注销的企业的身份证明，是工商行政管理部门出具的注销证明。已撤销的机关、事业单位、社会团体的身份证明，是其上级主管机关出具的有关证明。已破产的企业的身份证明，是依法成立的财产清算机构出具的有关证明；

2. 外国驻华使馆、领馆和外国驻华办事机构、国际组织驻华代表机构的身份证明，是该使馆、领馆或者该办事机构、代表机构出具的证明；

3. 居民的身份证明，是《居民身份证》或者《临时居民身份证》。在暂住地居住的内地居民，其身份证明是《居民身份证》或者《临时居民身份证》，以及公安机关核发的居住、暂住证明；

4. 军人（含武警）的身份证明，是《居民身份证》或者《临时居民身份证》。在未办理《居民身份证》前，是指军队有关部门核发的《军官证》、《文职干部证》、《士兵证》、《离休证》、《退休证》等有效军人身份证件，以及其所在的团级以上单位出具的本人住所证明；

5. 香港、澳门特别行政区居民的身份证明，是其入境时所持有的《港澳居民来往内地通行证》或者《港澳同胞回乡证》、香港、澳门特别行政区《居民身份证》和公安机关核发的居住、暂住证明；

6. 台湾地区居民的身份证明，是其所持有的有效期六个月以上的公安机关核发的《台湾居民来往大陆通行证》或者外交部核发的《中华人民共和国旅行证》和公安机关核发的居住、暂住证明；

7. 华侨的身份证明，是《中华人民共和国护照》和公安机关核发的居住、暂住证明；

8. 外国人的身份证明，是其入境时所持有的护照或者其他旅行证件、居（停）留期为六个月以上的有效签证或者居留许可，以及公安机关出具的住宿登记证明；

9. 外国驻华使馆、领馆人员、国际组织驻华代表机构人员的身份证明，是外交部核发的有效身份证件。

（五）住所是指：

1. 单位的住所为其主要办事机构所在地的地址；

2. 个人的住所为其身份证明记载的地址。在暂住地居住的内地居民的住所是公安机关核发的居住、暂住证明记载的地址；

（六）机动车来历证明是指：

1. 在国内购买的机动车，其来历证明是全国统一的机动车销售发票或者二手车交易发票。在国外购买的机动车，其来历证明是该车销售单位开具的销售发票及其翻译文本，但海关监管的机动车不需提供来历证明；

2. 人民法院调解、裁定或者判决转移的机动车，其来历证明是人民法院出具的已经生效的《调解书》、《裁定书》或者《判决书》，以及相应的《协助执行通知书》；

3. 仲裁机构仲裁裁决转移的机动车，其来历证明是《仲裁裁决书》和人民法院出具的《协助执行通知书》；

4. 继承、赠予、中奖、协议离婚和协议抵偿债务的机动车，其来历证明是继承、赠予、中奖、协议离婚、协议抵偿债务的相关文书和公证机关出具的《公证书》；

5. 资产重组或者资产整体买卖中包含的机动车，其来历证明是资产主管部门的批准文件；

6. 机关、企业、事业单位和社会团体统一采购并调拨到下属单位未注册登记的机动车，其来历证明是全国统一的机动车销售发票和该部门出具的调拨证明；

7. 机关、企业、事业单位和社会团体已注册登记并调拨到下属单位的机动车，其来历证明是该单位出具的调拨证明。被上级单位调回或者调拨到其他下属单位的机动车，其来历证明是上级单位出具的调拨证明；

8. 经公安机关破案发还的被盗抢且已向原机动车所有人理赔完毕的机动车，其来历证明是《权益转让证明书》。

（七）机动车整车出厂合格证明是指：

1. 机动车整车厂生产的汽车、摩托车、挂车，其出厂合格证明是该厂出具的《机动车整车出厂合格证》；

2. 使用国产或者进口底盘改装的机动车，其出厂合格证明是机动车底盘生产厂出具的《机动车底盘出厂合格证》或者进口机动车底盘的进口凭证和机动车改装厂出具的《机动车整车出厂合格证》；

3. 使用国产或者进口整车改装的机动车，其出厂合格证明是机动车生产厂出具的《机动车整车出厂合格证》或者进口机动车的进口凭证和机动车改装厂出具的《机动车整车出厂合格证》；

4. 人民法院、人民检察院或者行政执法机关依法扣留、没收并拍卖的未注册登记的国产机动车，未能提供出厂合格证明的，可以凭人民法院、人民检察院或者行政执法机关出具的证明替代。

（八）机动车灭失证明是指：

1. 因自然灾害造成机动车灭失的证明是，自然灾害发生地的街道、乡、镇以上政府部门出具的机动车因自然灾害造成灭失的证明；

2. 因失火造成机动车灭失的证明是，火灾发生地的县级以上公安机关消防部门出具的机动车因失火造成灭失的证明；

3. 因交通事故造成机动车灭失的证明是，交通事故发生地的县级以上公安机关交通管理部门出具的机动车因交通事故造成灭失的证明。

（九）本规定所称“一日”、“二日”、“三日”、“五日”、“七日”、“十日”、

“十五日”，是指工作日，不包括节假日。

临时行驶车号牌的最长有效期“十五日”、“三十日”、“九十日”，包括工作日和节假日。

本规定所称以下、以上、以内，包括本数。

第六十五条 本规定自2008年10月1日起施行。2004年4月30日公安部发布的《机动车登记规定》（公安部令第72号）同时废止。本规定实施前公安部发布的其他规定与本规定不一致的，以本规定为准。

机动车驾驶证申领和使用规定

（2012年8月21日公安部部长办公会议通过 2012年9月12日中华人民共和国公安部令第123号发布 自2013年1月1日起施行 第五章第四节自发布之日起施行）

目 录

第一章 总 则
第二章 机动车驾驶证申请
第一节 机动车驾驶证
第二节 申 请
第三章 机动车驾驶人考试
第一节 考试内容和合格标准
第二节 考试要求
第三节 考试监督管理
第四章 发证、换证、补证
第五章 机动车驾驶人管理
第一节 记 分
第二节 审 验
第三节 监督管理
第四节 校车驾驶人管理
第六章 法律责任
第七章 附 则

第一章　总　　则

第一条　根据《中华人民共和国道路交通安全法》及其实施条例、《中华人民共和国行政许可法》，制定本规定。

第二条　本规定由公安机关交通管理部门负责实施。

省级公安机关交通管理部门负责本省（自治区、直辖市）机动车驾驶证业务工作的指导、检查和监督。直辖市公安机关交通管理部门车辆管理所、设区的市或者相当于同级的公安机关交通管理部门车辆管理所负责办理本行政辖区内机动车驾驶证业务。

县级公安机关交通管理部门车辆管理所可以办理本行政辖区内低速载货汽车、三轮汽车、摩托车驾驶证业务，以及其他机动车驾驶证换发、补发、审验、提交身体条件证明等业务。条件具备的，可以办理小型汽车、小型自动挡汽车、残疾人专用小型自动挡载客汽车驾驶证业务，以及其他机动车驾驶证的道路交通安全法律、法规和相关知识考试业务。具体业务范围和办理条件由省级公安机关交通管理部门确定。

第三条　车辆管理所办理机动车驾驶证业务，应当遵循严格、公开、公正、便民的原则。

车辆管理所办理机动车驾驶证业务，应当依法受理申请人的申请，审核申请人提交的材料。对符合条件的，按照规定的标准、程序和期限办理机动车驾驶证。对申请材料不齐全或者不符合法定形式的，应当一次书面告知申请人需要补正的全部内容。对不符合条件的，应当书面告知理由。

车辆管理所应当将法律、行政法规和本规定的有关办理机动车驾驶证的事项、条件、依据、程序、期限以及收费标准、需要提交的全部材料的目录和申请表示范文本等在办公场所公示。

省级、设区的市或者相当于同级的公安机关交通管理部门应当在互联网上建立主页，发布信息，便于群众查阅办理机动车驾驶证的有关规定，查询驾驶证使用状态、交通违法及记分等情况，下载、使用有关表格。

第四条　申请办理机动车驾驶证业务的人，应当如实向车辆管理所提交规定的材料，如实申告规定的事项，并对其申请材料实质内容的真实性负责。

第五条　公安机关交通管理部门应当建立对车辆管理所办理机动车驾驶证业务的监督制度，加强对驾驶人考试、驾驶证核发和使用的监督管理。

第六条　车辆管理所应当使用机动车驾驶证计算机管理系统核发、打印机动车驾驶证，不使用计算机管理系统核发、打印的机动车驾驶证无效。

机动车驾驶证计算机管理系统的数据库标准和软件全国统一，能够完整、准确地记录和存储申请受理、科目考试、机动车驾驶证核发等全过程和经办人员信息，并能够实时将有关信息传送到全国公安交通管理信息系统。

第二章　机动车驾驶证申请

第一节　机动车驾驶证

第七条　驾驶机动车，应当依法取得机动车驾驶证。

第八条　机动车驾驶人准予驾驶的车型顺序依次分为：大型客车、牵引车、城市公交车、中型客车、大型货车、小型汽车、小型自动挡汽车、低速载货汽车、三轮汽车、残疾人专用小型自动挡载客汽车、普通三轮摩托车、普通二轮摩托车、轻便摩托车、轮式自行机械车、无轨电车和有轨电车（附件1）。

第九条　机动车驾驶证记载和签注以下内容：

（一）机动车驾驶人信息：姓名、性别、出生日期、国籍、住址、身份证明号码（机动车驾驶证号码）、照片；

（二）车辆管理所签注内容：初次领证日期、准驾车型代号、有效期限、核发机关印章、档案编号。

第十条　机动车驾驶证有效期分为六年、十年和长期。

第二节　申　　请

第十一条　申请机动车驾驶证的人，应当符合下列规定：

（一）年龄条件：

1. 申请小型汽车、小型自动挡汽车、残疾人专用小型自动挡载客汽车、轻便摩托车准驾车型的，在18周岁以上、70周岁以下；

2. 申请低速载货汽车、三轮汽车、普通三轮摩托车、普通二轮摩托车或者轮式自行机械车准驾车型的，在18周岁以上，60周岁以下；

3. 申请城市公交车、大型货车、无轨电车或者有轨电车准驾车型的，在20周岁以上，50周岁以下；

4. 申请中型客车准驾车型的，在21周岁以上，50周岁以下；

5. 申请牵引车准驾车型的，在24周岁以上，50周岁以下；

6. 申请大型客车准驾车型的，在26周岁以上，50周岁以下。

（二）身体条件：

1. 身高：申请大型客车、牵引车、城市公交车、大型货车、无轨电车准驾车型的，身高为155厘米以上。申请中型客车准驾车型的，身高为150厘米以上；

2. 视力：申请大型客车、牵引车、城市公交车、中型客车、大型货车、无轨电车或者有轨电车准驾车型的，两眼裸视力或者矫正视力达到对数视力表5.0

以上。申请其他准驾车型的，两眼裸视力或者矫正视力达到对数视力表 4.9 以上；

3. 辨色力：无红绿色盲；

4. 听力：两耳分别距音叉 50 厘米能辨别声源方向。有听力障碍但佩戴助听设备能够达到以上条件的，可以申请小型汽车、小型自动挡汽车准驾车型的机动车驾驶证；

5. 上肢：双手拇指健全，每只手其他手指必须有三指健全，肢体和手指运动功能正常。但手指末节残缺或者右手拇指缺失的，可以申请小型汽车、小型自动挡汽车、低速载货汽车、三轮汽车准驾车型的机动车驾驶证；

6. 下肢：双下肢健全且运动功能正常，不等长度不得大于 5 厘米。但左下肢缺失或者丧失运动功能的，可以申请小型自动挡汽车准驾车型的机动车驾驶证。右下肢、双下肢缺失或者丧失运动功能但能够自主坐立的，可以申请残疾人专用小型自动挡载客汽车准驾车型的机动车驾驶证；

7. 躯干、颈部：无运动功能障碍。

第十二条　有下列情形之一的，不得申请机动车驾驶证：

（一）有器质性心脏病、癫痫病、美尼尔氏症、眩晕症、癔病、震颤麻痹、精神病、痴呆以及影响肢体活动的神经系统疾病等妨碍安全驾驶疾病的；

（二）三年内有吸食、注射毒品行为或者解除强制隔离戒毒措施未满三年，或者长期服用依赖性精神药品成瘾尚未戒除的；

（三）造成交通事故后逃逸构成犯罪的；

（四）饮酒后或者醉酒驾驶机动车发生重大交通事故构成犯罪的；

（五）醉酒驾驶机动车或者饮酒后驾驶营运机动车依法被吊销机动车驾驶证未满五年的；

（六）醉酒驾驶营运机动车依法被吊销机动车驾驶证未满十年的；

（七）因其他情形依法被吊销机动车驾驶证未满二年的；

（八）驾驶许可依法被撤销未满三年的；

（九）法律、行政法规规定的其他情形。

未取得机动车驾驶证驾驶机动车，有第一款第五项至第七项行为之一的，在规定期限内不得申请机动车驾驶证。

第十三条　初次申领机动车驾驶证的，可以申请准驾车型为城市公交车、大型货车、小型汽车、小型自动挡汽车、低速载货汽车、三轮汽车、残疾人专用小型自动挡载客汽车、普通三轮摩托车、普通二轮摩托车、轻便摩托车、轮式自行机械车、无轨电车、有轨电车的机动车驾驶证。

在暂住地初次申领机动车驾驶证的，可以申请准驾车型为小型汽车、小型自动挡汽车、低速载货汽车、三轮汽车、残疾人专用小型自动挡载客汽车、普通三轮摩托车、普通二轮摩托车、轻便摩托车的机动车驾驶证。

第十四条　已持有机动车驾驶证，申请增加准驾车型的，应当在本记分周期和申请前最近一个记分周期内没有记满12分记录。申请增加中型客车、牵引车、大型客车准驾车型的，还应当符合下列规定：

（一）申请增加中型客车准驾车型的，已取得驾驶城市公交车、大型货车、小型汽车、小型自动挡汽车、低速载货汽车或者三轮汽车准驾车型资格三年以上，并在申请前最近连续三个记分周期内没有记满12分记录；

（二）申请增加牵引车准驾车型的，已取得驾驶中型客车或者大型货车准驾车型资格三年以上，或者取得驾驶大型客车准驾车型资格一年以上，并在申请前最近连续三个记分周期内没有记满12分记录；

（三）申请增加大型客车准驾车型的，已取得驾驶中型客车或者大型货车准驾车型资格五年以上，或者取得驾驶牵引车准驾车型资格二年以上，并在申请前最近连续五个记分周期内没有记满12分记录。

在暂住地可以申请增加的准驾车型为小型汽车、小型自动挡汽车、低速载货汽车、三轮汽车、普通三轮摩托车、普通二轮摩托车、轻便摩托车。

第十五条　有下列情形之一的，不得申请大型客车、牵引车、中型客车、大型货车准驾车型：

（一）发生交通事故造成人员死亡，承担同等以上责任的；

（二）醉酒后驾驶机动车的；

（三）被吊销或者撤销机动车驾驶证未满十年的。

第十六条　持有军队、武装警察部队机动车驾驶证，或者持有境外机动车驾驶证，符合本规定的申请条件，可以申请相应准驾车型的机动车驾驶证。

第十七条　申领机动车驾驶证的人，按照下列规定向车辆管理所提出申请：

（一）在户籍所在地居住的，应当在户籍所在地提出申请；

（二）在暂住地居住的，可以在暂住地提出申请；

（三）现役军人（含武警），应当在居住地提出申请；

（四）境外人员，应当在居留地或者居住地提出申请；

（五）申请增加准驾车型的，应当在所持机动车驾驶证核发地提出申请。

第十八条　初次申请机动车驾驶证，应当填写申请表，并提交以下证明：

（一）申请人的身份证明；

（二）县级或者部队团级以上医疗机构出具的有关身体条件的证明。属于申请残疾人专用小型自动挡载客汽车的，应当提交经省级卫生主管部门指定的专门医疗机构出具的有关身体条件的证明。

第十九条　申请增加准驾车型的，除填写申请表，提交第十八条规定的证明外，还应当提交所持机动车驾驶证。

第二十条 持军队、武装警察部队机动车驾驶证的人申请机动车驾驶证，应当填写申请表，并提交以下证明、凭证：

（一）申请人的身份证明。属于复员、转业、退伍的人员，还应当提交军队、武装警察部队核发的复员、转业、退伍证明；

（二）县级或者部队团级以上医疗机构出具的有关身体条件的证明；

（三）军队、武装警察部队机动车驾驶证。

第二十一条 持境外机动车驾驶证的人申请机动车驾驶证，应当填写申请表，并提交以下证明、凭证：

（一）申请人的身份证明；

（二）县级以上医疗机构出具的有关身体条件的证明。属于外国驻华使馆、领馆人员及国际组织驻华代表机构人员申请的，按照外交对等原则执行；

（三）所持机动车驾驶证。属于非中文表述的，还应当出具中文翻译文本。

第三章 机动车驾驶人考试

第一节 考试内容和合格标准

第二十二条 机动车驾驶人考试内容分为道路交通安全法律、法规和相关知识考试科目（以下简称“科目一”）、场地驾驶技能考试科目（以下简称“科目二”）、道路驾驶技能和安全文明驾驶常识考试科目（以下简称“科目三”）。

第二十三条 考试内容和合格标准全国统一，根据不同准驾车型规定相应的考试项目。

第二十四条 科目一考试内容包括：道路通行、交通信号、交通安全违法行为和交通事故处理、机动车驾驶证申领和使用、机动车登记等规定以及其他道路交通安全法律、法规和规章。

第二十五条 科目二考试内容包括：

（一）大型客车、牵引车、城市公交车、中型客车、大型货车考试桩考、坡道定点停车和起步、侧方停车、通过单边桥、曲线行驶、直角转弯、通过限宽门、通过连续障碍、起伏路行驶、窄路掉头，以及模拟高速公路、连续急弯山区路、隧道、雨（雾）天、湿滑路、紧急情况处置；

（二）小型汽车、小型自动挡汽车、残疾人专用小型自动挡载客汽车和低速载货汽车考试倒车入库、坡道定点停车和起步、侧方停车、曲线行驶、直角转弯；

（三）三轮汽车、普通三轮摩托车、普通二轮摩托车和轻便摩托车考试桩考、坡道定点停车和起步、通过单边桥；

（四）轮式自行机械车、无轨电车、有轨电车的考试内容由省级公安机关交通管理部门确定。

对第一款第一项、第二项规定的准驾车型，省级公安机关交通管理部门可以根据实际增加考试内容。

第二十六条　科目三道路驾驶技能考试内容包括：大型客车、牵引车、城市公交车、中型客车、大型货车、小型汽车、小型自动挡汽车、低速载货汽车和残疾人专用小型自动挡载客汽车考试上车准备、起步、直线行驶、加减挡位操作、变更车道、靠边停车、直行通过路口、路口左转弯、路口右转弯、通过人行横道线、通过学校区域、通过公共汽车站、会车、超车、掉头、夜间行驶；其他准驾车型的考试内容，由省级公安机关交通管理部门确定。

大型客车、中型客车考试里程不少于 20 公里，其中白天考试里程不少于 10 公里，夜间考试里程不少于 5 公里。牵引车、城市公交车、大型货车考试里程不少于 10 公里，其中白天考试里程不少于 5 公里，夜间考试里程不少于 3 公里。小型汽车、小型自动挡汽车、低速载货汽车、残疾人专用小型自动挡载客汽车考试里程不少于 3 公里，并抽取不少于 20% 进行夜间考试；不进行夜间考试的，应当进行模拟夜间灯光使用考试。

对大型客车、牵引车、城市公交车、中型客车、大型货车，省级公安机关交通管理部门应当根据实际增加山区、隧道、陡坡等复杂道路驾驶考试内容。对其他汽车准驾车型，省级公安机关交通管理部门可以根据实际增加考试内容。

第二十七条　科目三安全文明驾驶常识考试内容包括：安全文明驾驶操作要求、恶劣气象和复杂道路条件下的安全驾驶知识、爆胎等紧急情况下的临危处置方法以及发生交通事故后的处置知识等。

第二十八条　持军队、武装警察部队机动车驾驶证的人申请大型客车、牵引车、中型客车、大型货车准驾车型机动车驾驶证的，应当考试科目一和科目三；申请其他准驾车型机动车驾驶证的，免予考试核发机动车驾驶证。

第二十九条　持境外机动车驾驶证申请机动车驾驶证的，应当考试科目一。申请准驾车型为大型客车、牵引车、中型客车、大型货车机动车驾驶证的，还应当考试科目三。属于外国驻华使馆、领馆人员及国际组织驻华代表机构人员申请的，应当按照外交对等原则执行。

第三十条　各科目考试的合格标准为：

（一）科目一考试满分为 100 分，成绩达到 90 分的为合格；

（二）科目二考试满分为 100 分，考试大型客车、牵引车、城市公交车、中型客车、大型货车准驾车型的，成绩达到 90 分的为合格，其他准驾车型的成绩达到 80 分的为合格；

（三）科目三道路驾驶技能和安全文明驾驶常识考试满分分别为 100 分，成绩分别达到 90 分的为合格。

第二节　考试要求

第三十一条　车辆管理所对符合机动车驾驶证申请条件的，应当受理，并按照预约日期安排考试。考试顺序按照科目一、科目二、科目三依次进行，前一科目考试合格后，方准参加后一科目的考试。科目三道路驾驶技能考试合格后，方准参加安全文明驾驶常识考试。

车辆管理所应当提供互联网、电话等方式由申请人自助预约考试，并在车辆管理所和互联网公开考试预约计划、预约人数和考试人数等情况。

第三十二条　初次申请机动车驾驶证或者申请增加准驾车型的，科目一考试合格后，车辆管理所应当在一日内核发驾驶技能准考证明。

驾驶技能准考证明的有效期为三年，申请人应当在有效期内完成科目二和科目三考试。未在有效期内完成考试的，已考试合格的科目成绩作废。

第三十三条　初次申请机动车驾驶证或者申请增加准驾车型的，申请人预约考试科目二，应当符合下列规定：

（一）报考小型汽车、小型自动挡汽车、低速载货汽车、三轮汽车、残疾人专用小型自动挡载客汽车、轮式自行机械车、无轨电车、有轨电车准驾车型的，在取得驾驶技能准考证明满十日后预约考试；

（二）报考大型客车、牵引车、城市公交车、中型客车、大型货车准驾车型的，在取得驾驶技能准考证明满二十日后预约考试。

第三十四条　初次申请机动车驾驶证或者申请增加准驾车型的，申请人预约考试科目三，应当符合下列规定：

（一）报考低速载货汽车、三轮汽车、轮式自行机械车、无轨电车、有轨电车准驾车型的，在取得驾驶技能准考证明满二十日后预约考试；

（二）报考小型汽车、小型自动挡汽车、残疾人专用小型自动挡载客汽车准驾车型的，在取得驾驶技能准考证明满三十日后预约考试；

（三）报考大型客车、牵引车、城市公交车、中型客车、大型货车准驾车型的，在取得驾驶技能准考证明满四十日后预约考试。

第三十五条　持军队、武装警察部队或者境外机动车驾驶证申请机动车驾驶证的，应当自车辆管理所受理之日起三年内完成科目考试。

第三十六条　申请人因故不能按照预约时间参加考试的，应当提前一日申请取消预约。对申请人未按照预约考试时间参加考试的，判定该次考试不合格。

第三十七条　每个科目考试一次，考试不合格的，可以补考一次。不参加补考或者补考仍不合格的，本次考试终止，申请人应当重新预约考试，但科目二、科目三考试应当在十日后预约。科目三安全文明驾驶常识考试不合格的，已通过的道路驾驶技能考试成绩有效。

在驾驶技能准考证明有效期内，科目二和科目三道路驾驶技能考试预约考试的次数不得超过五次。第五次预约考试仍不合格的，已考试合格的其他科目成绩作废。

第三十八条　从事考试工作的人员，应当持有省级公安机关交通管理部门颁发的考试员证书。

考试员应当认真履行考试职责，严格按照规定考试，接受社会监督。在考试前应当自我介绍，讲解考试要求，核实申请人身份；考试中应当严格执行考试程序，按照考试项目和考试标准评定考试成绩；考试后应当当场公布考试成绩，讲评考试不合格原因。

每个科目的考试成绩单应当有申请人和考试员的签名。未签名的不得核发机动车驾驶证。

第三十九条　考试员应当严格遵守考试工作纪律，不得为不符合机动车驾驶许可条件、未经考试、考试不合格人员签注合格考试成绩，不得减少考试项目、降低评判标准或者参与、协助、纵容考试作弊，不得参与或者变相参与驾驶培训机构经营活动，不得收取驾驶培训机构、教练员、申请人的财物。

第四十条　考试场地建设、路段设置、车辆配备、设施配置以及考试项目、评判要求应当符合相关标准。

第三节　考试监督管理

第四十一条　车辆管理所应当对考试过程进行全程录音、录像。严肃考试纪律，规范考场秩序，对考场秩序混乱的，应当中止考试。

车辆管理所应当根据考试场地、考试设备、考试车辆、考试员数量等实际情况，核定每个考试场、每个考试员每日最大考试量。

第四十二条　车辆管理所应当每周通过计算机系统对机动车驾驶人考试和机动车驾驶证业务办理情况进行监控、分析。省级公安机关交通管理部门应当建立全省（自治区、直辖市）机动车驾驶人考试监管系统，每月对机动车驾驶人考试、机动车驾驶证业务办理情况进行监控、分析，及时查处、通报发现的问题。

车辆管理所存在为未经考试或者考试不合格人员核发机动车驾驶证等严重违规办理机动车驾驶证业务情形的，上级公安机关交通管理部门可以暂停该车辆管理所办理相关业务或者指派其他车辆管理所人员接管业务。

第四十三条　车辆管理所应当对驾驶培训机构教练员、教练车、训练场地等情况进行备案，并确定受理考试人数，向社会公布。

第四十四条　直辖市、设区的市或者相当于同级的公安机关交通管理部门应当每月向社会公布车辆管理所考试员考试质量情况、三年内驾龄驾驶人交通违法率和交通肇事率等信息。

直辖市、设区的市或者相当于同级的公安机关交通管理部门应当每月向社会公布辖区内驾驶培训机构的考试合格率、三年内驾龄驾驶人交通违法率和交通肇事率等信息，按照考试合格率对驾驶培训机构培训质量公开排名，并通报培训主管部门。

第四十五条 对三年内驾龄驾驶人发生一次死亡 3 人以上交通事故且负主要以上责任的，省级公安机关交通管理部门应当倒查车辆管理所考试、发证情况，向社会公布倒查结果。对三年内驾龄驾驶人发生一次死亡 1 至 2 人的交通事故且负主要以上责任的，直辖市、设区的市或者相当于同级的公安机关交通管理部门应当组织责任倒查。

直辖市、设区的市或者相当于同级的公安机关交通管理部门发现驾驶培训机构及其教练员存在缩短培训学时、减少培训项目以及贿赂考试员、以承诺考试合格等名义向学员索取财物、参与违规办理驾驶证或者考试舞弊行为的，应当通报培训主管部门，并向社会公布。

第四章 发证、换证、补证

第四十六条 申请人考试合格后，应当接受不少于半小时的交通安全文明驾驶常识和交通事故案例警示教育，并参加领证宣誓仪式。

车辆管理所应当在申请人参加领证宣誓仪式的当日核发机动车驾驶证。属于申请增加准驾车型的，应当收回原机动车驾驶证。属于复员、转业、退伍的，应当收回军队、武装警察部队机动车驾驶证。

第四十七条 机动车驾驶人在机动车驾驶证的六年有效期内，每个记分周期均未记满 12 分的，换发十年有效期的机动车驾驶证；在机动车驾驶证的十年有效期内，每个记分周期均未记满 12 分的，换发长期有效的机动车驾驶证。

第四十八条 机动车驾驶人应当于机动车驾驶证有效期满前九十日内，向机动车驾驶证核发地车辆管理所申请换证。申请时应当填写申请表，并提交以下证明、凭证：

（一）机动车驾驶人的身份证明；

（二）机动车驾驶证；

（三）县级或者部队团级以上医疗机构出具的有关身体条件的证明。属于申请残疾人专用小型自动挡载客汽车的，应当提交经省级卫生主管部门指定的专门医疗机构出具的有关身体条件的证明。

第四十九条 机动车驾驶人户籍迁出原车辆管理所管辖区的，应当向迁入地车辆管理所申请换证。机动车驾驶人在核发地车辆管理所管辖区以外居住的，可以向居住地车辆管理所申请换证。申请时应当填写申请表，并提交第四十八条规定的证明、凭证。

第五十条　年龄在60周岁以上的，不得驾驶大型客车、牵引车、城市公交车、中型客车、大型货车、无轨电车和有轨电车；持有大型客车、牵引车、城市公交车、中型客车、大型货车驾驶证的，应当到机动车驾驶证核发地车辆管理所换领准驾车型为小型汽车或者小型自动挡汽车的机动车驾驶证。

年龄在70周岁以上的，不得驾驶低速载货汽车、三轮汽车、普通三轮摩托车、普通二轮摩托车和轮式自行机械车；持有普通三轮摩托车、普通二轮摩托车驾驶证的，应当到机动车驾驶证核发地车辆管理所换领准驾车型为轻便摩托车的机动车驾驶证。

申请时应当填写申请表，并提交第四十八条规定的证明、凭证。

机动车驾驶人自愿降低准驾车型的，应当填写申请表，并提交机动车驾驶人的身份证明和机动车驾驶证。

第五十一条　具有下列情形之一的，机动车驾驶人应当在三十日内到机动车驾驶证核发地车辆管理所申请换证：

（一）在车辆管理所管辖区域内，机动车驾驶证记载的机动车驾驶人信息发生变化的；

（二）机动车驾驶证损毁无法辨认的。

申请时应当填写申请表，并提交机动车驾驶人的身份证明和机动车驾驶证。

第五十二条　机动车驾驶人身体条件发生变化，不符合所持机动车驾驶证准驾车型的条件，但符合准予驾驶的其他准驾车型条件的，应当在三十日内到机动车驾驶证核发地车辆管理所申请降低准驾车型。申请时应当填写申请表，并提交机动车驾驶人的身份证明、机动车驾驶证、县级或者部队团级以上医疗机构出具的有关身体条件的证明。

机动车驾驶人身体条件发生变化，不符合第十一条第二项规定或者具有第十二条规定情形之一，不适合驾驶机动车的，应当在三十日内到机动车驾驶证核发地车辆管理所申请注销。申请时应当填写申请表，并提交机动车驾驶人的身份证明和机动车驾驶证。

机动车驾驶人身体条件不适合驾驶机动车的，不得驾驶机动车。

第五十三条　车辆管理所对符合第四十八条至第五十一条、第五十二条第一款规定的，应当在一日内换发机动车驾驶证。对符合第五十二条第二款规定的，应当在一日内注销机动车驾驶证。其中，对符合第四十九条至第五十二条规定的，还应当收回原机动车驾驶证。

第五十四条　机动车驾驶证遗失的，机动车驾驶人应当向机动车驾驶证核发地车辆管理所申请补发。申请时应当填写申请表，并提交以下证明、凭证：

（一）机动车驾驶人的身份证明；

（二）机动车驾驶证遗失的书面声明。

符合规定的，车辆管理所应当在一日内补发机动车驾驶证。

机动车驾驶人补领机动车驾驶证后，原机动车驾驶证作废，不得继续使用。

机动车驾驶证被依法扣押、扣留或者暂扣期间，机动车驾驶人不得申请补发。

第五章　机动车驾驶人管理

第一节　记　　分

第五十五条　道路交通安全违法行为累积记分周期（即记分周期）为12个月，满分为12分，从机动车驾驶证初次领取之日起计算。

依据道路交通安全违法行为的严重程度，一次记分的分值为：12分、6分、3分、2分、1分五种（附件2）。

第五十六条　对机动车驾驶人的道路交通安全违法行为，处罚与记分同时执行。

机动车驾驶人一次有两个以上违法行为记分的，应当分别计算，累加分值。

第五十七条　机动车驾驶人对道路交通安全违法行为处罚不服，申请行政复议或者提起行政诉讼后，经依法裁决变更或者撤销原处罚决定的，相应记分分值予以变更或者撤销。

第五十八条　机动车驾驶人在一个记分周期内累积记分达到12分的，公安机关交通管理部门应当扣留其机动车驾驶证。

机动车驾驶人应当在十五日内到机动车驾驶证核发地或者违法行为地公安机关交通管理部门参加为期七日的道路交通安全法律、法规和相关知识学习。机动车驾驶人参加学习后，车辆管理所应当在二十日内对其进行道路交通安全法律、法规和相关知识考试。考试合格的，记分予以清除，发还机动车驾驶证；考试不合格的，继续参加学习和考试。拒不参加学习，也不接受考试的，由公安机关交通管理部门公告其机动车驾驶证停止使用。

机动车驾驶人在一个记分周期内有两次以上达到12分或者累积记分达到24分以上的，车辆管理所还应当在道路交通安全法律、法规和相关知识考试合格后十日内对其进行道路驾驶技能考试。接受道路驾驶技能考试的，按照本人机动车驾驶证载明的最高准驾车型考试。

第五十九条　机动车驾驶人在一个记分周期内记分未达到12分，所处罚款已经缴纳的，记分予以清除；记分虽未达到12分，但尚有罚款未缴纳的，记分转入下一记分周期。

第二节　审　　验

第六十条　机动车驾驶人应当按照法律、行政法规的规定，定期到公安机关交通管理部门接受审验。

机动车驾驶人按照本规定第四十八条、第四十九条换领机动车驾驶证时，应当接受公安机关交通管理部门的审验。

持有大型客车、牵引车、城市公交车、中型客车、大型货车驾驶证的驾驶人，应当在每个记分周期结束后三十日内到公安机关交通管理部门接受审验。但在一个记分周期内没有记分记录的，免予本记分周期审验。

持有本条第三款规定以外准驾车型驾驶证的驾驶人，发生交通事故造成人员死亡承担同等以上责任未被吊销机动车驾驶证的，应当在本记分周期结束后三十日内到公安机关交通管理部门接受审验。

在异地从事营运的机动车驾驶人，向营运地车辆管理所备案登记一年后，可以直接在营运地参加审验。

第六十一条 机动车驾驶证审验内容包括：

（一）道路交通安全违法行为、交通事故处理情况；

（二）身体条件情况；

（三）道路交通安全违法行为记分及记满 12 分后参加学习和考试情况。

持有大型客车、牵引车、城市公交车、中型客车、大型货车驾驶证一个记分周期内有记分的，以及持有其他准驾车型驾驶证发生交通事故造成人员死亡承担同等以上责任未被吊销机动车驾驶证的驾驶人，审验时应当参加不少于三小时的道路交通安全法律法规、交通安全文明驾驶、应急处置等知识学习，并接受交通事故案例警示教育。

对交通违法行为或者交通事故未处理完毕的、身体条件不符合驾驶许可条件的、未按照规定参加学习、教育和考试的，不予通过审验。

第六十二条 年龄在 60 周岁以上的机动车驾驶人，应当每年进行一次身体检查，在记分周期结束后三十日内，提交县级或者部队团级以上医疗机构出具的有关身体条件的证明。

持有残疾人专用小型自动挡载客汽车驾驶证的机动车驾驶人，应当每三年进行一次身体检查，在记分周期结束后三十日内，提交经省级卫生主管部门指定的专门医疗机构出具的有关身体条件的证明。

机动车驾驶人按照本规定第六十条第三款、第四款规定参加审验时，应当申报身体条件情况。

第六十三条 机动车驾驶人因服兵役、出国（境）等原因，无法在规定时间内办理驾驶证期满换证、审验、提交身体条件证明的，可以向机动车驾驶证核发地车辆管理所申请延期办理。申请时应当填写申请表，并提交机动车驾驶人的身份证明、机动车驾驶证和延期事由证明。

延期期限最长不超过三年。延期期间机动车驾驶人不得驾驶机动车。

第三节　监督管理

第六十四条　机动车驾驶人初次申请机动车驾驶证和增加准驾车型后的12个月为实习期。

新取得大型客车、牵引车、城市公交车、中型客车、大型货车驾驶证的，实习期结束后三十日内应当参加道路交通安全法律法规、交通安全文明驾驶、应急处置等知识考试，并接受不少于半小时的交通事故案例警示教育。

在实习期内驾驶机动车的，应当在车身后部粘贴或者悬挂统一式样的实习标志（附件3）。

第六十五条　机动车驾驶人在实习期内不得驾驶公共汽车、营运客车或者执行任务的警车、消防车、救护车、工程救险车以及载有爆炸物品、易燃易爆化学物品、剧毒或者放射性等危险物品的机动车；驾驶的机动车不得牵引挂车。

驾驶人在实习期内驾驶机动车上高速公路行驶，应当由持相应或者更高准驾车型驾驶证三年以上的驾驶人陪同。其中，驾驶残疾人专用小型自动挡载客汽车的，可以由持有小型自动挡载客汽车以上准驾车型驾驶证的驾驶人陪同。

在增加准驾车型后的实习期内，驾驶原准驾车型的机动车时不受上述限制。

第六十六条　持有准驾车型为残疾人专用小型自动挡载客汽车的机动车驾驶人驾驶机动车时，应当按规定在车身设置残疾人机动车专用标志（附件4）。

有听力障碍的机动车驾驶人驾驶机动车时，应当佩戴助听设备。

第六十七条　机动车驾驶人具有下列情形之一的，车辆管理所应当注销其机动车驾驶证：

（一）死亡的；

（二）提出注销申请的；

（三）丧失民事行为能力，监护人提出注销申请的；

（四）身体条件不适合驾驶机动车的；

（五）有器质性心脏病、癫痫病、美尼尔氏症、眩晕症、癔病、震颤麻痹、精神病、痴呆以及影响肢体活动的神经系统疾病等妨碍安全驾驶疾病的；

（六）被查获有吸食、注射毒品后驾驶机动车行为，正在执行社区戒毒、强制隔离戒毒、社区康复措施，或者长期服用依赖性精神药品成瘾尚未戒除的；

（七）超过机动车驾驶证有效期一年以上未换证的；

（八）年龄在60周岁以上，在一个记分周期结束后一年内未提交身体条件证明的；或者持有残疾人专用小型自动挡载客汽车准驾车型，在三个记分周期结束后一年内未提交身体条件证明的；

（九）年龄在60周岁以上，所持机动车驾驶证只具有无轨电车或者有轨电车准驾车型，或者年龄在70周岁以上，所持机动车驾驶证只具有低速载货汽车、三轮汽车、轮式自行机械车准驾车型的；

（十）机动车驾驶证依法被吊销或者驾驶许可依法被撤销的。

有第一款第四项至第十项情形之一，未收回机动车驾驶证的，应当公告机动车驾驶证作废。

有第一款第七项、第八项情形之一被注销机动车驾驶证未超过二年的，机动车驾驶人参加道路交通安全法律、法规和相关知识考试合格后，可以恢复驾驶资格。

第六十八条　持有大型客车、牵引车、城市公交车、中型客车、大型货车驾驶证的驾驶人有下列情形之一的，车辆管理所应当注销其最高准驾车型驾驶资格，并通知机动车驾驶人在三十日内办理降级换证业务：

（一）发生交通事故造成人员死亡，承担同等以上责任，未构成犯罪的；

（二）在一个记分周期内有记满 12 分记录的；

（三）连续三个记分周期不参加审验的。

机动车驾驶人在规定时间内未办理降级换证业务的，车辆管理所应当公告注销的准驾车型驾驶资格作废。

第六十九条　机动车驾驶人在实习期内有记满 12 分记录的，注销其实习的准驾车型驾驶资格。被注销的驾驶资格不属于最高准驾车型的，还应当按照第六十八条第一款规定，注销其最高准驾车型驾驶资格。

持有大型客车、牵引车、城市公交车、中型客车、大型货车驾驶证的驾驶人在一年实习期内记 6 分以上但未达到 12 分的，实习期限延长一年。在延长的实习期内再次记 6 分以上但未达到 12 分的，注销其实习的准驾车型驾驶资格。

第七十条　机动车驾驶人联系电话、联系地址等信息发生变化，以及持有大型客车、牵引车、城市公交车、中型客车、大型货车驾驶证的驾驶人从业单位等信息发生变化的，应当在信息变更后三十日内，向驾驶证核发地车辆管理所备案。

第七十一条　道路运输企业应当定期将聘用的机动车驾驶人向所在地公安机关交通管理部门备案，督促及时处理道路交通安全违法行为、交通事故和参加机动车驾驶证审验。

公安机关交通管理部门应当每月向辖区内交通运输主管部门、运输企业通报机动车驾驶人的道路交通违法行为、记分和交通事故等情况。

第四节　校车驾驶人管理

第七十二条　校车驾驶人应当依法取得校车驾驶资格。

取得校车驾驶资格应当符合下列条件：

（一）取得相应准驾车型驾驶证并具有三年以上驾驶经历，年龄在 25 周岁以上、不超过 60 周岁；

（二）最近连续三个记分周期内没有被记满 12 分记录；

（三）无致人死亡或者重伤的交通事故责任记录；

（四）无酒后驾驶或者醉酒驾驶机动车记录，最近一年内无驾驶客运车辆超员、超速等严重交通违法行为记录；

（五）无犯罪记录；

（六）身心健康，无传染性疾病，无癫痫病、精神病等可能危及行车安全的疾病病史，无酗酒、吸毒行为记录。

第七十三条 机动车驾驶人申请取得校车驾驶资格，应当向县级或者设区的市级公安机关交通管理部门提出申请，填写申请表，并提交以下证明、凭证：

（一）申请人的身份证明；

（二）机动车驾驶证；

（三）户籍所在地县级公安机关出具的无犯罪、吸毒行为记录证明；

（四）县级或者部队团级以上医疗机构出具的有关身体条件的证明。

第七十四条 公安机关交通管理部门应当自收到申请材料之日起五日内审查完毕。对符合条件的，在机动车驾驶证上签注准许驾驶校车及相应车型，并通报教育行政部门；不符合条件的，应当书面说明理由。

第七十五条 校车驾驶人应当在每个记分周期结束后三十日内到公安机关交通管理部门接受审验。审验时，应当提交县级或者部队团级以上医疗机构出具的有关身体条件的证明，参加不少于三小时的道路交通安全法律法规、交通安全文明驾驶、应急处置等知识学习，并接受交通事故案例警示教育。

第七十六条 公安机关交通管理部门应当与教育行政部门和学校建立校车驾驶人的信息交换机制，每月通报校车驾驶人的交通违法、交通事故和审验等情况。

第七十七条 校车驾驶人具有下列情形之一的，公安机关交通管理部门应当注销其校车驾驶资格，通知机动车驾驶人换领机动车驾驶证，并通报教育行政部门和学校：

（一）提出注销申请的；

（二）年龄超过 60 周岁的；

（三）在致人死亡或者重伤的交通事故负有责任的；

（四）有酒后驾驶或者醉酒驾驶机动车，以及驾驶客运车辆超员、超速等严重交通违法行为的；

（五）有记满 12 分或者犯罪记录的；

（六）有传染性疾病，癫痫病、精神病等可能危及行车安全的疾病，有酗酒、吸毒行为记录的。

未收回签注校车驾驶许可的机动车驾驶证的，应当公告其校车驾驶资格作废。

第六章　法律责任

第七十八条　隐瞒有关情况或者提供虚假材料申领机动车驾驶证的，申请人在一年内不得再次申领机动车驾驶证。

申请人在考试过程中有贿赂、舞弊行为的，取消考试资格，已经通过考试的其他科目成绩无效；申请人在一年内不得再次申领机动车驾驶证。

申请人以欺骗、贿赂等不正当手段取得机动车驾驶证的，公安机关交通管理部门收缴机动车驾驶证，撤销机动车驾驶许可；申请人在三年内不得再次申领机动车驾驶证。

第七十九条　机动车驾驶人有下列行为之一的，由公安机关交通管理部门处二十元以上二百元以下罚款：

（一）机动车驾驶人补领机动车驾驶证后，继续使用原机动车驾驶证的；

（二）在实习期内驾驶机动车不符合第六十五条规定的；

（三）驾驶机动车未按规定粘贴、悬挂实习标志或者残疾人机动车专用标志的；

（四）持有大型客车、牵引车、城市公交车、中型客车、大型货车驾驶证的驾驶人，未按照第七十条规定申报变更信息的；

有第一款第一项规定情形的，由公安机关交通管理部门收回原机动车驾驶证。

第八十条　机动车驾驶人有下列行为之一的，由公安机关交通管理部门处二百元以上五百元以下罚款：

（一）机动车驾驶证被依法扣押、扣留或者暂扣期间，采用隐瞒、欺骗手段补领机动车驾驶证的；

（二）机动车驾驶人身体条件发生变化不适合驾驶机动车，仍驾驶机动车的；

（三）逾期不参加审验仍驾驶机动车的。

有第一款第一项、第二项规定情形之一的，由公安机关交通管理部门收回机动车驾驶证。

第八十一条　伪造、变造或者使用伪造、变造的机动车驾驶证的，由公安机关交通管理部门予以收缴，依法拘留，并处二千元以上五千元以下罚款；构成犯罪的，依法追究刑事责任。

第八十二条　交通警察有下列情形之一的，按照有关规定给予记过、记大过、降级、撤职或者开除处分；对聘用人员予以解聘。构成犯罪的，依法追究刑事责任：

（一）为不符合机动车驾驶许可条件、未经考试、考试不合格人员签注合格考试成绩或者核发机动车驾驶证的；

（二）减少考试项目、降低评判标准或者参与、协助、纵容考试作弊的；

（三）与非法中介串通谋取经济利益的；

（四）违反规定侵入机动车驾驶证管理系统，泄漏、篡改、买卖系统数据，或者泄漏系统密码的；

（五）参与或者变相参与驾驶培训机构经营活动的；

（六）收取驾驶培训机构、教练员、申请人财物的。

公安机关交通管理部门有前款所列行为之一的，按照国家有关规定对直接负责的主管人员和其他直接责任人员给予相应的处分。

第七章　附　　则

第八十三条　国家之间对机动车驾驶证有互相认可协议的，按照协议办理。

国家之间签订有关协定涉及机动车驾驶证的，按照协定执行。

第八十四条　机动车驾驶人可以委托代理人代理换证、补证、提交身体条件证明、延期办理和注销业务。代理人申请机动车驾驶证业务时，应当提交代理人的身份证明和机动车驾驶人与代理人共同签字的申请表或者身体条件证明。

第八十五条　机动车驾驶证的式样、规格按照中华人民共和国公共安全行业标准《中华人民共和国机动车驾驶证件》执行。驾驶技能准考证明的式样由公安部规定。

第八十六条　拖拉机驾驶证的申领和使用另行规定。拖拉机驾驶证式样、规格应当符合中华人民共和国公共安全行业标准《中华人民共和国机动车驾驶证件》的规定。

第八十七条　本规定下列用语的含义：

（一）身份证明是指：

1. 居民的身份证明，是《居民身份证》或者《临时居民身份证》。在暂住地居住的内地居民的身份证明，是《居民身份证》或者《临时居民身份证》，以及公安机关核发的居住、暂住证明；

2. 现役军人（含武警）的身份证明，是《居民身份证》或者《临时居民身份证》。在未办理《居民身份证》前，是军队有关部门核发的《军官证》、《文职干部证》、《士兵证》、《离休证》、《退休证》等有效军人身份证件，以及其所在的团级以上单位出具的本人住所证明；

3. 香港、澳门特别行政区居民的身份证明，是其入境时所持有的《港澳居民来往内地通行证》或者《港澳同胞回乡证》，香港、澳门特别行政区《居民身份证》和公安机关核发的居住、暂住证明；

4. 台湾地区居民的身份证明，是其所持有的有效期三个月以上的公安机关核发的《台湾居民来往大陆通行证》或者外交部核发的《中华人民共和国旅行证》和公安机关核发的居住、暂住证明；

5. 华侨的身份证明，是《中华人民共和国护照》和公安机关核发的居住、暂住证明；

6. 外国人的身份证明，是其入境时所持有的护照或者其他旅行证件、居（停）留期为三个月以上的有效签证或者居留许可，以及公安机关出具的住宿登记证明；

7. 外国驻华使馆、领馆人员、国际组织驻华代表机构人员的身份证明，是外交部核发的有效身份证件。

（二）住址是指：

1. 居民的住址，是《居民身份证》或者《临时居民身份证》记载的住址；

2. 现役军人（含武警）的住址，是《居民身份证》或者《临时居民身份证》记载的住址。在未办理《居民身份证》前，是其所在的团级以上单位出具的本人住所证明记载的住址；

3. 境外人员的住址，是公安机关核发的居住、暂住或者住宿登记证明记载的地址；

4. 外国驻华使馆、领馆人员及国际组织驻华代表机构人员的住址，是外交部核发的有效身份证件记载的地址。

（三）境外机动车驾驶证是指外国、香港、澳门特别行政区、台湾地区核发的具有单独驾驶资格且非临时性的机动车驾驶证。

第八十八条　本规定所称“以上”、“以下”均包含本数在内。

本规定所称“一日”、“五日”、“七日”、“十日”、“十五日”，是指工作日，不包括节假日。

第八十九条　本规定自2013年1月1日起施行，第五章第四节自发布之日起施行。2006年12月20日发布的《机动车驾驶证申领和使用规定》（公安部令第91号）和2009年12月7日发布的《公安部关于修改〈机动车驾驶证申领和使用规定〉的决定》（公安部令第111号）同时废止。本规定生效后，公安部以前制定的规定与本规定不一致的，以本规定为准。

附件：1. 准驾车型及代号
　　　2. 道路交通安全违法行为记分分值
　　　3. 实习标志式样
　　　4. 残疾人机动车专用标志

附件 1

准驾车型及代号

准驾车型	代号	准驾的车辆	准予驾驶的其他准驾车型
大型客车	A1	大型载客汽车	A3、B1、B2、C1、C2、C3、C4、M
牵引车	A2	重型、中型全挂、半挂汽车列车	B1、B2、C1、C2、C3、C4、M
城市公交车	A3	核载 10 人以上的城市公共汽车	C1、C2、C3、C4
中型客车	B1	中型载客汽车（含核载 10 人以上、19 人以下的城市公共汽车）	C1、C2、C3、C4、M
大型货车	B2	重型、中型载货汽车；重型、中型专项作业车	
小型汽车	C1	小型、微型载客汽车以及轻型、微型载货汽车；轻型、微型专项作业车	C2、C3、C4
小型自动挡汽车	C2	小型、微型自动挡载客汽车以及轻型、微型自动挡载货汽车	
低速载货汽车	C3	低速载货汽车	C4
三轮汽车	C4	三轮汽车	
残疾人专用小型自动挡载客汽车	C5	残疾人专用小型、微型自动挡载客汽车（只允许右下肢或者双下肢残疾人驾驶）	
普通三轮摩托车	D	发动机排量大于 50ml 或者最大设计车速大于 50km/h 的三轮摩托车	E、F
普通二轮摩托车	E	发动机排量大于 50ml 或者最大设计车速大于 50km/h 的二轮摩托车	F
轻便摩托车	F	发动机排量小于等于 50ml，最大设计车速小于等于 50km/h 的摩托车	
轮式自行机械车	M	轮式自行机械车	
无轨电车	N	无轨电车	
有轨电车	P	有轨电车	

附件 2

道路交通安全违法行为记分分值

一、机动车驾驶人有下列违法行为之一，一次记 12 分：

（一）驾驶与准驾车型不符的机动车的；

（二）饮酒后驾驶机动车的；

（三）驾驶营运客车（不包括公共汽车）、校车载人超过核定人数 20% 以上的；

（四）造成交通事故后逃逸，尚不构成犯罪的；

（五）上道路行驶的机动车未悬挂机动车号牌的，或者故意遮挡、污损、不按规定安装机动车号牌的；

（六）使用伪造、变造的机动车号牌、行驶证、驾驶证、校车标牌或者使用其他机动车号牌、行驶证的；

（七）驾驶机动车在高速公路上倒车、逆行、穿越中央分隔带掉头的；

（八）驾驶营运客车在高速公路车道内停车的；

（九）驾驶中型以上载客载货汽车、校车、危险物品运输车辆在高速公路、城市快速路上行驶超过规定时速 20% 以上或者在高速公路、城市快速路以外的道路上行驶超过规定时速 50% 以上，以及驾驶其他机动车行驶超过规定时速 50% 以上的；

（十）连续驾驶中型以上载客汽车、危险物品运输车辆超过 4 小时未停车休息或者停车休息时间少于 20 分钟的；

（十一）未取得校车驾驶资格驾驶校车的。

二、机动车驾驶人有下列违法行为之一，一次记 6 分：

（一）机动车驾驶证被暂扣期间驾驶机动车的；

（二）驾驶机动车违反道路交通信号灯通行的；

（三）驾驶营运客车（不包括公共汽车）、校车载人超过核定人数未达 20% 的，或者驾驶其他载客汽车载人超过核定人数 20% 以上的；

（四）驾驶中型以上载客载货汽车、校车、危险物品运输车辆在高速公路、城市快速路上行驶超过规定时速未达 20% 的；

（五）驾驶中型以上载客载货汽车、校车、危险物品运输车辆在高速公路、城市快速路以外的道路上行驶或者驾驶其他机动车行驶超过规定时速 20% 以上未达到 50% 的；

（六）驾驶货车载物超过核定载质量 30% 以上或者违反规定载客的；

（七）驾驶营运客车以外的机动车在高速公路车道内停车的；

（八）驾驶机动车在高速公路或者城市快速路上违法占用应急车道行驶的；

（九）低能见度气象条件下，驾驶机动车在高速公路上不按规定行驶的；

（十）驾驶机动车运载超限的不可解体的物品，未按指定的时间、路线、速度行驶或者未悬挂明显标志的；

（十一）驾驶机动车载运爆炸物品、易燃易爆化学物品以及剧毒、放射性等危险物品，未按指定的时间、路线、速度行驶或者未悬挂警示标志并采取必要的安全措施的；

（十二）以隐瞒、欺骗手段补领机动车驾驶证的；

（十三）连续驾驶中型以上载客汽车、危险物品运输车辆以外的机动车超过4小时未停车休息或者停车休息时间少于20分钟的；

（十四）驾驶机动车不按照规定避让校车的。

三、机动车驾驶人有下列违法行为之一，一次记3分：

（一）驾驶营运客车（不包括公共汽车）、校车以外的载客汽车载人超过核定人数未达20%的；

（二）驾驶中型以上载客载货汽车、危险物品运输车辆在高速公路、城市快速路以外的道路上行驶或者驾驶其他机动车行驶超过规定时速未达20%的；

（三）驾驶货车载物超过核定载质量未达30%的；

（四）驾驶机动车在高速公路上行驶低于规定最低时速的；

（五）驾驶禁止驶入高速公路的机动车驶入高速公路的；

（六）驾驶机动车在高速公路或者城市快速路上不按规定车道行驶的；

（七）驾驶机动车行经人行横道，不按规定减速、停车、避让行人的；

（八）驾驶机动车违反禁令标志、禁止标线指示的；

（九）驾驶机动车不按规定超车、让行的，或者逆向行驶的；

（十）驾驶机动车违反规定牵引挂车的；

（十一）在道路上车辆发生故障、事故停车后，不按规定使用灯光和设置警告标志的；

（十二）上道路行驶的机动车未按规定定期进行安全技术检验的。

四、机动车驾驶人有下列违法行为之一，一次记2分：

（一）驾驶机动车行经交叉路口不按规定行车或者停车的；

（二）驾驶机动车有拨打、接听手持电话等妨碍安全驾驶的行为的；

（三）驾驶二轮摩托车，不戴安全头盔的；

（四）驾驶机动车在高速公路或者城市快速路上行驶时，驾驶人未按规定系安全带的；

（五）驾驶机动车遇前方机动车停车排队或者缓慢行驶时，借道超车或者占用对面车道、穿插等候车辆的；

（六）不按照规定为校车配备安全设备，或者不按照规定对校车进行安全维护的；

（七）驾驶校车运载学生，不按照规定放置校车标牌、开启校车标志灯，或者不按照经审核确定的线路行驶的；

（八）校车上下学生，不按照规定在校车停靠站点停靠的；

（九）校车未运载学生上道路行驶，使用校车标牌、校车标志灯和停车指示标志的；

（十）驾驶校车上道路行驶前，未对校车车况是否符合安全技术要求进行检查，或者驾驶存在安全隐患的校车上道路行驶的；

（十一）在校车载有学生时给车辆加油，或者在校车发动机引擎熄灭前离开驾驶座位的。

五、机动车驾驶人有下列违法行为之一，一次记1分：

（一）驾驶机动车不按规定使用灯光的；

（二）驾驶机动车不按规定会车的；

（三）驾驶机动车载货长度、宽度、高度超过规定的；

（四）上道路行驶的机动车未放置检验合格标志、保险标志，未随车携带行驶证、机动车驾驶证的。

附件 3

实习标志式样

一、汽车实习标志式样

比例：1:1

注：1. 实习标志的主色为黄色 Y100，配色为桔红色 M80Y80
2. “实习”两字用大小为 250 磅的粗楷体
3. 在实习期内驾驶机动车的，应当在车身后部粘贴或悬挂实习标志

二、摩托车实习标志式样

注：1. 实习标志的主色为黄色 Y100，配色为桔红色 M80Y100
2. “实习”两字用大小为 130 磅的粗楷体
3. 在实习期内驾驶机动车的，应当在车身后部粘贴或悬挂实习标志

附件 4

残疾人机动车专用标志

式样

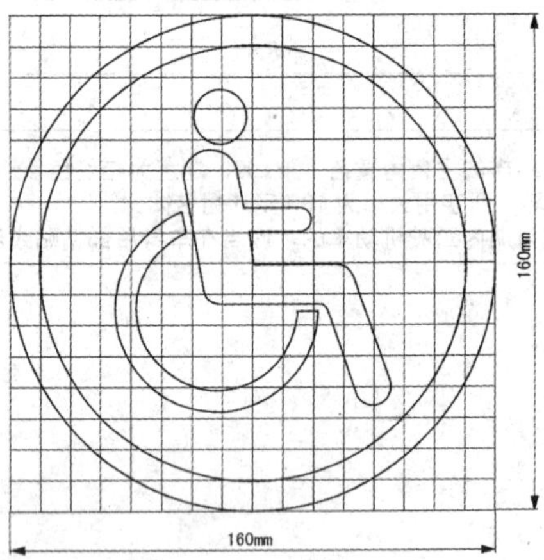

方格尺寸图

颜色值：

C=100，M=80，Y=5，K=0

使用规定：

1. 残疾人驾驶机动车时，应当在车身前部和后部分别设置专用标志。
2. 专用标志应当设置在车身距离地面 0.4m 以上 1.2m 以下的位置。

机动车运行安全技术条件（GB 7258－2012）

目　次

前　言
引　言
1 范　围
2 规范性引用文件
3 术语和定义
4 整　车
5 发动机
6 转向系
7 制动系
8 照明、信号装置和其他电气设备
9 行驶系
10 传动系
11 车　身
12 安全防护装置
13 消防车、救护车、工程救险车和警车的附加要求
14 残疾人专用汽车的附加要求
15 标准实施的过渡期要求
附录 A（规范性附录）驾驶人耳旁噪声检验方法
附录 B（规范性附录）典型车型车身反光标识粘贴示例及要求
参考文献

前　言

本标准的附录 A 和附录 B 为推荐性的，其余为强制性的。

本标准按照 GB/T 1．1－2009 给出的规则起草。

本标准代替 GB 7258－2004《机动车运行安全技术条件》。与 GB 7258－2004 相比，除编辑性修改外主要技术变化如下：

——修改了第 1 章的适用范围（见第 1 章）；

——修改了第 3 章的机动车、汽车、乘用车、客车、公共汽车（城市客

车）、货车、半挂牵引车、专项作业车、两用燃料汽车、双燃料汽车、挂车、牵引杆挂车、中置轴挂车、半挂车、汽车列车、铰接列车、摩托车、轻便摩托车、轮式专用机械车的定义，增加了载客汽车、公路客车（长途客车）、旅游客车、校车、幼儿校车、小学生校车、中小学生校车、专用校车、低速汽车、危险货物运输车、纯电动汽车、插电式混合动力汽车、燃料电池汽车、教练车、残疾人专用汽车、普通摩托车、两轮普通摩托车、边三轮摩托车、正三轮摩托车、两轮轻便摩托车、正三轮轻便摩托车、特型机动车的定义，删除了卧铺客车（2004 年版的 3.2.2.1）、电动汽车（2004 年版的 3.2.9）的定义；将汽车分为载客汽车、载货汽车和专项作业车三大类，将 2004 年版中的摩托车（2004 年版的 3.5）及轻便摩托车（2004 年版的 3.6）合称为摩托车（见 3.5），将 2004 年版中的摩托车（2004 年版的 3.5）改称为普通摩托车（见 3.5.1）；

——修改了第 4 章的部分机动车产品标牌需标识的内容（见 4.1.2）和车辆识别代号的打刻要求（见 4.1.3），增加了纯电动汽车、插电式混合动力汽车、燃料电池汽车和电动摩托车应打刻电动机型号、编号的要求及标识的视认性和永久保持性的要求（见 4.1.4）；

——增加了乘用车和总质量小于等于 3500kg 的货车（低速汽车除外）应在靠近风窗立柱的位置设置能永久保持的车辆识别代号标识的要求，以及乘用车应具有能读取车辆识别代号的电子数据接口、在后备箱（或行李区）的合适位置标示车辆识别代号，且应在至少 5 个主要部件上标示车辆识别代号或零部件编号的要求（见 4.1.5 和 4.1.6），修改了危险货物运输车的标志要求（见 4.1.7），增加了对机动车进行改装或修理时不得对车辆识别代号等整车标志进行遮盖（遮挡）、打磨、挖补、垫片等处理及凿孔、钻孔等破坏性操作的要求（见 4.1.8）；

——修改了车长小于 16m 的发动机后置的铰接客车的后悬要求（见 4.3），增加了铰接列车的半挂车的总质量不得大于半挂牵引车的最大允许牵引质量的要求（见 4.5.1.5），修改了载客汽车乘员数的核定要求（见 4.5.2. 和 4.5.3），增加了乘员数核定的特殊规定（见 4.5.6）；

——修改了客车、罐式汽车和罐式挂车的侧倾稳定角要求（见 4.7.1），增加了旅居车和旅居挂车旅居室内的专用装备设施应明示安全使用规定（见 4.8.4）、所有货车和专项作业车应喷涂总质量、栏板货车和自卸车应喷涂栏板高度、罐式车辆应喷涂灌体容积及允许装运货物的种类、部分货车及所有挂车应标识放大号、部分客车应喷涂座位数、专用校车车身外观标识和校车标牌（见 4.8.6 ~4.8.9）及教练车应喷涂“教练车”字样和机动车外部喷涂标志图案和安装灯具的原则规定（见 4.8.11、4.8.12），删除了专门用于运输易燃和易爆物品的危险货物运输车应在车身两侧喷涂“禁止烟火”的要求（2004 年版的

4. 8. 5)；

—— 增加了机动车环保要求的原则规定（见 4. 15）和机动车产品使用说明书的相关规定（见 4. 16)；

—— 增加了轮式专用机械车的外廓尺寸、轴荷及质量参数、转向系、制动系、外部照明和信号装置等要求按土方机械相关强制性标准实施的规定（见 4. 17. 2)；

—— 增加了有驾驶室的正三轮摩托车使用方向盘转向时的相关规定（见 6. 1)，修改了机动车方向盘的最大自由转动量要求（见 6. 4）和转向力测试的要求（见 6. 8)，增加了专用校车应采用转向助力装置（见 6. 9）及前轴采用双转向轴时转向轮的横向侧滑量不作要求的规定（见 6. 11)；

—— 修改了三轴及三轴以上汽车的制动完全释放时间要求（见 7. 1. 6）和应安装防抱死制动装置的机动车类型（见 7. 2. 11)，增加了部分汽车的前轮应装备盘式制动器（见 7. 2. 6)、教练车（三轮汽车除外）应装备有副制动踏板（见 7. 2. 12)、部分汽车应装备辅助制动装置（见 7. 5）及气压制动系应安装保持压缩空气干燥、油水分离的装置的要求（见 7. 7. 4)；

—— 修改了路试检验时的列车的行车制动距离要求（见 7. 10. 2. 1）和充分发出的平均减速度要求（见 7. 10. 2. 2)、驻车制动性能检验要求（见 7. 10. 4）及台试检验时的制动力要求和制动力平衡要求（见 7. 11. 1. 1 和 7. 11. 1. 2)，增加了台试检验汽车、汽车列车行车制动性能的合格判定要求（见 7. 11. 1. 5)，修改了检验结果的复核要求（见 7. 11. 3)；

—— 增加了机动车不得安装遮挡外部照明和信号装置透光面的装置、用户不得对外部照明和信号装置进行改装或加装强制性标准以外的外部照明和信号装置的要求（见 8. 1. 2 和 8. 1. 3)，修改了外部灯具闪烁的相关规定（见 8. 1. 2)，增加了部分货车、专项作业车和挂车后部照明和信号装置的透光面面积要求（见 8. 2. 1)、校车应配备统一的校车标志灯和停车指示标志的要求（见 8. 2. 7)、某一转向灯发生故障（短路除外）时的要求（见 8. 3. 8）和部分货车和挂车、低速车辆应设置车辆尾部标志板的要求（见 8. 4. 1)，修改了车身反光标识设置及车身反光标识材料的相关规定（见 8. 4. 1 ~ 8. 4. 5)，增加了柔性车身反光标识的相关规定（见 8. 4. 6)，删除了附加的灯具、反射器或附属装置不允许影响本标准规定安装的灯具和信号装置的性能且不应对其他的道路使用者造成不利影响的要求（2004 年版的 8. 2. 10)；

—— 增加了打开所有前照灯（远光）时总的远光发光强度要求及两灯制轻便摩托车的远光光束发光强度最小值要求（见 8. 5. 2)，修改了前照灯远光照射位置的检验要求（见 8. 5. 3. 3)，删除了前照灯远、近光布置的要求（2004 年版的 8. 4. 3)；

——增加了教练车（三轮汽车除外）应设置辅助喇叭开关的要求（见8.6.1）、客车电器导线的阻燃要求和乘员舱外部接插件的防水要求（见8.6.2），修改了机动车应装备仪表或显示信息的相关规定（见8.6.3），增加了专用校车应设置电源总开关和车长大于等于6m的客车应设置电磁式电源总开关的相关规定（见8.6.4），修改了应安装行驶记录仪的汽车车型要求，增加了显示、数据接口布置的规定、行驶记录功能符合要求的卫星定位装置视同行驶记录仪的规定及专用校车和卧铺客车还应安装车内外录像监控系统的规定（见8.6.5）及汽车装备、加装电气设备的原则性要求（见8.6.6），修改了无轨电车的特殊要求（见8.6.7）；

——修改了不得装用翻新的轮胎的车轮范围（见9.1.2），增加了机动车使用的翻新胎应符合相关标准的规定（见9.1.2）、专用校车和卧铺客车应装用无内胎子午线轮胎、危险货物运输车和车长大于9m的其他客车应装用子午线轮胎（见9.1.5）、空气弹簧应无裂损、变形及漏气、控制系统应齐全有效（见9.3.3）和三轴公路客车的随动轴应具有随动转向或主动转向功能的要求（见9.4.4）；

——增加了自动变速器的相关规定（见10.2.1）及部分车型应具有超速报警和限速功能（或装备限速装置）的要求（见10.5）；

——增加了车身外部不应产生明显的镜面反光（见11.1.1）、客车上部结构强度要求的相关规定、专用校车车身结构的特殊要求及车长大于11m的公路客车和旅游客车和所有卧铺客车应采用全承载整体式框架结构车身的要求（见11.2.1）、幼儿专用校车乘客区应采用平地板结构的要求（见11.2.3）、专用校车的踏步高要求（见11.2.4）和行李架（舱）设置要求（见11.2.5）、专用校车前部应设置碰撞安全结构的要求（见11.2.6）及校车侧窗下边缘的高度要求（见11.2.7）；

——增加了集装箱运输车和集装箱运输半挂车的构造应保证集装箱运输过程中始终安全、稳妥地固定在车辆上的要求（见11.3.2）、货车和挂车的载货部分不得设置乘客座椅且不得设计成可伸缩的结构（见11.3.3、11.3.4）及货车驾驶区座椅布置的相关规定（见11.3.5），增加了摩托车外部凸出物和扶手的相关规定（见11.4.2、11.4.3）；

——增加了乘用车车门的相关规定（见11.5.2），修改了客车乘客门的相关规定（见11.5.3~11.5.5），增加了击碎玻璃式应急窗的安全玻璃类型和厚度要求（见11.5.6），公路客车、旅游客车、校车所有车窗玻璃的可见光透射比均应大于等于50%的要求（见11.5.7）及厢式货车和封闭式货车的货箱部位不得设置车窗的要求（见11.5.8）；

——修改了载客汽车座椅布置的规定（见11.6.2~11.6.6）和卧铺布置的

规定（见 11.6.7），增加了校车照管人员座位的设置及专用校车座椅及其固定件的强度要求（见 11.6.8）、专用校车靠近通道的学生座椅的扶手要求（见 11.6.9）及正三轮摩托车乘客座椅的布置要求（见 11.6.10）；

—— 修改了客车内饰材料的阻燃要求，增加了发动机舱隔热防火的相关规定（见 11.7.1、11.7.2），增加了号牌板（架）应有号牌安装孔的要求（见 11.8.2）、乘用车（三厢车除外）行李区的纵向长度要求（见 11.9.2）及自卸车液压举升装置的相关规定（见 11.9.6）；

—— 修改了应装备汽车安全带的座椅范围（见 12？.1.1），增加了安全带的型式要求（见 12.1.2 和 12.1.3）、乘用车驾驶人座位应装备汽车安全带佩戴提示装置（见 12？.1.5）及乘用车儿童座椅固定的要求（见 12.1.6）；

—— 增加了总质量大于 7500kg 的货车和货车底盘改装的专项作业车应在右侧设置广角后视镜和补盲后视镜的要求（见 12.2.1），修改了外后视镜的视野要求（见 12.2.2），增加了专用校车驾驶人视野、汽车列车必要时应加装后视镜加长架（见 12.2.2）及教练车应加装辅助后视镜的要求（见 12.2.7）；

—— 增加了应设置应急门的情形（见 12.4.1.2），修改了应急门的尺寸和开启要求、应急门引道要求（见 12.4.2.1、12.4.2.3、12.4.2.5）及应急锤的相关规定（见 12.4.3.2），增加了设有乘客站立区的公共汽车的应急窗均应为推拉式应急窗或外推式应急窗的要求（见 12.4.3.2）；

—— 增加了不准许用户改动燃料管路（见 12.5.1）、发动机后置的公路客车和旅游客车燃料箱的前端面应位于前轴之后（见 12.5.5）、每一个钢瓶阀出口端都应安装高压过流保护装置（见 12.6.1）、不准许用户改动或加装钢瓶（见 12.6.3）、钢瓶安装在车上后钢瓶编号应易见（见 12.6.4）及气体燃料车辆应安装泄露报警装置的要求（见 12.6.15），修改了气体燃料专用装置通气接口的相关规定（见 12.6.9）；

—— 修改了客车灭火器布置的相关规定（见 12.9.2），增加了所有专用校车和发动机后置的其他客车应装备发动机舱自动灭火装置（见 12.9.3）和危险货物运输车的特殊安全防护要求（见 12.11），删除了专门用于运送易燃和易爆物品的危险货物运输车应在驾驶室上方安装红色标志灯的要求（2004 年版的 12.10）；

—— 修改了应装备三角警告牌、保险杠和前风窗玻璃除雾除霜装置的汽车范围（见 12.13.2、12.13.3、12.13.4）和机动车发动机的排气管口布置要求（见 12.13.7），增加了校车应配备急救箱的要求及汽车安全气囊系统的原则性规定（见 12.13.5 和 12.13.6）；

—— 增加了残疾人专用汽车的附加要求（见第 14 章）；

—— 删除了车速表指示误差检验方法、转向轮横向侧滑量检验方法、制动性能检验方法、前照灯光束照射位置检验方法、气密性检验方法（2004 年版的附录 A ~ 附录 E）及四种类型机动车技术条件要求对应一览表（2004 年版的附录 G），增加了典型车型车身反光标识粘贴示例及要求的相关说明（见附录 B）。

本标准由公安部道路交通管理标准化技术委员会归口。

本标准负责起草单位：公安部交通管理科学研究所、交通运输部公路科学研究院、中国汽车技术研究中心。

本标准参加起草单位：成都市公安局交通管理局车辆管理所、上海浦江出入境检验检疫局、中国公路学会客车分会、天津摩托车技术中心、中国农业机械化科学研究院、洛阳拖拉机研究所。

本标准主要起草人：应朝阳、周天佑、耿磊、罗跃、王凡、刘雪梅、孟秋、龚标、何勇、王学平、王冬梅、吴云强、刘欣、张炳荣、张咸胜、尚项绳、秦煜麟、孙巍、裴志浩。

GB 7258 - 2004 的历次版本发布情况为：

——GB 7258 - 1987、GB 7258 - 1997。

引　言

国家标准《机动车运行安全技术条件》（以下简称“GB 7258”）是我国机动车运行安全管理最基本的技术标准，是进行注册登记检验和在用机动车检验、机动车查验、事故车检验的主要技术依据，同时也是我国机动车新车定型强制性检验、新车出厂检验及进口机动车检验的重要技术依据之一。

GB 7258 - 2004 自 2004 年 10 月 1 日起实施以来，在加强机动车运行安全管理、提高机动车运行安全水平等方面起到了积极的作用。但是，随着我国经济社会的持续快速发展和机动化步伐的不断加快，广大人民群众对安全出行的期待越来越高，机动车运行安全管理不断遇到新情况、新问题。特别是当前我国大型客货车辆的安全技术要求仍较低，与车辆安全性能相关的重特大道路交通事故比例较高。为此，根据我国道路交通实际情况修订 GB 7258 - 2004，提高机动车（特别是大型客货车辆）运行安全技术要求，严密机动车运行安全管理技术依据，已十分必要。

本次 GB 7258 修订工作的修订原则主要有：

a）从 GB 7258 是我国机动车运行安全管理最基本的技术标准这一属性出发，根据道路交通发展实际情况，进一步明确 GB 7258 的适用范围，提出特型机动车、教练车、残疾人专用汽车等各类机动车的定义和运行安全管理的技术依据，严密机动车运行安全管理主要环节。

b）根据 GB 7258 - 2004 执行过程中暴露出来的问题，采用与管理要求相适应的机动车分类标准，提高标准的可操作性。

c）提高重点车辆的安全装置配备要求和结构安全要求，加严卧铺客车的安全技术要求，提高道路运行机动车的整体安全技术性能。

d）进一步明确公共汽车运行安全技术要求，为加强公共汽车运行安全管理提供技术依据。

需要说明的是：

a）鉴于轮式专用机械车的种类繁多、功能各异，本标准未对其外廓尺寸、轴荷及质量参数、转向性能、制动性能、外部照明和信号装置及电气设备、车身、安全防护装置等参数和要求作出具体规定。

b）叉车不属于道路车辆，鉴于其外型和结构的特殊性，不适于在道路上行驶和使用。

机动车运行安全技术条件

1　范　　围

本标准规定了机动车的整车及主要总成、安全防护装置等有关运行安全的基本技术要求，以及消防车、救护车、工程救险车和警车及残疾人专用汽车的附加要求。

本标准适用于在我国道路上行驶的所有机动车，但不适用于有轨电车及并非为在道路上行驶和使用而设计和制造、主要用于封闭道路和场所作业施工的轮式专用机械车。

注：有轨电车是指以电动机驱动，架线供电，有轨道承载的道路车辆。

2　规范性引用文件

下列文件对于本文件的应用是必不可少的。凡是注日期的引用文件，仅注日期的版本适用于本文件。凡是不注日期的引用文件，其最新版本（包括所有的修改单）适用于本文件。

GB 1589 道路车辆外廓尺寸、轴荷及质量限值

GB/T 2408－2008 塑料 燃烧性能的测定 水平法和垂直法

GB/T 3181 漆膜颜色标准

GB 4094 汽车操纵件、指示器及信号装置的标志

GB 4599 汽车用灯丝灯泡前照灯

GB 4785 汽车及挂车外部照明和光信号装置的安装规定

GB 5948 摩托车白炽丝光源前照灯配光性能

GB 8108 车用电子警报器

GB/T 8196 机械安全 固定式和活动式防护装置设计与制造一般要求

GB 8410 - 2006 汽车内饰材料的燃烧特性

GB 9656 汽车安全玻璃

GB 10396 农林拖拉机和机械、草坪和园艺动力机械 安全标志和危险图形 总则

GB 11567.1 汽车和挂车侧面防护要求

GB 11567.2 汽车和挂车后下部防护要求

GB/T 12428 客车装载质量计算方法

GB 12268 危险货物品名表

GB 12676 汽车制动系统 结构、性能和试验方法

GB 13057 客车座椅及其车辆固定件的强度

GB 13365 机动车排气火花熄灭器

GB 13392 道路运输危险货物车辆标志

GB/T 13594 机动车和挂车防抱制动性能和试验方法

GB 13954 警车、消防车、救护车、工程救险车标志灯具

GB/T 14172 汽车静侧翻稳定性台架试验方法

GB 15084 机动车辆后视镜的性能和安装要求

GB 15365 摩托车和轻便摩托车操纵件、指示器及信号装置的图形符号

GB 16735 道路车辆 车辆识别代号（VIN）

GB 17352 摩托车和轻便摩托车后视镜的性能和安装要求

GB/T 17578 客车上部结构强度的规定

GB/T 17676 天然气汽车和液化石油气汽车 标志

GB 18100.1 摩托车照明和光信号装置的安装规定 第1部分：两轮摩托车

GB 18100.2 摩托车照明和光信号装置的安装规定 第2部分：两轮轻便摩托车

GB 18100.3 摩托车照明和光信号装置的安装规定 第3部分：三轮摩托车

GB/T 18411 道路车辆 产品标牌

GB 18447.1 拖拉机 安全要求 第1部分：轮式拖拉机

GB 18564.1 道路运输液体危险货物罐式车辆 第1部分：金属常压罐体技术要求

GB 18564.2 道路运输液体危险货物罐式车辆 第2部分：非金属常压罐体技术要求

GB 18565 营运车辆综合性能要求和检验方法

GB/T 18697 - 2002 声学 汽车车内噪声测量方法

GB/T 19056 汽车行驶记录仪
GB 19151 机动车用三角警告牌
GB 19152 轻便摩托车前照灯配光性能
GB 20074 摩托车和轻便摩托车外部凸出物
GB 20075 摩托车乘员扶手
GB 20300 道路运输爆炸品和剧毒化学品车辆安全技术条件
GB 21259 汽车用气体放电光源前照灯
GB 23254 货车及挂车 车身反光标识
GB 24315 校车标识
GB 24406 专用校车学生座椅系统及其车辆固定件的强度
GB 24407 专用校车安全技术条件
GB/T 24545 车辆车速限制系统技术要求
GB/T 25978 道路车辆 标牌和标签
GB 25990 车辆尾部标志板
GB 25991 汽车用 LED 前照灯
GA 524 2004 式警车汽车类外观制式涂装规范
GA 525 2004 式警车摩托车类外观制式涂装规范

3　术语和定义

下列术语和定义适用于本文件。

3.1 机动车 power - driven vehicle

由动力装置驱动或牵引，上道路行驶的供人员乘用或用于运送物品以及进行工程专项作业的轮式车辆，包括汽车及汽车列车、摩托车、拖拉机运输机组、轮式专用机械车、挂车。

3.2 汽车 motor vehicle

由动力驱动，具有四个或四个以上车轮的非轨道承载的车辆，主要用于：
——载运人员和/或货物（物品）；
——牵引载运货物（物品）的车辆或特殊用途的车辆；
——专项作业。
本术语还包括：
a）与电力线相联的车辆，如无轨电车；
b）整车整备质量超过 400kg 的不带驾驶室的三轮车辆；
c）整车整备质量超过 600kg 的带驾驶室的三轮车辆。

3.2.1 载客汽车 passenger vehicle

设计和制造上主要用于载运人员的汽车，包括装置有专用设备或器具但以载运人员为主要目的的汽车。

3.2.1.1 乘用车 passenger car

设计和制造上主要用于载运乘客及其随身行李和/或临时物品的汽车，包括驾驶人座位在内最多不超过9个座位。它也可以牵引一辆中置轴挂车。

3.2.1.2 客车 bus

设计和制造上主要用于载运乘客及其随身行李的汽车，包括驾驶人座位在内座位数超过9个。

3.2.1.2.1 公路客车 interurban bus

长途客车 interurban bus

为城间（城乡）运输乘客设计和制造、专门从事旅客运输的客车，包括卧铺客车，即设计和制造供全体乘客卧睡的客车。

3.2.1.2.2 旅游客车 touring bus

为旅游设计和制造、专门用于运载游客的客车。

3.2.1.2.3 公共汽车 public bus

城市客车 public bus

为城市内运输乘客设计和制造的客车，根据是否设有乘客站立区可分为：

a）设有乘客站立区的公共汽车，即最大设计车速小于 70 km/h、设有座椅及乘客站立区，并有足够的空间供频繁停站时乘客上下车走动，有固定的线路和车站，主要在城市建成区运营的客车；也包括无轨电车，即以电动机驱动，与电力线相连的客车。

b）未设置乘客站立区的公共汽车，即未设置乘客站立区，有固定的线路和车站，主要在城市道路运营的客车。

3.2.1.3 校车 school bus

用于有组织地接送3周岁以上学龄前幼儿或接受义务教育的学生上下学的7座以上的载客汽车。

3.2.1.3.1 幼儿校车 school bus for infants

接送3周岁以上学龄前幼儿上下学的校车。

3.2.1.3.2 小学生校车 school bus for primary student

接送小学生上下学的校车。

3.2.1.3.2 中小学生校车 school bus for junior middle school student

接送九年制义务教育阶段学生（小学生和初中生）上下学的校车。

3.2.1.3.4 专用校车 special school bus

设计和制造上专门用于运送3周岁以上学龄前幼儿或义务教育阶段学生的

校车。

3.2.2 载货汽车 goods vehicle

货车 goods vehicle

设计和制造上主要用于载运货物或牵引挂车的汽车，包括装置有专用设备或器具但以载运货物为主要目的的汽车。

3.2.2.1 半挂牵引车 semi - trailer towing vehicle

装备有特殊装置用于牵引半挂车的汽车。

3.2.2.2 低速汽车 low - speed vehicle

三轮汽车和低速货车的总称。

3.2.2.2.1 三轮汽车 tri - wheel vehicle

最大设计车速小于等于 50km/h 的，具有三个车轮的货车。

3.2.2.2.2 低速货车 low - spccd goods vehicle

低速载货汽车 low - speed goods vehicle

最大设计车速小于 70km/h 的，具有四个车轮的货车。

3.2.2.3 危险货物运输车 road transportation vehicle of dangerous goods

专门用于运输符合 GB 12268 等相关标准规定的危险货物的货车。

3.2.3 专项作业车 specical motor vehicle

专用作业车 specical motor vehicle

装置有专用设备或器具，在设计和制造上用于专项作业的汽车，如汽车起重机、消防车、混凝土泵车、清障车、高空作业车、扫路车、吸污车、钻机车、仪器车、检测车、监测车、电源车、通信车、电视车、采血车、医疗车、体检医疗车等，但不包括以载运人员或货物为主要目的的汽车。

3.2.4 气体燃料汽车 gaseous fuel vehicle

装备以石油气、天然气或煤气等气体为燃料的发动机的汽车。

3.2.5 两用燃料汽车 bi - fuel vehicle

具有两套相互独立的燃料供给系统，一套供给天然气或液化石油气，另一套供给其他燃料，两套燃料供给系统可分别但不可同时向燃烧室供给燃料的汽车，如汽油/压缩天然气两用燃料汽车、汽油/液化石油气两用燃料汽车等。

3.2.6 双燃料汽车 dual - fuel vehicle

具有两套燃料供给系统，一套供给天然气或液化石油气，另一套供给其他燃料，两套燃料供给系统按预定的配比向燃烧室供给燃料，在缸内混合燃烧的汽车，如柴油—压缩天然气双燃料汽车，柴油—液化石油气双燃料汽车等。

3.2.7 纯电动汽车 batery electric vehicle

由电动机驱动，且驱动电能来源于车载可充电蓄电池或其他能量储存装置的汽车。

[GB/T 19596 – 2004 的 3. 1. 1. 1. 1]

3. 2. 8 插电式混合动力汽车 plug – in hybrid electric vehicle

具有一定的纯电驱动行驶里程，且在正常使用情况下可从非车载装置中获取电能量的混合动力汽车。

3. 2. 9 燃料电池汽车 fuel cell electric vehicle

以燃料电池作为动力电源的汽车。

[GB/T 19596 – 2004 的 3. 1. 1. 1. 3]

3. 2. 10 教练车 driving school training vehicle

专门从事驾驶技能培训的汽车。

3. 2. 11 残疾人专用汽车 vehicle for handicapped driving

在采用自动变速器的乘用车上加装符合标准和规定的驾驶辅助装置，专门供特定类型的肢体残疾人驾驶的汽车。

3. 3 挂车 trailer

设计和制造上需由汽车或拖拉机牵引，才能在道路上正常使用的无动力道路车辆，包括牵引杆挂车、中置轴挂车和半挂车，用于：

——载运货物；

——专项作业。

3. 3. 1 牵引杆挂车 draw – bar – trailer

全挂车 draw – bar – trailer

至少有两根轴的挂车，具有：

——一轴可转向；

——通过角向移动的牵引杆与牵引车联结；

——牵引杆可垂直移动，联结到底盘上，因此不能承受任何垂直力。

3. 3. 2 中置轴挂车 centre axle trailer

均匀受载时挂车质心紧靠车轴位置，牵引装置相对于挂车不能垂直移动、与牵引车连接时只有较小的垂直载荷作用于牵引车的挂车。

3. 3. 3 半挂车 semi – trailer

均匀受载时挂车质心位于车轴前面，装有可将垂直力和/或水平力传递到牵引车的联结装置的挂车。

3. 4 汽车列车 combination vehicles

由汽车（低速汽车除外）牵引挂车组成的机动车，包括乘用车列车、货车列车和铰接列车。

3. 4. 1 乘用车列车 passenger/car trailer combination

乘用车和中置轴挂车的组合。

3.4.2 货车列车 goods road train

货车和牵引杆挂车或中置轴挂车的组合。

3.4.2.1 牵引杆挂车列车 draw – bar trailer combination

全挂拖斗车 draw – bar trailer combination

全挂汽车列车 draw – bar trailer combination

货车和牵引杆挂车的组合。

3.4.2.2 中置轴挂车列车 centre axle trailer combination

货车和中置轴挂车的组合。

3.4.3 铰接列车 articulated vehicle

半挂汽车列车 articulated vehicle

半挂牵引车和半挂车的组合。

3.5 摩托车 motorcycle and moped

由动力装置驱动的，具有两个或三个车轮的道路车辆，但不包括：

a）整车整备质量超过 400kg 的不带驾驶室的三轮车辆；

b）整车整备质量超过 600kg 的带驾驶室的三轮车辆；

c）最大设计车速、整车整备质量、外廓尺寸等指标符合相关国家标准和规定的，专供残疾人驾驶的机动轮椅车；

d）电驱动的，最大设计车速不大于 20km/h，具有人力骑行功能，且整车整备质量、外廓尺寸、电动机额定功率等指标符合相关国家标准规定的两轮车辆。

3.5.1 普通摩托车 motorcycle

无论采用何种驱动方式，其最大设计车速大于 50km/h，或如使用内燃机，其排量大于 50mL，或如使用电驱动，其电动机最大输出功率总和大于 4kW 的摩托车，包括两轮普通摩托车、边三轮摩托车和正三轮摩托车。

3.5.1.1 两轮普通摩托车 motorcycle with two wheels

装有一个从动轮和一个驱动轮的普通摩托车。

3.5.1.2 边三轮摩托车 motorcycle with sidecar

在两轮普通摩托车的右侧装有边车的摩托车。

3.5.1.3 正三轮摩托车 right three – wheeled motorcycle

装有与前轮对称分布的两个后轮的普通摩托车，且如设计和制造上允许装载货物或载运乘员，其最大设计车速小于 70 km/h。

3.5.2 轻便摩托车 moped

无论采用何种驱动方式，其最大设计车速不大于 50km/h 的摩托车，且：

——如使用内燃机，其排量不大于 50mL；

——如使用电驱动，其电动机最大输出功率总和不大于 4kW。

3.5.2.1 两轮轻便摩托车 moped with two wheels

装有一个从动轮和一个驱动轮的轻便摩托车。

3.5.2.2 正三轮轻便摩托车 right three - wheeled moped

装有与前轮对称分布的两个后轮的轻便摩托车。

3.6 拖拉机运输机组 tractor towing trailer for transportation

由拖拉机牵引一辆挂车组成的用于载运货物的机动车，包括轮式拖拉机运输机组和手扶拖拉机运输机组。

注1：本标准所指的拖拉机是指最高设计车速不大于20km/h、牵引挂车方可从事道路货物运输作业的手扶拖拉机，和最高设计车速不大于40km/h、牵引挂车方可从事道路货物运输作业的轮式拖拉机。

注2：手扶拖拉机运输机组还包含手扶变型运输机，即发动机12小时标定功率不大于14.7 kW，采用手扶拖拉机底盘，将扶手把改成方向盘，与挂车连在一起组成的折腰转向式运输机组。

3.7 轮式专用机械车 wheeled mobile machinery for special purpose

有特殊结构和专门功能，装有橡胶车轮可以自行行驶，最大设计车速大于20km/h的轮式机械，如装载机、平地机、挖掘机、推土机等，但不包括叉车。

3.8 特型机动车 special size vehicle

质量参数和/或尺寸参数超出GB 1589规定的汽车、挂车、汽车列车。

4 整　　车

4.1 整车标志

4.1.1 机动车在车身前部外表面的易见部位上应至少装置一个能永久保持的商标或厂标。

4.1.2 机动车应至少装置一个能永久保持的产品标牌，该标牌的固定、位置及型式应符合GB/T 18411的规定；如采用标签标示，则标签应符合GB/T 25978规定的标签一般性能、防篡改性能及防伪性能要求。改装车应同时具有改装后的整车产品标牌及改装前的整车（或底盘）产品标牌。

机动车均应在产品标牌上标明品牌、整车型号、制造年月、生产厂名及制造国，各类机动车产品标牌应标明的其他项目见表1。产品标牌上标明的内容应规范、清晰耐久且易于识别，项目名称均应有中文名称。

各类机动车产品标牌应补充标明的项目

机动车类型		应补充标明的项目
汽车[a]	载客汽车[b]	车辆识别代号、发动机型号、发动机最大净功率、最大允许总质量（以下简称为“总质量”）、乘坐人数（乘员数）
	载货汽车[c]	车辆识别代号、发动机型号、发动机最大净功率、总质量（半挂牵引车除外）、整车整备质量（以下简称为“整备质量”）、最大允许牵引质量（无牵引功能的货车除外）
	专项作业车	车辆识别代号、发动机型号、发动机最大净功率、总质量、专用功能主要技术参数
挂车		车辆识别代号[d]、总质量、整备质量
摩托车[e]		车辆识别代号、发动机型号、发动机实际排量或最大净功率、整备质量
轮式专用机械车		车架号（或产品识别代码、车辆识别代号）、发动机型号、发动机标定功率、整备质量、最大设计车速
组成拖拉机运输机组的拖拉机		出厂编号、发动机标定功率、使用质量
特型机动车		车辆识别代号（或车架号）、发动机型号、发动机最大净功率、总质量、整备质量、外廓尺寸

a 非插电式混合动力汽车还应标明电动动力系统最大输出功率；纯电动汽车、插电式混合动力汽车、燃料电池汽车还应标明主驱动电机型号和功率，动力电池工作电压和容量（安时数），储氢容器形式、容积、工作压力（燃料电池汽车）；纯电动汽车不标发动机相关信息。

b 乘用车还应标明发动机排量，具备牵引功能时还应标明最大允许牵引质量。

c 半挂牵引车还应标明牵引座最大设计静载荷。

d 牵引杆挂车在未采用统一的车辆识别代号之前应标明车架号。

e 电动摩托车应标明车辆识别代号、电动机型号、电动机最大输出功率、额定电压、整备质量；正三轮摩托车还应标明装载质量或乘坐人数，两轮普通摩托车及两轮轻便摩托车可不标车辆识别代号。

4.1.3 汽车、摩托车、半挂车和中置轴挂车应具有唯一的车辆识别代号，其内容和构成应符合 GB 16735 的规定；应至少有一个车辆识别代号打刻在车架（无车架的机动车为车身主要承载且不能拆卸的部件）能防止锈蚀、磨损的部位上。

乘用车的车辆识别代号应打刻在发动机舱内能防止替换的车辆结构件上，或打刻在车门立柱上，如受结构限制没有打刻空间时也可打刻在右侧除后备箱（后行李区）外的车辆其他结构件上；其他汽车、半挂车和中置轴挂车的车辆识别代号应打刻在前部右侧，如受结构限制也可打刻在右侧其他车辆结构件上。其他机动车应在相应的易见位置打刻整车型号和出厂编号，型号在前，出厂编号在后，在出厂编号的两端应打刻起止标记。

打刻车辆识别代号（或整车型号和出厂编号）的部件不得采用打磨、挖补、垫片等方式处理，从上（前）方观察时打刻区域周边足够大面积的表面不应有任何覆盖物；如有覆盖物，该覆盖物的表面应明确标示“车辆识别代号”或“VIN”字样，且覆盖物在不使用任何专用工具的情况下能直接取下（或揭开）及复原，以方便地观察到足够大的包括打刻区域的表面。

打刻的车辆识别代号（或整车型号和出厂编号）从上（前）方应易拓印。打刻的车辆识别代号的字母和数字的字高应大于等于 7.0mm、深度应大于等于 0.3mm（乘用车深度应大于等于 0.2mm），但摩托车字高应大于等于 5.0mm、深度应大于等于 0.2mm。打刻的整车型号和出厂编号字高应为 10.0mm，深度应大于等于 0.3mm。

车辆识别代号（或整车型号和出厂编号）一经打刻不得更改、变动，并符合 GB 16735 的规定。同一辆机动车的车架（无车架的机动车为车身主要承载且不能拆卸的部件）上，不得既打刻车辆识别代号，又打刻整车型号和出厂编号。同一辆车上标识的所有车辆识别代号内容应相同。

注：打刻区域周边足够大面积的表面（足够大的包括打刻区域的表面）是指打刻车辆识别代号的部件的全部表面；但所暴露表面能满足查看打刻车辆识别代号的部件有无挖补、重新焊接、粘贴等痕迹的需要时，也应视为满足要求。

4.1.4 发动机型号和出厂编号应打刻（或铸出）在气缸体上且应能永久保持，在出厂编号的两端应打刻起止标记（没有打刻起止标记的空间时不打刻）；摩托车应在发动机的易见部位铸出商标或厂标，发动机出厂编号应打刻在曲轴箱易见部位，在出厂编号的两端应打刻起止标记（没有打刻起止标记的空间时不打刻）；如打刻（或铸出）的发动机型号和出厂编号不易见，则应在发动机易见部位增加能永久保持的发动机型号和出厂编号的标识。

纯电动汽车、插电式混合动力汽车、燃料电池汽车和电动摩托车应在主驱动电动机壳体上打刻电动机型号和编号；如打刻的电动机型号和编号被覆盖，应留出观察口，或在覆盖件上增加能永久保持的电动机型号和编号的标识。

增加的标识应易见，且非经破坏性操作不能被完整取下。

4.1.5 乘用车和总质量小于等于 3500kg 的货车（低速汽车除外）应在靠近

风窗立柱的位置设置能永久保持的车辆识别代号标识；该标识从车外应能清晰地识读，且非经破坏性操作不能被完整取下。对具有发动机电子控制单元（ECU）的乘用车，其ECU应记载有车辆识别代号等特征信息，且记载的特征信息应能被读取；但如乘用车至少有一处电子数据接口，且通过读取工具能够获得车辆识别代号等特征信息的，应视为满足要求。

4.1.6 除按照本标准4.1.2、4.1.3、4.1.5标示车辆识别代号之外，乘用车还应在后备箱（或行李区）从车外无法观察但打开后能直接观察的合适位置标示车辆识别代号，并至少在5个主要部件上标示车辆识别代号；但如制造厂家使用了能从零部件编号溯及车辆识别代号等车辆唯一性信息的生产管理系统，主要部件上可标示零部件编号。

车辆识别代号或零部件编号应直接打刻或采用能永久保持的标签粘贴在制造厂家规定主要部件的目标区域内，其字码高度应保证内容能清晰确认。

4.1.7 危险货物运输车的标志应符合GB 13392的规定；其中，罐式危险货物运输车还应按照GB 18564.1或GB 18564.2在罐体上喷涂装运货物的名称，道路运输爆炸品和剧毒化学品车辆还应符合GB 20300的规定。

4.1.8 对机动车进行改装或修理时，不得对车辆识别代号（或整车型号和出厂编号）、发动机型号和出厂编号、零部件编号、产品标牌、发动机标识等整车标志进行遮盖（遮挡）、打磨、挖补、垫片等处理及凿孔、钻孔等破坏性操作。

4.2 外廓尺寸

汽车及汽车列车、挂车的外廓尺寸应符合GB 1589的规定，摩托车、拖拉机运输机组的外廓尺寸限值见表2。

摩托车、拖拉机运输机组外廓尺寸限值　　单位为米

机动车类型		长	宽	高
摩托车	两轮普通摩托车	≤2.50	≤1.00	≤1.40
	边三轮摩托车	≤2.70	≤1.75	≤1.40
	正三轮摩托车	≤3.50	≤1.50	≤2.00
	两轮轻便摩托车	≤2.00	≤0.80	≤1.10
	正三轮轻便摩托车	≤2.00	≤1.00	≤1.10
拖拉机运输机组	轮式拖拉机运输机组	≤10.00 a	≤2.50	≤3.00[a]
	手扶拖拉机运输机组	≤5.00	≤1.70	≤2.20
a 对标定功率大于58 kW的轮式拖拉机运输机组长度限值为12.00m，高度限值为3.50m。				

4.3 后　　悬

客车及封闭式车厢（或罐体）的机动车后悬应小于等于轴距的 65%。专项作业车和轮式专用机械车，在保证安全的情况下，后悬可按客车后悬要求核算，其他机动车后悬应小于等于轴距的 55%。车长小于 16m 的发动机后置的铰接客车，在保证安全的情况下，后悬可不超过轴距的 70%。机动车的后悬均应小于等于 3.5m。

注：多轴机动车的轴距按第一轴至最后轴的距离计算（对铰接客车按第一轴至第二轴的距离计算），后悬从最后一轴的中心线往后计算。客车的后悬以车身外蒙皮尺寸计算，如后保险杠突出于后背外蒙皮，则以后保险杠尺寸计算，不计后尾梯。

4.4 轴荷和质量参数

4.4.1 汽车及汽车列车、挂车的轴荷和质量参数应符合 GB 1589 的规定。

4.4.2 机动车在空载和满载状态下，整备质量和总质量应在各轴之间合理分配，轴荷应在左右车轮之间均衡分配。

4.4.3 边三轮摩托车处于空载及满载状态时，边车车轮轮荷应分别为整备质量及总质量的 35% 以下。

4.5 核　　载

4.5.1 质量参数核定

4.5.1.1 机动车最大允许总质量依据发动机功率、最大设计轴荷、轮胎的承载能力及正式批准的技术文件进行核算后，从中取最小值核定。

4.5.1.2 机动车在空载和满载状态下，转向轴轴荷（或转向轮轮荷）分别与该车整备质量和总质量的比值应大于等于：

—— 乘用车 30%；

—— 三轮汽车、正三轮摩托车 18%；

—— 其他机动车 20%。

铰接列车应在空载和满载状态下对牵引车部分进行核算，铰接客车和铰接式无轨电车应在空载和满载状态下对前车进行核算。

4.5.1.3 清障车在托举状态下，转向轴轴荷应大于等于总质量的 15%。

4.5.1.4 汽车或汽车列车驱动轴的轴荷应大于等于汽车或汽车列车总质量的 25%。

4.5.1.5 货车列车的挂车的最大允许装载质量应小于等于货车的最大允许装载质量。

4.5.1.6 铰接列车的半挂车的总质量应小于等于半挂牵引车的最大允许牵引质量。

4.5.1.7 轮式拖拉机运输机组的挂拖质量比（挂车最大允许总质量与拖拉机

使用质量之比）应小于等于 3。

4.5.2 乘用车乘坐人数核定

4.5.2.1 前排座位按乘客舱内部宽度（系指驾驶人两侧门窗下缘，并在车门后支柱内侧量取）大于等于 1200mm 时核定 2 人，大于等于 1650mm 时核定 3 人，但每名前排乘员的座垫宽和座垫深均应大于等于 400mm，且不得作为学生座位核定乘坐人数。

4.5.2.2 除前排座位外的其他排座位，在能保证与前一排座位的间距大于等于 600mm 且座垫深度大于等于 400mm（对第二排以后的可折叠座椅座间距大于等于 570mm 且座垫深度大于等于 350mm）时，按座垫宽每 400mm 核定 1 人；但作为学生座位使用时，对幼儿校车按每 280mm 核定 1 人，对小学生校车按每 350mm 核定 1 人，对中小学生校车按 380mm 核定 1 人。单人座椅座垫宽大于等于 400mm 时核定 1 人。

注 1：学生座位（椅）是指幼儿校车上专门供幼儿乘坐的座位（椅）、小学生校车上专门供小学生乘坐的座位（椅）及中小学生校车上专门供义务教育阶段学生使用的座位（椅）。

注 2：可折叠座椅是指靠背、座垫铰接且折叠在一起后能完全收起的座椅。

注 3：座间距是指座椅座垫和靠背均未被压陷、驾驶人座椅和前排乘员座椅处于滑轨中间位置、靠背角度可调式座椅的靠背角度及座椅其它调整量处于制造厂规定的正常使用位置时，在通过（单人）座椅中心线的垂直平面内，在座垫上表面最高点所处平面与地板上方 620mm 高度范围内水平测量所得的座椅间距数值。

4.5.2.3 旅居车的核定乘员数应小于等于 9 人。

4.5.2.4 车长大于等于 6m 的乘用车设置的侧向座椅不核定乘坐人数。

4.5.3 客车乘员数核定

4.5.3.1 按乘员质量核定：按 GB/T 12428 确定。

4.5.3.2 按座垫宽和站立乘客有效面积核定：长条座椅（指座垫靠背均为条形的供两人或多人乘坐的座椅）按座垫宽每 400mm 核定 1 人，但作为学生座位使用时，对幼儿校车按每 280mm（对幼儿专用校车按每 330mm）核定 1 人，对小学生校车按每 350mm 核定 1 人，对中小学生校车按 380mm 核定 1 人；单人座椅座垫宽大于等于 400mm（对学生座椅为 380mm）时核定 1 人。设有乘客站立区的公共汽车，按 GB/T 12428 确定的站立乘客有效面积计算，每 0.125m^2 核定站立乘客 1 人；双层客车的上层及其他客车不核定站立人数。

4.5.3.3 按卧铺铺位核定：卧铺客车的每个铺位核定 1 人，驾驶人座椅核定 1 人，乘客座椅（包括车组人员座椅）不核定乘坐人数。

4.5.3.4 可折叠的单人座椅及驾驶人座椅 R 点所处的横向垂直平面之前的座椅不得作为学生座位（椅）核定人数。

4.5.3.5 幼儿校车、小学生校车和中小学生校车按 4.5.3.2 和 4.5.3.4 核定乘员数，其他客车以 4.5.3.1、4.5.3.2 及 4.5.3.3 计算的乘员数取最小值核定乘员数。幼儿校车的核定乘员数应小于等于 45 人，其他校车的核定乘员数应小于等于 56 人。二轴卧铺客车的核定乘员数应小于等于 36 人，三轴卧铺客车的核定乘员数应小于等于 40 人。

4.5.4 有驾驶室机动车的驾驶室乘坐人数核定（摩托车除外）

4.5.4.1 驾驶室的前排座位，按驾驶室内部宽度（系指驾驶室门窗下缘，并在车门后支柱内侧量取）大于等于 1200mm 时核定 2 人，大于等于 1650mm 时核定 3 人，但每名前排乘员的座垫宽和座垫深均应大于等于 400mm。

4.5.4.2 双排座位驾驶室的后排座位，按座垫中间位置测量的车身内部宽度，在能保证与前排座位的间距大于等于 650mm 且座垫深度大于等于 400mm 时，每 400mm 核定 1 人。

4.5.4.3 带卧铺的货车，卧铺铺位不核定乘坐人数。

4.5.4.4. 有驾驶室的拖拉机运输机组和使用方向盘转向的三轮汽车，除驾驶人外可再核定一名乘员，但其座垫宽应大于等于 350mm，座椅深应大于等于 300mm，且座椅不应增加拖拉机运输机组或三轮汽车的外廓尺寸；不具备上述条件时，只准许乘坐驾驶人 1 人。

4.5.4.5 货车核定乘坐人数应小于等于 6 人。

4.5.5 摩托车乘坐人数核定

4.5.5.1 两轮普通摩托车除驾驶人外，有固定座位的可再核定乘坐 1 人。

4.5.5.2 边三轮摩托车除驾驶人外，主车和边车有固定座位的各核定乘坐 1 人。

4.5.5.3 正三轮摩托车驾驶室核定乘坐驾驶人 1 人；车厢在有纵向布置（与机动车前进方向相同）的固定座椅（该固定座椅的座垫深度大于等于 400mm 且与驾驶人座椅的间距大于等于 650mm）时，按座垫宽度每 400mm 核定 1 人，但最多为 2 人；不具备上述条件时，车厢不核定乘坐人数。

4.5.5.4 轻便摩托车核定乘坐驾驶人 1 人。

4.5.6 特殊规定

4.5.6.1 装备有残疾人轮椅固定装置的残疾人汽车、装备有担架的救护车等用于载运特定乘客的载客汽车的乘坐人数，以及医疗车、体检医疗车等专项作业车的乘坐人数，参照 4.5.2、4.5.3 和 4.5.4 核定。

4.5.6.2 旅居半挂车不核定乘坐人数。

4.5.6.3 货车驾驶室（区）以外部位设置的座椅和卧铺不核定乘坐人数。

4.6 比功率

低速汽车及拖拉机运输机组的比功率应大于等于 4.0kW/t，除无轨电车外的其他机动车的比功率应大于等于 5.0 kW/t。

注：比功率为发动机最大净功率（或0.9倍的发动机额定功率或0.9倍的发动机标定功率）与机动车最大允许总质量之比。

4.7 侧倾稳定角及驻车稳定角

4.7.1 按GB/T 14172规定的方法，客车在乘客区满载、行李舱空载的情况下测试时，向左侧和右侧倾斜最大侧倾稳定角均应大于等于28°（对专用校车均应大于等于32°）；且除定线行驶的双层（公共）汽车外，在空载、静态条件下，向左侧和右侧倾斜最大侧倾稳定角均应大于等于35°。

注：铰接客车和铰接式无轨电车按前车考核。

4.7.2 罐式汽车和罐式挂车在满载、静态状态下，向左侧和右侧倾斜最大侧倾稳定角应大于等于23°。

4.7.3 其他机动车在空载、静态状态下，向左侧和右侧倾斜最大侧倾稳定角应大于等于：

—— 三轮机动车（包括三轮汽车和三轮摩托车，下同）25°；

—— 总质量为整备质量的1.2倍以下的机动车30°；

—— 总质量不小于整备质量的1.2倍的专项作业车和轮式专用机械车32°；

—— 其他机动车（特型机动车、两轮普通摩托车及轻便摩托车除外）35°。

4.7.4 两轮普通摩托车和两轮轻便摩托车在用撑杆支撑时，向左、向右、向前的驻车稳定角分别应大于等于9°、5°、6°；在用停车架支撑时，向左、向右、向前的驻车稳定角均应大于等于8°。

4.8 图形和文字标志

4.8.1 汽车（三轮汽车和装用单缸柴油机的低速货车除外）、摩托车应分别按照GB 4094和GB 15365的规定设置操纵件、指示器及信号装置的图形标志。

4.8.2 三轮汽车和装用单缸柴油机的低速货车的变速杆、手柄和开关等操纵机构，除作用非常明确的外，应在操纵机构上或其附近用耐久性标志明确标明其功能、操作方向等。标志用操作符号应与背景有明显的色差。

4.8.3 机动车标注的警告性文字应有中文。

4.8.4 旅居车和旅居挂车旅居室内的专用装备设施应明示相应的安全使用规定。

4.8.5 低速汽车和拖拉机运输机组应对需要提醒人们注意的安全事项设置相应的安全标志。安全标志应符合GB 10396的规定。

4.8.6 所有货车和专项作业车均应在驾驶室（区）两侧喷涂总质量（半挂牵引车为最大允许牵引质量）；其中，栏板货车和自卸车还应在驾驶室两侧喷涂栏板高度，罐式汽车和罐式挂车还应在罐体上喷涂罐体容积及允许装运货物的种类。栏板挂车应在车厢两侧喷涂栏板高度。喷涂的中文及阿拉伯数字应清晰，高度应大于等于 80mm。

4.8.7 总质量大于等于 4500kg 的货车（半挂牵引车除外）、所有挂车均应在车厢后部喷涂或粘贴放大的号牌号码，放大的号牌号码字样应清晰。

4.8.8 所有客车（专用校车和设有乘客站立区的公共汽车除外）应在乘客门附近车身外部易见位置，用高度大于等于 100mm 的中文及阿拉伯数字标明该车提供给乘员（包括驾驶人）的座位数。

4.8.9 专用校车车身外观标识应符合 GB 24315 规定。校车运送学生时，应在前风窗玻璃右下角和后风窗玻璃适当位置各放置一块可以从车外清楚识别的校车标牌；但专门用于接送学生上下学的非专用校车，车身外观标识还应符合专用校车相关规定。

注：非专用校车是指除专用校车外的其他校车。

4.8.10 气体燃料汽车、两用燃料汽车和双燃料汽车应按 GB/T 17676 的规定标注其使用的气体燃料类型。

4.8.11 教练车应在车身两侧及后部喷涂高度大于等于 100mm 的“教练车”等字样。

4.8.12 警车、消防车、救护车和工程救险车以外的机动车，不得喷涂和安装与警车、消防车、救护车和工程救险车相同或相类似的标志图案和灯具。

4.9 外　　观

4.9.1 机动车外观应整洁，各零部件应完好，联接牢固，无缺损。

4.9.2 车体应周正，车体外缘左右对称部位高度差应小于等于 40mm。

4.9.3 两轮普通摩托车和轻便摩托车的方向把和导流板等左右对称的零部件离地面高度差应小于等于 10mm；正三轮摩托车的驾驶室和车厢等左右对称的零部件离地面高度差应小于等于 20mm。

4.10 漏水检查

在发动机运转及停车时，散热器、水泵、缸体、缸盖、暖风装置及所有连接部位均不得有明显渗漏现象。

4.11 漏油检查

机动车连续行驶距离不小于 10km，停车 5min 后观察，不得有明显渗漏现象。

4.12 车速表指示误差（最大设计车速不大于 40km/h 的机动车除外）

车速表指示车速 V_1（单位：km/h）与实际车速 V_2（单位：km/h）之间应符合下列关系式：

$$0 \leqslant V_1 - V_2 \leqslant (V_2/10) + 4$$

4.13 行驶轨迹

汽车列车和轮式拖拉机运输机组在平坦、干燥的路面上直线行驶时，挂车后轴中心相对于牵引车前轴中心的最大摆动幅度，铰接列车、乘用车列车和中置轴挂车列车应小于等于 110mm，牵引杆挂车列车和轮式拖拉机运输机组应小于等于 220mm。

4.14 驾驶人耳旁噪声要求

汽车（低速汽车除外）驾驶人耳旁噪声声级应小于等于 90dB（A），其检验方法见附录 A。

4.15 环保要求

机动车的排气污染物排放及噪声控制应符合国家环保标准的规定。

4.16 产品使用说明书

4.16.1 机动车的产品使用说明书应用文字标明与车型（整车型号）相一致的以下结构参数和技术特征，必要时还应用图案辅助说明：

—— 整车产品标牌、按 4.1.3 规定打刻的车辆识别代号（或整车型号和出厂编号）、打刻（或铸出的）发动机型号和出厂编号（或电动机型号和编号）、标有发动机型号和出厂编号（或电动机型号和编号）的标识等标志的具体位置；

—— 长、宽、高等整车外廓尺寸参数；

—— 轴荷、整备质量、最大允许总质量等质量参数；

—— 发动机主要技术参数（如发动机最大净功率、额定功率/转速、额定扭矩/转速）；

—— 罐体容积及允许装运货物的种类；

—— 燃料种类及标号；

—— 机动车整车出厂时所达到的排放水平；

—— 指定试验条件下的整车燃料消耗量；

—— 最大设计车速、最大爬坡度等动力性能参数；

—— 起步气压的具体数值；

—— 可以使用的轮胎规格、备胎规格，以及轮胎气压等使用注意事项；

—— 钢板弹簧的形式和规格；

—— 侧面及后下部防护装置的材质、结构、尺寸、连接部位和形式、外形；

—— 封闭式货车隔离装置的承受能力及装载货物注意事项；

—— 电动转向助力装置等电气设备的安全使用要求及注意事项；

—— 最大设计车速大于 100km/h 的机动车的车轮动平衡要求；

—— 车轮定位值；

—— 制动踏板自由行程的合理范围；

——制动摩擦副的合理使用范围；

——涉及安全使用车辆的其他事项。

注：对发动机最大净功率、额定功率/转速等发动机主要技术参数，以及车轮动平衡要求、车轮定位值、制动踏板自由行程的合理范围、制动摩擦副的合理使用范围等主要用于车辆维修的技术参数，在其他随车正式文件上有说明的，也视为满足要求。

4.16.2 汽车的产品使用说明书应对其装备的安全气囊、电子稳定控制系统、防抱死制动装置等安全装置的功能、用法和注意事项等加以说明；装备有安全气囊的汽车，还应在产品使用说明书中明确安全气囊展开的条件和情形。

4.16.3 乘用车的产品使用说明书应对适合安装的儿童座椅的类型及固定方法加以说明。

4.16.4 旅居挂车的产品使用说明书应明示车辆行驶过程中旅居室内不得载人。

4.16.5 三轮汽车和装用单缸柴油机的低速货车的产品使用说明书应明示所有操纵机构的操作说明。

4.16.6 轮式专用机械车、特型机动车的产品使用说明书应明示其制造时所执行的相关国家标准和/或行业标准的标准顺序号和年号。

4.16.7 机动车的产品使用说明书的所有文字性内容均应有中文。

4.17 其他要求

4.17.1 专项作业车和轮式专用机械车的特殊结构和专用装置不得影响机动车的安全运行。

4.17.2 轮式专用机械车的外廓尺寸、轴荷及质量参数、转向系、制动系、外部照明和信号装置及电气设备、车身、安全防护装置等要求按土方机械相关强制性标准实施。

5 发动机

5.1 发动机应动力性能良好，运转平稳，怠速稳定，无异响，机油压力和温度正常。发动机功率应大于等于标牌（或产品使用说明书）标明的发动机功率的75%。

5.2 发动机应有良好的起动性能。汽车（三轮汽车和装用单缸柴油机的低速货车除外）发动机应能由驾驶人在座位上起动。

5.3 柴油机停机装置应灵活有效。

5.4 发动机点火、燃料供给、润滑、冷却和进排气等系统的机件应齐全，性能良好。

6 转向系

6.1 汽车（三轮汽车除外）的方向盘应设置于左侧，其他机动车的方向盘不得设置于右侧；专项作业车、教练车按需要可设置左右两个方向盘。有驾驶室的正三轮摩托车如使用方向盘转向，则方向盘中心立柱距车辆纵向中心平面的水平距离应小于等于 200mm；其他摩托车不得使用方向盘转向。

6.2 机动车的方向盘（或方向把）应转动灵活，操纵方便，无卡滞现象。机动车应设置转向限位装置。转向系统在任何操作位置上，不得与其他部件有干涉现象。

6.3 机动车（摩托车、三轮汽车、手扶拖拉机运输机组除外）正常行驶时，转向轮转向后应有一定的回正能力（允许有残余角），以使机动车具有稳定的直线行驶能力。

6.4 机动车方向盘的最大自由转动量应小于等于：

a）最大设计车速大于等于 100km/h 的机动车 15°；

b）三轮汽车 35°；

c）其他机动车 25°。

6.5 汽车（三轮汽车除外）应具有适度的不足转向特性。

6.6 三轮汽车、摩托车的转向轮向左或向右转角应小于等于：

a）三轮汽车、三轮摩托车、正三轮轻便摩托车 45°；

b）两轮普通摩托车、两轮轻便摩托车 48°。

6.7 机动车在平坦、硬实、干燥和清洁的道路上行驶不应跑偏，其方向盘（或方向把）不应有摆振、路感不灵或其他异常现象。

6.8 机动车在平坦、硬实、干燥和清洁的水泥或沥青道路上行驶，以 10km/h 的速度在 5s 之内沿螺旋线从直线行驶过渡到外圆直径为 25m 的车辆通道圆行驶，施加于方向盘外缘的最大切向力应小于等于 245 N。

6.9 专用校车应采用转向助力装置；其他机动车转向轴最大设计轴荷大于 4000kg 时，也应采用转向助力装置。装有转向助力装置的机动车，转向时其转向助力功能不得出现时有时无的现象，且转向助力装置失效时仍应具有用方向盘控制机动车的能力。装有电动转向助力装置的汽车，在产品使用说明书规定的正常使用状态下，应保证转向助力装置的电能供应。

6.10 汽车和汽车列车（不计具有作业功能的专用装置的突出部分）、轮式拖拉机运输机组应能在同一个车辆通道圆内通过，车辆通道圆的外圆直径 D1 为 25.00m，车辆通道圆的内圆直径 D2 为 10.60m。汽车和汽车列车、轮式拖拉机运输机组由直线行驶过渡到上述圆周运动时，任何部分超出直线行驶时的车辆外侧面垂直面的值（外摆值）应小于等于 0.80m（对铰接客车和铰接式无轨电车外摆值应小于等于 1.20m），其试验方法见 GB 1589。

6.11 汽车（三轮汽车除外）的车轮定位应与该车型的技术要求一致。对前轴采用非独立悬架的汽车（前轴采用双转向轴时除外），其转向轮的横向侧滑量，用侧滑台检验时侧滑量值应在 ±5m/km 之间。

转向节及臂，转向横、直拉杆及球销不得有裂纹和损伤，并且转向球销不应松旷。对机动车进行改装或修理时横、直拉杆不得拼焊。

6.12 三轮汽车、摩托车的前减振器、上下联板和方向把不应有变形和裂损。

7 制动系

7.1 基本要求

7.1.1 机动车应设置足以使其减速、停车和驻车的制动系统或装置，且行车制动的控制装置与驻车制动的控制装置应相互独立。

7.1.2 制动系统的机构和装置应经久耐用，不得因振动或冲击而损坏。

7.1.3 制动踏板（包括教练车的副制动踏板）及其支架、制动主缸及其活塞、制动总阀、制动气室、轮缸及其活塞、制动臂及凸轮轴总成之间的连接杆件等零部件应易于维修。

7.1.4 制动系统的各种杆件不得与其他部件在相对位移中发生干涉、摩擦，以防杆件变形、损坏。

7.1.5 制动管路应为专用的耐腐蚀的高压管路，安装应保证具有良好的连续功能、足够的长度和柔性，以适应与之相连接的零件所需要的正常运动，而不致造成损坏；制动管路应有适当的安全防护，以避免擦伤、缠绕或其他机械损伤，同时应避免安装在可能与机动车排气管或任何高温源接触的地方。制动软管不得与其他部件干涉且不应有老化、开裂、被压扁等现象。其他气动装置在出现故障时不得影响制动系统的正常工作。

7.1.6 汽车制动完全释放时间（从松开制动踏板到制动消除所需要的时间）对两轴汽车应小于等于 0.80s，对三轴及三轴以上汽车应小于等于 1.2s。

7.1.7 机动车在运行过程中不得有自行制动现象，但属于设计和制造上为保证车辆安全运行的除外。当挂车（由轮式拖拉机牵引的装载质量 3 000kg 以下的挂车除外）与牵引车意外脱离后，挂车应能自行制动，牵引车的制动仍应有效。

7.2 行车制动

7.2.1 机动车（总质量小于等于 750kg 的挂车除外）应具有完好的行车制动系，其中汽车（三轮汽车除外）的行车制动应采用双回路或多回路。

7.2.2 行车制动应保证驾驶人在行车过程中能控制机动车安全、有效地减速和停车。行车制动应是可控制的，且除残疾人专用汽车外，应保证驾驶人在其座位上双手无须离开方向盘（或方向把）就能实现制动。

7.2.3 行车制动应作用在机动车（三轮汽车、拖拉机运输机组及总质量不大于 750kg 的挂车除外）的所有车轮上。

7.2.4 行车制动的制动力应在各轴之间合理分配。

7.2.5 机动车（边三轮摩托车除外）行车制动的制动力应在同一车轴左右轮之间相对机动车纵向中心平面合理分配。

7.2.6 汽车（三轮汽车除外）、摩托车（边三轮摩托车除外）、挂车（总质量不大于750kg的挂车除外）的所有车轮应装备制动器。其中，所有专用校车和危险货物运输车的前轮及车长大于9m的其他客车的前轮应装备盘式制动器。

7.2.7 制动器应有磨损补偿装置。制动器磨损后，制动间隙应易于通过手动或自动调节装置来补偿。制动控制装置及其部件以及制动器总成应具备一定的储备行程，当制动器发热或制动衬片的磨损达到一定程度时，在不必立即作调整的情况下，仍应保持有效的制动。

7.2.8 制动踏板的自由行程应与该车型的技术要求一致。

7.2.9 行车制动在产生最大制动效能时的踏板力或手握力应小于等于：

——乘用车和正三轮摩托车500N；

——摩托车（正三轮摩托车除外）350N（踏板力）或250N（手握力）；

——其他机动车，700N。

7.2.10 汽车列车行车制动系的设计和制造应保证挂车最后轴制动动作滞后于牵引车前轴制动动作的时间小于等于0.2s。

7.2.11 车长大于9m的公路客车、旅游客车和未设置乘客站立区的公共汽车，所有专用校车、危险货物运输车和半挂牵引车，总质量大于等于12000kg的货车和专项作业车及总质量大于10000kg的挂车应安装符合GB/T 13594规定的防抱死制动装置。

注：本条中半挂车的总质量是指半挂车在满载并且和牵引车相连的情况下，通过半挂车的所有车轴垂直作用于地面的静载荷，不包括转移到牵引车牵引座的静载荷。

7.2.12 教练车（三轮汽车除外）的行车制动应装备有副制动踏板。副制动踏板应安装牢固、动作可靠，保证教练员在行车过程中能有效地控制机动车减速和停车。

7.3 应急制动

7.3.1 汽车（三轮汽车除外）应具有应急制动功能。

7.3.2 应急制动应保证在行车制动只有一处失效的情况下，在规定的距离内将汽车停住。

7.3.3 应急制动可以是行车制动系统具有应急特性或是与行车制动分开的系统。

7.3.4 应急制动应是可控制的，其布置应使驾驶人容易操作，驾驶人在座位上至少用一只手握住方向盘的情况下（对乘用车为双手不离开方向盘的情况下），就可以实现制动。它的控制装置可以与行车制动的控制装置结合，也可以与驻车制动的控制装置结合。

7.3.5 采用助力制动系的行车制动系，当助力装置失效后，仍应能保持规定的应急制动性能。

7.4 驻车制动

7.4.1 机动车（两轮普通摩托车、边三轮摩托车和两轮轻便摩托车除外）应具有驻车制动装置。

7.4.2 驻车制动应能使机动车即使在没有驾驶人的情况下，也能停在上、下坡道上。驾驶人应在座位上就可以实现驻车制动。对于汽车列车和轮式拖拉机运输机组，如挂车与牵引车脱离，挂车（由轮式拖拉机牵引的装载质量 3000kg 以下的挂车除外）应能产生驻车制动。挂车的驻车制动装置应能由站在地面上的人实施操纵。

7.4.3 驻车制动应通过纯机械装置把工作部件锁止，并且驾驶人施加于操纵装置上的力：

—— 手操纵时，乘用车应小于等于 400N ，其他机动车应小于等于 600N；

—— 脚操纵时，乘用车应小于等于 500N ，其他机动车应小于等于 700N 。

7.4.4 驻车制动控制装置的安装位置应适当，操纵装置应有足够的储备行程（开关类操作装置除外），一般应在操纵装置全行程的三分之二以内产生规定的制动效能；驻车制动机构装有自动调节装置时允许在全行程的四分之三以内达到规定的制动效能。驻车制动使用电子控制装置时，锁止装置应为纯机械装置，发生断电情况锁止装置仍应保持持续有效。棘轮式制动操纵装置应保证在达到规定的驻车制动效能时，操纵杆往复拉动的次数不得超过三次。

7.4.5 采用弹簧储能制动装置做驻车制动时，应保证在失效状态下能方便地解除驻车状态；如需使用专用工具，应随车配备。

7.5 辅助制动

车长大于 9m 的客车（对专用校车为车长大于 8m）、总质量大于等于 12000kg 的货车和专项作业车、所有危险货物运输车，应装备缓速器或其他辅助制动装置。辅助制动装置的性能要求应使汽车能通过 GB 12676 规定的Ⅱ型或ⅡA 型试验。

7.6 液压制动的特殊要求

7.6.1 采用液压制动的机动车，制动管路不应存在渗漏（包括外泄和内泄）现象，在保持踏板力为 700N（摩托车为 350N）达到 1min 时，踏板不得有缓慢向前移动的现象。

7.6.2 液压行车制动在达到规定的制动效能时，踏板行程应小于等于踏板全行程的四分之三，制动器装有自动调整间隙装置的机动车踏板行程应小于等于踏板全行程的五分之四，且乘用车应小于等于 120mm，其他机动车应小于等于 150mm。

注：踏板全行程是指在无制动液状态下制动踏板从完全释放状态到不能踩动的行程。

7.6.3 液压行车制动系不得因制动液对制动管路的腐蚀或由于发动机及其他热源的作用形成气阻而影响行车制动系的功能。

7.7 气压制动的特殊要求

7.7.1 采用气压制动的机动车，在气压升至 600kPa 且不使用制动的情况下，停止空气压缩机工作 3min 后，其气压的降低值应小于等于 10kPa。在气压为 600kPa 的情况下，停止空气压缩机工作，将制动踏板踩到底，待气压稳定后观察 3min，气压降低值对汽车应小于等于 20kPa，对汽车列车、铰接客车及铰接式无轨电车、轮式拖拉机运输机组应小于等于 30kPa。

7.7.2 采用气压制动的机动车，发动机在 75% 的额定转速下，4min（汽车列车为 6min ，铰接客车和铰接式无轨电车为 8min）内气压表的指示气压应从零开始升至起步气压。

注：起步气压是指车辆制造厂家标明的车辆（起步后）能够满足正常（制动）工作要求的贮气筒最小压力。

7.7.3 气压制动系统应装有限压装置，以确保贮气筒内气压不超过允许的最高气压。

7.7.4 气压制动系应安装保持压缩空气干燥、油水分离的装置。

7.8 贮气筒

7.8.1 装备贮气筒或真空罐的机动车应采用单向阀或相应的保护装置，以保证在筒（罐）与压缩空气（真空源）连接失效或漏损的情况下，筒（罐）内的压缩空气（真空度）不致全部丧失。

7.8.2 贮气筒的容量应保证在调压阀调定的最高气压下，且在不继续充气的情况下，机动车在连续五次踩到底的全行程制动后，气压不低于起步气压。

7.8.3 贮气筒应有排污阀。

7.9 制动报警装置

7.9.1 采用液压制动的机动车，其储液器的加注口应易于接近，从结构设计上应保证在不打开容器的条件下就能很容易地检查液面。如不能满足此条件，则应安装制动液面过低报警装置。

7.9.2 采用液压制动的汽车（三轮汽车和装用单缸柴油机的低速货车除外），如液压传能装置任一部件失效，应通过红色报警信号灯警示驾驶人。只要失效继续存在且点火开关处在开（运行）的位置，该信号灯应保持发亮。报警信号灯即使在白天也应很醒目，驾驶人在其座位上应能很容易地观察报警信号灯工作是否正常。报警装置的失效不应导致制动系统完全丧失制动效能。

7.9.3 采用气压制动的机动车，当制动系统的气压低于起步气压时，报警装置应能连续向驾驶人发出容易听到或看到的报警信号。

7.9.4 安装具有防抱死制动装置的汽车，当防抱死制动装置失效时，报警装置应能连续向驾驶人发出容易听到或看到的报警信号。

7.10 路试检验制动性能

7.10.1 基本要求

7.10.1.1 机动车行车制动性能和应急制动性能检验应在平坦、硬实、清洁、干燥且轮胎与地面间的附着系数大于等于 0.7 的混凝土或沥青路面上进行。

7.10.1.2 检验时发动机应与传动系统脱开，但对于采用自动变速器的机动车，其变速器换挡装置应位于驱动挡（“D”挡）。

7.10.2 行车制动性能检验

7.10.2.1 用制动距离检验行车制动性能

机动车在规定的初速度下的制动距离和制动稳定性要求应符合表 3 的规定。对空载检验的制动距离有质疑时，可用表 3 规定的满载检验制动距离要求进行。

制动距离和制动稳定性要求

<table>
<tr><th>机动车类型</th><th>制动初速度
km/h</th><th>空载检验制动
距离要求 M</th><th>满载检验制动
距离要求 M</th><th>试验通道宽度
m</th></tr>
<tr><td>三轮汽车</td><td>20</td><td colspan="2">≤5.0</td><td>2.5</td></tr>
<tr><td>乘用车</td><td>50</td><td>≤19.0</td><td>≤20.0</td><td>2.5</td></tr>
<tr><td>总质量不大于 3500kg 的低速货车</td><td>30</td><td>≤ 8.0</td><td>≤ 9.0</td><td>2.5</td></tr>
<tr><td>其他总质量不大于 3500kg 的汽车</td><td>50</td><td>≤21.0</td><td>≤22.0</td><td>2.5</td></tr>
<tr><td>铰接客车、铰接式无轨电车、汽车列车</td><td>30</td><td>≤9.5</td><td>≤10.5</td><td>3.0</td></tr>
<tr><td>其他汽车</td><td>30</td><td>≤9.0</td><td>≤10.0</td><td>3.0</td></tr>
<tr><td>两轮普通摩托车</td><td>30</td><td colspan="2">≤7.0</td><td>——</td></tr>
<tr><td>边三轮摩托车</td><td>30</td><td colspan="2">≤8.0</td><td>2.5</td></tr>
<tr><td>正三轮摩托车</td><td>30</td><td colspan="2">≤7.5</td><td>2.3</td></tr>
<tr><td>轻便摩托车</td><td>20</td><td colspan="2">≤4.0</td><td>——</td></tr>
<tr><td>轮式拖拉机运输机组</td><td>20</td><td>≤6.0</td><td>≤6.5</td><td>3.0</td></tr>
<tr><td>手扶变型运输机</td><td>20</td><td colspan="2">≤6.5</td><td>2.3</td></tr>
</table>

制动距离：是指机动车在规定的初速度下急踩制动时，从脚接触制动踏板（或手触动制动手柄）时起至机动车停住时止机动车驶过的距离。

制动稳定性要求：是指制动过程中机动车的任何部位（不计入车宽的部位除外）不超出规定宽度的试验通道的边缘线。

7.10.2.2 用充分发出的平均减速度检验行车制动性能

汽车、汽车列车在规定的初速度下急踩制动时充分发出的平均减速度及制动稳定性要求应符合表 4 的规定，且制动协调时间对液压制动的汽车应小于等于 0.35s，对气压制动的汽车应小于等于 0.60s，对汽车列车、铰接客车和铰接式无轨电车应小于等于 0.80s。对空载检验的充分发出的平均减速度有质疑时，可用表 4 规定的满载检验充分发出的平均减速度进行。

充分发出的平均减速度 MFDD：

$$MFDD=\frac{V_b^2-V_e^2}{25.92\ (S_e-S_B)}$$

式中：MFDD——充分发出的平均减速度，单位为米每平方秒（m/s^2）；

——试验车制动初速度，单位为千米每小时（km/h）；

——0.8，试验车速，单位为千米每小时（km/h）；

——0.1，试验车速，单位为千米每小时（km/h）；

——试验车速从到之间车辆行驶的距离，单位为米（m）；

——试验车速从到之间车辆行驶的距离，单位为米（m）。

制动协调时间：是指在急踩制动时，从脚接触制动踏板（或手触动制动手柄）时起至机动车减速度（或制动力）达到表 4 规定的机动车充分发出的平均减速度（或表 6 所规定的制动力）的 75% 时所需的时间。

制动减速度和制动稳定性要求

机动车类型	制动初速度 km/h	空载检验充分发出的平均减速度 m/s^2	满载检验充分发出的平均减速度 m/s^2	试验通道宽度 m
三轮汽车	20	≥3.8		2.5
乘用车	50	≥6.2	≥5.9	2.5
总质量不大于 3500kg 的低速货车	30	≥5.6	≥5.2	2.5
其他总质量不大于 3500kg 的汽车	50	≥5.8	≥5.4	2.5
铰接客车、铰接式无轨电车、汽车列车	30	≥5.0	≥4.5	3.0
其他汽车	30	≥5.4	≥5.0	3.0

7.10.2.3 制动踏板力或制动气压要求

进行制动性能检验时的制动踏板力或制动气压应符合以下要求：

a）满载检验时

气压制动系：气压表的指示气压 ≤额定工作气压；

液压制动系：踏板力，乘用车 ≤500N；

其他机动车 ≤700N。

b）空载检验时

气压制动系：气压表的指示气压 ≤600kPa；

液压制动系：踏板力，乘用车 ≤400N；

其他机动车 ≤450N。

摩托车（正三轮摩托车除外）检验时，踏板力应小于等于 350N，手握力应小于等于 250N。

正三轮摩托车检验时，踏板力应小于等于 500N。

三轮汽车和拖拉机运输机组检验时，踏板力应小于等于 600N。

7.10.2.4 合格判定要求

汽车、汽车列车在符合 7.10.2. 规定的制动踏板力或制动气压下的路试行车制动性能如符合 7.10.2.1 或 7.10.2.2，即为合格。

7.10.3 应急制动性能检验

汽车（三轮汽车除外）在空载和满载状态下，按表 5 所列初速度进行应急制动性能检验，应急制动性能应符合表 5 的要求。

应急制动性能要求

机动车类型	制动初速度 km/h	制动距离 M	充分发出的平均减速度 m/s^2	允许操纵力应小于等于 N	
				手操纵	脚操纵
乘用车	50	≤38.0	≥2.9	400	500
客车	30	≤18.0	≥2.5	600	700
其他汽车（三轮汽车除外）	30	≤20.0	≥2.2	600	700

7.10.4 驻车制动性能检验

在空载状态下，驻车制动装置应能保证机动车在坡度为 20%（对总质量为整备质量的 1.2 倍以下的机动车为 15%）、轮胎与路面间的附着系数大于等于 0.7 的坡道上正、反两个方向保持固定不动，时间应大于等于 5min。检验汽车列车时，应使牵引车和挂车的驻车制动装置均起作用。检验时操纵力按 7.4.3 规定。

在规定的测试状态下，机动车使用驻车制动装置能停在坡度值更大且附着系数符合要求的试验坡道上时，应视为达到了驻车制动性能检验规定的要求。

在不具备试验坡道的情况下，在用车可参照相关标准使用符合规定的仪器测试驻车制动性能。

7.11 台试检验制动性能

7.11.1 行车制动性能检验

7.11.1.1 制动力百分比要求

汽车、汽车列车在制动检验台上测出的制动力应符合表6的要求。对空载检验制动力有质疑时，可用表6规定的满载检验制动力要求进行检验。使用转鼓试验台检测时，可通过测得制动减速度值计算得到最大制动力。

摩托车的前、后轴制动力应符合表6的要求，测试时只准许乘坐一名驾驶人。

检验时制动踏板力或制动气压按7.10.2.3的规定。

台试检验制动力要求

机动车类型	制动力总和与整车重量的百分比		轴制动力与轴荷[a]的百分比	
	空载	满载	前轴[b]	后轴[b]
三轮汽车	——		—	≥60[c]
乘用车、其他总质量不大于3500kg的汽车	≥60	≥50	≥60[c]	≥20[c]
铰接客车、铰接式无轨电车、汽车列车	≥55	≥45	——	——
其他汽车	≥60	≥50	≥60[c]	≥50[d]
普通摩托车	—	—	≥60	≥55
轻便摩托车	—	—	≥60	≥50

a 用平板制动检验台检验乘用车时应按左右轮制动力最大时刻所分别对应的左右轮动态轮荷之和计算。

b 机动车（单车）纵向中心线中心位置以前的轴为前轴，其他轴为后轴；挂车的所有车轴均按后轴计算；用平板制动试验台测试并装轴制动力时，并装轴可视为一轴。

c 空载和满载状态下测试均应满足此要求。

d 满载测试时后轴制动力百分比不做要求；空载用平板制动检验台检验时应大于等于35%；总质量大于3500kg的客车，空载用反力滚筒式制动试验台测试时应大于等于40%，用平板制动检验台检验时应大于等于30%。

7.11.1.2 制动力平衡要求（两轮、边三轮摩托车和轻便摩托车除外）

在制动力增长全过程中同时测得的左右轮制动力差的最大值，与全过程中测得的该轴左右轮最大制动力中大者（当后轴及其他轴，制动力小于该轴轴荷的60%时为与该轴轴荷）之比，对新注册车和在用车应分别符合表7的要求。

台试检验制动力平衡要求

	前轴	后轴（及其他轴）	
		轴制动力大于等于该轴轴荷60%时	制动力小于该轴轴荷60%时
新注册车	≤20%	≤24%	≤ 8%
在 用 车	≤24%	≤30%	≤10%

7.11.1.3 制动协调时间要求

汽车的制动协调时间，对液压制动的汽车应小于等于0.35s，对气压制动的汽车应小于等于0.60s；汽车列车和铰接客车、铰接式无轨电车的制动协调时间应小于等于0.80s。

7.11.1.4 车轮阻滞率要求

进行制动力检验时，汽车、汽车列车各车轮的阻滞力均应小于等于轮荷的10%。

7.11.1.5 合格判定要求

台试检验汽车、汽车列车行车制动性能时，检验结果同时满足7.11.1.1～7.11.1.4的，方为合格。

7.11.2 驻车制动性能检验

当采用制动检验台检验汽车和正三轮摩托车驻车制动装置的制动力时，机动车空载，乘坐一名驾驶人，使用驻车制动装置，驻车制动力的总和应大于等于该车在测试状态下整车重量的20%，但总质量为整备质量1.2倍以下的机动车应大于等于15%。

7.11.3 检验结果的复核

对机动车台架检验制动性能结果有异议的，在空载状态下按7.10复检。对空载状态复检结果有异议的，以满载路试复检结果为准。

8 照明、信号装置和其他电气设备

8.1 基本要求

8.1.1 机动车的灯具应安装牢靠、完好有效，不得因机动车振动而松脱、损坏、失去作用或改变光照方向；所有灯光的开关应安装牢固、开关自如，不得因机动车振动而自行开关。开关的位置应便于驾驶人操纵。

8.1.2 机动车不得安装遮挡外部照明和信号装置透光面的装置。除转向信号灯、危险警告信号、紧急制动信号、校车标志灯及消防车、救护车、工程救险车和警车安装使用的标志灯具外，其他外部灯具不得闪烁。

8.1.3 用户不得对外部照明和信号装置进行改装，也不得加装强制性标准以外的外部照明和信号装置。

8.2 照明和信号装置的数量、位置、光色和最小几何可见度

8.2.1 汽车（三轮汽车和装用单缸柴油机的低速货车除外）及挂车的外部照明和信号装置的数量、位置、光色、最小几何可见度应符合 GB 4785 的规定。总质量大于等于 4500kg 的货车、专项作业车和挂车的每一个后位灯、后转向信号灯和制动灯，透光面面积应大于等于一个 80mm 直径圆的面积；如属非圆形的，透光面的形状还应能将一个 40mm 直径的圆包含在内。

8.2.2 摩托车的照明和信号装置及其安装应分别符合 GB 18100.1、GB 18100.2 和 GB 18100.3 的规定。

8.2.3 三轮汽车、装用单缸柴油机的低速货车及拖拉机运输机组应设置前照灯、前位灯（手扶拖拉机运输机组除外）、后位灯、制动灯、后牌照灯、后反射器和前、后转向信号灯，其光色应符合 GB 4785 相关规定。

8.2.4 机动车应装置后反射器。挂车及车长大于等于 6 m 的机动车应安装侧反射器和侧标志灯。反射器应与机动车牢固连接，且后反射器应能保证夜间在机动车正后方 150m 处，用符合本标准规定的汽车前照灯照射时，在照射位置就能确认其反射光。

8.2.5 宽度大于 2100mm 的机动车均应安装示廓灯。

8.2.6 牵引杆挂车应在挂车前部的左右各装一只前白后红的标志灯，其高度应比牵引杆挂车的前栏板高出 300mm ~ 400mm，距车厢外侧应小于 150mm。

8.2.7 校车应配备统一的校车标志灯和停车指示标志。

8.3 照明和信号装置的一般要求

8.3.1 机动车（手扶拖拉机运输机组除外）的前位灯、后位灯、示廓灯、侧标志灯、挂车标志灯、牌照灯和仪表灯应能同时启闭，当前照灯关闭和发动机熄火时仍应能点亮。汽车和挂车的电路连接应保证前位灯、后位灯、示廓灯、侧标志灯和牌照灯只能同时打开或关闭，但前位灯、后位灯、侧标志灯作为驻车灯使用（复合或混合）的除外。

8.3.2 机动车的前、后转向信号灯、危险警告信号及制动灯白天在距其 100m 处应能观察到其工作状况，侧转向信号灯白天在距 30m 处应能观察到其工作状况；前、后位置灯、示廓灯、挂车标志灯夜间能见度良好时在距其 300m 处应能观察到其工作状况；后牌照灯夜间能见度良好时在距其 20m 处应能看清号

牌号码。制动灯的发光强度应明显大于后位灯。

8.3.3 对称设置、功能相同的灯具的光色和亮度不应有明显差异。

8.3.4 机动车照明和信号装置的任一条线路出现故障，不得干扰其他线路的正常工作。

8.3.5 驾驶区的仪表板应采用不反光的面板或护板，车内照明装置及其在风窗玻璃、视镜、仪表盘等处的反射光线不应使驾驶人眩目。

8.3.6 仪表板上应设置仪表灯。仪表灯点亮时，应能照清仪表板上所有的仪表且不应眩目。

8.3.7 汽车（三轮汽车和装用单缸柴油机的低速货车除外）仪表板上应设置蓝色远光指示信号和与行驶方向相适应的转向指示信号。

8.3.8 汽车（三轮汽车除外）和轮式拖拉机运输机组均应具有危险警告信号装置，其操纵装置不应受灯光总开关的控制。对于牵引挂车的汽车，危险警告信号控制开关也应能打开挂车上的所有转向信号灯，即使在发动机不工作的情况下，仍应能发出危险警告信号。危险警告信号和转向信号灯的闪光频率应为1.5Hz ± 0.5Hz，起动时间应小于等于1.5s。如某一转向灯发生故障（短路除外）时，其他转向灯应继续工作，但闪光频率可以不同于上述规定的频率。

8.3.9 客车应设置车厢灯和门灯。车长大于6m的客车应至少有两条车厢照明电路，仅用于进出口处的照明电路可作为其中之一。当一条电路失效时，另一条仍应能正常工作，以保证车内照明。车厢灯和门灯不应影响本车驾驶人的视线和其他机动车的正常行驶。

8.4 车身反光标识和车辆尾部标志板

8.4.1 总质量大于等于12000kg的货车（半挂牵引车除外）和货车底盘改装的专业作业车、车长大于8.0m的挂车及所有最大设计车速小于等于40km/h的汽车和挂车，应设置符合GB 25990规定的车辆尾部标志板；半挂牵引车应在驾驶室后部上方设置能体现驾驶室的宽度和高度的车身反光标识，其他货车、货车底盘改装的专项作业车和挂车（设置有符合规定的车辆尾部标志板的除外）应在后部设置车身反光标识。后部的车身反光标识应能体现机动车后部的高度和宽度，对厢式货车和挂车应能体现货厢轮廓。

8.4.2 所有货车（半挂牵引车除外）、货车底盘改装的专项作业车和挂车应在侧面设置车身反光标识。侧面的车身反光标识长度应大于等于车长的50%，对三轮汽车应大于等于1.2m，对侧面车身结构无连续平面的专项作业车应大于等于车长的30%，对货厢长度不足车长50%的货车应为货厢长度。

8.4.3 道路运输爆炸品和剧毒化学品车辆，除应按8.4.1、8.4.2设置车身反光标识外，还应在后部和两侧粘贴能标示出车辆轮廓、宽度为150mm ± 20mm的橙色反光带。

8.4.4 拖拉机运输机组应按照相关标准的规定在车身上粘贴反光标识。

8.4.5 货车、专项作业车和挂车（组成拖拉机运输机组的挂车除外）的车身反光标识材料应符合 GB 23254 的规定，其中厢式货车和厢式挂车应装备反射器型车身反光标识。典型车型车身反光标识粘贴式样见附录 B，但对使用反射器型车身反光标识材料的，车身反光标识设置符合 GB 23254 相关规定时，应视为满足要求。

8.4.6 货车和挂车（组成拖拉机运输机组的挂车除外）设置的车身反光标识被遮挡的，应在被遮挡的车身后部和侧面至少水平固定一块 2000mm × 150mm 的柔性反光标识。

8.5 前照灯

8.5.1 基本要求

8.5.1.1 机动车装备的前照灯应有远、近光变换功能；当远光变为近光时，所有远光应能同时熄灭。同一辆机动车上的前照灯不得左、右的远、近光灯交叉开亮。

8.5.1.2 所有前照灯的近光均不应眩目，汽车（三轮汽车和装用单缸柴油机的低速货车除外）、摩托车装用的前照灯应分别符合 GB 4599、GB 21259、GB 25991、GB 5948 及 GB 19152 的规定。

8.5.1.3 机动车前照灯光束照射位置在正常使用条件下应保持稳定。

8.5.2 远光光束发光强度要求

机动车每只前照灯的远光光束发光强度应达到表 8 的要求；并且，同时打开所有前照灯（远光）时，其总的远光光束发光强度应符合 GB 4785 的规定。测试时，电源系统应处于充电状态。

8.5.3 光束照射位置要求

8.5.3.1 检验前照灯近光光束照射位置时，前照灯照射在距离 10m 的屏幕上，乘用车前照灯近光光束明暗截止线转角或中点的高度应为 0.7H ~ 0.9H（H 为前照灯基准中心高度，下同），其他机动车（拖拉机运输机组除外）应为 0.6H ~ 0.8H。机动车（装用一只前照灯的机动车除外）前照灯近光光束水平方向位置向左偏应小于等于 170mm，向右偏应小于等于 350mm。

8.5.3.2 轮式拖拉机运输机组装用的前照灯近光光束的照射位置，按照上述方法检验时，要求在屏幕上光束中点的离地高度应小于等于 0.7H；水平位置要求，向右偏移应小于等于 350mm，不得向左偏移。

8.5.3.3 检验前照灯远光照射位置时，对于能单独调整远光光束的前照灯，前照灯照射在距离 10m 的屏幕上时，要求在屏幕光束中心离地高度，对乘用车为 0.85H ~ 0.95H（但不得低于前照灯近光光束明暗截止线转角或中点的高度），对其他机动车为 0.8H ~ 0.95H；机动车（装用一只前照灯的机动车除外）前照灯远光光束水平位置要求，左灯向左偏应小于等于 170mm，向右偏应小于等于 350mm，右灯向左或向右偏均应小于等于 350mm。

前照灯远光光束发光强度最小值要求　　单位为坎德拉

机动车类型		检查项目					
		新注册车			在用车		
		一灯制	二灯制	四灯制[a]	一灯制	二灯制	四灯制[a]
三轮汽车		8000	6000	–	6000	5000	–
最大设计车速小于 70km/h 的汽车		–	10000	8000	–	8000	6000
其他汽车		–	18000	15000	–	15000	12000
普通摩托车		10000	8000	–	8000	6000	–
轻便摩托车		4000	3000	–	3000	2500	–
拖拉机运输机组	标定功率 > 18kW	–	8000	–	–	6000	–
	标定功率 ≤ 18kW	6000[b]	6000	–	5000[b]	5000	–

a 四灯制是指前照灯具有四个远光光束；采用四灯制的机动车其中两只对称的灯达到两灯制的要求时视为合格。

b 允许手扶拖拉机运输机组只装用一只前照灯。

8.6 其他电气设备和仪表

8.6.1 机动车（手扶拖拉机运输机组除外）应设置具有连续发声功能的喇叭，喇叭声级在距车前 2m、离地高 1.2m 处测量时，发动机最大净功率（或电动机最大输出功率总和）为 7 kW 以下的摩托车为 80 dB（A）～112 dB（A），其他机动车为 90 dB（A）～115 dB（A）。教练车（三轮汽车除外）还应设置辅助喇叭开关，其工作应可靠。

8.6.2 发电机技术性能应良好。蓄电池应能保持常态电压。电器导线应具有阻燃性能；客车发动机舱内和其它热源附近的线束应采用耐温不低于 125℃ 的阻燃电线，其他部位的线束应采用耐温不低于 105℃ 的阻燃电线，波纹管应达到 GB/T 2408－2008 的表 1 规定的 V－o 级。所有电器导线均应捆扎成束、布置整齐、固定卡紧、接头牢固并在接头处装设绝缘套，在导线穿越孔洞时应装设阻燃耐磨绝缘套管。电子元件应连接可靠，乘员舱外部的接插件应有防水要求。

8.6.3 摩托车应装有车速里程表。三轮汽车、装用单缸柴油机的低速货车和轮式拖拉机运输机组应装有水温表（蒸发式水冷却系统除外）、机油压力表或机油压力指示器、电流表或充电指示器；其他汽车应装有燃料表（气体燃料汽车为气量显示装置，纯电动汽车、插电式混合动力汽车和燃料电池汽车为可充电储能系统［RESS］低电量显示装置），并能显示水温或水温报警信息、机油压力或油压报警信息、电流或电压或充电指示信息、车速、里程等信息；采用气压制动的机动车，还应能显示气压。机动车装备的仪表应完好，规定信息的显示功能应有效、内容应准确。

8.6.4 专用校车应设置电源总开关，车长大于等于 6m 的客车应设置电磁式电源总开关；但如在蓄电池端对所有供电线路均设置了保险装置，或车辆用电设备由电子控制单元直接驱动且具有负载监控功能、电子控制单元供电线路和个别直接供电的线路均设置有保险装置时，可不设电磁式电源总开关。车长大于等于 6m 的客车，还应设置能切断蓄电池和所有电路连接的手动机械断电开关。

8.6.5 所有校车、公路客车和旅游客车、未设置乘客站立区的公共汽车、危险货物运输车、半挂牵引车和总质量大于等于 12000kg 的货车应安装具备记录、存储、显示、打印或输出车辆行驶速度、时间、里程等车辆行驶状态信息的行驶记录仪；行驶记录仪的显示部分应易于观察，数据接口应便于移动存储介质的插拔；安装数字式电子记录装置，其技术要求应符合 GB/T 19056 相关规定。安装具有行驶记录功能的卫星定位装置，如行驶记录功能的技术要求符合本标准及 GB/T 19056 相关规定，应视为满足要求。专用校车和卧铺客车还应安装车内外录像监控系统。

8.6.6 汽车装备以及加装的所有电气设备不得影响本标准规定的制动、转向、照明和信号装置等运行安全要求。

8.6.7 无轨电车的特殊要求

8.6.7.1 周围空气相对湿度在 75% ~90% 时，无轨电车的总绝缘电阻值应大于等于 3MΩ；相对湿度在 90% 以上时应大于等于 1MΩ。

8.6.7.2 集电头自由升起的最大高度，距地面应小于等于 7m，且在最高点应有弹性限位。当集电头距地面高度在 4.2m ~6.0m 范围内时，集电器应能正常工作。

8.6.7.3 线网在标准高度时，集电头对触线网的压力应能在 80 N ~130 N 范围内调节，行驶中集电头在触线上滑行不应产生火花；经分、并线器及交叉器等时，不应产生严重火花。

8.6.7.4 车门踏步和车门扶手以及人站在地面上能接触到的车门口周边的扶手，应和车体金属结构绝缘或用绝缘材料制成，使用 1000V 兆欧表测量时绝缘电阻应大于等于 0.6 MΩ，或在车门打开操作时实现整车高压电路系统与供电线网的断路互锁。

8.6.7.5 各车门均应设有与车身导电良好的接地链。车门处于开启状态时，接地链应与地面可靠接触。

8.6.7.6 高压电气总成应具备过流保护、短路保护、过压保护、欠压保护等功能。

8.6.7.7. 集电头应具备防挂线网防护或挂线后的防护装置。

8.6.7.8 集电杆与集电头之间的电气绝缘应具备面耐水性。自集电头沿集电杆向下至 2.5m 处的集电杆表面，应具有绝缘防护层。集电杆与集电头之间应有带绝缘结构的安全绳，安全绳的牵引断裂负荷不低于 10 kN。

8.6.7.9 无轨电车在允许的偏线距离内行驶时，当集电杆拉紧弹簧断裂后，集电杆在车辆左右偏线位置自由下降，在其最低高度距地面 2.5 m 的位置应有限位装置。

8.6.7.10 无轨电车上的电源接通程序，至少应经过两次有意识的不同的连续动作，才能完成从“电源切断”状态到“可行驶”状态。

8.6.7.11 无轨电车应装备漏电检测报警器，车辆一旦到达漏电临界值，报警器能发出明显的光或声的报警信号。

9 行驶系

9.1 轮　　胎

9.1.1 机动车所装用轮胎的速度级别不应低于该车最大设计车速的要求，但装用雪地轮胎时除外。

9.1.2 公路客车、旅游客车和校车的所有车轮及其他机动车的转向轮不得装用翻新的轮胎；其他车轮如使用翻新的轮胎，应符合相关标准的规定。

9.1.3 同一轴上的轮胎规格和花纹应相同，轮胎规格应符合整车制造厂的出厂规定。

9.1.4 乘用车用轮胎应有胎面磨耗标志。乘用车备胎规格与该车其他轮胎不同时，应在备胎附近明显位置（或其他适当位置）装置能永久保持的标识，以提醒驾驶人正确使用备胎。

9.1.5 专用校车和卧铺客车应装用无内胎子午线轮胎，危险货物运输车及车长大于 9m 的其他客车应装用子午线轮胎。

9.1.6 乘用车、摩托车和挂车轮胎胎冠上花纹深度应大于等于 1.6mm，其他机动车转向轮的胎冠花纹深度应大于等于 3.2mm；其余轮胎胎冠花纹深度应大于等于 1.6mm。

9.1.7 轮胎胎面不得因局部磨损而暴露出轮胎帘布层。轮胎不得有影响使用的缺损、异常磨损和变形。

9.1.8 轮胎的胎面和胎壁上不得有长度超过 25mm 或深度足以暴露出轮胎帘布层的破裂和割伤。

9.1.9 轮胎负荷不应大于该轮胎的额定负荷，轮胎气压应符合该轮胎承受负荷时规定的压力。具有轮胎气压自动充气装置的汽车，其自动充气装置应能确保轮胎气压符合出厂规定。

9.1.10 双式车轮的轮胎的安装应便于轮胎充气，双式车轮的轮胎之间应无夹杂的异物。

9.2 车轮总成

9.2.1 轮胎螺母和半轴螺母应完整齐全，并应按规定力矩紧固。

9.2.1 车轮总成的横向摆动量和径向跳动量，总质量小于等于 3500kg 的汽车应小于等于 5mm，摩托车应小于等于 3mm，其他机动车应小于等于 8mm。

9.2.3 最大设计车速大于 100 km/h 的机动车，车轮的动平衡要求应与该车型的技术要求一致。

9.3 悬架系统

9.3.1 悬架系统各球关节的密封件不得有切口或裂纹，稳定杆应连接可靠，结构件不得有变形或残损。

9.3.2 钢板弹簧不得有裂纹和断片现象，同一轴上的弹簧形式和规格应相同，其弹簧形式和规格应符合产品使用说明书中的规定。中心螺栓和 U 形螺栓应紧固、无裂纹且不得拼焊。钢板弹簧卡箍不得拼焊或残损。

9.3.3 空气弹簧应无裂损、变形及漏气，控制系统应齐全有效。

9.3.4 减振器应齐全有效，减振器不得有明显渗漏油现象。

9.3.5 最大设计车速大于等于 100km/h 且轴荷小于等于 1500kg 的乘用车，悬架特性应符合 GB 18565 相关规定。

9.4 其他要求

9.4.1 车架不应有变形、锈蚀和裂纹，螺栓和铆钉不应缺少或松动。

9.4.2 前、后桥不应有变形和裂纹。

9.4.3 车桥与悬架之间的各种拉杆和导杆不应变形，各接头和衬套不应松旷或移位。

9.4.4 三轴公路客车的随动轴应具有随动转向或主动转向的功能。

10　传动系

10.1 离合器

10.1.1 机动车的离合器应接合平稳，分离彻底，工作时不应有异响、抖动或不正常打滑等现象。

10.1.2 踏板自由行程应与该车型的技术要求一致。

10.1.3 离合器彻底分离时，踏板力应小于等于 300N（拖拉机运输机组应小于等于 350N），手握力应小于等于 200N。

10.2 变速器和分动器

10.2.1 换挡时齿轮应啮合灵便，互锁、自锁和倒挡锁装置应有效，不得有乱挡和自行跳挡现象；运行中应无异响；换挡杆及其传动杆件不应与其他部件干涉。采用自动变速器的机动车，应通过设计保证只有当变速器换挡装置处于驻车挡（“P”挡）或空挡（“N”挡）时方可起动发动机（具有自动起停功能时在驱动挡［“D”挡］也可起动发动机）；变速器换挡装置换入或经过倒车挡（“R”挡），以及由驻车挡（“P”挡）位置换入其他挡位时，应通过驾驶人的不同方向的两个动作完成。

10.2.2 在换挡装置上应有驾驶人在驾驶座位上即可容易识别变速器和分动器挡位位置的标志。如换挡装置上难以布置，则应布置在换挡杆附近易见部位或仪表板上。

10.2.3 有分动器的机动车，应在挡位位置标牌或产品使用说明书上说明连通分动器的操作步骤。

10.2.4 如果电动汽车是通过改变电机旋转方向来实现倒车行驶，且前进和倒车两个行驶方向的转换仅通过驾驶人的一个操作动作来完成，应通过设计保证只有在车辆静止或低速时才能够实现转换。

10.3 传动轴

传动轴在运转时不得发生振抖和异响，中间轴承和万向节不得有裂纹和/或松旷现象。发动机前置后驱动的客车的传动轴在车厢地板的下面沿纵向布置时，应有防止传动轴滑动连接（花键或其他类似装置）脱落或断裂等故障而引起危险的防护装置。

10.4 驱动桥

驱动桥壳、桥管不得有变形和裂纹，驱动桥工作应正常且不得有异响。

10.5 超速报警和限速功能

车长大于等于 6m 的客车应具有超速报警功能，当行驶速度超过允许的最大行驶速度（允许的最大行驶速度应小于等于 100km/h）时，能通过视觉或声觉信号报警。公路客车、旅游客车和危险货物运输车及车长大于 9m 的未设置乘客站立区的公共汽车应具有限速功能，否则应配备限速装置。限速功能或限速装置应符合 GB/T 24545 的要求，且限速功能或限速装置调定的最大车速对公路客车、旅游客车和未设置乘客站立区的公共汽车不得大于 100km/h，对危险货物运输车不得大于 80km/h。专用校车应安装符合 GB/T 24545 要求的限速装置，且调定的最大车速不得大于 80km/h。

10.6 车速受限车辆的特殊要求

低速汽车、轻便摩托车、正三轮摩托车、拖拉机运输机组等车速受限车辆应在设计及技术特性上确保其实际最大行驶速度在满载状态下不会超过其最大设计车速，在空载状态下不会超过其最大设计车速的110%。

注：实际最大行驶速度是指车辆在平坦良好路面行驶时能达到的最大速度。

11　车　身

11.1 基本要求

11.1.1 车身的技术状况应能保证驾驶人有正常的工作条件和客货安全，其外部不应产生明显的镜面反光。

11.1.2 机动车驾驶室应保证驾驶人的前方视野和侧方视野。

11.1.3 车身和驾驶室应坚固耐用，覆盖件无开裂和锈蚀。车身和驾驶室在车架上的安装应牢固，不得因机动车振动而引起松动。

11.1.4 车身外部和内部乘员可能触及的任何部件、构件都不应有任何可能使人致伤的尖锐凸起物（如尖角、锐边等）。

11.2 客车的特殊要求

11.2.1 客车的上部结构应具有足够的强度和刚度，专用校车、公路客车、旅游客车和未设置乘客站立区的公共汽车的上部结构强度应符合GB/T 17578的规定。车长大于6m的专用校车必须为车身骨架结构，同一横截面上的顶梁、立柱和底架主横梁应形成封闭环（轮罩与顶风窗处除外），从侧窗上纵梁到底横梁之间的车身立柱应采用整体结构，中间不得通过拼焊连接；车长小于等于6m的专用校车未采用上述结构的，应采用覆盖件与加强梁共同承载。车长大于11m的公路客车和旅游客车及所有卧铺客车，车身应为全承载整体式框架结构。

11.2.2 客车车身及地板应密合并有足够强度，座椅及其车辆固定件的强度应符合GB 13057的规定。

11.2.3 客车应设置乘客通道或无障碍通路，并保证在不拆卸或手动翻转任何部件的情况下，符合规定的通道测量装置能顺利通过。幼儿专用校车乘客区应采用平地板结构。

11.2.4 车长大于等于6m的公共汽车的乘客门的一级踏步高应小于等于400mm；如采用钢板悬架，则后乘客门的一级踏步高应小于等于430mm。车长大于等于6m的其他客车乘客门的一级踏步高应小于等于430mm。对专用校车，在空载状态下，第一级踏步离地高应小于等于350mm（允许使用伸缩踏步达到要求），其他各级踏步的高度应小于等于250mm。

11.2.5 车长大于7.5m的客车和所有校车不得设置车外顶行李架。其他客车需设置车外顶行李架时，行李架高度应小于等于 300mm、长度不得超过车长的三分之一。专用校车如有行李舱体，则行李舱体顶部离地面高度应小于 1000mm。

11.2.6 专用校车前部应设置碰撞安全结构。若为前横置发动机，则发动机曲轴中心线应位于前风窗玻璃最前点以前；若为前纵置发动机，则发动机第一缸和第二缸的中心线应位于前风窗玻璃最前点以前；对车长大于 6m 的专用校车，若其前部碰撞性能不低于前两种结构，可以不限定发动机布置形式。

11.2.7 幼儿校车、小学生校车的侧窗下边缘距其下方座椅上表面的高度应大于等于 250mm，否则应加装防护装置。

11.3 货运机动车的特殊要求

11.3.1 货箱应安装牢固可靠，货箱的栏板和底板应规整且具有足够的强度。

11.3.2 货箱或其他载货装置，其构造应保证安全、稳妥地装载货物。集装箱运输车和集装箱运输半挂车的构造应保证集装箱运输过程中始终安全、稳妥地固定在车辆上。

11.3.3 货车和挂车的载货部分不得设置乘客座椅。

11.3.4 货车和挂车的载货部分不得设计成可伸缩的结构。

11.3.5 货车驾驶室（区）最后一排座位后平面（前后位置可调座椅应处于滑轨中间位置，靠背角度可调式座椅的靠背角度及座椅其它调整量应处于制造厂规定的正常使用位置）与驾驶室后壁（驾驶区隔板）平面的间距对带卧铺的货车应小于等于 950mm，对其他货车应小于等于 450mm。

11.4 摩托车的特殊要求

11.4.1 两轮普通摩托车、两轮轻便摩托车的前后轮和边三轮摩托车的主车前后轮中心平面允许偏差应小于等于 10mm。

11.4.2 摩托车外部不应有朝外的尖锐零件，车身上其他道路使用者有可能接触到的外部零部件布置应符合 GB 20074 的规定。

11.4.3 两轮普通摩托车和边三轮摩托车主车的客座应设座垫、扶手（或拉带）和脚蹬。两轮普通摩托车扶手应符合 GB 20075 的规定。

11.5 车门和车窗

11.5.1 车门和车窗应启闭轻便，不得有自行开启现象，门锁应牢固可靠。门窗应密封良好，无漏水现象。

11.5.2 除设计上专门用于运送特定类型的人员且使用上有特殊需求的乘用车外，乘用车应保证每个乘员至少能从两个不同的车门上下车；并且，当乘用车静止时，所有供乘员上下车的车门（安装的儿童锁锁止时除外）均应能从车内开启。

11.5.3 客车除驾驶人门和应急门外，不得在车身左侧开设车门。但对只在沿道路中央车道设置的公共汽车专用道上运营使用的公共汽车，由于公交站台位置的原因须在车身左侧上下乘客时，允许在车身左侧开设乘客门；此类公共汽车不得在车身右侧开设乘客门。对既在沿道路中央车道设置的公共汽车专用道上运营，同时又在普通道路上运营使用的公共汽车，允许在车身左右两侧均开设乘客门，但在设计和制造上应保证车身的强度和刚度达到使用要求，并且一侧乘客门开启时，另一侧乘客门应同时可靠锁止。

11.5.4 当客车静止时，乘客门应易于从车内开启。在正常使用情况下，乘客门向车内开启时，其结构应保证开启运动不致伤害乘客，必要时应装有适当的防护装置；紧急情况下，乘客门还应能从车外开启。车外开门装置离地高度应小于等于1800mm。车长大于9m的公路客车、旅游客车和未设置乘客站立区的公共汽车，应设置两个乘客门；但如其车身两侧所有应急窗均为外推式应急窗，也可只设一个乘客门。

11.5.5 客车采用动力开启的乘客门，在有故障或意外的情况下，仍应能通过车门应急控制器简便地从车内打开；车门应急控制器应能让临近车门的乘客容易看见并清楚识别，并应有醒目的标志和使用方法。公共汽车及车长大于等于6m的其他客车，还应在驾驶人座位附近驾驶人易于操作部位设置乘客门应急开关。

11.5.6 机动车的门窗应使用符合GB9656规定的安全玻璃。汽车和有驾驶室的正三轮摩托车的前风窗玻璃应采用夹层玻璃或塑玻复合材料，不以载人为目的的机动车（如货车）可使用区域钢化玻璃，最大设计车速小于40 km/h时可使用钢化玻璃；其他车窗可采用夹层玻璃、钢化玻璃、中空安全玻璃或塑玻复合材料，但作为击碎玻璃式应急窗的车窗应使用厚度小于等于5mm的钢化玻璃或每层厚度不超过5mm的中空钢化玻璃。

11.5.7 前风窗玻璃及风窗以外玻璃用于驾驶人视区部位的可见光透射比应大于等于70%。所有车窗玻璃不得张贴镜面反光遮阳膜。公路客车、旅游客车和校车所有车窗玻璃的可见光透射比均应大于等于50%，且不得张贴有不透明和带任何镜面反光材料的色纸或隔热纸。

注：风窗以外玻璃驾驶人视区部位是指驾驶人驾驶时用于观察后视镜的部位。

11.5.8 对于厢式货车和封闭式货车，驾驶室（区）两旁应设置车窗，货厢部位不得设置车窗（但驾驶室［区］内用于观察货物状态的观察窗除外）。

11.5.9 装有电动窗的机动车，其控制装置应确保车窗玻璃在上升过程中能在任意位置可靠停住或遇障碍可自动下降。

11.6 座椅（卧铺）

11.6.1 驾驶人座椅应具有足够的强度和刚度，固定可靠，汽车（三轮汽车除外）驾驶人座椅的前后位置应可以调整。驾驶区各操作机件应布置合理，操作方便。

11.6.2 载客汽车的乘员座椅应符合相关规定，布置合理，无特殊要求时应尽量均匀分布，不得因座椅的集中布置而形成与车辆设计功能不相适应的、明显过大的行李区（但行李区与乘客区用隔板或隔栅有效隔离的除外）。

11.6.3 车长小于6m的乘用车不得设置侧向座椅和后向座椅。

11.6.4 除设有乘客站立区的公共汽车及设计和制造上有特殊使用需求的专用客车外，其他客车的座椅均应纵向布置（与车辆前进的方向相同）。

11.6.5 客车的车组人员座椅如为折叠座椅，应固定可靠并用适当方式清晰标示该座椅仅供车组人员使用，且座垫深度和座垫宽均应大于等于400mm；如位于踏步区域，车组人员离开座垫时座椅应能自动回到折叠位置，并确保此时座椅毗邻的通道（或引道）宽度符合规定。

11.6.6 幼儿专用校车和小学生专用校车学生座椅的座间距应分别大于等于500mm和550mm；其他客车同方向座椅的座间距应大于等于650mm，相向座椅的座间距应大于等于1200mm。专用校车的学生座椅在车辆横向上最多采用“2+3”布置。

11.6.7 卧铺客车的卧铺应纵向布置（与机动车前进方向相同），卧铺宽度应大于等于450mm，卧铺纵向间距应大于等于1600mm，相邻卧铺的横向间距应大于等于350mm；卧铺不得布置为三层或三层以上，双层布置时上铺高应大于等于780mm、铺间高应大于等于750mm。

11.6.8 校车应至少设置一个照管人员座位。对小学生校车和中小学生校车，当学生座位数大于等于40个时，应设置两个或三个照管人员座位。对幼儿校车，当学生座位数大于等于20且小于40个时，应设置两个或三个照管人员座位；当学生座位数大于等于40个时，应设置三个或四个照管人员座位。对专用校车及专门用于接送学生上下学的非专用校车，照管人员座位应有永久性标识。专用校车座椅及其车辆固定件的强度应符合GB 24406的要求。

11.6.9 专用校车靠近通道的学生座椅应在通道一侧设置座椅扶手；扶手和把手应有足够的强度，其扶手应使乘客易于抓紧，每个扶手的表面应防滑。

11.6.10 正三轮摩托车的乘客座椅应纵向布置（与车辆前进的方向相同），且与前方驾驶人座椅后表面（或客厢前表面）的间距应小于等于1000mm。

11.7 内饰材料和隔音、隔热材料

11.7.1 汽车驾驶室和乘员舱所用的内饰材料应采用阻燃性符合GB 8410－2006规定的阻燃材料，其中客车内饰材料的燃烧速度应小于等于70mm/min。

11.7.2 发动机舱或其他热源（如缓速器或车内采暖装置，但不包括热水循环装置）与车辆其他部分之间应安装隔热材料，用于联接隔热材料的固定夹、

垫圈等也应防火。对公共汽车和发动机后置的公路客车、旅游客车，其发动机舱使用的隔音、隔热材料应达到 GB 8410－2006 的 4.6 规定的 A 级的要求。

11.8 号牌板（架）

11.8.1 机动车应设置能满足号牌安装要求的号牌板（架）。前号牌板（架）（摩托车除外）应设于前面的中部或右侧（按机动车前进方向），后号牌板（架）应设于后面的中部或左侧。

11.8.2 每面号牌板（架）上应设有 4 个号牌安装孔（三轮汽车前号牌板（架）、摩托车后号牌板（架）应设有 2 个号牌安装孔），以保证能用 M6 规格的螺栓将号牌直接牢固可靠地安装在车辆上。

11.9 其他要求

11.9.1 乘用车应装有护轮板，挂车后轮应有挡泥板，其他机动车的所有车轮均应有挡泥板。

11.9.2 乘用车（三厢车除外）行李区的纵向长度应小于等于车长的 30%。

11.9.3 客车车内行李架应能防止物件跌落，其承载能力应大于等于 40 kg/m^2。

11.9.4 客车台阶踏板（包括伸缩踏板）应有防滑功能，前缘应清晰可辨，有效深度（从该台阶前缘到下一个台阶前缘的水平距离）应大于等于 200mm。

11.9.5 对于可翻转驾驶室，应有驾驶室锁止附加安全装置（如安全钩），并且在翻转操纵机构附近易见部位应有提醒驾驶人如何正确使用该操纵机构的文字。

11.9.6 自卸车等装有液压举升装置的机动车，应装备有车厢举升的声响报警装置和（车厢举升状态下）防止车厢自降保险装置；并且，在设计和制造上应保证机动车在行驶过程中不会出现车厢自动举升现象。

12　安全防护装置

12.1 汽车安全带

12.1.1 乘用车、公路客车、旅游客车、未设置乘客站立区的公共汽车、专用校车和旅居车的所有座椅、其他汽车（低速汽车除外）的驾驶人座椅和前排乘员座椅均应装置汽车安全带。

12.1.2 所有驾驶人座椅、前排乘员座椅（货车前排乘员座椅的中间位置及设有乘客站立区的公共汽车除外）、客车位于踏步区的车组人员座椅以及乘用车除第二排及第二排以后的中间位置座椅外的所有座椅，装置的汽车安全带均应为三点式（或四点式）汽车安全带。

12.1.3 专用校车和专门用于接送学生上下学的非专用校车的每个学生座位

（椅）及卧铺客车的每个铺位均应安装两点式汽车安全带。

12.1.4 汽车安全带应可靠有效，安装位置应合理，固定点应有足够的强度。

12.1.5 乘用车应装备驾驶人汽车安全带佩戴提醒装置。当驾驶人未按规定佩戴汽车安全带时，应能通过视觉或声觉信号报警。

12.1.6 乘用车（单排座的乘用车除外）应至少有一个座椅配置符合规定的ISOFIX儿童座椅固定装置，或至少有一个后排座椅能使用汽车安全带有效固定儿童座椅。

12.2 车外后视镜和前下视镜

12.2.1 机动车（挂车除外）应在左右至少各设置一面后视镜，总质量大于7500kg的货车和货车底盘改装的专项作业车还应在右侧至少设置广角后视镜和补盲后视镜各一面。

12.2.2 机动车（不带驾驶室的摩托车除外）外后视镜的安装位置和角度，应保证驾驶人能在水平路面上看见车身左侧宽度为2.5m、车后10m以外区域及车身右侧宽度为4.0m、车后20m以外区域的交通情况；专用校车应保证驾驶人能看清乘客门关闭后乘客门车外附近的情况及后窗玻璃后下方地面上长3.6m、宽2.5m范围内的情况，并且在正常驾驶状态下能通过内视镜观察到车内所有乘客区。对于汽车列车，当所牵引挂车的宽度超过牵引车宽度时，牵引车应加装后视镜加长架（延长支架）以保证其后视镜的视野仍满足要求。

12.2.3 汽车及车身部分或全部封闭驾驶人的摩托车的后视镜的性能和安装要求应符合GB 15084的规定，摩托车（车身部分或全部封闭驾驶人的摩托车除外）后视镜的性能和安装要求应符合GB 17352的规定，轮式拖拉机运输机组后视镜的性能和安装要求应符合GB 18447.1的规定。

12.2.4 车长大于等于6 m的平头汽车车前应至少设置一面前下视镜或相应的监视装置，以保证驾驶人能看清风窗玻璃前下方长1.5m、宽3m范围内的情况。

12.2.5 车外后视镜和前下视镜应易于调节，并能有效保持其位置。

12.2.6 安装在外侧距地面1.8 m以下的后视镜，当行人等接触该镜时，应具有能缓和冲击的功能。

12.2.7 教练车（三轮汽车除外）应安装有符合规定的辅助后视镜，以使教练员能有效观察到车辆周围的交通状态。

12.3 前风窗玻璃刮水器

12.3.1 机动车的前风窗玻璃应装备刮水器，其刮刷面积应确保驾驶人具有良好的前方视野。

12.3.2 刮水器应能正常工作。

12.3.3 刮水器关闭时，刮片应能自动返回至初始位置。

12.4 应急出口

12.4.1 基本要求

12.4.1.1 车长小于6m的客车，在乘坐区的两侧应具有紧急时乘客易于逃生或救援的侧窗。

12.4.1.2 车长大于等于6m的客车，如车身右侧仅有一个乘客门且在车身左侧未设置驾驶人门，应在车身左侧设置应急门。车长大于7m的客车应设置撤离舱口。卧铺客车的卧铺布置为上、下双层时，侧窗洞口应为上下两层。

12.4.2 应急门

12.4.2.1 应急门的净高应大于等于1250mm，净宽应大于等于550mm；但车长小于等于7m的客车，应急门的净高应大于等于1100mm，如自门洞最低处向上400mm以内有轮罩凸出，则在轮罩凸出处应急门净宽可减至300mm。

12.4.2.2 车辆侧面的铰接式应急门应铰链于前端，向外开启角度应大于等于100°，并能在此角度下保持开启。如在应急门打开时能提供大于等于550mm的自由通道，则开度大于等于100°的要求可不满足。

12.4.2.3 通向应急门的引道宽度应大于等于300mm，不足300mm时允许采用迅速翻转座椅的方法加宽引道。专用校车沿引道侧面设有折叠座椅时，在折叠座椅打开的情况下（对在不使用时能自动折叠的座椅，在座椅处于折叠位置时），引道宽度仍应大于等于300mm。

12.4.2.4 应急门应有锁止机构且锁止可靠。应急门关闭时应能锁止，且在车辆正常行驶情况下不会因车辆振动、颠簸、冲撞而自行开启。

12.4.2.5 当车辆停止时，应急门不用工具应能从车内外很方便打开，并设有车门开启声响报警装置。允许从车外将门锁住，但应保证始终能用正常开启装置从车内将其打开，门外手柄应设保护套，且离地面高度（空载时）应小于等于1800mm。

12.4.3 应急窗和撤离舱口

12.4.3.1 应急窗和撤离舱口的面积应大于等于（3×105）mm^2，且能内接一个400mm×600mm（对车长小于等于7m的客车为330mm × 500mm）的椭圆；如应急窗位于客车后端面，则能内接一个350mm×1550mm、四角曲率半径小于等于250mm的矩形时也视为满足要求。

12.4.3.2 应急窗应采用易于迅速从车内、外开启的装置；或在钢化玻璃上标明易击碎的位置，并在每 个应急窗的邻近处提供一个应急锤以方便地击碎车窗玻璃，且应急锤取下时应能通过声响信号实现报警。设有乘客站立区的公共汽车车身两侧的车窗如面积能达到设置为应急窗的要求，均应设置为推拉式应急窗或外推式应急窗。

12.4.3.3 安全顶窗应易于从车内、外开启或移开或用应急锤击碎。安全顶窗开启后，应保证从车内外进出的畅通。弹射式安全顶窗应能防止误操作。

12.4.4 标志

12.4.4.1 每个应急出口应在其附近设有“应急出口”字样。

12.4.4.2 乘客门和应急出口的应急控制器（包括用于击碎应急窗车窗玻璃的工具）应在其附近标有清晰的符号或字样，并注明其操作方法，字体高度应大于等于 10mm。

12.5 燃料系统的安全保护

12.5.1 燃料箱及燃料管路应坚固并固定牢靠，不会因振动和冲击而发生损坏和漏油现象。不准许用户改动或加装燃料箱，不准许用户改动燃料管路。

12.5.2 燃料箱的加注口及通气口应保证在机动车晃动时不泄漏。

12.5.3 机动车（摩托车及装用单缸柴油机的汽车除外）的燃料系统不得用重力或虹吸方法直接向化油器或喷油器供油。

12.5.4 燃料箱的加注口和通气口不得对着排气管的开口方向，且应距排气管的出气口端 300mm 以上，否则应设置有效的隔热装置。燃料箱的加注口和通气口应距裸露的电气接头及外部可能产生火花的电气开关 200mm 以上。车长大于 6m 的客车的燃料箱的加注口和通气口应距排气管的任一部位 300mm 以上。

12.5.5 汽车燃料箱各部分不得前伸至前置汽油发动机的前端面。车长大于 6m 的客车燃料箱距客车前端面应大于等于 600mm，距客车后端面应大于等于 300mm。发动机后置的公路客车和旅游客车，其燃料箱的前端面应位于前轴之后。

12.5.6 机动车燃料箱的通气口和加注口不得设置在有乘员的车厢内。

12.6 气体燃料专用装置的安全防护

12.6.1 气体燃料的供给系统应有有效的安全保护结构措施，以防止气体泄漏，每一个钢瓶阀出口端都应安装高压过流保护装置。

12.6.2 对于两用燃料汽车，应设置燃料转换系统并安装燃料转换开关。在燃料控制上，应具有当发动机突然停止运转时，即使点火开关打开也能自动切断气体燃料供给的功能。燃料转换开关的安装位置应便于驾驶人操作，其挡位标记应明显，能分别控制供油、供气两种状态。气体燃料和汽油电磁阀的操作均应由燃料转换开关统一控制；当电流被切断时，电磁阀应处于“关闭”位置。

12.6.3 压缩天然气管路应采用不锈钢管或其他车用高压天然气专用管路，高压液化石油气管路应采用专用管路。不准许用户改动或加装钢瓶。

12.6.4 钢瓶应被可靠地固定在车上，安装钢瓶的固定座应具有阻止钢瓶旋转、移动的能力，固定座应便于拆装工作。钢瓶安装在车上后，钢瓶编号应易见，钢瓶的强度和刚度不得下降，车架（车身）结构强度也不应受影响。

12.6.5 钢瓶安装位置应远离热源，必要时应采取隔热措施。在任何情况下，钢瓶及其所有高压管路和高压接头与发动机排气管和传动轴的任何部位之间的距离应大于等于 100mm；当钢瓶及其所有高压管路和高压接头与发动机排气管的距离在 100mm ~ 200mm 之间时，应设置固定可靠的隔热装置。

12.6.6 钢瓶应安装在通风位置或采取有效的通风措施，阀门渗漏的气体不应进入驾驶室或载人车厢。

12.6.7 钢瓶与汽车后轮廓边缘的距离应大于等于 200mm。钢瓶安装在汽车车架下时，钢瓶下方和后方应采取有效防护措施且钢瓶及其附件不得布置在汽车前轴之前。

12.6.8 钢瓶不得直接安装在驾驶室、载人车厢和货箱内。当不得不安装在上述位置时，应用密封盒、波纹管及通气接口将瓶口阀及连接的高压接头与驾驶室、载人车厢或货箱安全隔离。密封盒等隔离装置应有很强的防护功能，当车辆受到冲撞时应能有效地防止钢瓶冲入驾驶室、载人车厢或货箱内。

12.6.9 通气接口排气方向应指向车尾方向并与地面成 45°圆锥的范围内，能将泄漏气体排出车外，通气接口至排气管和其他热源距离应大于等于 250mm，通气总面积应大于等于 450mm^2。

12.6.10 钢瓶的安装和保护罩的设置，应能保证钢瓶集成阀的正常操作和检查。

12.6.11 手动截止阀应安装在钢瓶到调压器之间易于操作的位置，阀体不得直接安装在驾驶室内。

12.6.12 钢瓶至调压器之间应安装滤清装置，并易于检查、清洗和更换。

12.6.13 高压管路的特殊部位（如相对移动的部件之间）应采用柔性管线，其余部位应采用刚性管线。

12.6.14 刚性高压管路应排列整齐、布置合理、固定有效，不得与相邻部件碰撞和摩擦，所有高压管路和高压管接头应得到有效的保护，高压管接头应安装在能看得见且操作者易于接近的位置。

12.6.15 气体燃料车辆应安装泄漏报警装置，所有管路接头处均不应出现漏气现象。

12.7 牵引车与被牵引车的连接装置

12.7.1 连接装置应坚固耐用。

12.7.2 牵引车和被牵引车连接装置的结构应能确保相互牢固的连接。

12.7.3 牵引车和被牵引车的连接装置上应装有防止机动车在行驶中因振动和撞击而使连接脱开的安全装置。

12.8 货车、专项作业车和挂车侧面及后下部防护装置

12.8.1 总质量大于 3500kg 的货车（半挂牵引车除外）、货车底盘改装的专

项作业车和挂车应提供防止人员卷入的侧面防护，其技术条件应符合 GB 11567.1 的规定。

12.8.2 货车列车的货车和挂车之间应提供防止人员卷入的侧面防护。

12.8.3 总质量大于 3500kg 的货车（半挂牵引车除外）、货车底盘改装的专项作业车和挂车（长货挂车除外）的后下部应装备符合 GB11567.2 规定的后下部防护装置，该装置对追尾碰撞的机动车应具有足够的阻挡能力，以防止发生钻入碰撞。

注：长货挂车是指为搬运无法分段的长货物而专门设计和制造的特殊用途车，如运输木材、钢材棒料等货物的车辆。

12.9 客车的特殊要求

12.9.1 客车在设计和制造上应保证发动机排气不会进入客厢。

12.9.2 客车应装备灭火器，灭火器在车上应安装牢靠并便于取用。仅有一个灭火器时，应设置在驾驶人附近；当有多个灭火器时，应在客厢内按前、后，或前、中、后分布，其中一个应靠近驾驶人座椅。

12.9.3 所有专用校车和发动机后置的其他客车应装备发动机舱自动灭火装置，其灭火剂喷射范围应包括发动机舱至少两处具有着火隐患的热源（如增压器、排气管等），启动工作时应能通过声觉信号向驾驶人报警。

12.10 货车的特殊要求

12.10.1 货车货箱（自卸车、装载质量 1000kg 以下的货车除外）前部应安装比驾驶室高至少 70mm 的安全架。

12.10.2 无驾驶室的三轮汽车货箱前部应安装具有足够强度的安全架，其高度应高出驾驶人座垫平面至少 800mm。

12.10.3 封闭式货车在最后排座位的后方应安装具有足够强度的隔离装置。

12.11 危险货物运输车的特殊要求

12.11.1 专门用于运送易燃和易爆物品的危险货物运输车，车上应备有消防器材并具有相应的安全措施，排气管应装在罐体/箱体前端面之前、不高于车辆纵梁上平面的区域，并安装符合 GB 13365 规定的机动车排气火花熄灭器，机动车尾部应安装接地装置。

12.11.2 罐式危险货物运输车的罐体顶部应设置具有足够强度的倾覆保护装置，且该装置应装备有能将积聚在其内部的液体排出的排放阀；罐体顶部的管接头、阀门及其他附件的最高点应低于倾覆保护装置的最高点至少 20mm。

12.11.3 罐式危险货物运输车的罐体及罐体上的管路和管路附件不得超出车辆的侧面及后下部防护装置，罐体后封头及罐体后封头上的管路和管路附件与后下部防护装置的纵向距离应大于等于 150mm。

12.12 三轮汽车和拖拉机运输机组的特殊要求

12.12.1 三轮汽车正常起动和运行过程中可能触及的，且在环境温度为（23±3）℃下测定温度大于80℃的热表面应有永久性联结或固定（不使用工具无法拆卸）的防护装置或挡板。

12.12.2 三轮汽车和拖拉机运输机组的传动皮带、风扇、起动爪和动力输出轴等外露旋转件应加防护罩，并应符合GB/T 8196的规定。

12.12.3 三轮汽车的踏板、脚踏板必要时应采取防滑措施。

12.13 其他要求

12.13.1 汽车驾驶室内应设置防止阳光直射而使驾驶人产生眩目的装置，且该装置在汽车碰撞时，不应对驾驶人造成伤害。

12.13.2 汽车（无驾驶室的三轮汽车除外）应装备符合GB 19151规定的三角警告牌，三角警告牌在车上应妥善放置。

12.13.3 乘用车、专用校车和车长小于6m的其他客车前后部应设置保险杠，货车（三轮汽车除外）和货车底盘改装的专项作业车应设置前保险杠。

12.13.4 乘用车、专用校车的前风窗玻璃应装有除雾、除霜装置。

12.13.5 校车应配备急救箱，急救箱应放置在便于取用的位置并确保有效适用。

12.13.6 对装备有辅助正面和/或侧面防撞安全气囊系统的汽车，驾乘人员如已按照制造厂家规定正确使用了安全带等安全装置，在发生正面或侧面碰撞时不应由于安全气囊系统未正常展开而遭受不合理伤害。

12.13.7 机动车发动机的排气管口不得指向车身右侧（如受结构限制排气管口必须偏向右侧时，排气管口中心线与机动车纵向中心线的夹角应小于等于15°）和正下方；客车的排气尾管如为直式的，排气管口应伸出车身外蒙皮。

13　消防车、救护车、工程救险车和警车的附加要求

13.1 消防车的车身颜色应符合相关标准的规定。

13.2 救护车的车身颜色应为白色，左、右侧及车后正中应喷符合规定的图案。

13.3 工程救险车的车身颜色应为符合GB/T 3181规定的Y07中黄色，其车身两侧应喷“工程救险”字样。

13.4 警车的外观制式应分别符合GA 524和GA 525的规定。

13.5 消防车、救护车、工程救险车和警车应装备与其功能相适应的装置，各装置应布局合理、固定可靠、便于使用。

13.6 消防车、救护车、工程救险车和警车安装使用的警报器应符合GB 8108

的规定，安装使用的标志灯具应符合 GB13954 的规定，警报器和标志灯具应固定可靠。

14　残疾人专用汽车的附加要求

14.1 应根据驾驶人的残疾类型，在采用自动变速器的乘用车上，加装相应类型的、符合相关规定的驾驶辅助装置。加装的驾驶辅助装置安装应牢固可靠，位置应适宜操纵，且不应与车辆的其他操纵指示系统冲突或妨碍车辆其他操纵指示系统的操作。

14.2 驾驶辅助装置加装后，不应改变原车结构的完整性和安全性及影响原车操纵件的电器功能、机械性能，且不应使驾驶人驾驶时受到视野内产品部件的反光眩目。

14.3 加装的方向盘控制辅助手柄应间隙适当，操纵灵活、方便，无阻滞现象。

14.4 加装的制动和加速辅助装置应具有制动、加速互锁功能并保证制动灵活、方便，不会发生失效现象。制动和加速迁延控制手柄传动到制动踏板表面的正压力达到 500N 时，控制手柄表面的正压力应小于等于 300N。

14.5 加装的转向信号迁延开关及驻车制动辅助手柄应刚性固定。转向信号迁延开关应开关自如，功能可靠，不会因振动和其他外力条件而自行开关；驻车制动辅助手柄应操纵轻便、锁止可靠，操纵力应小于等于 200 N。

14.6 加装的驾驶辅助装置的各部件应完好有效，表面不应有影响使用的凹凸、划伤、返锈等，在接触人体的表面部位不得有毛刺、刃口、棱角或其他有害使用者的缺陷。

14.7 残疾人专用汽车应设置符合规定的残疾人机动车专用标志。

15 标准实施的过渡期要求

15.1 8.4.1 关于车辆尾部标志板的要求，自 2014 年 1 月 1 日起对新生产的总质量大于等于 12000kg 的货车底盘改装的专项作业车，最大设计车速小于等于 40km/h 的汽车和车长小于等于 8m 的挂车实施。

15.2 8.6.5 关于部分汽车应安装行驶记录仪的要求，对于未设置乘客站立区的公共汽车、半挂牵引车、总质量大于等于 12000kg 的货车，自本标准实施之日起第 7 个月开始对新注册车实施。

15.3 4.16.7 关于机动车的产品使用说明书的所有文字性内容均应有中文的要求，自本标准实施之日起第 7 个月开始对新进口车实施。

15.4 以下要求自本标准实施之日起第 7 个月开始对新生产车实施：

——4.1.2 关于机动车产品标牌应标明项目的要求对于纯电动汽车、混合动力汽车、燃料电池汽车、电动摩托车、专项作业车和特型机动车；

——4.1.4 关于纯电动汽车、插电式混合动力汽车、燃料电池汽车和电动摩托车应在（主驱动）电动机壳体上打刻电动机型号、编号的要求；

——4.1.5 关于乘用车和总质量小于等于 3500kg 的货车（低速汽车除外）应在靠近风窗立柱的位置永久地标识车辆识别代号的要求；

——4.16 关于机动车的产品使用说明书的要求；

——6.1 关于摩托车使用方向盘转向时的特殊要求；

——8.6.4 关于车长大于等于 6m 的客车应设置手动机械断电开关的要求；

——11.5.5 关于应在驾驶人座位附近设置乘客门应急开关的要求，对于车长大于等于 6m 的客车（公共汽车除外）；

——11.8.2 关于机动车每面号牌板（架）上应设有至少 2 个号牌安装孔的要求；

——12.9.3 关于发动机后置的客车应装备发动机舱自动灭火装置的要求。

15.5 以下要求自本标准实施之日起第 13 个月开始对新生产车实施：

——4.1.6 关于乘用车还应在后备箱（或行李区）及 5 个主要部件上标示车辆识别代号或零部件编号的要求；

——7.2.6 关于部分汽车的前轮应装备盘式制动器的要求，对于车长大于 9m 的未设置乘客站立区的公共汽车；

——7.2.11 关于部分汽车应安装防抱制动装置的要求，对于车长大于 9m 的未设置乘客站立区的公共汽车；

——7.7.4 关于气压制动系应安装保持压缩空气干燥、油水分离的装置的要求；

——9.4.4 关于三轴公路客车的随动轴应具有随动转向或主动转向的功能的要求；

——12.1.5 关于乘用车应装备驾驶人汽车安全带佩戴提醒装置的要求，对于 5 座及 5 座以下乘用车；

——12.4.3.2 关于应急锤取下时应能通过声响信号实现报警的要求及设有乘客站立区的公共汽车设置的应急窗均应为推拉式应急窗或外推式应急窗的要求；

——12.6.15 关于气体燃料车辆应安装泄露报警装置的要求。

15.6 以下要求自本标准实施之日起第 13 个月开始对新定型车实施：

——8.2.1 关于部分货车、专项作业车和挂车的后部照明和信号装置透光面面积的要求。

15.7 以下要求自本标准实施之日起第 19 个月开始对新生产车实施：

——4.1.5 关于应能从乘用车的 ECU 或电子数据接口读取车辆识别代号等特征信息的要求；

——12.1.5 关于乘用车应装备驾驶人汽车安全带佩戴提醒装置的要求，对于5座以上乘用车；

——12.5.5 关于发动机后置的公路客车和旅游客车燃料箱的前端面应位于前轴之后的要求。

15.8 以下要求自本标准实施之日起第25个月开始对新生产车实施：

——4.1.3 关于车辆识别代号打刻位置及打刻的车辆识别代号可见性的要求；

——7.2.11 关于部分汽车应安装防抱制动装置的要求，对于总质量大于等于12000kg的货车和专项作业车；

——7.5 关于部分汽车应装备缓速器或其他辅助制动装置的要求，对于总质量大于等于12000kg的专项作业车；

——8.2.1 关于部分货车、专项作业车和挂车的后部照明和信号装置透光面面积的要求；

——10.5 关于车长大于等于6m的客车应具有超速报警功能的要求，对于除公路客车、旅游客车、未设置乘客站立区的公共汽车外的其他客车；

——11.5.4 关于紧急情况下乘客门开启的要求，对于车长小于6m的客车；

——12.4.1.2 关于部分车长大于等于6m的客车应设置应急门的要求。

15.9 自本标准实施之日起第43个月开始，新生产机动车（摩托车除外）的每面号牌板（架）（三轮汽车的前号牌板（架）除外）均应设有4个号牌安装孔。

15.10 本标准关于专用校车的技术要求，其实施日期按GB 24407的规定执行。

附 录 A

（规范性附录）

驾驶人耳旁噪声检验方法

测量驾驶人耳旁噪声时：

a）汽车空载，处于静止状态且置变速器于空挡，发动机应处于额定转速状态，门窗紧闭。

b）测量位置应符合GB/T 18697—2002 的规定。

c）环境噪声应低于被测噪声值至少10 dB（A）。

d）声级计置于“A”计权、“快”档。

附录B

（规范性附录）

典型车型车身反光标识粘贴示例及要求

B.1 粘贴基本要求

B.1.1 粘贴施工要求

车身反光标识均应粘贴在无遮挡、易见、平整、连续，且无灰尘、无水渍、无油渍、无锈迹、无漆层起翘的车身表面。

粘贴前应将待粘贴表面灰尘擦净。有油渍、污渍的部位，应用软布蘸脱脂类溶剂或清洗剂进行清除，干燥后进行粘贴。对于油漆已经松软、粉化、锈蚀或起翘的部位，应除去这部分油漆，用砂纸对该部位进行打磨并做防锈处理，然后再粘贴车身反光标识。

B.1.2 通用粘贴要求

车身后部的车身反光标识应由白色单元开始、白色单元结束。侧面可以由红色单元开始，但靠近车辆尾部的最后一个单元应为白色单元。

粘贴车身反光标识后，不应影响本标准规定的车辆照明和信号装置的性能。

粘贴车身反光标识后，不应在车身反光标识上钻孔、开槽。

车身表面无法直接粘贴车身反光标识时，应先将车身反光标识粘贴在具有一定刚度、强度、抗老化的条形衬板上，再将条形衬板牢固地粘贴或铆接到车身上。

车身反光标识离地面的高度最低为380mm。

B.1.3 后部车身反光标识粘贴要求

B.1.3.1 后部车身反光标识应尽可能体现车辆后部宽度和高度，水平粘贴的车身反光标识体现车辆后部宽度，沿后部两侧边缘垂直粘贴的车身反光标识体现车辆后部高度，货厢后部边角相交部分应为白色单元。部分总质量小于等于4500kg的货车，因后部货厢结构不能满足白色单元相交要求时，可红、白相交，但垂直粘贴的单元上部应为白色单元。厢式货车和厢式挂车后部的车身反光标识应能体现货厢轮廓。

B.1.3.2 不同级别的车身反光标识材料不应同时应用于车辆后部。采用一级车身反光标识材料时，其与后反射器的面积之和应大于等于0.1m²；采用二级车身反光标识材料时，其与后反射器的面积之和应大于等于0.2m²。

B. 1. 3. 3 后部车身反光标识应连续粘贴，无法连续粘贴时可断续粘贴，但每一连续段长度应大于等于 300mm，且应包含红、白色车身反光标识至少各一个单元，粘贴间隔应小于等于 100mm。特殊情况下，允许红、白单元分开粘贴，但应保持红、白相间，每一连续段长度应大于等于 150mm，粘贴间隔应小于等于 100mm。如果不能沿车厢后部两侧边缘垂直粘贴，应在最接近边缘的宽度达到 50mm 的可粘贴表面粘贴，车身反光标识的上边缘尽可能接近车厢后部的上边缘。

B. 1. 4 侧面车身反光标识粘贴要求

侧面车身反光标识的粘贴允许中断，但其总长度（不含间隔部分）应大于等于车长的 50%，每一连续段长度应大于等于 300mm，且应包含红、白色车身反光标识至少各一个单元，二级车身反光标识材料粘贴间隔应小于等于 150mm，一级车身反光标识材料粘贴间隔应小于等于 300mm，粘贴应尽可能纵向均匀分布。特殊情况下，允许红、白单元分开粘贴，但仍应保持红、白相间，每一连续段长度应大于等于 150mm，二级车身反光标识材料粘贴间隔应小于等于 150mm，一级车身反光标识材料粘贴间隔应小于等于 300mm。

侧面车身反光标识的长度对三轮汽车应大于等于 1. 2m；对货厢长度不足车长 50% 的货车应为货厢长度；侧面车身结构无连续表面的混凝土搅拌运输车和专项作业车，其粘贴总长度应大于等于车长的 30%。厢式货车和厢式挂车侧面的车身反光标识应能体现货厢轮廓。

侧面车身反光标识材料的级别可不同于后部车身反光标识材料。

B. 2 栏板货车、栏板挂车、低速汽车粘贴

对总质量大于 4500kg 的栏板货车，应在驾驶室后方围栏上方两侧或驾驶室后部上方两侧边角用白色车身反光标识拼接成“倒 L”，“倒 L”水平方向和垂直方向均由 2 个长度为 150mm 的白色单元拼接而成。对总质量小于等于 4500kg 的栏板货车，后部栏板高度不足以粘贴连续长度为 300mm 的车身反光标识（含红、白各 1 个单元）时，可只粘贴长 150mm 的白色单元。

栏板货车、栏板挂车、低速汽车粘贴示例见图 B. 1。其中，图 B. 1 b）为二级车身反光材料粘贴示例，对总质量小于等于 4500kg 的货车可粘贴成“□”形以满足粘贴面积的要求；后部使用一级车身反光标识材料时，可以断续粘贴，但垂直方向最上方和最下方及水平方向最左侧、最右侧和中间部位应粘贴。

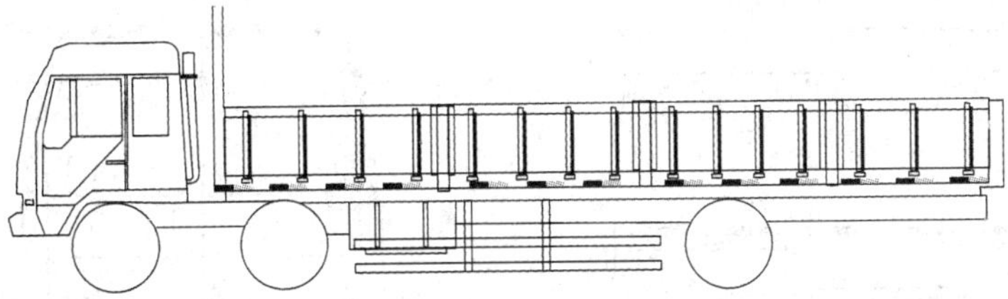

a）侧面粘贴示例

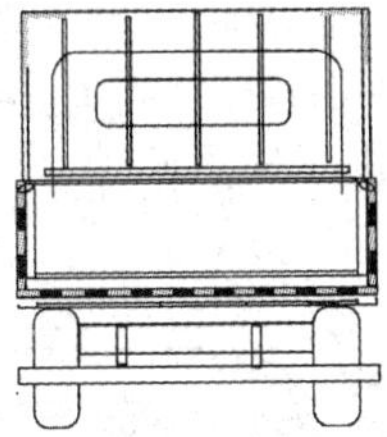

b）后部粘贴示例

图 B.1 栏板货车、栏板挂车、低速汽车粘贴示例

B.3 厢式货车（含厢式低速货车）、厢式挂车粘贴

厢式货车（含厢式低速货车）的侧面车身反光标识应沿车厢下边缘粘贴，在侧面车厢上部两侧边角用白色车身反光标识拼接成“倒 L”，“倒 L”水平方向和垂直方向均由 2 个长度为 150mm 的白色单元拼接而成。后部车身反光标识应勾勒出车厢后部的轮廓，四个角应为白色单元相接。

厢式货车（含厢式低速货车）、厢式挂车粘贴示例见图 B.2。其中，图 B.2 b）是二级车身反光标识材料的粘贴示例；使用一级车身反光标识材料时，货厢后部四角应用白色单元勾勒轮廓，其它部位可断续粘贴。

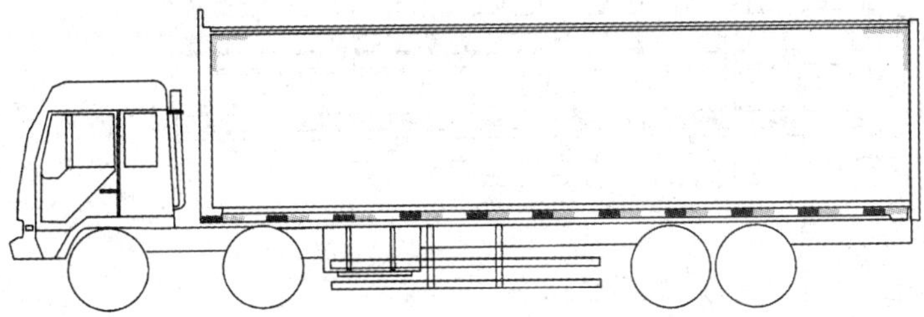

a）侧面粘贴示例

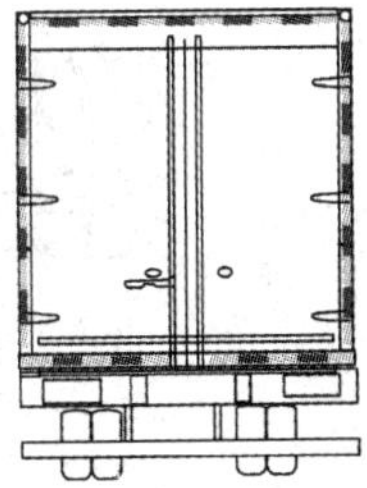

b）后部粘贴示例

图 B.2 厢式货车（含厢式低速货车）、厢式挂车粘贴示例

B.4 封闭式货车粘贴

封闭式货车的后部车身反光标识应勾勒出车辆后部轮廓，四个角应为白色单元相接。因铰链等无法连续粘贴时，允许断续粘贴。

封闭式货车粘贴示例见图 B.3。其中，图 B.3 b）是二级车身反光标识材料的粘贴示例；使用一级车身反光标识材料时，货厢后部四角应用白色单元勾勒轮廓，其它部位可断续粘贴。

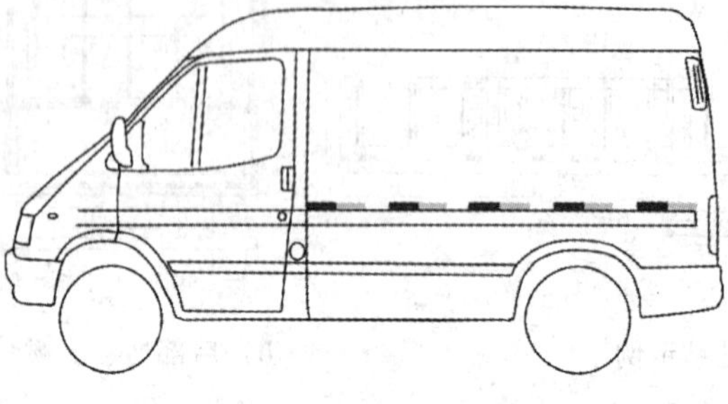

a）侧面粘贴示例

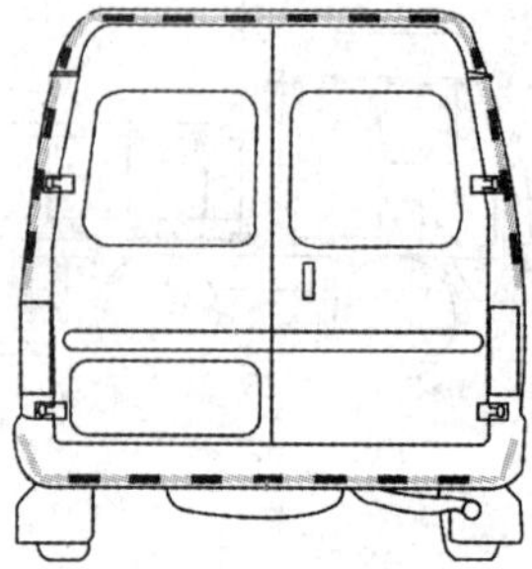

b）后部粘贴示例

图 B.3 封闭式货车粘贴示例

B.5 仓栅式货车、仓栅式挂车粘贴

仓栅式货车、仓栅式挂车粘贴示例见图 B.4。其中，图 B.4 b）和 B.4 c）是二级车身反光标识材料的粘贴示例；使用一级车身反光标识材料时，货厢后部四角应用白色单元勾勒轮廓，其它部位可断续粘贴；侧面车身反光标识可断续粘贴，但垂直方向最上方和最下方及水平方向最左侧、最右侧和中间部位应粘贴。

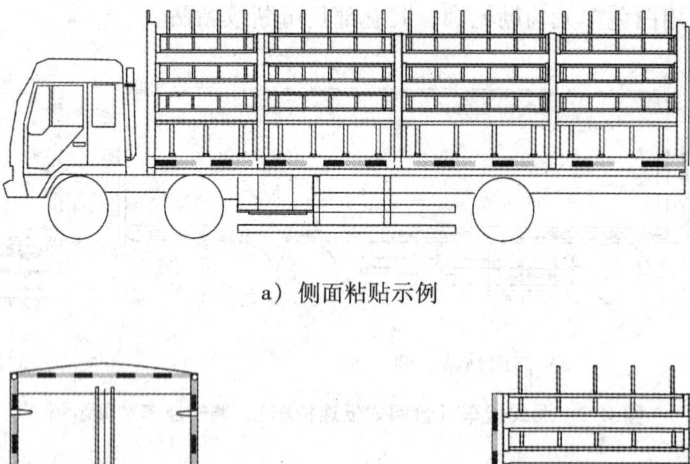

a）侧面粘贴示例

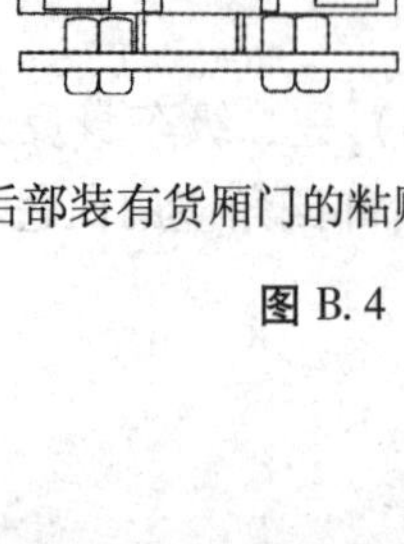

b）后部装有货厢门的粘贴示例

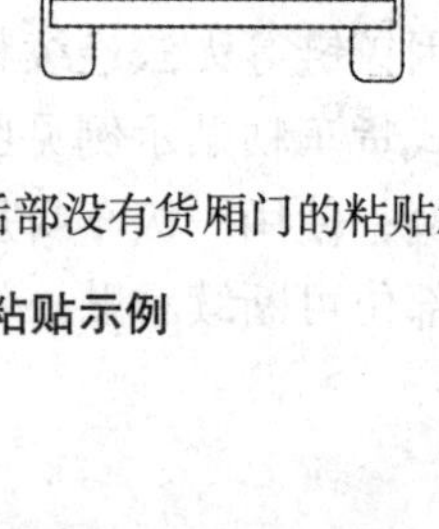

c）后部没有货厢门的粘贴示例

图 B.4　仓栅式货车、仓栅式挂车粘贴示例

B.6 自卸车（含自卸式低速货车）粘贴

后部水平方向粘贴除了栏板上部，还可粘贴在栏板下部或后下部防护装置等其它位置。

自卸车（含自卸式低速货车）粘贴示例见图 B.5。其中，图 B.5 b）是二级车身反光标识材料的粘贴示例；使用一级车身反光标识材料时，在确保体现车辆后部宽度和高度的前提下，可断续粘贴，但垂直方向最上方和最下方及水平方向最左侧、最右侧和中间部位应粘贴。

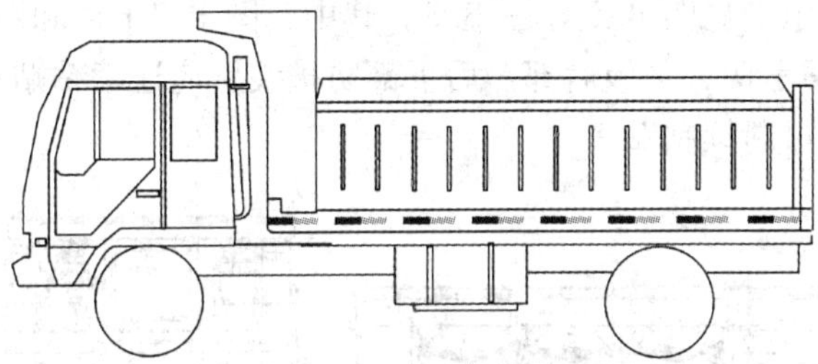

a）侧面粘贴示例

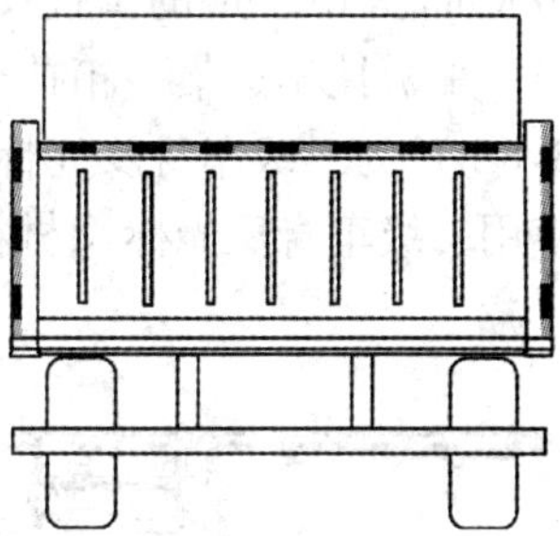

b）后部粘贴示例

图 B.5　自卸车（含自卸式低速货车）粘贴示例

B.7 平板货车、平板挂车、低平板挂车、集装箱挂车粘贴

B.7.1 平板货车粘贴

平板货车、平板挂车、低平板挂车、集装箱挂车粘贴示例见图 B.6。其中，图 B.6 b）是二级车身反光标识材料粘贴示例，如果平板后部无法粘贴，应在后下部防护装置上水平并列连续粘贴两排车身反光标识，粘贴面积应大于等于 $0.2m^2$；后部使用一级车身反光标识材料时，可在平板后部或后下部防护装置上水平连续粘贴，粘贴面积应大于等于 $0.1m^2$。

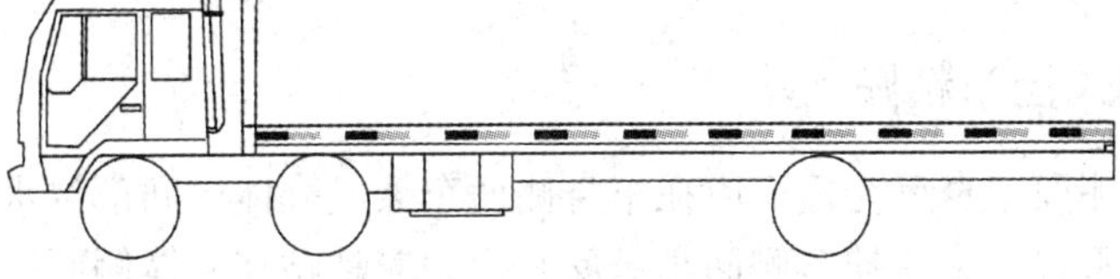

a）侧面粘贴示例

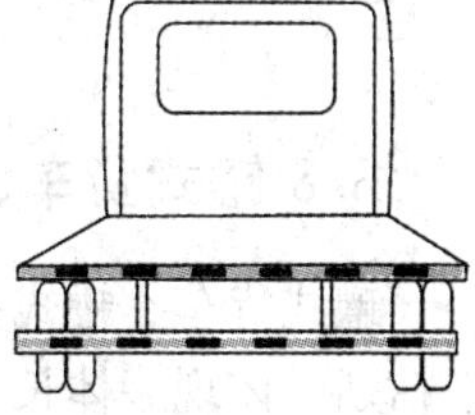

b）后部粘贴示例

图 B.6　平板货车粘贴示例

B. 7. 2 平板挂车、低平板挂车、集装箱车粘贴

平板挂车、集装箱挂车的侧面车身反光标识应沿车架侧面水平粘贴，其中低平板半挂车应沿车架平整的连续表面粘贴。因车架结构原因，侧面粘贴的车身反光标识可不在同一水平面上。

后部有后下部防护装置时，后下部防护装置上应粘贴车身反光标识。低平板挂车后部如有爬梯，还应在两个爬梯最外侧的爬梯架上（至少应在爬梯架的最上端、中间和最下端）粘贴车身反光标识。

集装箱挂车装载集装箱时，应在集装箱后部和侧面至少水平固定一块2000mm×150mm的柔性反光标识，安装部位应尽可能接近集装箱顶部。

平板挂车、集装箱挂车粘贴示例见图 B. 7 和图 B. 8。其中，图 B. 7 b）和图 B. 8 b）为二级车身反光标识粘贴示例，平板后部、后下部防护装置应连续粘贴；使用一级车身反光标识材料时，可断续粘贴。

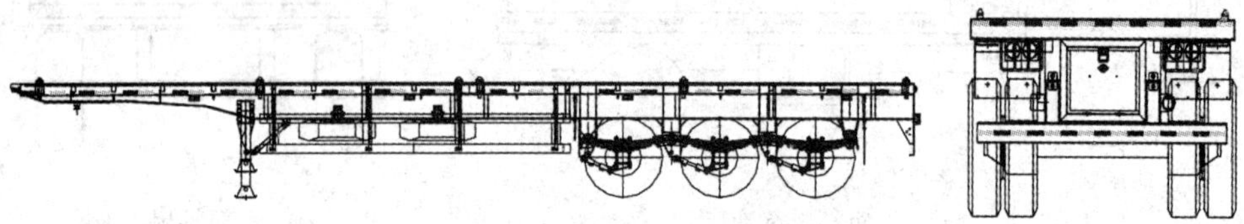

a）侧面粘贴示例　　b）后部粘贴示例

图 B. 7　平板挂车、集装箱挂车粘贴示例

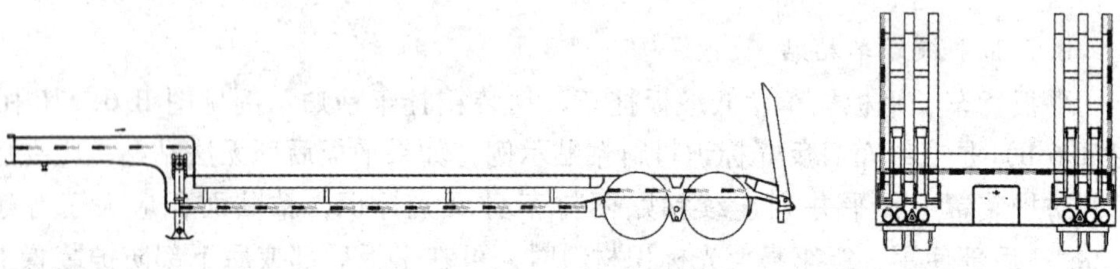

a）侧面粘贴示例　　b）后部粘贴示例

图 B. 8　低平板挂车粘贴示例

B. 8 罐式货车、罐式挂车粘贴

罐式货车、罐式挂车侧面车身反光标识应在车身侧面车架或罐体中间部位水平粘贴，体现罐体长度。不规则罐式挂车侧面车身反光标识应粘贴在罐体侧面中间位置，体现罐体长度。罐体后部应用车身反光标识勾勒罐体轮廓，二级车身反光标识材料的粘贴间隔应小于等于50mm，一级车身反光标识材料的粘贴间隔应

小于等于100mm。

对运输剧毒化学品或爆炸品的罐式货车，侧面车身反光标识应在车身侧面的车架部位水平粘贴，体现车架长度，并在罐体侧面用边长为300mm（2个150mm长的单元拼接）白色车身反光标识拼接成“L”和“倒L”，上部车身反光标识最下沿与橙色反光带的距离应在100mm至300mm内，下部车身反光标识最上沿与橙色反光带的距离应在100mm至300mm内，车身反光标识与罐体前、后端的最大距离应小于等于300mm。罐体后部应用白色车身反光标识勾勒轮廓，二级车身反光标识材料的粘贴间隔应小于等于50mm，一级车身反光标识材料的粘贴间隔应小于等于100mm。

罐式货车、罐式挂车粘贴示例见图B.9，其中运输剧毒化学品或爆炸品的罐式货车粘贴示例见图B.10。

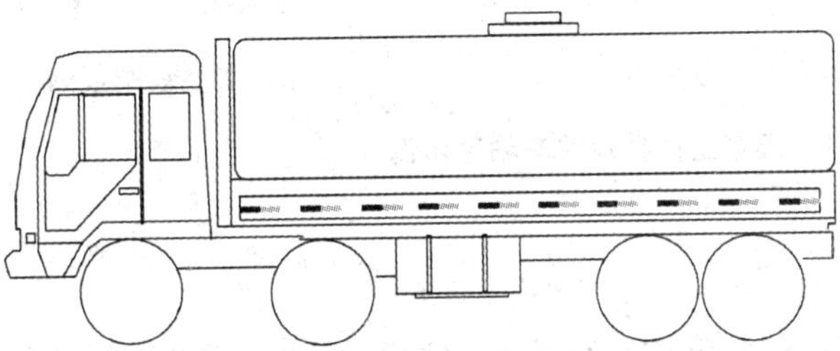

a）侧面粘贴示例

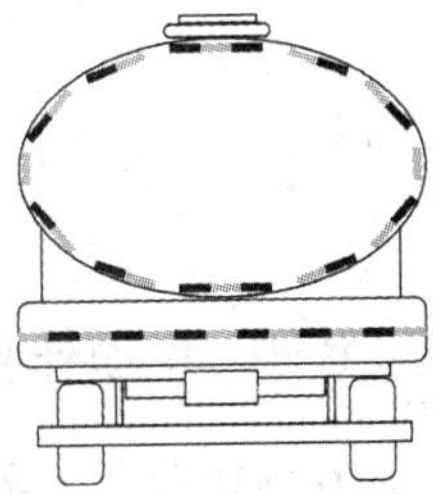

b）后部粘贴示例

图B.9　罐式货车、罐式挂车粘贴示例

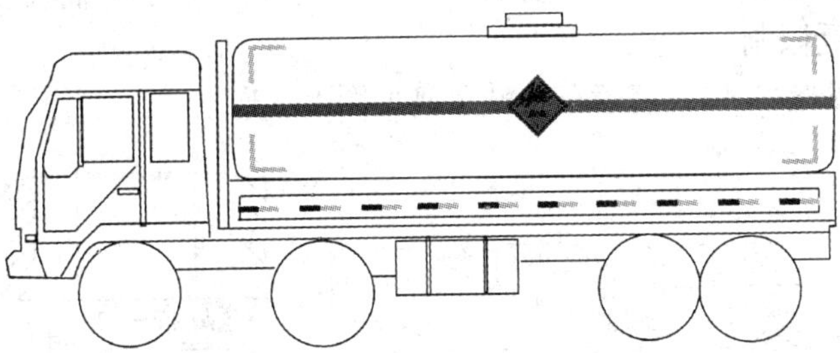

a）侧面粘贴示例

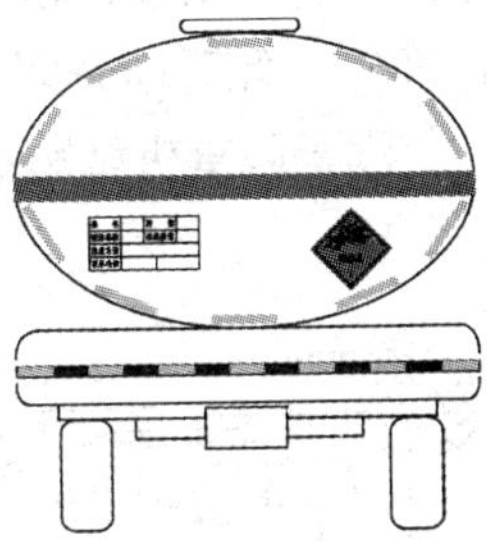

b）后部粘贴示例

图B.10　运输剧毒化学品或爆炸品的罐式货车粘贴示例

B.9 混凝土搅拌运输车粘贴

混凝土搅拌运输车侧面车身反光标识应在可粘贴部位（如侧防护装置）连

续粘贴，粘贴总长度可小于车长的50%，但应大于等于车长的30%，此时断开间隔不受限制。车辆后部应尽可能选取能够体现车身后部宽度和高度的连续平面粘贴，如后下部防护装置、金属挡泥板等固定结构件。

混凝土搅拌运输车粘贴示例见图B.11。

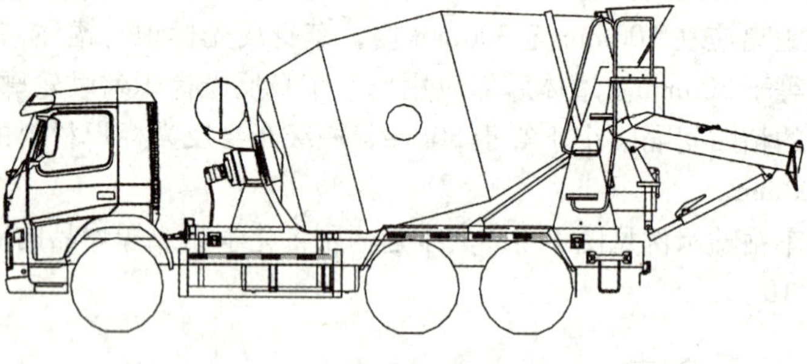

a）侧面粘贴示例

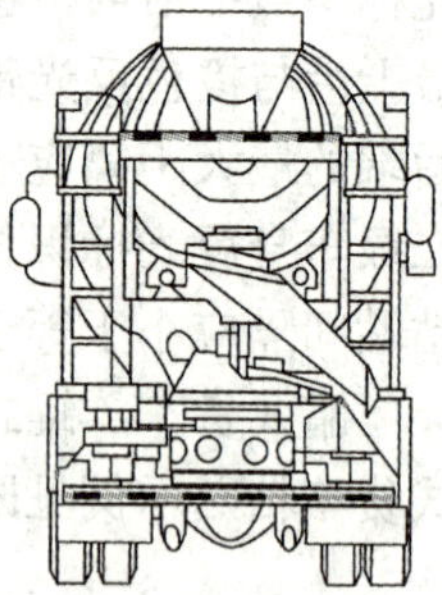

b）后部粘贴示例

图B.11　混凝土搅拌运输车粘贴示例

B.10 专项作业车粘贴

专项作业车上车身反光标识的粘贴应尽可能按前述基本粘贴要求进行粘贴，部分专项作业车除驾驶室外的车身结构无连续平面，不能满足要求时，车辆后部应尽可能选取能够体现车身后部宽度和高度的连续平面粘贴，如后下部防护装置、金属挡泥板等固定结构件；侧面车身反光标识应在可粘贴部位（如侧防护装置）连续粘贴，粘贴总长度可小于车辆长度的50%，但应大于等于车辆长度的30%，此时断开间隔不受限制。

汽车起重机粘贴示例见图B.12，清障车粘贴示例见图B.13。

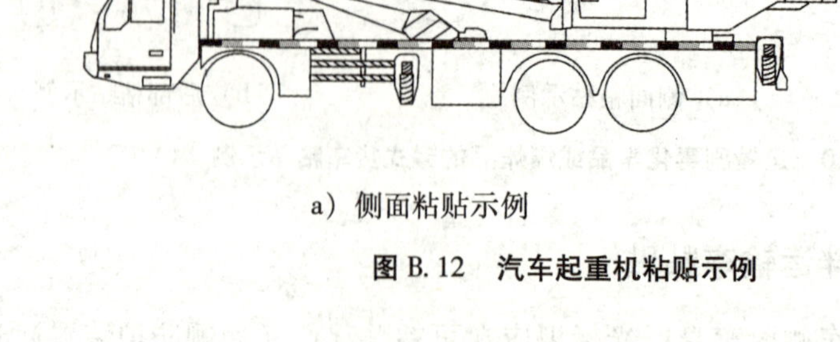

a）侧面粘贴示例

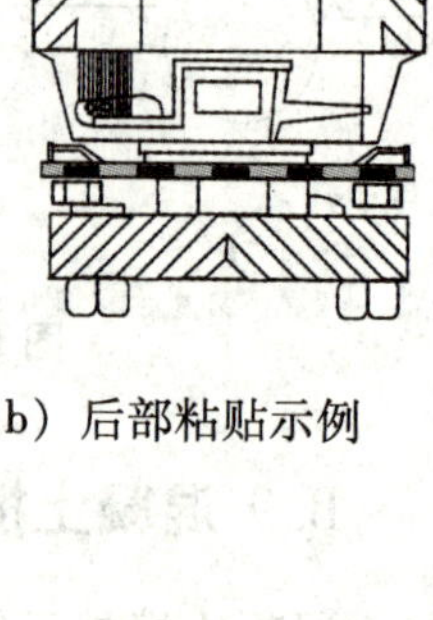

b）后部粘贴示例

图B.12　汽车起重机粘贴示例

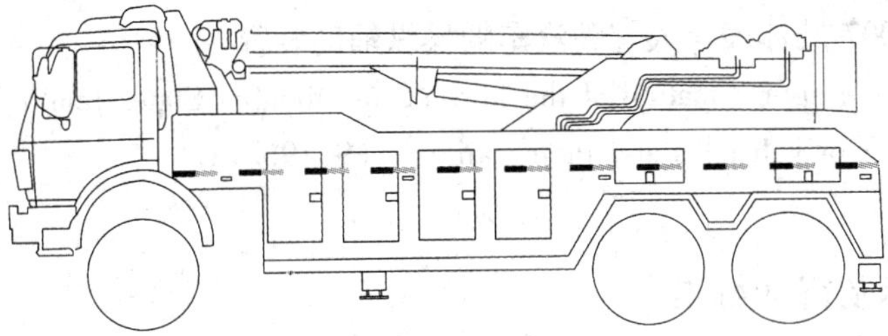

a）侧面粘贴示例

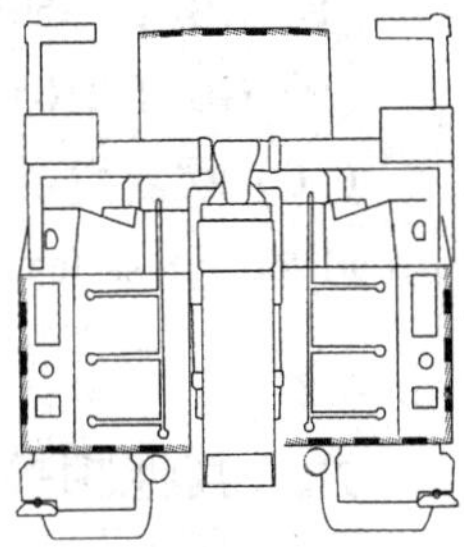

b）后部粘贴示例

图 B. 13　清障车粘贴示例

B. 11 半挂牵引车粘贴

半挂牵引车的侧面无须粘贴车身反光标识，后部应在驾驶室后部粘贴；使用二级车身反光标识材料时，水平方向应并列连续粘贴 2 排，垂直方向每侧应各粘贴 2 个长 150mm 的白色单元；使用一级车身反光标识材料时，水平方向应连续粘贴，垂直方向每侧应各粘贴 1 个长 150mm 的白色单元。

半挂牵引车粘贴示例见图 B. 14。

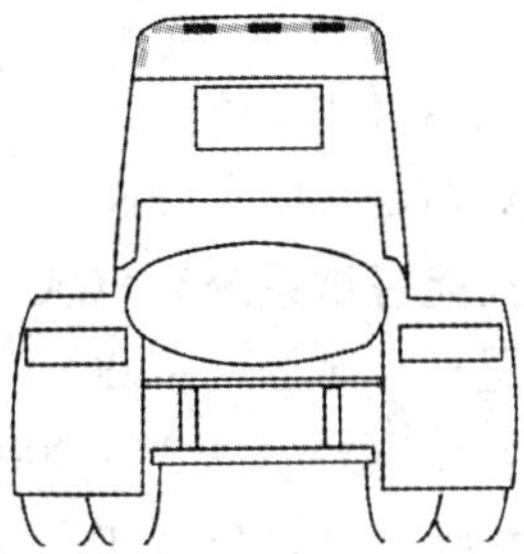

图 B. 14　半挂牵引车粘贴示例

参考文献：

（1）《中华人民共和国道路交通安全法》

（2）《中华人民共和国道路交通安全法实施条例》

（3）香港《道路交通（车辆构造及保养）规例》

（4）新加坡《道路交通（机动车，灯光）规则》

（5）GA 802 - 2008 机动车类型 术语和定义

（5）GB/T 3730. 1 - 2001 汽车和挂车类型的术语和定义

（7）GB/T 5359. 1 - 2008 摩托车和轻便摩托车术语 第 1 部分 车辆类型

（8）GB/T 19596－2004 电动汽车术语

（9）GB/T 21055－2007 肢体残疾人驾驶汽车的操纵辅助装置

（10）欧盟指令《on the approximation of the laws of the Member States relating to roadworthiness tests for motor veh icles and their trailers》（96/96/EC）

九、其他相关国标及行业标准

（一）国家标准

《专用校车安全技术条件》（GB 24407－2012）

《校车标识》（GB 24315－2009）

《机动车安全技术检验项目和方法》（GB 21861－2008）

（二）行业标准

《道路交通管理信息采集规范 第1部分：机动车驾驶证业务信息采集和签注》（GAT 946.1－2011）

《道路交通管理信息采集规范 第2部分：机动车登记信息采集和签注》（GAT 946.2－2011）

《机动车驾驶人场地驾驶技能考试场地和考试系统使用验收与定期检查规范》（GA/T 901－2010）

《机动车查验工作规程》（GA 801－2008）

《机动车类型术语和定义》（GA 802－2008）

《机动车驾驶人场地驾驶技能考试系统》（GA/T 554－2008）

《机动车号牌专用固封装置》（GA 804－2008）

《中华人民共和国机动车行驶证》（GA 37－2008）

《中华人民共和国机动车驾驶证件》（GA 482－2008）

《中华人民共和国机动车号牌》（GA36－2007）及《中华人民共和国机动车号牌》第1号修改单

《机动车驾驶培训机构资格条件》（JT/T 433－2004）

《机动车教练场技术要求》（JTT 434－2000）

主要参考文献

1. 马怀德主编:《行政法与行政诉讼法》,中国法制出版社 2000 年版。

2. 汪永清主编:《中华人民共和国行政许可法教程》,中国法制出版社 2003 年版。

3. 李建主编:《中华人民共和国道路交通安全法及其实施条例知识读本》,中国长安出版社 2004 年版。

5. 李啸、张新海主编:《车辆管理教程》,中国人民公安大学出版社 2005 年版。

4. 林为众编著:《机动车与驾驶人管理》,中国人民公安大学出版社 2009 年版。

6. 李江平、李晓东著:《车辆和驾驶人管理概论》,中国人民公安大学出版社 2012 年版。